国家中等职业教育改革发展示范校建设系列教材

Office 办公自动化项目教程

主　编　袁立东　王永平　袁　峰
副主编　冉海洋　郑多多　王　安　刘　赫　孙漠雷
主　审　武彩清

内 容 提 要

本书是“国家中等职业教育改革发展示范校建设计划项目”中央财政支持重点建设“计算机应用”专业课程改革系列教材，是针对中等专业信息化建设的课程改革，结合全国 CEAC 考试标准，无纸化办公的人员的技能培训需求编写而成。本书共分六章，每章都以具体项目化的任务实现教学，第一章介绍了计算机基础知识，第二章为 Windows XP 操作基础，第三章介绍文字处理软件 Word 2003，第四章为 Excel 2003 电子表格应用，第五章为 PPT 交互性教学课件开发，第六章为 Internet 基础及应用。

本书既可作为中等职业教育计算机应用专业的教材，也可以作为国家 CEAC 认证的培训教材。

图书在版编目（CIP）数据

Office办公自动化项目教程 / 袁立东，王永平，袁峰主编. -- 北京 : 中国水利水电出版社，2014.6
国家中等职业教育改革发展示范校建设系列教材
ISBN 978-7-5170-2053-0

Ⅰ. ①O… Ⅱ. ①袁… ②王… ③袁… Ⅲ. ①办公自动化－应用软件－中等专业学校－教材 Ⅳ. ①TP317.1

中国版本图书馆CIP数据核字(2014)第104771号

书　　名	国家中等职业教育改革发展示范校建设系列教材 **Office 办公自动化项目教程**
作　　者	主　编　袁立东　王永平　袁峰 副主编　冉海洋　郑多多　王安　刘赫　孙漠雷 主　审　武彩清
出版发行	中国水利水电出版社 （北京市海淀区玉渊潭南路 1 号 D 座　100038） 网址：www.waterpub.com.cn E-mail：sales@waterpub.com.cn 电话：（010）68367658（发行部）
经　　售	北京科水图书销售中心（零售） 电话：（010）88383994、63202643、68545874 全国各地新华书店和相关出版物销售网点
排　　版	中国水利水电出版社微机排版中心
印　　刷	北京瑞斯通印务发展有限公司
规　　格	184mm×260mm　16 开本　22 印张　522 千字
版　　次	2014 年 6 月第 1 版　2014 年 6 月第 1 次印刷
印　　数	0001—3000 册
定　　价	**48.00** 元

本书编审人员

主　编：袁立东（黑龙江省水利水电学校）

王永平（黑龙江省水利水电学校）

袁　峰（黑龙江省水利水电学校）

副主编：冉海洋（黑龙江省水利水电学校）

郑多多（黑龙江省水利水电学校）

王　安（黑龙江省水利水电学校）

刘　赫（黑龙江省水利水电学校）

孙漠雷（黑龙江省水利水电学校）

主　审：武彩清（山西华兴科软有限公司）

前　言

本书根据现代职业教育的理念和培养具有高素质的技能型人才的目标要求，结合计算机应用技能岗位任务要求，考虑中职学生的年龄结构和知识水平，将知识传授贯穿于技能培养的始终，以能力培养为核心，同时注重知识的系统性和适用性，在教材内容的安排和技能的传授上采取由浅入深、由点到面、由单一到综合的认知顺序，使知识的传授和技能的训练相互交融、紧密结合，实现教中做、做中学、教学做合一的一体化教学。

本书密切结合毕业生就业岗位的多样性和转岗的灵活性，既体现本专业课所要求应知、应会的基本知识和基本技能的训练，又考虑到学生知识拓展及学业技能的持续发展，将计算机应用基础、计算机硬件配置与组装、计算机系统维护与维修、中文排版、数据处理、幻灯片及课件开发、网络操作与维护等诸多技能，通过任务情境设定有机结合，注重理论与实践并重，力求掌握操作技能，完成本学科的学习，使学生达到电脑公司业务员具备的计算机装配设计能力、组装能力、故障维修能力、家庭网络组装与调试能力、办公文员排版能力、数据处理能力、办公设备调试与维护能力，掌握幻灯制作产品营销、广告宣传规划方案的设计等。

本书是国家中等职业教育改革发展示范校建设的成果之一，由该课程的建设团队完成，由于编者的水平、经验及编写时间有限，书中欠妥之处，谨请专家和广大读者批评指正。

编　者

2013 年 12 月

目录

第一章 计算机基础知识

项目一 计算机发展史

任务 计算机的基础知识

【任务描述】

专业启蒙，培养兴趣，激发学习热情。

【任务分析】

讲述计算机的诞生趣事、发展历程、特点、用途、分类、发展方向。

【知识链接】

一、计算机的诞生

世界上第一台电子数字式计算机于1946年2月15日在美国宾夕法尼亚大学正式投入运行，它的名称叫ENIAC（埃尼阿克），是电子数值积分计算机（The Electronic Numberical Intergrator and Computer）的缩写，是为满足军方计算炮弹弹道需要而设计的，它的主要元器件是电子管，占地170m^2，重30多t，使用了1500个继电器，18800个电子管，每小时耗电15kW，每秒能完成5000次加法运算、300多次乘法运算，耗资40万美元，如图1-1-1所示。

图1-1-1 世界上第一台电子计算机ENIAC

ENIAC奠定了电子计算机的发展基础，开辟了计算机科学技术的新纪元。有人将其称为人类第三次产业革命开始的标志。ENIAC诞生后，数学家冯·诺依曼提出了重大的改进理论，主要有两点：其一是电子计算机应该以二进制为运算基础；其二是电子计算机应采用“存储程序”方式工作，并且进一步明确指出了整个计算机的结构应由5个部分组成，包括运算器、控制器、存储器、输入装置和输出装置。冯·诺依曼的这些理论的提出，解决了计算机的运算自动化的问题和速度配合问题，对后来计算机的发展起到了决定性的作用。直至今天，绝大部分的计算机还是采用冯·诺依曼方式工作。

二、计算机的发展历程

从世界上第一台计算机问世以来，计算机获得突飞猛进的发展。在人类科技史上还没有一种学科可以与电子计算机的发展相提并论。人们根据计算机的性能和发展进程中的硬件技术状况，将计算机的发展分成4个阶段，每一阶段在技术上都是一次新的突破，在性能上都是一次质的飞跃。

1. 第一阶段：电子管计算机（1946~1957年）

主要特点是：

（1）采用电子管作为基本逻辑部件，体积大，耗电量大，寿命短，可靠性大，成本高。

（2）采用电子射线管作为存储部件，容量很小，后来外存储器使用了磁鼓存储信息，扩充了容量。

（3）输入输出装置落后，主要使用穿孔卡片，速度慢。

（4）没有系统软件，只能用机器语言和汇编语言编程。

2. 第二阶段：晶体管计算机（1958~1964年）

主要特点是：

（1）采用晶体管制作基本逻辑部件，体积减小，重量减轻，能耗降低，成本下降，计算机的可靠性和运算速度均得到提高。

（2）普遍采用磁芯作为存储器，采用磁盘/磁鼓作为外存储器。

（3）开始有了系统软件（监控程序），提出了操作系统概念，出现了高级语言。

3. 第三阶段：集成电路计算机（1965~1969年）

主要特点是：

（1）采用中、小规模集成电路制作各种逻辑部件，从而使计算机体积小，重量更轻，耗电更省，寿命更长，成本更低，运算速度有了更大的提高。

（2）采用半导体存储器作为主存，取代了原来的磁芯存储器，使存储器容量的存取速度有了大幅度的提高，增加了系统的处理能力。

（3）系统软件有了很大发展，出现了分时操作系统，多用户可以共享计算机软硬件资源。

（4）在程序设计方面上采用了结构化程序设计，为研制更加复杂的软件提供了技术上的保证。

4. 第四阶段：大规模、超大规模集成电路计算机（1970年至今）

主要特点是：

（1）基本逻辑部件采用大规模、超大规模集成电路，使计算机体积、重量、成本均大幅度降低，出现了微型机。

（2）作为主存的半导体存储器，其集成度越来越高，容量越来越大；外存储器除广泛使用软、硬磁盘外，还引进了光盘。

（3）各种使用方便的输入输出设备相继出现。

（4）软件产业高度发达，各种实用软件层出不穷，极大地方便了用户。

（5）计算机技术与通信技术相结合，计算机网络把世界紧密地联系在一起。

（6）多媒体技术崛起，计算机集图像、图形、声音、文字、处理于一体，在信息处理领域掀起了一场革命，与之对应的信息高速公路正在紧锣密鼓地筹划实施当中。

从20世纪80年代开始，日本、美国等发达国家都宣布开始新一代计算机的研究。普遍认为新一代计算机应该是智能型的，它能模拟人的智能行为，理解人类自然语言，并继续向着微型化、网络化发展。

三、计算机的特点

1. 运算速度快

运算速度是计算机的一个重要性能指标。计算机的运算速度通常用每秒钟执行定点加法的次数或平均每秒执行指令的条数来衡量。运算速度快是计算机的一个突出特点。计算机的运算速度已由早期的每秒几千次（如ENIAC机每秒钟仅可完成5000次定点加法）发展到现在的最高可达每秒几千亿次乃至万亿次。这样的运算速度是何等的惊人！

计算机高速运算的能力极大地提高了工作效率，把人们从浩繁的脑力劳动中解放出来。过去用人工旷日持久才能完成的计算，现在计算机在“瞬间”即可完成。曾有许多数学问题，由于计算量太大，数学家们终其毕生也无法完成，使用计算机则可轻易地解决。

2. 计算精度高

在科学研究和工程设计中，对计算的结果精度有很高的要求。一般的计算工具只能达到几位有效数字（如过去常用的四位数学用表、八位数学用表等），而计算机对数据的结果精度可达到十几位、几十位有效数字，根据需要甚至可达到任意的精度。

3. 存储容量大

计算机的存储器可以存储大量数据，这使计算机具有了“记忆”功能。目前计算机的存储容量越来越大，已高达千兆数量级的容量。计算机具有“记忆”功能，是与传统计算工具的一个重要区别。

4. 具有逻辑判断功能

计算机的运算器除了能够完成基本的算术运算外，还具有进行比较、判断等逻辑运算的功能。这种能力是计算机处理逻辑推理问题的前提。

5. 自动化程度高，通用性强

由于计算机的工作方式是将程序和数据先存放在机内，工作时按程序规定的操作一步一步地自动完成，一般无须人工干预，因而自动化程度高。这一特点是一般计算工具所不具备的。

计算机通用性的特点表现在几乎能求解自然科学和社会科学中一切类型的问题，能广泛地应用各个领域。

四、计算机的用途

计算机用途广泛，归纳起来有以下几个方面。

1. 数值计算

数值计算即科学计算。数值计算是指应用计算机处理科学研究和工程技术中所遇到的数学计算。应用计算机进行科学计算，如卫星运行轨迹、水坝应力、高能物理、工程设计、

地震预测、气象预报、航天技术、油田布局、潮汐规律等，可为问题求解带来质的进展，使往往需要几百名专家几周、几月甚至几年才能完成的计算，只要几分钟就可得到正确结果。由于计算机具有高运算速度和精度以及逻辑判断能力，因此出现了计算力学、计算物理、计算化学、生物控制论等新的学科。

2. 信息处理

信息处理是对原始数据进行收集、整理、分类、选择、存储、制表、检索、输出等的加工过程。信息处理是计算机应用的一个重要方面，涉及的范围和内容十分广泛。如企业管理、物资管理、报表统计、自动阅卷、图书检索、财务管理、生产管理、医疗诊断、编辑排版、情报分析等。近年来，国内许多机构纷纷建设自己的管理信息系统（MIS），生产企业也开始采用制造资源规划软件（MRP），商业流通领域则逐步使用电子信息交换系统（EDI），即所谓无纸贸易。

3. 实时控制

实时控制是指及时搜集检测数据，按最佳值对事物进程的调节控制，如工业生产的自动控制。利用计算机进行实时控制，既可提高自动化水平，保证产品质量，也可降低成本，减轻劳动强度。

4. 辅助系统

计算机辅助设计（CAD）、计算机辅助制造（CAM）、计算机辅助测试（CAT）。用计算机辅助进行工程设计、产品制造、性能测试。

经济管理：国民经济管理、公司企业经济信息管理、计划与规划、分析统计、预测、决策，物资、财务、劳资、人事等管理。

情报检索：图书资料、历史档案、科技资源、环境等信息检索自动化，建立各种信息系统。

自动控制：工业生产过程综合自动化，工艺过程最优控制、武器控制、通信控制、交通信号控制。

模式识别：应用计算机对一组事件或过程进行鉴别和分类，它们可以是文字、声音、图像等具体对象，也可以是状态、程度等抽象对象。

5. 智能模拟

智能模拟亦称人工智能。利用计算机模拟人类智力活动，以替代人类部分脑力劳动，这是一个很有发展前途的学科方向。第五代计算机的开发，将成为智能模拟研究成果的集中体现；具有一定“学习、推理和联想”能力的机器人的不断出现，正是智能模拟研究工作取得进展的标志。智能计算机作为人类智能的辅助工具，将被越来越多地用到人类社会的各个领域。

6. 语言翻译

1947年，美国数学家、工程师沃伦·韦弗与英国物理学家、工程师安德鲁·布思提出了以计算机进行翻译（简称“机译”）的设想，机译从此步入历史舞台，并走过了一条曲折而漫长的发展道路。机译分为文字机译和语音机译。机译消除了不同文字和语言间的隔阂，堪称高科技造福人类之举。但机译的质量长期以来一直是个问题，尤其是译文质量，离理想目标仍相差甚远。

五、计算机的分类

计算机按照其用途分为通用计算机和专用计算机。

按照所处理的数据类型可分为模拟计算机、数字计算机和混合型计算机等等。

按照 1989 年由 IEEE 科学巨型机委员会提出的运算速度分类法，可分为巨型机、大型机、小型机、工作站和微型计算机。

1. 巨型机

巨型机有极高的速度、极大的容量。用于国防尖端技术、空间技术、大范围长期性天气预报、石油勘探等方面。目前这类机器的运算速度可达每秒百亿次。这类计算机在技术上朝两个方向发展：一是开发高性能器件，特别是缩短时钟周期，提高单机性能；二是采用多处理器结构，构成超并行计算机，通常由 100 台以上的处理器组成超并行巨型计算机系统，它们同时解算一个课题，来达到高速运算的目的。

2. 大型机

这类计算机具有极强的综合处理能力和极大的性能覆盖面。在一台大型机中可以使用几十台微机或微机芯片，用以完成特定的操作。可同时支持上万个用户，可支持几十个大型数据库。主要应用在政府部门、银行、大公司、大企业等。

3. 小型机

小型机的机器规模小、结构简单、设计试制周期短，便于及时采用先进工艺技术，软件开发成本低，易于操作维护。它们已广泛应用于工业自动控制、大型分析仪器、测量设备、企业管理、大学和科研机构等，也可以作为大型与巨型计算机系统的辅助计算机。

4. 微型机

微型机技术在近 10 年内发展速度迅猛，平均每 2～3 个月就有新产品出现，1～2 年产品就更新换代一次。平均每两年芯片的集成度可提高一倍，性能提高一倍，价格降低一半。

目前还有加快的趋势。微型机已经应用于办公自动化、数据库管理、图像识别、语音识别、专家系统、多媒体技术等领域，并且开始成为城镇家庭的一种常规电器。

六、发展方向

1. 巨型化

巨型化是指计算机的运算速度更高、存储容量更大、功能更强。目前正在研制的巨型计算机其运算速度可达每秒百亿次。

2. 微型化

微型计算机已进入仪器、仪表、家用电器等小型仪器设备中，同时也作为工业控制过程的心脏，使仪器设备实现“智能化”。随着微电子技术的进一步发展，笔记本型、掌上型等微型计算机必将以更优的性能价格比受到人们的欢迎。

3. 网络化

随着计算机应用的深入，特别是家用计算机越来越普及，一方面希望众多用户能共享信息资源，另一方面也希望各计算机之间能互相传递信息进行通信。

计算机网络是现代通信技术与计算机技术相结合的产物。计算机网络已在现代企业的管理中发挥着越来越重要的作用，如银行系统、商业系统、交通运输系统等。

4. 智能化

计算机人工智能的研究是建立在现代科学基础之上。智能化是计算机发展的一个重要方向，新一代计算机将可以模拟人的感觉行为和思维过程的机理，进行“看”、“听”、“说”、“想”、“做”，具有逻辑推理、学习与证明的能力。

项目二　计算机的系统组成

【项目描述】

从系统设计结构、视觉结构、装机配件选购3个层次学习计算机的系统组成，其中心教学目标是通过装机备配件选购时参考指标：品牌、型号、性能参考指标、价格4个方面深入学习，通过学习使学生具备独立设计选购组装电脑的配置清单的能力；通过系统地安装硬件驱动与360杀毒软件安全卫士、系统地备份深入理解硬件系统与软件系统的相互关联，具备计算机管理与维护的能力。

【项目分析】

从计算机的外观结构认知，深入学习计算机的系统结构，进而研究如何组装电脑及配件选购、系统的安装与维护。在硬件组装的基础上，学习硬盘的分区、操作系统与应用软件、杀毒软件的安装，系统维护与备份。

任务一　计算机系统的组成

【任务描述】

以框图说明计算机软硬件组成的有机结构。

【任务分析】

阐述相关概念、计算机软件系统组成及计算机性能与硬件关系。

一、计算机系统的组成

计算机系统包括硬件系统和软件系统两大部分，见表1-2-1。

二、计算机软件系统的组成

计算机软件系统由系统软件和应用软件组成，软件是计算机程序、程序所用的数据以及有关文档资料的集合。

1. 系统软件

系统软件是指控制和协调计算机及其外部设备，支持应用软件的开发和运行的软件。其主要的功能是进行调度、监控和维护系统等等。操作系统（Operating System）是最基本最重要的系统软件。它负责管理计算机系统的各种硬件资源（例如CPU、内存空间、磁盘空间、外部设备等），并且负责解释用户对机器的管理命令，使它转换为机器实际的操作。如Dos、Windows、Unix等。系统软件是用户和裸机的接口，主要包括：

（1）操作系统软件，如Dos、Windows98、Windows NT、Linux、Netware等。

（2）各种语言的处理程序，如低级语言、高级语言、编译程序、解释程序。

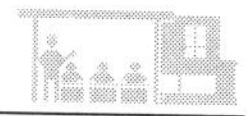

表 1-2-1 计算机系统的组成

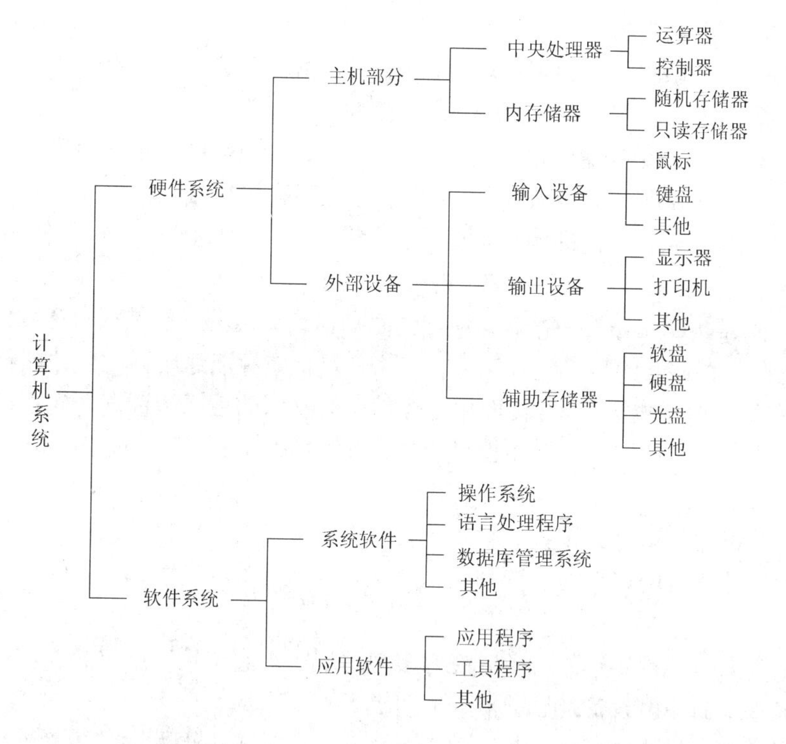

（3）各种服务性程序，如机器的调试、故障检查和诊断程序、杀毒程序等。

（4）各种数据库管理系统，如 SQL Sever、Oracle、Informix、Foxpro 等。

2. 应用软件

应用软件是用户为解决各种实际问题而编制的计算机应用程序及其有关资料。应用软件主要有以下几种：

（1）用于科学计算方面的数学计算软件包、统计软件包。

（2）文字处理软件包（如 WPS、Word、Office 2000）。

（3）图像处理软件包（如 Photoshop、动画处理软件 3ds Max）。

（4）各种财务管理软件、税务管理软件、工业控制软件、辅助教育等专用软件。

任务二 计算机的硬件系统组成及组装

【任务描述】

从计算机外观结构着手，直观演示设备连接与组装。

【任务分析】

以计算机的外观结构为主线，学习计算机配件组装与连接。

硬件是指组成计算机的各种物理设备，就是那些看得见、摸得着的实际物理设备。按冯·诺依曼结构体系划分，计算机硬件系统由运算器、控制器、存储器、输入设备和输出设备五大组成部分构成。

运算器是计算机对数据进行加工处理的部件，包括算术运算（加、减、乘、除等）和逻辑运算（与、或、非、异或、比较等）。控制器负责从存储器中取出指令，并对指令进行译码；根据指令的要求，按时间的先后顺序，负责向其他各部件发出控制信号，保证各部件协调一致地工作，一步一步地完成各种操作。控制器主要由指令寄存器、译码器、程序计数器、操作控制器等组成。运算器和控制器集成在CPU内。

存储器是计算机记忆或暂存数据的部件。计算机中的全部信息，包括原始的输入数据、经过初步加工的中间数据以及最后处理完成的有用信息都存放在存储器中。而且，指挥计算机运行的各种程序，即规定对输入数据如何进行加工处理的一系列指令也都存放在存储器中。

计算机的存储器分为内存储器（内存）和外存储器（外存）两种。内存分为RAM和ROM，外存有硬盘、光盘、U盘等移动存储介质，内存储器最突出的特点是存取速度快，但是容量小、价格贵；外存储器的特点是容量大、价格低，但是存取速度慢。内存储器用于存放那些立即要用的程序和数据；外存储器用于存放暂时不用的程序和数据。内存储器和外存储器之间常常频繁地交换信息。需要指出的是，外存储器也属于输入输出设备，它只能与内存储器交换信息，不能被计算机系统的其他部件直接访问。

输入设备是给计算机输入信息的设备。它是重要的人机接口，负责将输入的信息（包括数据和指令）转换成计算机能识别的二进制代码，送入存储器保存。最基本的输入设备有键盘、鼠标。

输出设备是输出计算机处理结果的设备。在大多数情况下，它将这些结果转换成便于人们识别的形式。最基本的输出设备是显示器、打印机。

上述五大部分相互配合，协同工作。其简单工作原理为：首先由输入设备接受外界信息（程序和数据），控制器发出指令将数据送入（内）存储器，然后向内存储器发出取指令命令。在取指令命令下，程序指令逐条送入控制器。控制器对指令进行译码，并根据指令的操作要求，向存储器和运算器发出存数、取数命令和运算命令，经过运算器计算并把计算结果存在存储器内。最后在控制器发出的取数和输出命令的作用下，通过输出设备输出计算结果，如图1-2-1所示。

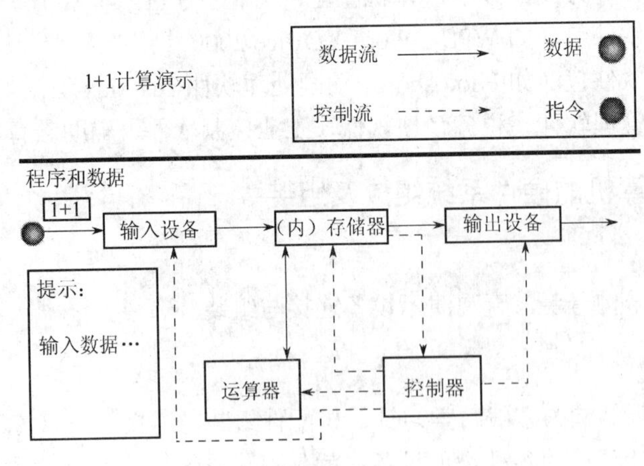

图1-2-1　计算机硬件系统工作原理图

微型计算机硬件结构的最重要特点是总线（Bus）结构（图1-2-2）。它将信号线分成3大类，并归结为数据总线（Date Bus）、地址总线（Address Bus）和控制总线（Control Bus）。

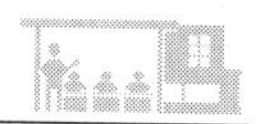

这样就很适合计算机部件的模块化生产，促进了微计算机的普及。微型计算机的总线化硬件结构图如图 1-2-2 所示。

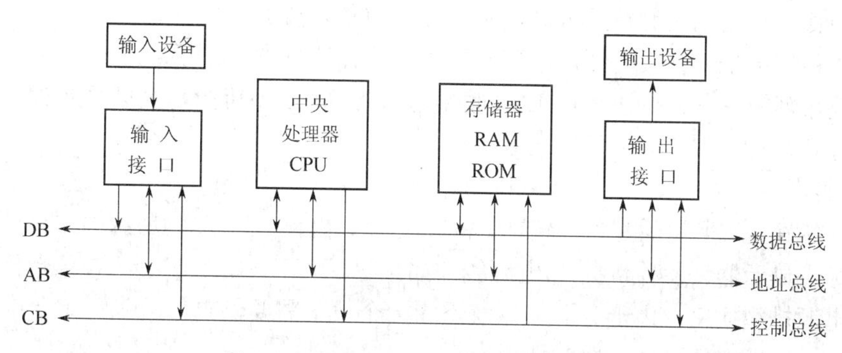

图 1-2-2 微型计算机总线化硬件结构图

从外观结构上看，计算机的硬件系统分为主机和外设两大部分。主机是指计算机除去输入输出设备以外的主要机体部分，也是用于放置主板及其他主要部件的控制箱体，通常包括 CPU、内存、硬盘、光驱、电源、声卡、显卡、网卡以及其他输入输出控制器和接口；外设是指主机箱以外的其他附属设备，主要包括输出设备（包含显示器、打印机、音箱等）、输入设备（包含键盘、鼠标、触摸板、麦克风、扫描仪等）、存储设备（包含光盘、U 盘、外置硬盘等）。

认识主机箱接口，计算机外接设备都必须正确连接到主机箱的相应接口上才能正常工作，这些接口形状、大小颜色各不相同，要注意识别，防止接错，连接原则是形对形、色对色、方向同步。

【操作步骤】

1. 工具准备

常言道“工欲善其事，必先利其器”。没有顺手的工具，装机也会变得麻烦起来，那么哪些工具是装机之前需要准备的呢？如图 1-2-3 所示，从左至右依次为尖嘴钳、散热膏、十字解刀、平口解刀。

（1）十字解刀。十字解刀又称螺丝刀、螺丝起子或改锥，是用于拆卸和安装螺钉的工具。由于计算机上的螺钉全部都是十字形的，所以你只要准备一把十字螺丝刀就可以了。那么为什么要准备磁性的螺丝刀呢？这是因为计算机器件安装后空隙较小，一旦螺钉掉落在其中想取出来就很麻烦了。另外，磁性螺丝刀还可以吸住螺钉，在安装时非常方便，因此计算机用螺丝刀多数都具有永磁性。

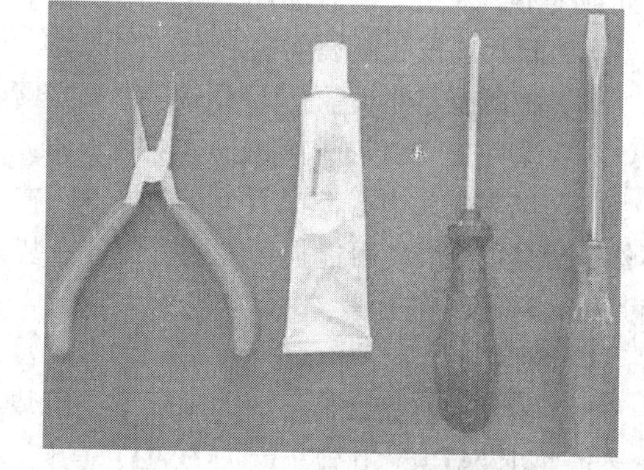

图 1-2-3 工具

（2）平口解刀。平口解刀又称一字形解刀。如果需要你也可准备一把平口解刀，不仅可方便安装，而且可用来拆开产品包装盒、包装封条等。

（3）钳子。钳子在安装电脑时用处不是很大，但对于一些质量较差的机箱来讲，钳子也会派上用场。它可以用来拆断机箱后面的挡板，这些挡板按理应用手来回折几次就会断裂脱落，但如果机箱钢板的材质太硬，那就需要钳子来帮忙了。

建议：最好准备一把尖嘴钳，它可夹可钳，这样还可省去镊子。

（4）散热膏。在安装高频率 CPU 时散热膏（硅脂）必不可少，大家可购买优质散热膏（硅脂）备用。

2. 材料准备

（1）准备好装机所用的配件。包括 CPU、主板、内存、显卡、硬盘、光驱、机箱电源、键盘、鼠标、显示器、各种数据线/电源线、插排等。

（2）电源排型插座。由于计算机系统不止一个设备需要供电，所以一定要准备万用多孔型插座一个，以方便测试机器时使用。

（3）小盒。计算机在安装和拆卸的过程中有许多螺丝钉及一些小零件需要随时取用，所以应该准备一个小盒，用来盛装这些东西，以防止丢失。

（4）工作台。为了方便进行安装，你应该有一个高度适中的工作台，无论是专用的电脑桌还是普通的桌子，只要能够满足你的使用需求就可以了。

3. 装机过程中的注意事项

（1）防止静电。由于我们穿着的衣物会相互摩擦，很容易产生静电，而这些静电则可能将集成电路内部击穿造成设备损坏，这是非常危险的。因此，摸一下接地的导电体或洗手以释放掉身上携带的静电荷。

（2）防止液体进入计算机内部。在安装计算机元器件时，也要严禁液体进入计算机内部的板卡上。因为这些液体都可能造成短路而使器件损坏，所以要注意不要将你喝的饮料摆放在机器附近，对于爱出汗的朋友来说，也要避免头上的汗水滴落，还要注意不要让手心的汗沾湿板卡。

（3）使用正常的安装方法，不可粗暴安装。在安装的过程中一定要注意正确的安装方法，对于不懂不会的地方要仔细查阅说明书，不要强行安装，稍微用力不当就可能使引脚折断或变形。对于安装后位置不到位的设备不要强行使用螺丝钉固定，因为这样容易使板卡变形，日后易发生断裂或接触不良的情况。

（4）把所有零件从盒子里拿出来（不过还不要从防静电袋子中拿出来），按照安装顺序排好，看看说明书，有没有特殊的安装需求。准备工作做得越好，接下来的工作就会越轻松。

（5）以主板为中心，把所有东西排好。在主板装进机箱前，先装上处理器与内存，要不然过后会很难装，可能损坏主板。此外在装 AGP 与 PCI 卡时，要确定其安装已经牢固，因为很多时候，你上螺丝时，卡会跟着翘起来。如果撞到机箱，松脱的卡会造成运作不正常，甚至损坏。

（6）测试前，先做最小化的硬件系统组装——主板、处理器、散热片与风扇、硬盘、一台光驱以及显卡。其他东西如 DVD、声卡、网卡等确定没问题的时候再装。此外第一次安装好后把机箱关上，但不要锁上螺丝，以方便调试。

4. 组装流程

第一步：安装 CPU 处理器。

当前市场中，英特尔处理器均采用了 LGA 775 接口，无论是入门的赛扬处理器，还是中端的奔腾 E 与 Core 2，甚至高端的四核 Core 2，其接口均为 LGA775，安装方式完全一致。CPU 处理器如图 1-2-4 所示。

从图 1-2-5 中我们可以看到，LGA 775 接口的英特尔处理器全部采用了触点式设计，与 AMD 的针式设计相比，最大的优势是不用再去担心针脚折断的问题，但对处理器的插座要求则更高。

图 1-2-4　CPU 处理器

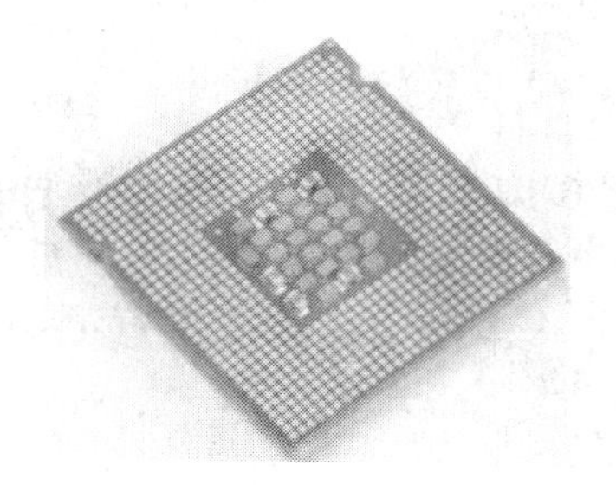

图 1-2-5　LGA 775 接口的英特尔处理器

图 1-2-6 是主板上的 LGA 775 处理器的插座，从图 1-2-6 中可以看出，与针管设计的插座区别相当大。在安装 CPU 之前，我们要先打开插座，方法是：用适当的力向下微压固定 CPU 的压杆，同时用力往外推压杆，使其脱离固定卡扣。

压杆脱离卡扣后，我们便可以顺利地将压杆拉起（图 1-2-7）。

图 1-2-6　CPU 插座

图 1-2-7　CPU 的压杆脱离固定卡扣

接下来，我们将固定处理器的盖子与压杆反方向提起（图 1-2-8）。

LGA 775 插座（图 1-2-9）展现在我们的眼前。

图 1-2-8　提起 CPU 压杆

图 1-2-9　打开 CPU 盖子

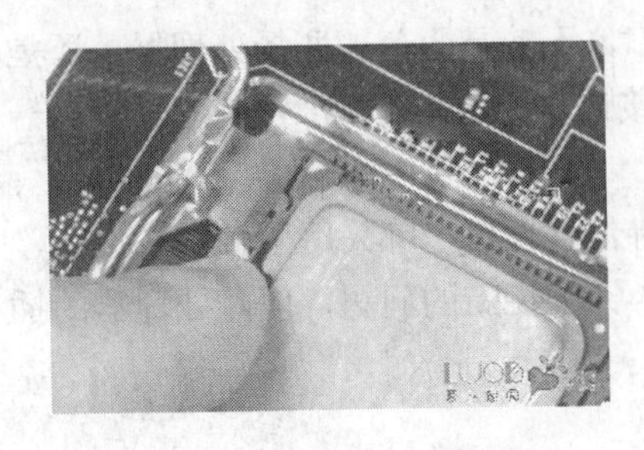
图 1-2-10　主板三角形缺口标识

在安装处理器时，需要特别注意。大家可以仔细观察，在 CPU 处理器的一角上有一个三角形的标识，另外仔细观察主板上的 CPU 插座，同样会发现一个三角形的标识，如图 1-2-10 所示。在安装时，处理器上印有三角标识的那个角要与主板上印有三角标识的那个角对齐，然后慢慢地将处理器轻压到位。这不仅适用于英特尔的处理器，而且适用于目前所有的处理器，特别是对于采用针脚设计的处理器而言，如果方向不对则无法将 CPU 安装到插槽里，大家在安装时要特别的注意。

将 CPU 安放到位以后，盖好扣盖（图 1-2-11、图 1-2-12），并反方向微用力扣下处理器的压杆（图 1-2-13）。至此 CPU 便被稳稳地安装到主板上（图 1-2-14），安装过程结束。

图 1-2-11　对好三角标记

图 1-2-12　扣上保护盖

图 1-2-13　合上压杆

图 1-2-14　完成效果显著

第二步：安装散热器。

由于 CPU 发热量较大，选择一款散热性能出色的散热器特别关键，但如果散热器安装不当，对散热的效果也会大打折扣。图 1-2-15 和图 1-2-16 是 Intel LGA775 针接口处理器的原装散热器，我们可以看到较之前的 478 针接口散热器，做了很大的改进：由以前的扣具设计改成了如今的四角固定设计，散热效果也得到了很大的提高。安装散热器前，我们先要在 CPU 表面均匀地涂上一层导热硅脂（很多散热器在购买时已经在底部与 CPU 接触的部分涂上了导热硅脂，这时就没有必要再在处理器上涂一层了）。

图 1-2-15　上面

图 1-2-16　下面

安装时，将散热器的四角对准主板相应的位置，然后用力压下四角扣具即可(图 1-2-17)。有些散热器采用了螺丝设计，因此在安装时还要在主板背面相应的位置安放螺母，由于安装方法比较简单，这里不再过多介绍。

图 1-2-17　四角对位

固定好散热器后，我们还要将散热风扇接到主板的供电接口上。找到主板上安装风扇的接口（主板上的标识字符为 CPU_FAN），将风扇插头插放即可（注意：目前有四针与三针等几种不同的风扇接口，大家在安装时注意一下即可），如图 1-2-18 和图 1-2-19 所示。由于主板的风扇电源插头都采用了防呆式的设计，反方向无法插入，因此安装起来相当的方便。

图 1-2-18　连接散热器风扇到主板的供电口

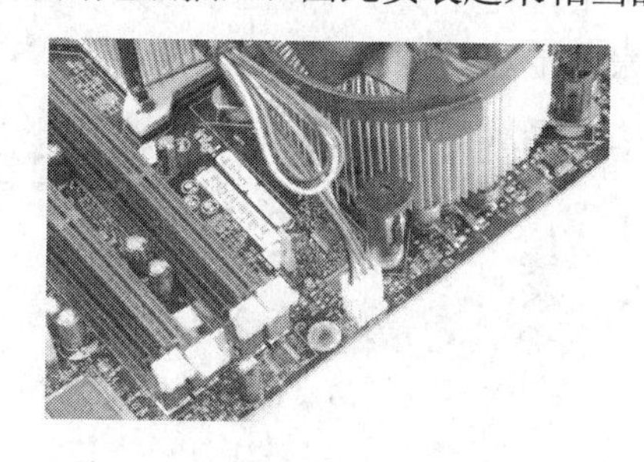

图 1-2-19　安装后

第三步：安装内存条。

在内存成为影响系统的最大瓶颈时，双通道的内存设计大大解决了这一问题。提供英特尔 64 位处理器支持的主板目前均提供双通道功能，因此建议大家在选购内存时尽量选择两根同规格的内存来搭建双通道（图 1-2-20）。

图 1-2-20　内存插口

主板上的内存插槽一般都采用两种不同的颜色来区分双通道与单通道。例如图 1-2-21 所示，将两条规格相同的内存条插入到相同颜色的插槽中，即打开了双通道功能（图 1-2-22）。

安装内存时，先用手将内存插槽两端的扣具打开，然后将内存平行放入内存插槽中（内存插槽也使用了防呆式设计，反方向无法插入，大家在安装时可以对应一下内存与插槽上的缺口），用两拇指按住内存两端轻微向下压，听到“啪”的一声响后，即说明内存安装到位。

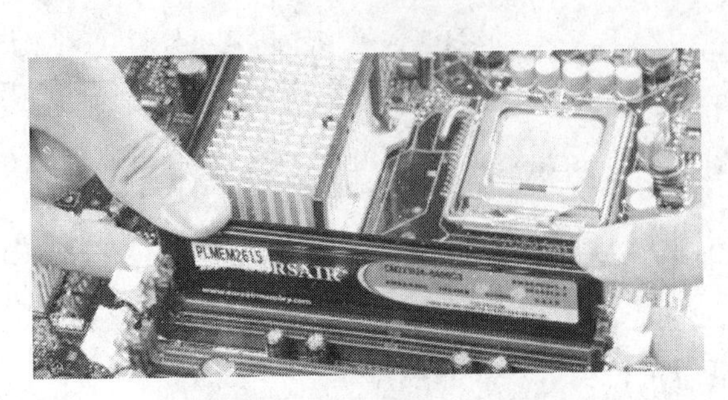

图 1-2-21　安装内存

图 1-2-22　双通道

在相同颜色的内存插槽中插入两条规格相同的内存，打开双通道功能，提高系统性能。到此为止，CPU、内存的安装过程就完成了，接下来，我们再进一步讲解硬盘、电源、刻录机的安装过程。

第四步：将主板安装固定到机箱中。

目前，大部分主板板型为 ATX 或 MATX 结构，因此机箱的设计一般都符合这种标准。在安装主板之前，先将主板垫脚螺母安放到机箱主板托架的对应位置（有些机箱购买时就已经安装），如图 1-2-23 所示。

双手平行托住主板，将主板放入机箱中，确定主板安放到位，可以通过机箱背部的主板挡板来确定（图 1-2-24）。

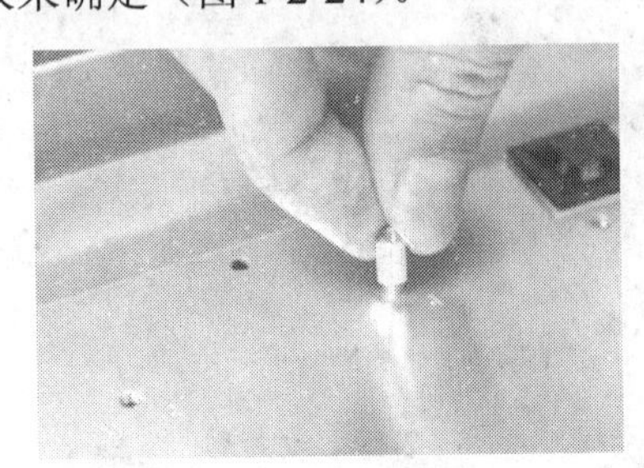

图 1-2-23　安装主板垫角螺母

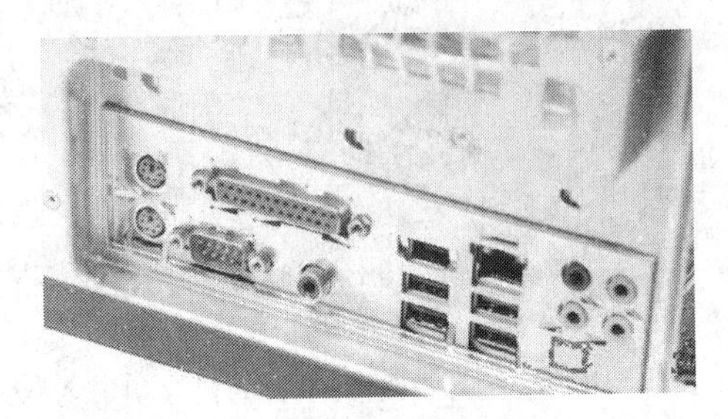

图 1-2-24　机箱后面板

拧紧螺丝，固定好主板（图 1-2-25）。在装螺丝时，注意每颗螺丝不要一次性拧紧，等全部螺丝安装到位后，再将每粒螺丝拧紧，这样做的好处是随时可以对主板的位置进行调整。

图 1-2-25　固定主板螺丝

主板放到机箱中，安装过程结束（图 1-2-26）。

第五步：安装硬盘。

在安装好 CPU、内存之后，我们需要将硬盘固定在机箱的 3.5 寸硬盘托架上。对于普通的机箱，我们只需要将硬盘放入机箱的硬盘托架上，拧紧螺丝使其固定即可（图 1-2-27）。

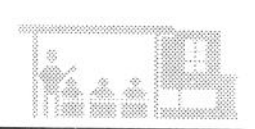

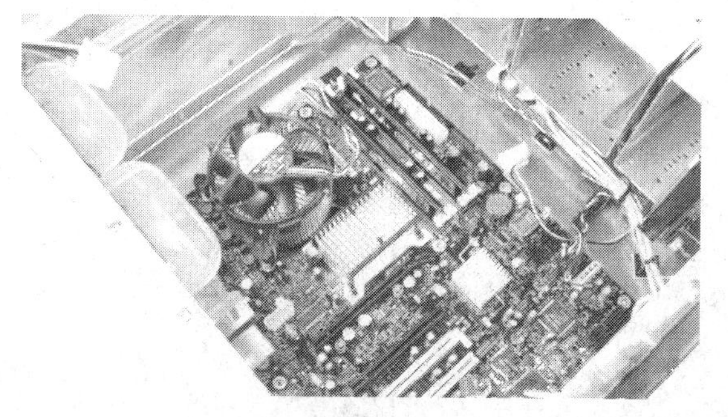

图 1-2-26 主板安装完毕

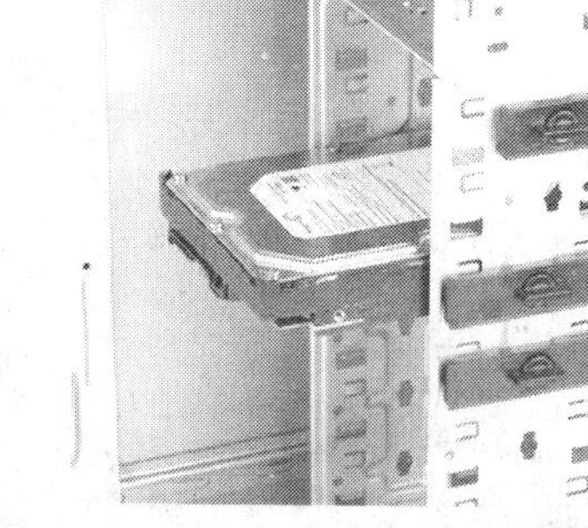

图 1-2-27 固定硬盘

第六步：机箱前面板控制线与主板端口的连接。一般来说，机箱前面板的连接上都进行了标注，这些线上的标注都是相关英文的缩写，并不难记。下面我们来一个一个的认识。

（1）电源开关（图 1-2-28）。

电源开关：POWER SW。

英文全称：Power Swicth。

可能用名：POWER、POWER SWITCH、ON/OFF、POWER SETUP、PWR 等。

功能定义：机箱前面的开机按钮。

（2）复位/重启开关（图 1-2-29）。

复位/重启开关：RESET SW。

英文全称：Reset Swicth。

可能用名：RESET、Reset Swicth、Reset Setup、RST 等。

功能定义：机箱前面的复位按钮。

（3）电源指示灯（图 1-2-30）。

电源指示灯：+/-。

可能用名：POWER LED、PLED、PWR LED、SYS LED 等。

图 1-2-28 电源开关

图 1-2-29 复位/重启开关

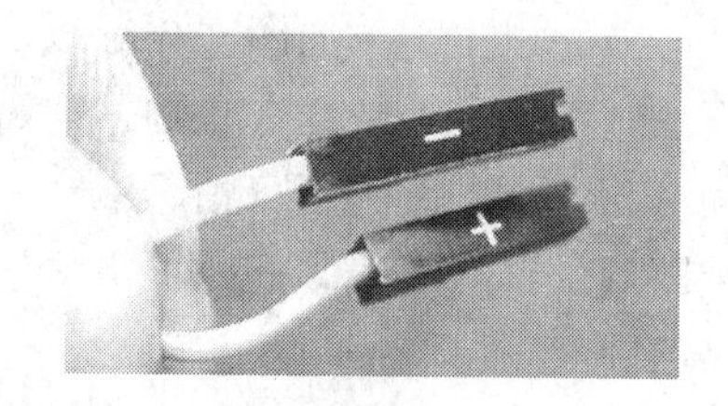

图 1-2-30 电源指示灯

（4）硬盘状态指示灯（图 1-2-31）。

硬盘状态指示灯：HDD LED。

英文全称：Hard disk drive light emitting diode。

可能用名：HD LED。

（5）报警器（图 1-2-32）。

报警器：SPEAKER。

可能用名：SPK。

功能定义：主板工作异常报警器。

图 1-2-31　硬盘状态指示灯

图 1-2-32　报警器

（6）前置 USB 接口（图 1-2-33）。

前置 USB 接口，一般都是一个整体。

（7）音频连接线（图 1-2-34）。

音频连接线：AUDIO。

可能用名：FP AUDIO。

功能定义：机箱前置音频。

图 1-2-33　前置 USB 接口

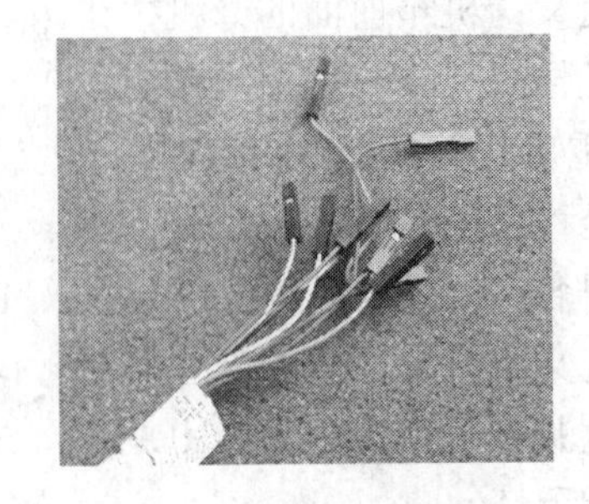

图 1-2-34　音频连接线

看完以上简单的图文介绍以后，大家一定已经认识机箱上的这些连线的定义了，其实真的很简单，就是几个非常非常简单英文的缩写。下面我们再来认识主板上的"跳线"。

机箱上的线并不可怕，80%以上的初学者感觉最头疼的是主板上跳线的连接，但实际上跳线的连接有很多规律，掌握这些规律，无论什么品牌的主板都不用看说明书而插好复杂的跳线。

哪儿是跳线的第一针（简写为 pin）？

要学会如何跳线，我们必须先了解跳线到底从哪儿开始数，这个其实很简单。在主板（任何板卡设备都一样）上，跳线的两端总是有一端会有较粗的印刷框，而跳线就应该从这里数。找到这个较粗的印刷框之后，就本着从左到右，从上至下的原则数就是了，如图 1-2-35 所示。

5. 9 针开关/复位/电源灯/硬盘灯定义

图 1-2-36 所示的这款主板和图 1-2-35 的主板一样，都采用 9 针开关/复位/电源灯/硬盘灯。

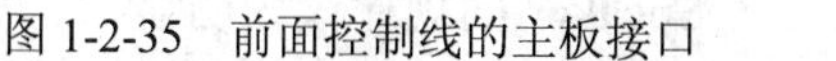

图 1-2-35 前面控制线的主板接口

图 1-2-36 机箱前面板控制线在主板上的接口

9 针的开关/复位/电源灯/硬盘灯跳线是目前最流行的一种方式，市场上 70%以上的品牌都采用这种方式，慢慢地也就成了一种标准，特别是几大代工厂为通路厂商推出的主板，采用这种方式的更是高达 90%以上。

图 1-2-37 是 9 针定义开关/复位/电源灯/硬盘灯的示意图，在这里需要注意的是其中的第 9 针并没有定义，所以插跳线的时候也不需要插这一根。连接的时候只需要按照图 1-2-37 所示的示意图连接就可以，很简单。其中，电源开关和复位开关都是不分正负极的，而两个指示灯需要区分正负极，正极连在靠近第一针的方向（也就是有印刷粗线的方向）。

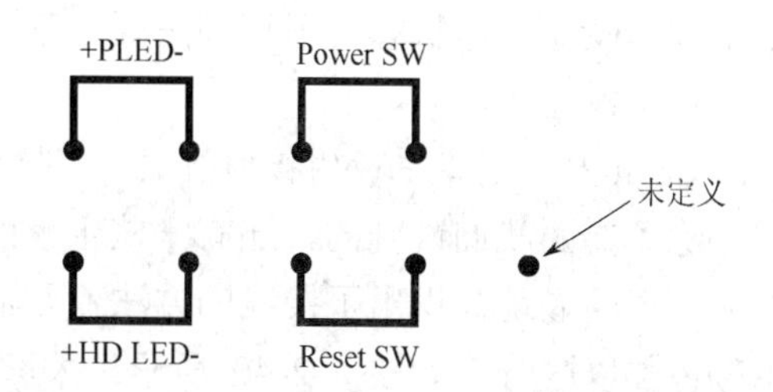

图 1-2-37 9 针面板连接跳线示意图

你能区分图 1-2-31 所示线的正负极吗？

还有一点，机箱上的线区分正负极也很简单，一般来说彩色的线是正极，而黑色/白色的线是负极（接地，有时候用 GND 表示）。

学到并且记住这些内容之后，你就可以搞定绝大部分主板的开关/复位/电源灯/硬盘灯的连接了，现在你可以把你机箱里的这部分线拔下来，再插上。一定要记住排列方式。为了方便大家记忆，这里我们用 4 句话来概括 9 针开关/复位/电源灯/硬盘灯位置（图 1-2-38）：

图 1-2-38 接口线序

1—电源开关；2—复位开关；3—Speaker；4—电源指示灯；5—硬盘指示灯

（1）缺针旁边插电源。

（2）电源对面插复位。

（3）电源旁边插电源灯，负极靠近电源跳线。

（4）复位旁边插硬盘灯，负极靠近复位跳线。

这么说了，相信你一定记住了！

6. 具有代表性的华硕主板接线方法

很多朋友装机的时候会优先考虑华硕的主板，但是华硕的主板接线的规律一般和我们讲到的不太一样，但是也非常具有代表性，所以我们在这里单独提出来讲一下。

图 1-2-39 就是华硕主板接线的示意图

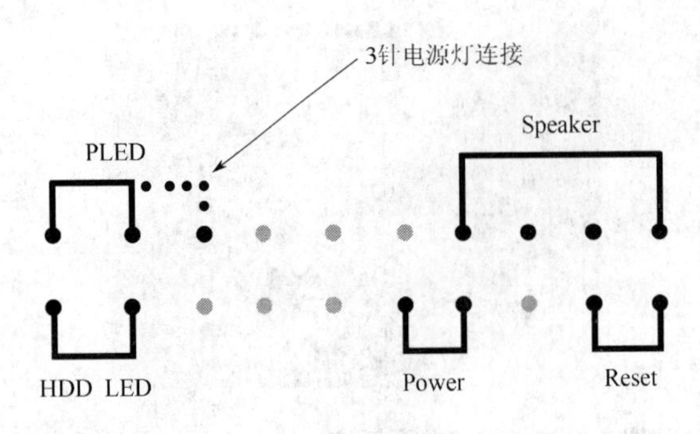

图 1-2-39　华硕主板机箱前面板接口

（散点表示没有插针），实际上很好记。这里要注意的是有些机箱的 PLED 是 3 针线的插头，但是实际上上面只有两根线，这里就需要连接到 3 针的 PLED 插针上，如图 1-2-39 的虚线部分，就是专门连接 3 针的 PLED 插头的。

下面我们来找一下规律。第一，Speaker 的规律最为明显，4 针在一起，除了插 Speaker，其他什么都插不了。所以以后看到这种插针的时候，我们首先确定 Speaker 的位置。第二，如果有 3 针在一起的，必然是接电源指示灯，因为只有电源指示灯可能会出现 3 针。第三，Power 开关 90%都是独立在中间的两个针，当然也可以自己用导体短接一下这两个针，如果开机，则证明是插 Power 的，旁边的 Reset 也可以按照同样的方法试验；剩下的就是插硬盘灯的了，注意电源指示灯和硬盘工作状态指示灯都是要分正负极的，实际上插反了也没什么，只是会不亮，不会对主板造成损坏。

7. 其他无规律主板的接线方式

除了前面我们讲到的，还有一些主板的接线规律并不太明显，但是这些主板都在接线的旁边很明显地标识出了接线的方法（实际上绝大多数主板都有标识），并且在插针底座上用颜色加以区分，如图 1-2-40 所示。大家遇到这样主板的时候，就按照标识来插线就可以了。

图 1-2-40　其他无规律主板的接线

看到现在，相信你已经明白了装机员用钥匙开机的秘密了吧，实际上也就是 Power 相应的插针进行短接，很简单。

8. 前置 USB 的接线方法

前置 USB 的接线方法实际上非常简单，现在一般的机箱都将前置 USB 的接线做成一个整体，大家只要在主板上找到相应的插针，一起插上就可以了。一般来说，目前主板上前置 USB 的插针都采用了 9 针的接线方式，并且在旁边都有明显的 USB 2.0 标志。

要在主板上找到前置 USB 的插针也非常简单，现在的主板一般都有两组甚至两组以上的前置 USB 插针（图 1-2-41 和图 1-2-42），找前置 USB 的时候大家只要看到这种 9 针的，并且有两组/两组以上的插针在一起的时候，基本上可以确定这就是前置 USB 的插针，并且在主板附近还会有标识。

现在一般机箱上的前置 USB 连线都是整合型的，上面一共有 8 根线，分别是 VCC、Data+、Data-、GND，这种整合的就不用多说了，直接插上就行。如果是分开的，一般情况下都根据红、白、绿、黑的顺序连接。如图 1-2-43 所示的这些线，虽然是整合的，但同样是以红、白、绿、黑的顺序连接。

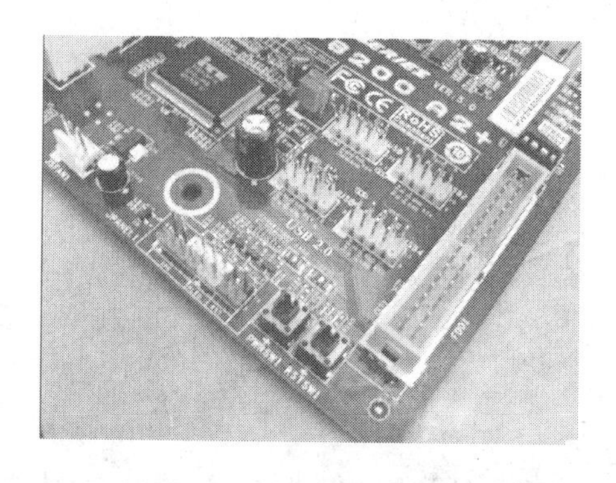

图 1-2-41　前置 USB 的插针（一）

图 1-2-42　前置 USB 的插针（二）

9. 前置音频连接方法

从目前市场上售卖的主板来看，前置音频插针的排序已经成了一种固定的标准（图 1-2-44）。从图 1-2-45（a）上可以看出，前置音频的插针一共有 9 颗，但一共占据了 10 根插针的位置，第 8 针是留空的。

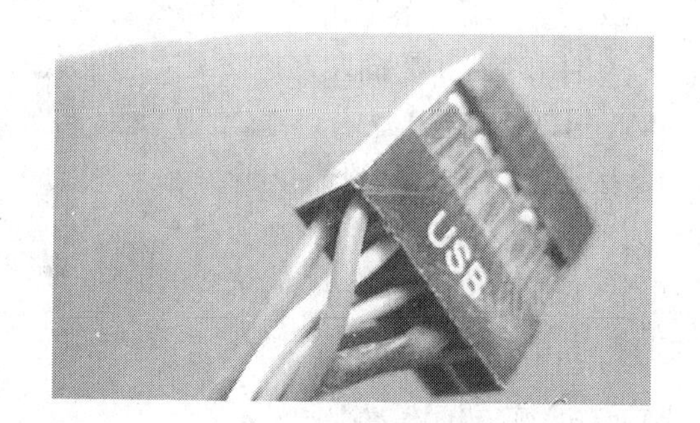

图 1-2-43　前置 USB 插头

图 1-2-44　主板前置 USB 接口

图 1-2-45（b）是比较典型的前置音频的连线，前置音频实际上一共只需要连接 7 根线，也就是图 1-2-45（b）中的 7 根线。在主板的插针端，我们只要了解每一根插针的定义，也就很好连接前置音频了。下面我们来看一下主板上每根针的定义。

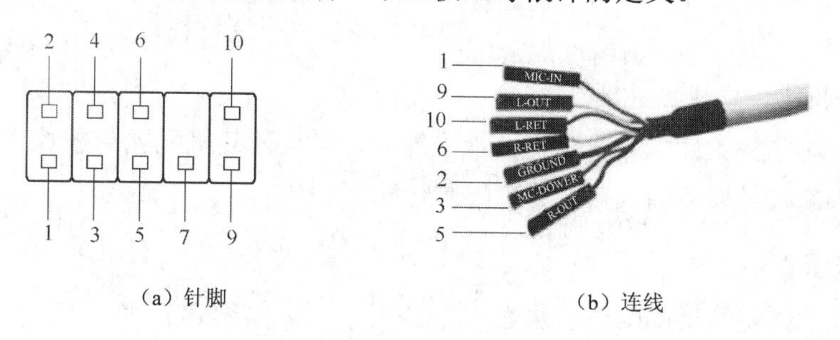

（a）针脚　　（b）连线

图 1-2-45　前置音频的针脚和连线

1——Mic in/Mic（麦克风输入）；

2——GND（接地）；

3——Mic Power/Mic VCC/Mic Bias（麦克风电压）；

4——No pin；

5——Line Out FR（右声道前置音频输出）；

6——Line Out RR（右声道后置音频输出）；

7——No pin；

8——No pin；

9——Line Out FL（左声道前置音频输出）；

10——Line Out RL（做声道后置音频输出）。

在连接前置音频的时候，只需要按照上面的定义，连接好相应的线就可以了。实际上，第 5 针和第 6 针、第 9 针和第 10 针在部分机箱上是由一根线接出来的，也可以达到同样的效果。

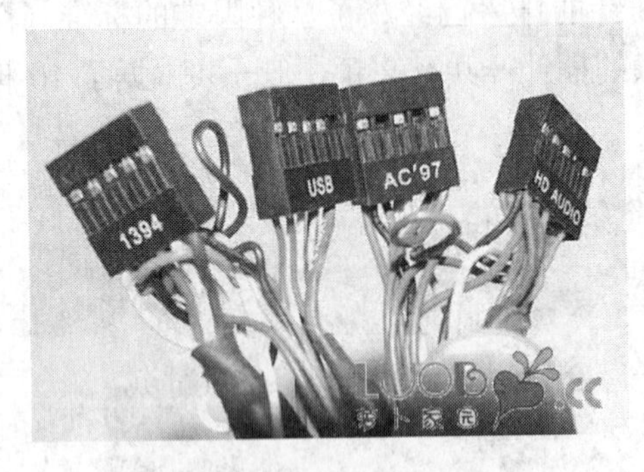

图 1-2-46　音频接口

看起来线有点多，但是同样非常好记，大家不妨按照笔者的方法去记。首先记住前 3 根插针，第 1 针是麦克输入，第 2 针接地，第 3 针是麦克电压，然后第 5 针和第 6 针插右声道，第 9 针和第 10 针插左声道。从上往下数就是，Mic in、Mic 电压、右声道、左声道，再外加一个接地，这么记就很简单了。

很多接线实际上都整合在一起，不用再为线序烦恼，如图 1-2-46 所示。

项目三　计算机组装配件的选购

【任务描述】

以装机配件所需为主线，加深理解计算机硬件组成；以配件选购为重点，深入学习计算机配件功能、性能指标、品牌及价格参考。提高装机配件选购能力和配置的设计能力。

【任务分析】

分析用户对电脑的性能需求及价位承受能力，以设计装机配置单来综合考虑配件选购及相互匹配关系。掌握电脑公司业装机配置技能。

【操作步骤】

如何设计购买组装电脑配置清单？

任务一　CPU 的选购

【任务描述】

了解 CPU 的类型及性价差异。

【任务分析】

掌握CPU的分类、与主板的兼容性、性能参考指标等购机原则。

【操作步骤】

原则：以客户的需求为第一位；看客户的期望价位。

首先需要了解装机的人的使用用途，是用来办公，还是个人使用。办公的话，配置要求可以不用太高（当然，如果想要高配置办公电脑，那就很简单了）。这类机器可以将重点安排在CPU上，显卡一般就可以，办公用主推INTEL CPU、集成主板，不要带显卡、声卡，不过要用好品牌，保障性能稳定。而个人使用的话，重点则可以放在显卡上。CPU一般就可以，因为游戏娱乐的时候，对显卡的要求多一点，特别是市面上主流的大游戏。游戏一般选用AMD CPU，便宜高效。

组装电脑的配件选择主要考虑各个部件的配合，是不是能把所有部件的潜能发挥出来。

CPU全世界就两个厂家，而且都在美国，是INTEL公司和AMD公司，看客户的需求，是工作用还是游戏用，做图（如CAD做图）一般都用酷睿，二级缓存大；如果主要用于游戏娱乐，一般选用AMD，速度快。网吧一般用AMD。

INTEL的酷睿以超频能力强、低耗能著称，入门级酷睿超频都比AMD 5000+黑盒强悍很多，而且酷睿新出的E8系列更是秒杀AMD全家，AMD超频功耗很大且不稳定。工艺上两者实力差别很大，INTEL市值最高时是AMD的千倍。不过一样的价格，AMD的一般好过INTEL的，AMD虽然效能不如INTEL，但性价比还是很高的。

在中低端（700元以下），AMD要比INTEL强很多，主要是AMD高频和游戏性能稍微比INTEL高；在高端酷睿E4500以上，任何一个CPU都比AMD强N倍，AMD主要向大众使用，高频游戏效果好所以在中低端产品中优势很大。

CPU的性能参考指标：

（1）主频。也叫时钟频率，单位是MHz（每秒百万次），用来表示CPU的运算速度。对于相同的系统而言，主频越高，表明CPU的运算速度越快，从i 80486DX2开始，主频=外频×倍频系数。

（2）倍频系数。指CPU主频和外频之间的相对比例关系，例如当外频100MHz时，如果用5倍频来运行，CPU的速度（主频）便是100×5=500MHz，现在INTEL公司生产的CPU基本上全部采用了倍频系数不能改变的锁频技术，因此，电脑发烧友对CPU超频只好采用提高外频的方法进行。

（3）L1 Cache。集成在CPU内部的一级高速缓存，容量有32KB、64KB、128KB等。Cache译为“缓存”，这是一种速度比内存更快的保存设备，它的功能是用来减少CPU因等待慢速设备（如内存）所导致的延迟，进而改善系统的性能。目前电脑内部有3种Cache，按照距离CPU核心的层数来分，包括L1、L2、L3。

（4）生产工艺技术。指在半导体硅材料上生产CPU时内部各元件间的连接线宽度，一般用μm表示，微米数值越小，生产工艺越先进，CPU内部功耗和发热量就越小。

（5）CPU内核和I/O工作电压。CPU的工作电压分内核电压和I/O电压两种。其中内

核电压根据 CPU 生产工艺而定，一般微米越小内核工作电压越低，I/O 电压一般都在 3V 左右，具体数值根据各厂家具体的 CPU 型号而定。

（6）接口标准。指 CPU 安装在电脑主板上时使用的插座类型。

（7）超频能力。超频就是在实际使用时让 CPU 工作在高于标准的时钟频率上。一般情况下，CPU 都能在正常工作电压下跳高一档主频运行。

（8）内存总线速度。指 CPU 与二级（L2）高速缓存和内存之间的通信速度。

（9）工作电压。指 CPU 正常工作所需的电压。早期 CPU 的工作电压一般为 5V，随着 CPU 主频的提高，CPU 工作电压有逐步下降的趋势，以解决发热过高的问题。

（10）地址总线宽度。它决定了 CPU 可以访问的物理地址空间，对于 486 以上的计算机系统，地址线的宽度为 32 位，可以直接访问 4GB 的物理空间。

任务二　主板的选购

【任务描述】

了解主板的类型、品牌。

【任务分析】

掌握主板的分类、与 CPU 的兼容性、内存主频的匹配、性能参考指标等选购配机原则。

【操作步骤】

选定 CPU 后，挑选主板，也可以根据主板挑选 CPU。

找一个能对上与你挑的 CPU 接口类型一致的板子，再看你自己对显卡的要求，如果要求不高，就用集成的（省钱），如果对显卡要求高，就选独立显卡、声卡，一般主板都集成网卡，板载的够用了。

联想所使用的主板一般都是精英、华硕、技嘉和微星，这 4 个牌子是中国的四大一线厂家，除了这 4 个牌子的主板全是垃圾牌子，其中联想使用精英和华硕牌子的主板多一些。

主板性能参考指标如下。

（1）CPU 插座。CPU 的插座是主板上最显眼的插座，其颜色一般为白色对应 CPU 插槽的接口方式，上面布满了一个个的“针孔”或“触脚”，而且边上还有一个拉杆。

（2）总线扩展槽。用来扩展电脑功能的插槽，一般用来插显卡、声卡、网卡等。

（3）内存插槽。用来安装内存的插槽。

（4）芯片组。协助 CPU 完成各种功能的重要芯片。

（5）BIOS 芯片。电脑的基本输入输出系统，记录电脑的最基本信息。

（6）硬盘接口。主要有 IDE 接口、光驱接口与硬盘接口。

（7）外设接口。主要包括输入/输出口、USB 口、并口、串口、PS/2 口。

（8）电源接口。主要用于给主板供电。

（9）CMOS 电池。用来给 BIOS 芯片供电，使基本的信息不丢失。

（10）控制指示接口。用来连接机箱前面板的各个指示灯、开关等。

主板品牌介绍如下。

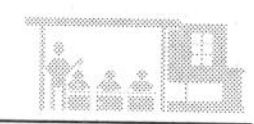

一线品牌：华硕（ASUS）、微星（MSI）、技嘉（GIGABYTE）。

准一线品牌：升技（ABIT）、磐正（EPOX）。

二线品牌：富士康（FOXCONN）、精英（ECS）、英特尔（INTEL）、青云（ALBATRON）、映泰（BIOSTAR）、承启（CHAINTECH）、建基（AOPEN）、佰钰（ACROP）。

二线品牌之隐士一族：艾威（IWILL）、大众（FIC）、丽台（LEADTEK）、钻石（DFI）、梅捷（SOYO）、新泰（SYNTAX）、威胜（VIA）。

三线品牌：华擎（ASROCK）、隽星（MBI）、倍嘉（AXPER）、硕泰克（SOLTEK）、硕菁（SOKING）、捷波（JETWAY）、科迪亚（QDI）、浩鑫（SHUTTLE）、博登（XFX）、海洋（OCTEK）、顶星（TOPSTAR）、金鹰（EAGLE）、翔升（ASZ）、信步（SEAVO）。

无能品牌：七彩虹、昂达、双敏、美达、奥美嘉、盈通、斯巴达克、祺祥、建达兰德、蓝科、同维、钛腾、双捷、三帝、建邦、红船……

杂牌：众成、致达、智盟、联冠、杰灵、科脑、冠盟、科盟、万邦龙、维斯达、捷嘉、华基、华美、天虹、丰威、红狐、银狐、翼驰、联胜、杰微、双硕、中凌、福扬、思普、博达、松立、辉煌、天域、赛风、致铭……，价格低，质量差，返修率高，最好别买。

垃圾主板：磐英、奔驰、佰钰、神六、五粮液。

任务三 内存的选购

【任务描述】

了解内存的类型。

【任务分析】

掌握内存的分类、与主板前端总路线的匹配、接口的兼容性、品牌、性能参考指标等选购配机原则。

【操作步骤】

内存没什么特别挑剔的。根据主板内存接口类型及性能支持范围，注意牌子和跟主板的兼容性及内存容量。注意品牌和售后服务优势，还有价格优选。

性能参考指标介绍如下。

（1）容量。DDR2、DDR3 常见的容量为 2G、4G，主板上通常都至少提供两个内存插槽。计算机中内存的总容量是所有内存容量之和。

（2）内存电压。DDR2 工作电压为 1.8V，DDR3 工作电压为 1.5V。

（3）存取速度。内存主频和 CPU 主频一样，习惯上被用来表示内存的速度，它代表着该内存所能达到的最高工作频率。目前市场上以 667MHz、800 MHz、1066 MHz、1333 MHz、1600MHz 为主。

内存的品牌介绍如下。

金士顿（KINGSTON）、威刚（ADATA）、宇瞻（APACER）、三星（SAMSUNG）、海盗船（CORSAIR）、金邦（GEIL）、金泰克（KINGTIGER）、胜创（KINGMAX）、芝奇（G.SKILL）、OCZ、现代（HYNIX）、PQI、创见（TRANSCEND）。

任务四　硬盘的选购

【任务描述】

了解硬盘的接口类型、品牌优劣、性价比。

【任务分析】

掌握硬盘的性能参考指标等选购配机原则。

【操作步骤】

硬盘的选购要看你要多大的，现在都用串口的，各种容量都有。转速最普遍的是7200r/min。

硬盘性能参数介绍如下。

（1）硬盘容量。硬盘内部往往有多个叠起来的磁盘片，所以说硬盘容量=单碟容量×碟片数，单位为GB，硬盘容量当然是越大越好了，可以装下更多的数据。要特别说明的是，单碟容量对硬盘的性能也有一定的影响：单碟容量越大，硬盘的密度越高，磁头在相同时间内可以读取到更多的信息，这就意味着读取速度得以提高。存储单位换算关系：

计算机内的所有信息都是以“位”（Bit）为单位表示的，一个位就代表一个0或1。每8个位（Bit）组成一个字节（Byte）。字节是什么概念呢？一个英文字母就占用一个字节，也就是8位，一个汉字占用两个字节。一般位简写为小写字母“b”，字节简写为大写字母“B”。

每一千个字节称为1KB，注意，这里的“千”不是我们通常意义上的1000，而是指1024。即1KB＝1024B。但如果不要求严格计算的话，也可以忽略地认为1K就是1000。

每一千个KB就是1MB（同样这里的K是指1024），即：1MB=1024KB=1024×1024B=1048576B这是准确的计算。如果不精确要求的话，也可认为1MB=1000KB=1000000B。另外需要注意的是，存储产品生产商会直接以1GB=1000MB，1MB=1000KB，1KB=1000B的计算方式统计产品的容量，这就是为何买回的存储设备容量达不到标称容量的主要原因（如320G的硬盘只有300G左右）。

每1024MB就是1GB，即1GB=1024MB，至于等于多少字节，自己算吧。现在我们搞清楚了，常听人说一张CD光盘是650MB、一块硬盘是500GB是什么意思了。打个比方，一篇10万汉字的小说，如果我们把存到磁盘上，需要占用多少空间呢？100000汉字=200000B≈195.3KB≈0.19MB。

随着存贮信息量的增大，现在有更大的单位表示存储容量单位，比吉字节（GB，Gigabyte），更高的还有太字节（TB，Terabyte）、PB（Petabyte）、EB（Exabyte）、ZB（Zettabyte）和YB（Yottabyte）等，其中，1PB=1024TB，1EB=1024PB，1ZB=1024EB，1YB=1024ZB。

（2）转速。硬盘转速（Rotationspeed）对硬盘的数据传输率有直接的影响，从理论上说，转速越快越好，因为较高的转速可缩短硬盘的平均寻道时间和实际读写时间，从而提高在硬盘上的读写速度；可任何事物都有两面性，在转速提高的同时，硬盘的发热量也会增加，它的稳定性就会有一定程度的降低。所以说我们应该在技术成熟的情况下，尽量选用高转速的硬盘。

（3）缓存。一般硬盘的平均访问时间为十几毫秒，但 RAM（内存）的速度要比硬盘快几百倍。所以 RAM 通常会花大量的时间去等待硬盘读出数据，从而也使 CPU 效率下降。于是，人们采用了高速缓冲存储器（又叫高速缓存）技术来解决这个矛盾。简单地说，硬盘上的缓存容量是越大越好，大容量的缓存对提高硬盘速度很有好处，不过提高缓存容量就意味着成本上升。

（4）平均寻道时间（Averageseektime）。意思是硬盘磁头移动到数据所在磁道时所用的时间，单位为 ms。平均访问时间越短硬盘速度越快。

（5）硬盘的数据传输率（Datatransferrate）。也称吞吐率，它表示在磁头定位后，硬盘读或写数据的速度。

硬盘品牌：希捷、西部数据（WD）、东芝（TOSHIBA）、富士通（FUJITSU）、三星（SAMSUNG）、日立、易拓。

任务五 机箱电源的选购

【任务描述】

了解电源优劣对计算机的不良影响。

【任务分析】

掌握电源的性能参考指标等选购配机原则。

【操作步骤】

电源是整台电脑的动力供应系统，如果说处理器就是人的大脑，那电源就是人的心脏。电源供电不足时，就好比心脏供血不足，全身乏力，部件运行也不正常。而电脑的组装选购中，电源又偏偏是容易忽视的硬件。电源选购参考指标主要体现在电源质量和电源功率两个方面。

在质量方面，与机箱一样，电源也有优劣之分。首先，优质电源手感沉重，而劣质电源手感很轻。相同功率下，采用被动式 PFC 的电源重量较重，采用主动式的 PFC 电源较轻，这是要先确定电源是主动式还是被动式再作判断。而优质电源变压器一般达到电源高度的 2/3，而且直径较大，劣质电源的变压器高度较低——达不到电源的一半高度，而且直径细小，这种变压器不能用于 12cm 的大风扇电源。优质电源都有两级 EMI 滤波电路，而劣质电源则省掉第一级 EMI 滤波电路或是全部省去。优质电源在低压输出端有较大的扼流线圈，至少是两个，且绕线规则。劣质的电源扼流线圈体积小，绕线不规则，且通常都是一个。

一个电源主要包括了 EMI 滤波、整流、高压滤波、PFC 电路以及电源风扇外壳等几部分，这几个部分的用料做工都会影响到电源的整体表现。一些劣质电源表面上看起来工作挺正常，并没有什么故障，但却“暗藏杀机”，使机器出现一些莫名其妙的故障。故障现象总结如下。

（1）电脑经常重启、死机、程序出错、音箱中有杂音。原因是电源中省去了 EMI 滤波器，导致电流输出不够稳定，来自电网的任何干扰都会使机器的正常运行受到影响，从而无法确保电脑配件稳定运行。

（2）认不出电脑配件，如硬盘、光驱等设备。由于劣质电源制造水平低下，加上成本

低廉，因此基本上能省的元件全部省去，在输出功率不足或不稳的情况下，很有可能发生一开机突然找不到硬盘、光驱等设备。

（3）硬盘出现坏道，光驱读盘能力大为降低。导致硬盘出现坏道的原因是平滑滤波器电容容量小，输出直流电压波纹大，导致硬盘转速不稳和磁头抖动，使得磁头与高速旋转的盘片碰撞，或由于劣质电源使用的元器件达不到标准要求，使用寿命大大缩短，在使用一段时间后，性能将会有所降低，从而导致+5V 供电输出不足或不稳，而硬盘和光驱正好使用+5V 供电输出，所以出现损坏和不稳定现象。对于许多使用老电脑的朋友来说，倘若经常遇到硬盘出现坏道的情况，不妨多留意一下是否电源出了问题？光驱读盘能力差的原因是电源功率不足，主要是开关管、开关变压器、整流二极管等器件功率小。光驱读盘时，主轴电机启动，使整机电流突然增加，如果电源功率不足，就会使供电电压（＋5V 和＋12V）降低，导致光驱中的控制电路工作失常。当然也可能由于劣质电源使用老旧元件，输出功率不足，从而导致电脑无法正常启动。另外散热条件不过关，也会导致出现死机等现象。

（4）掉电或闪电时，电脑极易损坏。事实上为了提升电能转换效率和确保输出电压稳定，正规电源都会带有 PFC（Power Factor Correct 功率因素调整）和 IC（Integrated Circuit 集成电路）电路。PFC 电路是 3C 认证强制要求具备的一个模块，是衡量一款优质电源的基本标准，可有效确保电脑配件的使用安全。没有了 PFC 电路，将大大增加配件的损坏几率。其实重量过轻的电源多半是省去了 PFC 电路，所以购买电源时不妨拿在手上掂量一下。IC 电路除具备调整输出电压功能之外，还带有开关控制功能，提供过压/欠压、过流、过载/欠载以及短路保护等功能。如果 IC 电路保护功能不完备的话，在电脑突然掉电或遇到闪电袭击时，则非常容易损坏。

（5）CPU 超频能力减弱。这是由于电源品质不过关而引起的。这里面即包括购买了额定功率偏小的名牌电源，也包括购买了输出功率无保障的劣质电源。由于 CPU 超频时，耗电量将会大幅增加，而当电源输出功率不足甚至不达标时，将根本无法满足 CPU 超频需要。

（6）音箱杂音过大。由于劣质电源滤波功能奇差，加上电路品质也不过关，因此导致主板内出现杂讯电流，声卡很容易出现杂音过大的毛病。

在电源功率方面，一般来说，如果是集成显卡的电脑，那么装配一个额定功率 200W 左右的电源就足够了。如果双核带上一般的独立显卡，250W 的额定功率能够满足需求。如果显卡是独立供电，而且处理器比较高端的双核，那么额定 280～300W 是足够的。如果是四核，配置高性能独立显卡，那么则应该配备额定功率 350W 以上的。这里有两个要注意的地方：第一，电源普遍都有虚伪标注情况存在，尤其是现在奸商喜欢用峰值来说功率；第二，在性能方面，以四核带显卡为例，300W 能够带动电脑运行，但是考虑要以后的电脑需要有大负荷工作量时，应该以额定功率 350W 为宜。

用户的组装电脑，使用一段时间后，可能因为性能需求会升级一些相关部件，这种升级也会时常因电源功率供给不足引发一些莫名其妙的故障，以下结合操作中具体故障现象进一步说明选购电源时，注意对电源品质和功率输出能力认知的必要性。

故障一：硬件交差组合配机后（相当于升级硬件），系统根本点不亮。

这是一种非常严重的故障，系统点不亮，则代表我们根本无法使用升级后的电脑。如果是更换显卡、CPU、主板之后，出现这种问题，而利用排除法判断升级之后的硬件无故

障，则表明电源供电严重不足或不符合规范。

当然，如果在升级之前，在没有对主机配件进行调整的前提下，出现这样的情况有可能是电源烧了。判断方法很简单：把由电源盒引出，给主板供电的插头上的绿色线和任一黑线短接，如果电源风扇起转，就说明电源是好的，否则，电源必定出现故障导致无法工作。另外还有一种表现是有时能正常开机，有时又不能，有时要按几下电源开关才能开机。

故障二：电脑能够点亮但却无法进入操作系统。

这种故障并不少见，一般情况下，升级硬件之后，系统可以正常开机和自检，存储设备都可以被正常认出，而在登录 Windows 系统过程中就出现了这样那样的问题。有时在启动画面那里就定格不动，有时则会在启动进度条滚动几圈后自动重启，总之无法进入系统。就算难得有一次能顺利进入 Windows 系统，跑不了几个程序也会出现自动重启的现象。这样的情况已经严重影响我们正常使用电脑，这也就是我们所谓的最令人头痛的“升级后遗症”。

一般情况下，故障原因是由于升级后电源不符合规范或供电不足引起的。这种故障常常被忽视，不容易排查，也是比较棘手的，唯一的解决办法只有更换更高版本和更大功率的电源。

在这种情况下，受电源供电不足所影响的配件，就不再是存储产品，而祸及到主板、CPU 和内存。无论是进入系统时死机还是在使用过程中经常无故重启，很有可能是电源规格太旧，不符合 CPU 和主板对电源规范和功率的要求。这样工作下去，不但大大影响我们对电脑的使用效率，还会对主板、CPU 和内存造成不良的元件损毁。主板的短路和爆电容现象，很多时候就是因为使用不符合规范的电源，由供电不足的电源引起的。

故障三：升级硬盘之后系统无法启动。

这种故障常表现在旧电脑连接多个设备或给机器挂接多块硬盘或升级硬盘后，重新启动电脑，无法正常进入系统，系统提示找不到硬盘，无法通过自检进入系统。刚开始怀疑硬盘有问题，于是装到其他的机器上之后，能够完全识别，借助其平台将硬件格式化之后，装到自己的电脑中错误提示仍旧如故，系统依然出现找不到硬盘的提示。经过排查之后，发现电源供电严重不足，更换电源之后，故障排除。

以上案例说明，不要小看一块硬盘，其对供电要求也是相当严格的。当你进行完硬盘升级的工作，并且可以正常开机使用，但是有时在开机之后会在自检画面那里停止的，系统提示你的一个或者几个 IDE/SATA 存储设备不能通过启动自检。如果检查数据线和电源连接正确，并且数据线和主板的 IDE/SATA 接口没有问题的情况下，你不妨将目光放到电源上面。

这种故障通常还会出现在更换光驱之后，一般情况是电源供电不足，也可能是在电源老化的情况下增加了存储设备，如采用“双硬盘+单光驱”、“单硬盘+光驱+刻录机”这样的搭配。更换/增加了存储设备，都会对电源本身增加了负担，在功率不足的情况，个别存储设备所对应的那组电源线失去供电，设备就不能正常工作，在开机自检的时候不能被正常认出就时有发生。

另外，搭配太多存储设备，或者是电源功率太低，在供电方面不能应付新款存储设备，还有可能对存储设备造成损坏。有些用户在进行完升级之后，发现硬盘时不时会发出“咯咯”的怪声，光驱和刻录机在读盘的时候经常进入死循环，只有按出仓键终止读盘的操作，才能重新得到操作权。这个时候用户就一定要注意，这种情况持续下去的话，硬盘等设备可能会出现永久性的损坏，因为它们的“不正常”运行是由于供电不足所造成的，大家应尽量避免让硬盘工作在低电压的环境下。

要解决这类问题，治标的方法是减少搭载的存储设备，不常用的硬盘和光驱，最好拔掉它们的电源线和数据线，而治本的方法当然是换一个更大功率的电源。

故障四：运行游戏时经常被弹出或死机花屏。

时常听到游戏玩者报怨，电脑状态十分不稳定，时不时地会死机花屏，有时会自动弹出，有时则会出现重新启动，而在运行其他游戏时则无此现象。重新安装最新的显卡驱动之后，依然不能解决问题。

对电脑进行认真检查，并没有发现有什么问题。将朋友电脑中的主板、显卡与 CPU 安装到自己的电脑中，在运行极品飞车时也没有出现这样的问题。通过排除法，最终确定朋友的电源存在问题，是一款使用了近 5 年的老款电源，功率仅为 220W，更换电源之后问题解决。

像这种故障并不多见，尤其是在大部分工作都能顺畅运行时。然而，有一部分电脑游戏，它们对硬件性能的要求并不会太高，但对于系统整体稳定性的要求就比较苛刻。长期以来，总是时常有学生反应在家中玩时，有时会出现死机花屏，甚至是被直接踢出游戏的情况。他们曾经尝试升级显卡驱动和改善主机散热环境，但是问题依然存在。

其实，在排除显卡本身有问题的前提下，这样的故障很多时候是由于电源对主板的显卡插槽供电不足所造成。如果显卡插槽供电严重不足，主机就根本开不了机或者是开机就报警。在更多的实例中，电源对显卡插槽的供电足够应付开机，但是在运行 3D 游戏的时候，问题就会出现，因为这个时候显卡是在全负荷工作中，对于电源供应的需求明显会大于开机的时候，在供电不足的情况下就会出现死机、花屏，甚至被踢出游戏。这种情况多是出现在新显卡插在旧主板上面使用，有不少人以为显卡能插到主板上面就能用，但实际上旧主板和旧电源，再配给新款显卡，往往就会出现插槽供电不足的情况，这样显卡本身也是有损害的。

另外，当前很多新款显卡都需要外接电源，包括常用的电源接口和特殊的 6 针显卡电源接口。如果老电源没有这样的接口，或者是用户没有用电源接口接到显卡上面，有可能会直接开不了机，也有可能是能开机但不能进行“玩 3D 游戏”这样大功耗的操作，问题其实是出在电源对显卡的供电不足。

故障五：显示内存地址错误。

我们在 Windows 平台遇到内存地址报错的情况，相信很多用户都见过，一般来说大家会马上想到内存是不是出问题了，不过在刚进行完升级操作的新平台上面，出现这样的情况其实就预示着有可能是内存槽供电不足，或者是主板的内存控制电路有问题，造成内存在工作不正常。

主板厂商都十分看重 CPU 的供电部分，采用了大容量电容来稳压，确保主板的 CPU 电路工作正常。而对于内存槽和内存电路，就明显没有 CPU 那样受到重视。由于电源方面的原因，造成主板内存电路短路，内存控制芯片烧掉、内存槽损坏，或者内存芯片被击穿。

而内存地址报错，其实就是一个信号，如果不及时对电源供应方案进行调整，上面提到的几个硬件故障，很容易就会发生。

要知道，无论是主板的内存控制芯片、内存供电电路还是内存槽，一经损坏是很难维修的，主板其实就报废了。至于内存，在上面几项配置有问题的情况下，是很难正常工作的。在升级了主板之后，如果坚持使用老电源，往往就会出现对内存槽对内存供电不足的情况。虽然主板和内存不一定马上就烧掉，但使用过程中就会出现内存报错的情况，长期这样下去的话，主板和内存损坏的几率应该是挺高，希望升级用户在这方面要多加留意。

这些只是劣质电源在机房出现的常见故障，如果您在网络上搜索一番，还会发现很多由电源引起的祸端，有些故障甚至匪夷所思，总而言之，千万不要因小失大，劣质电源的危害性是相当大的。

知名电源品牌榜中榜/名牌电源（据网络调查）包括康舒（ACBEL）、台达电源、酷冷至尊电源、鑫谷（SEGOTEP）、TT（THERMALTAKE）、航嘉（HUNTKEY）、大水牛电源、长城（GREATWALL）、金河田电源、多彩（DELUX）、技展电源、爱国者、全汉（FSP）、朝阳电源、富士康（FOXCONN）、百事得（BEST-TOP）、银欣（SILVERSTONE）、世纪之星等。

任务六 光驱的选购

【任务描述】

了解光驱选购参考标准。

【任务分析】

掌握光驱的选购原则。

【操作步骤】

光驱主要分刻录和只读两种，每一种又有外置和内置两样。家庭使用以内置为主。

光驱从 CD 发展到 DVD，第三代蓝光光驱也上市了，只是价格昂贵，碟源很少。还不到普及的时候，所以现在购买可选购一款 DVD 刻录机，只比 DVD 光驱贵不到 50 元。

光驱选购原则如下。

（1）以“读盘舒服”为优先原则，即纠错第一。DIYer 在长时间的电脑使用中，非常需要一台纠错率好、读盘舒畅的优质光驱。光驱的纠错率拥有强劲的威力时，一路通畅无障碍，自然就会给你的使用带来好心情。笔者强烈建议在选购光驱时，自备劣质 D 盘、SVCD 光盘数张，别怕麻烦，多测试一下。因为许多品牌的光驱都自称读盘好，但事实并非如此，通过测试，笔者感觉市面上读盘效果好的光驱有 Acer40X、大白鲨 44X Ⅱ 和大白鲨第四代、源兴 40X、虎鲨 44X、48X、NEC 40X 等。购买时，建议做一些比较，因为有些时候名牌光驱也有技术不佳的产品（主要是指碎盘和烧盘技术没有解决），一般主要问题都产生在高倍速光驱上，如顺新 50X、华硕 48X、SONY50X 等都存在同样的问题。

（2）最好选择三洋光头、全钢机芯、磨砂钢质的光驱。光驱的机芯和材质一定要选的，它对光驱的寿命和读盘能力起着相当大的作用。由于现在 PC 机箱内高温、高压的严酷环境，对于光驱材质上的选择绝对是相当重要的。笔者建议三洋光头、全钢机芯、磨砂钢材是 DIYer 最佳的选择。就材质而言，A 级的钢材是大家的上上之选，用起来不但舒服自在，拿起来也非常有质感，绝对优于塑料材质。目前，市面上好像只有大白鲨第四代一款光驱采用的是这种 A 级钢材（相对成本较高）。

（3）随时保持光驱的最佳状态。光驱在电脑配件中算是个精密配件，里面的部件最多时可达到 50 多个。因此，笔者建议：①使用者一定要使用稳定的电源电压，如果采用不稳的电源产品就会造成 ACT 线圈因过流发热，引起支架烧坏镜座变形、被卡住、光头烧毁等。②使用者尽量不要使用有质量问题的盘片，如盘片的平面度不符合标准、刮伤、划痕、基准面有毛刺、脏等，则会使 L/H 移动速度增加，L/H 移动更多的距离，这样会产生过电流，从而引起发热，烧坏光头。毕竟光驱是消耗品，能用到两年以上，就是好光驱了。

（4）一定要与大型的、售后服务好的企业打交道。由于：①目前的光驱竞争比以往任何时候，任何其他配件的竞争都更激烈，许多公司做光驱的利润（很多厂商的利润为 5 元/个左右）都已经很低，因此，不可能在各地提供相应的服务。②由于 CD-ROM 正在向 DVD 转型，厂商的侧重点发生偏移，CD-ROM 零配件不足，造成很多光驱的故障率很高，但又因为没有配件而不能维修。所以，购买小厂商出品的光驱就会面临着自己有问题的光驱找不到保修的商家的现实问题。因此，笔者建议光驱购买者一定要与大型的、社会上有知名度的、售后服务好的企业打交道，因为只有大企业的服务才有实惠、有保障，使光驱的寿命能充分延长。所以，你要是看到一家长期存在的公司（大公司）做光驱产品的话，购买其产品应该不会有大问题；如果你发现哪家公司在支持和服务方面突然大幅度下降，那么你就要提高警惕了。

（5）光驱的保养很重要。在现在的光驱机械中，几乎近 90%的损坏都是因为零件材料疲劳。许多光驱的损坏是由于：①塑料零件多。②光驱内部温度高，散热不好，使光驱零件长期受高温灼烤。③光驱转速快，在高速风流作用下，发生疲劳。④零件材料质量不高。⑤经常长时间读取破损光盘。因此，光驱买回家后，使用时要注意防尘，要时常清理、保养，避免零件老化、疲劳。另外，光驱和人一样需要休息，当你发现光驱过烫、使用时间过长时，就要适当休息，以延长光驱寿命。

2012 年光驱品牌排行榜：华硕、先锋、三星、索尼、联想、明基、建兴、LG、惠普、微星、阿帕奇、飞利浦、惠泽、IBM、松下、技嘉、飚王、浦科特、IT-CEO、瀛通、纳伟仕、EMC Iomega。

任务七　显示器的选购

【任务描述】

了解显示器的类型。

【任务分析】

掌握显示器的性能参考指标。

【操作步骤】

显示器（Display）是微型机不可缺少的输出设备，用户通过它可以很方便地查看送入计算机的程序、数据、图形等信息及经过计算机处理后的中间结果、最后结果。显示器是

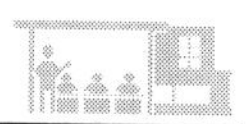

人机对话的主要工具。按显示器物理构造可分为 CRT 与 LCD、PDP，即阴极射线管显示器、液晶显示器和等离子显示器 3 种类型。

显示器的分辨率一般用整个屏幕上光栅的列数与行数的乘积来表示。这个乘积越大，分辨率就越高。现在常用的分辨率是 1024×768、1280×1024、1440×900 等。

显示器必须配置正确的适配器（俗称“显示卡”）才能构成完整的显示系统。显示卡较早的标准有 CGA（Color Graphics Adapter）标准（320×200，彩色）和 EGA（Enhanced Graphics Adapter）标准（640×350，彩色）。目前常用的是 VGA（Video Graphics Array）标准。VGA 适用于高分辨率的彩色显示器，其图形分辨率在 640×480 以上，能显示 256 种颜色。其显示图形的效果相当理想。在 VGA 之后，又不断出现 SVGA、TVGA 卡等，分辨率提高到 800×600、1024×768，而且有些具有 16.7 兆种彩色，称为“真彩色”。

显示器的品牌包括冠捷（AOC）、三星、飞利浦、LG、明基（BenQ）、优派（ViewSoinc）、长城（GreatWall）、索尼（SONY）、DELL 显示器等。

选购关注一：创新时尚。

选购经验：显示器外观很重要，精致细腻的做工以及人性化的设计反映出显示器出身名门，用户选购时仔细观察外观就能对产品的品质有一个最直观的浅层了解。

选购关注二：面板品质。

液晶面板最常见的瑕疵是“坏点”，所谓“坏点”就是指液晶面板上的那些不能产生颜色变化的像素点。根据坏点数量的多少，液晶面板分为 A、B、C 三个等级，通常坏点数量在 5 个以内的液晶面板为 A 级，坏点数量在 5～10 个之间的属于 B 级，坏点数量在 10 个以上则属于 C 级面板。

选购经验：将液晶显示器的亮度和对比度调到最大让显示器成全白的画面，然后再将亮度和对比度调到最小让显示器成全黑的画面，就能很容易地找出无法显示颜色的坏点。

选购关注三：亮度和对比度。

亮度和对比度是对画面质量影响最显著的两项指标，通常在产品规格中都会标示。目前大多数液晶显示器亮度都为 300 流明，也有一些顶级产品达到 500 流明。对比度则是最大亮度和最小亮度值的对比值，对比度越高，图像越清晰。

选购关注四：响应时间和可视角度。

大家还记得老式液晶显示器的“拖尾”现象吗？那就是因为响应时间过长造成的。响应时间是液晶显示器各像素点对输入信号反应的速度，响应时间越小，像素反应越快，如果响应时间过长，在显示动态影像时就会有较严重的显示拖尾现象。目前主流的液晶显示器响应时间为 5ms，高端产品达到了 2ms 甚至更短。

任务八　显卡的选购

【任务描述】

了解显卡性能参考标准。

【任务分析】

掌握显卡的选购原则。

【操作步骤】

显卡又称显示器适配卡，现在的显卡都是3D图形加速卡。它是连接主机与显示器的接口卡。其作用是将主机的输出信息转换成字符、图形和颜色等信息，传送到显示器上显示。现在多数主板是集成显卡的。要获得高品质的游戏画面体验，还要配置高性能的独立显卡。

1. 显卡性能参考指标

（1）显示卡芯片包括NVIDIA Geforce系列、Radeon系列、Pcx系列、Volari系列、Quadro系列、Xabre系列。

（2）显存类型包括SDRAM、DDR、DDRⅡ、DDRⅢ。

（3）显存容量为512MB～2GB。

（4）显存位宽为128～512bit。

（5）总线接口包括PCI、PCI-E16X、AGP2X、AGP4X、AGP8X。

（6）品牌选择有硕泰克（Soltek）、华硕（ASUS）、GIGABYTE、技嘉、小影霸、微星（MSI）、丽台（Leadtek）、美达（MIDA）、nVIDIA、昂达（ONDA）、奥美嘉（AOMG）、精英（ECS）。

2. 如何选购显卡

在各种电脑配件中，显卡无疑是最受关注的产品之一，因为显卡的性能直接影响到3D游戏的运行效能。如果您所钟爱的游戏无法流畅地运行，很多情况下意味着您需要考虑升级显卡了，而且升级显卡也远比主板、CPU要方便得多。

不过显卡的规格在各种配件中也是最为复杂的：显卡核心GPU就要分三六九等和各式新旧款型，再加上显存容量、位宽大小不同并且需要考察显卡做工的好坏——每次用有限的资金去升级还真是让人头痛。所以如何选购一款合适的显卡也成为很多用户关注的问题，下面给大家列出10条显卡选购建议供大家参考，不要被商家给出的看似非常诱惑的条件给迷惑了双眼。

（1）不要迷信显存容量。大容量显存对高分辨率、高画质设定游戏来说是非常必要的，但绝非任何时候都是显存容量越大越好。给X700或者6600配备512MB显存就像给普通轿车装备一个25L油箱一样，只能显得不伦不类。很多时候，大容量显存只能在规格表上炫耀一番，在实际应用环境中多余的显存不会带来任何好处！

最近大家比较关注的可能就是7300GT/7600GS属性的128MB GDDR3和256MB GDDR2谁更超值的问题。许多人先入为主地认为256MB肯定要优于128MB，事实情况虽然是很多游戏占用显存都要超过128MB，但DDR3显存的速度几乎要超过DDR2一倍，所以高频率完全能够弥补容量的不足，在绝大多数游戏中，128MB DDR3都要强于256MB DDR2。另外，由于DDR3版显卡的超频能力非常出色，而且DDR3版显卡的PCB设计和做工都要优于DDR2版。所以建议：同价位下优先选择7300GT/7600GS 128MB GDDR3，只有更便宜一些的DDR2版才值得购买！

（2）GPU才是关键，认清版本型号。不可否认显存很重要，但显卡的核心是GPU，就如同人体的大脑和心脏。看到一款显卡的时候，我们第一个要知道的也就是其GPU类型。不过我们要关注的不仅仅是NVIDIA GeForce或者ATIRadeon，还有型号后边的GTX、GT、GS、LE和XTX、XT、XL、Pro、GTO等后缀，因为它们代表了不同的频率或者管线规格。

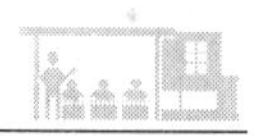

幸运的是，现在我们面前摆着极其丰富的产品线。

另外，还需要注意除了 NV/ATI 官方的显卡后缀之外，许多显卡厂商可能会自行更改显卡命名，比如影驰的 7600GE、Inno3D 的 7600GST，表示显卡核心为 7600GS，但却拥有媲美 7600GT 的性能！这些显卡自行更改命名就是为了吸引消费者眼球，不过性价比确实相当出色！

（3）管线、顶点和频率。GPU 核心频率、管线数量、着色单元数量基本可以代表一款 GPU 的性能。在统一架构来临之前，我们面临着像素管线和顶点管线，其中前者尤为重要。低端显卡通常有 4 条像素管线，中端 8～12 条，高端 16 条或更多。核心频率自然是越高越好，但两相比较，像素管线数量更为关键。400MHz 加 8 条管线要比 500MHz 加 4 条管线强很多很多。

如果不是特别在意价格，笔者建议购买 8 管线的 7300GT 或者 12 像素单元的 X1600Pro，而不是 4 管线的 7300GS/X1300，3D 性能可以提高整整一个档次！

（4）（几乎）任何时候都是购买显卡的好时机。NVIDIA 与 ATI 激烈竞争的后果就是每隔 12～18 个月我们就能看到全新的显卡系列，同时伴随着一批旧品的淘汰，生产商也不断提供越来越多的功能和特性，不过任何新技术的推广都需要时间，也要认清自己的实际需要，像 H.264 高清视频加速或者 ShaderModel3.0 等并不是每个人都必须得到的。

另外，任何产品终究都要被淘汰，所以一味担心跟不上潮流的态度并不值得肯定，想要第一时间跟上 NV/ATI 的步伐只能说是被牵着鼻子走！任何时候都会有适合自己（所玩游戏）的一款产品，而且在购买之后的很长一段时间内，它都能满足你的绝大部分需要，等你觉得显卡有些力不从心之时，你会发现它已经完全体现了自身的价值。

（5）不要盲目选购高价位的产品，要考虑多花的钱是否对得起换回来的性能。最新的高端显卡价格都在 4000 元以上，但在 2000 元的价位也有很多高性能显卡，而且往往是性价比最高的价格段。高端产品的确能给你带来最好的性能，但也会花去太多的钞票，如果仔细对比性能您会发现多花一倍的钱可能只能换回来 50%不到的性能！

所以除非您是发烧友，否则没必要购买顶级显卡，次高端显卡已经很强了。

（6）散热可以人为控制，功率需要注意电源。显卡性能不断提升的代价就是需要越来越强劲的电源供应，显卡配备单独的电源供应模块已经稀松平常，显卡专用电源也已经推出。中高端显卡一半需要 400W 或 450W 电源，而 SLI 和 CrossFire 等双卡并行则推荐至少 550W。所以大家在关注显卡发热、散热的同时，功率也是不容忽视的一个方面，如果买了新显卡老出一些莫名其妙黑屏或不稳定问题，那可能是电源带不起的原因，或许您在选购显卡时就应该稍微留意现在显卡功耗的大致水平。

（7）难于选择换平台还是只升级显卡，AGP 还是 PCI-E。自 PCI-E 在两年前推出以来，已经逐渐取代 AGP 成为显卡接口的主流，可提供 2～4 倍的带宽。虽然显卡厂商仍不断推出 AGP 接口的产品，如 GeForce7800GS 等，但价格比较昂贵，升级真不如全套平台都换。

不过千元以下的 AGP 显卡还是值得老用户升级的，毕竟换一块显卡比整套平台都换容易得多，而且节省投资。

（8）双核心、SLI 和 CrossFire。NVIDIA 在 2004 年率先推出了 SLI，ATI 也在 2005 年

以 CrossFire 跟进。两者都需要合适的主板、高质的内存、强劲的电源、相应的软件才能带来超高的性能，当然同时也需要不少开销。随着时间的推移双卡互联技术已经相当成熟，两块中低端显卡的性价比甚至要强于单块高端显卡，所以 SLI/CrossFire 双卡是高端用户的又一种选择！

而在 SLI 逐渐推广之后，NVIDIA 最近又推出了 QuadSLI，不过尚处于初期阶段，目前还不够成熟，不过双核心的 7950GX2 无论性能、兼容性还是易用性都非常出色，是发烧玩家很好的选择。

（9）不要迷信集成显卡，看自己的需要而定。显卡的另一种分类是独立显卡和整合显卡。如果你平常只是上网或者进行文字处理，整合显卡就足够了，没必要再破费。

不过要玩游戏还是不要对集成显卡的 3D 性能抱多大期望，虽然现在的集成显卡规格完全能够跟上主流，但受限于自身规格（晶体管所限）以及共享显存，要流畅玩主流游戏就需要降低分辨率、牺牲很多视觉效果，您会失去不少游戏乐趣，所以想要玩游戏的朋友多花 300～400 元购买一块低端显卡也要比集成显卡强很多。

任务九　打印机的选购

【任务描述】

了解打印机的类型及性能参考指标。

【任务分析】

掌握打印机的类型及特点、耗材成本与打印机价位选购关系。

【操作步骤】

打印机（Printer）是计算机的输出设备，用于把文字或图形在纸上输出，供阅读和保存。打印机按工作机构可粗分为两类：击打式打印机和非击打式印字机。其中微机系统常用的点阵打印机属于击打式打印机。非击打式的喷墨打印机和激光打印机，目前应用越来越广。

一、打印机种类及特点

打印机种类及特点见表 1-3-1。

表 1-3-1　　打印机的种类及特点

打印机类型	大　小	速　度	彩　色	分 辨 率	特　点
针式打印机	宽行/窄行	慢	单色	180～360	多层套打，噪音大
喷墨打印机	A4/A3	较慢	彩色	360～1440	对纸张要求高，噪音小
激光打印机	A4/A3	快	单色、彩色	600～2400	对纸张要求低，噪音小
多功能一体机	A4/A3	中等	单色、彩色	360～2400	打印、复印、扫描（传真）

二、打印机的价格、耗材与运行成本

打印机的价格、耗材与运行成本见表 1-3-2。

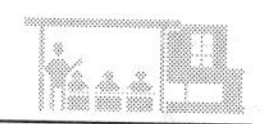

表 1-3-2 打印机的价格、耗材与运行成本

打印机类型	价格/元	耗材价格/元	单位耗材打印数	单页成本/元
针式打印机	1000～2000	10～50	500	0.02
喷墨打印机	100～3000	50～200	120～300	0.35～0.6
激光打印机	800～10000	100～1000	1500～2500	0.06～0.3
多功能一体机	3000～N 万	100～1000	2000 左右	0.05 左右

耗材如果使用国产通用耗材，成本及单价会下浮约 30%～80%不等。注意以上数据都是大约值，不同机型数据也不同。

三、如何选购打印机

（1）打印量不大的情况。如家用等打印量不大，并且有彩色打印需求的情形，一般选用 A4 喷墨打印机，主要是降低购机成本。喷墨打印机要用高质量的打印纸才能达到高质量的效果。

（2）打印量较大情形。如单位等打印量较大，并且对打印速度、打印质量要求较高的情形，一般选用 A4 激光打印机，主要是降低运行成本，提高打印速度。

（3）针式打印机主要用于财务发票，快递单等特殊用途行业。

任务十 键盘的选购

【任务描述】

了解键盘常识及性能参考指标。

【任务分析】

掌握键盘的功能、科学按键指法及正确坐姿、键盘维护等。

【操作步骤】

键盘是最常用，也是最主要的输入设备，通过键盘可以将英文字母、数字、标点符号等输入到计算机中，从而向计算机发出命令、输入数据等。掌握键盘的正确使用方法，养成良好的键盘操作习惯是非常重要的。

一、键盘的种类

自 IBM PC 推出以来，键盘经历了 83 键、84 键和 101 键、102 键几个时代，在 Windows95 问世后，在 101 键盘的基础上改进成了 104/105 键盘，增加了 Windows 按键，现在很多键盘在 104 键键盘基础上加了 Power、Sleep、Wake Up 3 个键，成为 107 键盘。

按接口方式分类：分为 AT 接口、PS/2 接口和 USB 接口 3 种。

按外形分类：可分为标准键盘和人体工程学键盘。

按键盘的工作原理和按键方式分类：分为机械键盘、塑料薄膜式键盘、导电橡胶式键盘、电容式键盘。

二、键盘的构成

标准键盘上的全部键按基本功能可分成主键盘区、功能键区、编辑键区、数字键区（数字小键盘）4 个键区和 1 个键盘工作状态指示区，如图 1-3-1 所示。

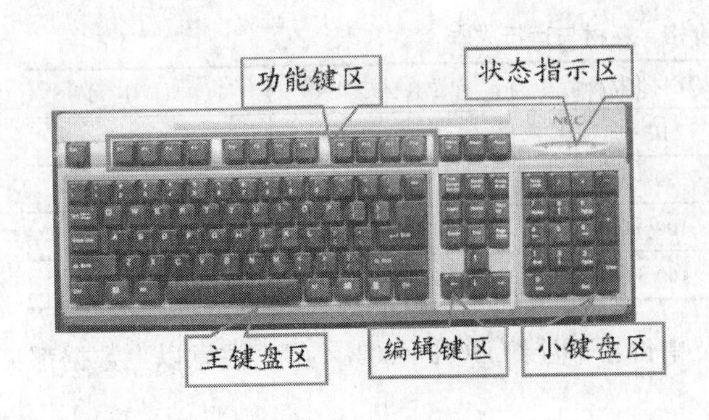

图 1-3-1　键盘的构成

1. 主键盘区

主键盘也称标准打字键盘，此键区除包含 26 个英文字母、10 个数字符号、各种标点符号、数学符号、特殊符号等 47 个字符键外，还有若干基本的功能控制键。

换档键 Shift：适用于双符号键。按住 Shift 键再按某个双符号键，输入该键的上档字符。Shift 键也能进行大小写字符转换。

大写字母锁定键 Caps Lock：大小写字母转换键。系统默认输入的字母为小写，按下“CapsLock”指示灯亮，输入的是大写字母，灯灭输入的是小写字母。

空格键：又称 Space 键，整个键盘上最长的一个键。按一下此键，将输入一个空白字符，光标向右移动一格。

回车键 Enter：换行或输入命令结束执行命令。

强行退出键 Esc：位于键盘顶行最左边。

跳格键 Tab：用来右移光标，每按一次向右跳 1 个字符。

控制键 Ctrl：此键一般与其他键同时使用，实现某些特定的功能。

转换键：又叫变换键 Alt，此键一般与其他键同时使用，完成某些特定的操作，特别常用于汉字输入方式的转换。

退格键 Back Space：用来删除当前光标所在位置前的字符，且光标左移。

Windows 键：也称 Windows 徽标键。在 Ctrl 和 Alt 键之间，主键盘左右各 1 个，因键面的标识符号是 Windows 操作系统的徽标而得名。此键通常和其他键配合使用，单独使用时的功能是打开“开始”菜单。

2. 功能键区

功能键区也称专用键区，包含 F1～F12 共 12 个功能键，主要用于扩展键盘的输入控制功能。各个功能键的作用在不同的软件中通常有不同的定义。

3. 编辑键区

编辑键区也称光标控制键区，主要用于控制或移动光标。

Print Screen 键：屏幕拷贝键。若使用 Shift 键+Print Screen 键，打印机将屏幕上显示的内容打印出来，如使用 Ctrl 键+Print Screen 键，则打印任何由键盘输入及屏幕显示的内容，直到再次按这两键。

Scroll Lock 键：屏幕锁定键。当屏幕处于滚动显示状况时，若按下该键，键盘右上角的“Scroll Lock”指示灯亮，屏幕停止滚动，再次按此键，屏幕再次滚动。

Pause Break 键：强行中止键。按此键暂停屏幕的滚动。同时按 Ctrl 键和 Pause Break 键，可以中止程序的执行。

Insert 键：插入键。在当前光标处插入一个字符。

Delete 或 Del 键：删除键。删除当前光标所在位置的字符。

Home 键：光标移动到屏幕的左上角。

End 键：光标移动到本行中最后一个字符的右侧。

Page UP 或 Pgup 键：翻页键。按键向前翻一页。

Page Dowm 或 Pgdn 键：翻页键。按键向后翻一页。

4. 数字键盘

数字键盘也称小键盘、副键盘或数字/光标移动键盘。其主要用于数字符号的快速输入。

数字锁定键 Num Lock：此键用来控制数字键区的数字/光标控制键的状态。按下该键，键盘上的“Num Lock”灯亮，此时小键盘上的数字键输入数字，再按一次 Num Lock 键，该指示灯灭，数字键作为光标移动键使用。故数字锁定键又称“数字/光标移动”转换键。

三、键盘选购的参数

键盘的耐磨性十分重要，这也是区分键盘好坏的一个参数。一些杂牌键盘，其按键上的字都是直接印上去的，这样用不了多久，上面的字符就会被磨掉。而高级的键盘是用激光刻上去的，所以耐磨性大大增强了。

常见的键盘主要可分为机械式和电容式两类，现在的键盘大多都是电容式键盘。键盘如果按其外形来划分又有普通标准键盘和人体工学键盘两类，普通标准键盘的外形四四方方；而人体工学键盘根据人体工学原理，添加了手腕托盘，将主键盘区分为两部分等，对经常进行文字处理工作的人来说，能减少操作中产生的疲劳，有利于健康。按接口类型来分又有 AT 接口（大口）、PS/2 接口（小口）、新的 USB 接口等种类的键盘。从功能来分又有普通键盘、多功能键盘等。多功能键盘是在普通键盘的基础上增加了一些功能键，通过这些功能键，可以快捷地操作电脑（如上网、看 VCD、调节音量大小、关闭计算机或让计算机休眠等），提高工作效率。在购买键盘的时候还要注意：

（1）按键的数目。无论是从哪方面考虑，现在选购键盘都应该以 108 键的 Windows 98 键盘为好。

（2）键盘的类型。上面已经提到，按照按键的结构分为电容式和机械式两种，从它们的特点可以决定买电容式的键盘。

（3）接口的类型。键盘接口分为 AT 和 PS/2 两种，如果你是新装的机器，就应该买 PS/2 接口的键盘，因为较新的主板没有 AT 接口。在买时一定要看好这一点，很多人都是买的时候没有注意，拿着键盘就走，连包装都不打开，到家才知道选错了，既费时间又浪费了金钱。

（4）手感。手感这东西很难说，因为每个人的感觉不一样，所以键盘的手感只有自己试过了才知道。别人觉得好，你用就不一定舒服，只要自己试了觉得它适合自己就可以了。

（5）键盘的做工。键盘的做工影响键盘的质量。做工好坏从外观上就可以分辨，键盘的表面、边角等加工是否精细、是否合理。劣质键盘外表粗糙，并且按键弹性不好，经常是某个键按下去就起不来，影响使用。

（6）按键的排列习惯。挑选计算机键盘，应该考虑键盘上的按键排列是否符合你的习惯。一般说来，不同厂家生产的计算机键盘，按键的排列不完全相同。

四、键盘的操作

1. 打字姿势（图 1-3-2）

头正、颈直、身体挺直、双脚平踏在地；身体正对屏幕，调整屏幕，使眼睛舒服；眼睛平视屏幕，保持 30～40cm 的距离，每隔 10min 视线从屏幕上移开一次；手肘高度和键盘平行，手腕不要靠在桌子上，双手要自然垂直放在键盘上。

2. 基准键位

主键盘区有 8 个基准键，分别是[A][S][D][F][J][K][L][;]。打字之前要将左手的食指、中指、无名指、小指分别放在[F][D][S][A]键上，将右手的食指、中指、无名指、小指分别放在[J][K][L][;]键上，双手的拇指都放在空格键上，如图 1-3-3 所示。[F]键和[J]键上都有一个凸起的小横杠或者小圆点，盲打时可以通过它们找到基准键位。

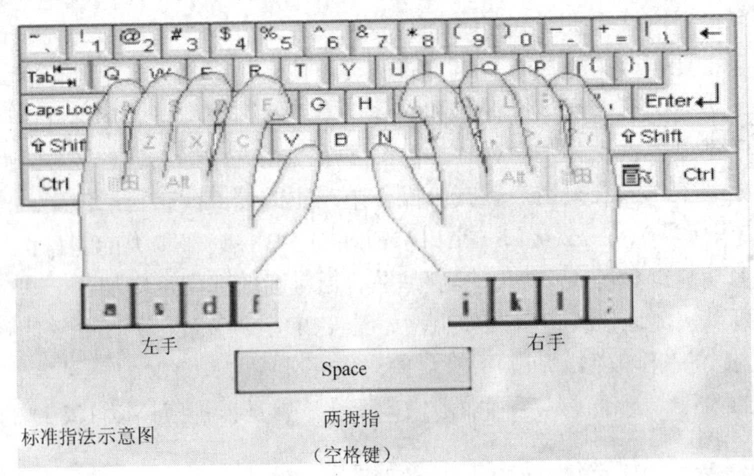

图 1-3-3　打字时的手指位置

3. 手指的键位分工

打字时双手十指都有明确的分工（图 1-3-4），只有按照正确的手指分工打字，才能实现盲打和快速打字。

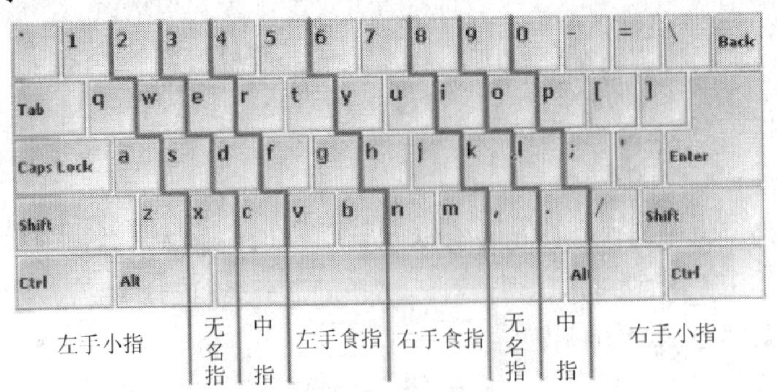

图 1-3-4　手指的键位分工

小键盘一般用于输入大量数字和运算符。在小键盘区，NumLock 键用于控制 NumLock 指示灯，NumLock 指示灯亮起时，小键盘才可以输入数字。

五、键盘的清洁

以最常见的电触点按键键盘为例，介绍键盘的拆卸、清洁、安装的全过程。

第一步：拔出键盘接头。

关闭计算机，然后将键盘接头（一般 PS/2 接口的键盘接头是紫色的）从主机上拔出。将键盘翻转一面，轻轻地拍打，以便灰尘和碎屑能够自动落下。

第二步：拆卸键盘外壳。

在键盘背面一般都是数量比较多的固定螺丝钉。将十字螺丝刀伸入固定螺丝钉位置，逆时针旋转就可以将螺丝拧开了。再将其他的固定螺丝钉一一拧开，并将螺丝统一放置好。

再将键盘正面朝下，在鼠标后面板的接缝处用平头螺丝刀拨开，就可以比较轻松地将外壳移开，这时大家就可以看到键盘的内部结构了。

第三步：清洁薄膜。

打开键盘的后面板，就能看到嵌在底板上的三层薄膜。三层薄膜分别是下触点层、中间隔离层和上触点层，上、下触点层压制有金属电路连线和与按键相对应的圆形金属触点，中间隔离层是一层透明的薄膜，上面有与上、下触点层对应的圆孔。将薄膜从键盘上取出，用干布或刷子轻轻的刷去靠近按键一面的灰尘或脏物，也可以用清水擦拭后再加以风干处理。如果在薄膜的圆形金属触点中，有氧化的现象则需用橡皮进行擦拭干净。

第四步：清洁按键。

电触点按键键盘的所有按键都嵌在前面板上，在底板上三层薄膜和前面板按键之间有一层橡胶垫，橡胶垫上凸出部位与嵌在前面板上的按键相对应，按下按键后，橡胶垫垫上相应凸出部位向下凹，使薄膜上、下触点层的圆形金属触点通过中间隔离层的圆孔相接触，从而送出按键信号。

但是取出按键时要注意，先将橡胶垫取出，然后用螺丝刀或其他起子将按键从底部上扳开。但是在有些大按键（如 Shift 键、空格键、Enter 键等）上，还会有一条金属条，这根金属条主要用于固定按键，所以取出这些按键的时间要小心。不过你在取出按键时，一定要记住按键在键盘上所处的位置，不然会装不上键盘。按键和橡胶垫全部取出后，就可以用湿布擦拭并加以风干处理。如果按键比较脏也可以加点清洁剂进行擦洗。

第五步：清洁键盘内部、外部。

先将底座上的电路板取出，再使用刷子或湿布擦拭键盘前面板、后面板、底座。特别是在前面板以及按键的接缝中聚集的脏物会比较多，用湿布可能不容易清洁干净，建议用清洁剂进行清洗。

第六步：安装键盘。

将按键、橡胶垫、薄膜、面板全面清洗干净并风干后，就可以进行安装了。首先将按键按照前面拆卸的反方法，全部安装完毕（注意按键的位置要与键盘上的位置相对应，而且方向不可颠倒）。然后将电路板放回底座中，并整理好连线。接着将橡胶垫一一与按键相对应，并放置到位。然后将三层薄膜放在橡胶垫上，并确定是否放置到位，通常在底座上会有一些突出的螺丝孔位置，大家只要将三层薄膜上的圆孔一一对准底座上的螺丝孔位置即可。建议

大家在安装橡胶垫与薄膜时，将键盘托起，一是安装比较容易，二是各部件也能安装到位。最后将后面板盖上，并将所有的螺丝拧紧就完成键盘的拆卸、清洁、安装工作了。

任务十一　鼠标的选购

【任务描述】

了解鼠标性能指标。

【任务分析】

掌握鼠标选购标准。

【操作步骤】

鼠标多用于Windows环境中，取代键盘的光标移动键，使移动光标更加方便、更加准确，鼠标有3种接口标准：串行口、PS/2、USB。现在市面上鼠标种类很多，分有线的和无线的，一般都是3键的，也有的是5键，这两者之间的区别就是5键比3键的功能键多出两个，实际用3键已经满足我们的需求了。按鼠标的结构分可分为机械式、半光电式、光电式、轨迹球式、网鼠等。平时我们用得最多的是机械式和光电式两种。

鼠标性能指标包括以下几点。

1. 分辨率

鼠标的分辨率DPI（每英寸点数）值越大，则鼠标越灵敏，定位也越精确。不过DPI值也不一定大就好，有时画一些精细的图时，会有稍动就跑掉，而DPI值小一些反而画起来比较稳。“分辨率”这个词可能大家已经非常熟悉了，因为无论是显示器、扫描仪，还是数码相机均有“分辨率”这一参数指标，那么鼠标中的分辨率又是指的什么呢？鼠标DPI的定义是，鼠标每移动1英寸，光标在屏幕上移动的像素距离，其单位就是dpi。市场上大多数鼠标都是400dpi或800dpi。如果400dpi的鼠标移动了1英寸，鼠标指针在显示器桌面上就移动了400个像素。所以DPI值越高，鼠标移动速度就越快，定位也就越准。常见的如CS等第一人称游戏中，就需要高DPI的鼠标来操作，否则游戏效果会很糟糕。对于一些DPI较低的产品，一些鼠标驱动或控制软件都提供了移动速度和加速度这两项，来调节鼠标移动速度的快慢和移动行程的长短。但弊病就是指针每次是走两个像素，操作不够精细。机械鼠标比光电鼠标的DPI比较值大，所以机械鼠标比较灵敏，定位精确。而且机械鼠标技术也已成熟，从体积上看，由于没有光栅板，相对小一些，成本低，所以价格便宜一些。机械鼠标存在着机械球弄脏后影响内部光栅盘运动的问题，光电鼠标也存在光栅板弄脏或磨损后不能准确读取光栅信息的问题。因此，一些经销商在推销比机械鼠标贵的光电鼠标时，说光电鼠标一定比机械鼠标好的说法并不一定有充分的道理。鼠标器的多数故障是按钮等电路故障，与机械鼠标或光电鼠标没有什么关系。

2. 使用寿命

一般说来，光电式鼠标比机械式鼠标寿命长，而且机械式鼠标由于在使用时存在着机球弄脏后影响内部光栅盘运动的问题，经常需要清理，使用起来也麻烦些。

3. 响应速度

鼠标响应速度越快，意味着你在快速移动鼠标时，屏幕上的光标能作出及时的反应。

4. 扫描频率

扫描频率是判断鼠标的重要参数，它是单位时间的扫描次数，单位是“次/s”。这个参数相对来说很好理解，是一个简单的数量问题。每秒内扫描次数越多，可以比较的图像就越多，相对的定位精度就应该越高。目前微软的IE3和IE4达到了业界最高的6000次/s的扫描频率，所以在定位性能上有着不俗的表现。提到扫描频率，人们总是先想到高档鼠标，其实扫描频率对于中低端鼠标同样重要。譬如同样是安捷伦公司推出的光学定位芯片，s2051拥有2500次/s扫描频率，h2000就只有1500次/s，它们之间定位性能就相差比较大。此外还有一些韩国和台湾的光学定位芯片。

5. 人体工程学

人体工程学是指根据人的手型、用力习惯等因素，设计出持握使用更舒适贴手、容易操控的鼠标。不过现在人体工程学这个词使用的有些泛滥，主要是一些国内厂家充分发挥“拿来主义”，在抄袭国外厂家优秀设计的同时，连宣传也依葫芦画瓢地搬了过来。由于人体工程学设计的概念比较模糊，并没有硬性的规定，消费者们难以分辨。其实在普通造型鼠标中也存在人体工程学，举个简单的例子，同样是普通的两键+滚轮鼠标，微软极动鲨和罗技mx300的手感很好，而一些杂牌鼠标就差很多。这么大的差距，除了材料模具等原因之外，就是在人体工程学设计方面。

组装机要注意的地方是兼容性，一定要注意兼容。不然会很不稳定的。可我感觉现在的硬件之间兼容性是很不错的。现在很少听人家说什么不兼容什么的。兼容性比以前强很多。要考虑到装机麻烦，就直接选品牌机，但价格比同性能的组装机贵出很多。

小结：根据所学知识和查阅最新硬件资讯，以小组为单位，以不同角色研讨客户需求，完成组装电脑配置单（表1-3-3）的设计。

表1-3-3 设计装机配置单

配 置	品 牌	型 号	性能参考指标	单 价
CPU				
主板				
内存				
硬盘				
显卡				
声卡				
显示器				
光驱				
机箱				
电源				
键盘				
鼠标				
音箱				
其他				
合计				

项目四　操 作 系 统 安 装

【项目描述】

在硬件组装完成后，进一步的装机工作就是给硬盘分区，安装操作系统、硬件驱动、360 安全卫士、360 杀毒软件，并升级为最新版，安装应用软件，最后再利用 Ghost 软件做好系统备份。

【项目分析】

先做好 U 盘系统盘，再设置 BIOS 的 CMOS 的 U 盘启动，之后安装系统、杀毒软件、应用软件、工具软件，最后安装 Ghost 做好系统备份。

任务一　U 盘系统安装盘的制作

【任务描述】

对于经常接触电脑的朋友们来说，系统崩溃重装系统可算是一项再平常不过的事情，有时候因为自己的电脑“年事已高”，光驱老化、系统工具盘磨损、系统工具不全等各种原因导致安装系统无法继续，最后不得不借用朋友的光驱或重新购买系统盘。这里介绍这款软件只需一个 U 盘就能轻松完成系统启动与安装，让各位达人轻松搞定系统，不必再为硬件问题发愁。

【任务分析】

准备工具软件、镜像文件，制作 U 盘系统盘。

【操作步骤】

下面介绍大白菜万能 U 盘 PE 启动装机方法。

（1）U 盘启动盘制作前准备（注意操作前备份好 U 盘有用的资料），包括一个能启动电脑的 U 盘和一个系统的光盘镜像，以及大白菜超级 U 盘启动盘制作工具 V1.7。

（2）插入 U 盘，运行安装下载好的大白菜软件，如图 1-4-1 所示。

图 1-4-1　运行大白菜软件

（3）点击“一键制成 USB 启动盘”，如图 1-4-2 所示。

图 1-4-2 点击“一键制成 USB 启动盘”

（4）回答“确定”，如图 1-4-3 所示。

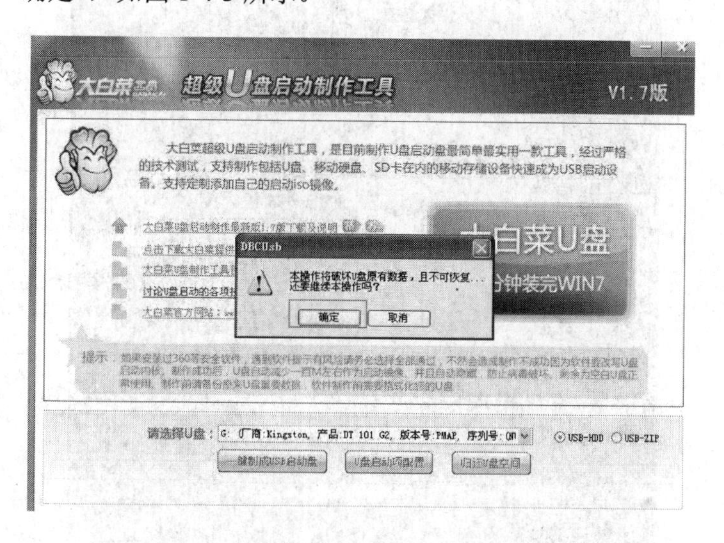

图 1-4-3 回答“确定”

（5）制作过程有点长，请等待，制作完成后，拔出 U 盘，之后再插上 U 盘，把上面下载的深度技术 Deepin_GhostXP_SP3_V2011.03_IE6.iso 烤到 U 盘中，U 盘启动盘制作完成。U 盘系统文件隐藏，你会发现 U 盘空间没多大变化。设置要装机电脑 BIOS，在计算机启动的第一画面上按“DEL”键进入 BIOS（可能有的主机不是 DEL 而是 F2 或 F1。请按界面提示进入），选择 BIOS FEATURES SETUP，将 Boot Sequence（启动顺序）设定为 USB-ZIP，第一，设定的方法是在该项上按 PageUP 或 PageDown 键来转换选项。设定好后按 ESC 一下，退回 BIOS 主界面，选择 Save and Exit（保存并退出 BIOS 设置，直接按 F10 也可以，但不是所有的 BIOS 都支持）回车确认退出 BIOS 设置。如图 1-4-4 和图 1-4-5 所示。

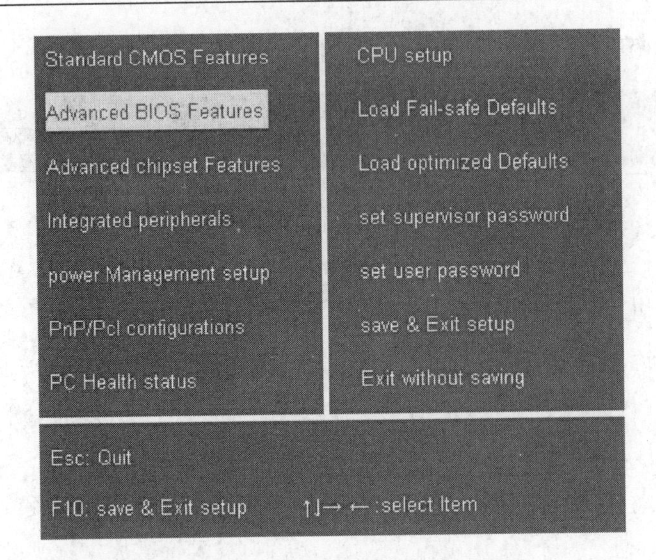

图 1-4-4　回车确认退出 BIOS 设置

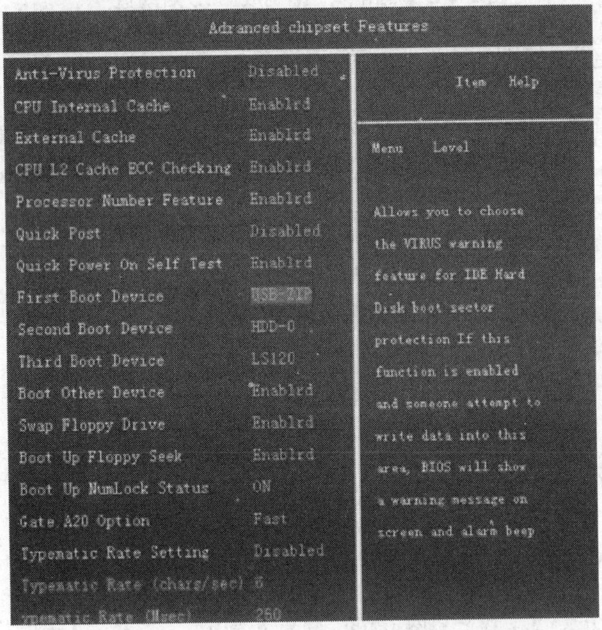

图 1-4-5　回车后的界面

设置完成后，将您制作好的 U 盘插入 USB 接口（最好将其他无关的 USB 设备暂时拔掉）。重启电脑看看大白菜的启动效果，如图 1-4-6 所示。

进入第一个“运行 Windows PE（系统安装）”这就是大白菜的 PE 系统了。开始里的工具很多，就不再给图列出了。进入 PE 系统如图 1-4-7 所示。

（6）启动到 PE 后，把 U 盘中的深度技术 GHOSTXP 版系统 Deepin_GhostXP_SP3_V2011.03_IE6.iso 里面的 XP.GHO 提取到硬盘上，如 D 盘根目录下，如果没有分区，在大白菜启动菜单上有分区工具。

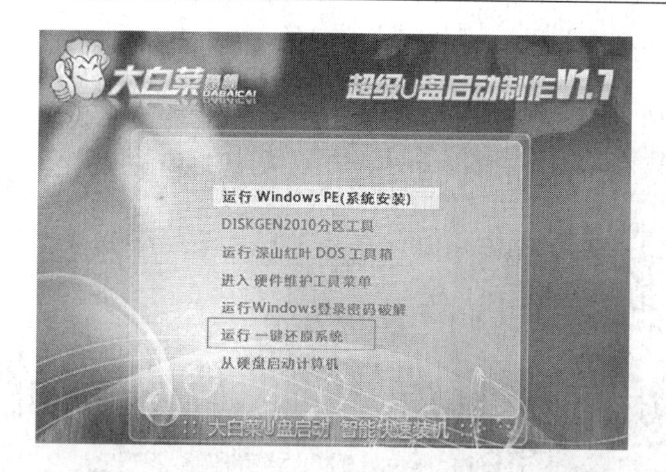

图 1-4-6 大白菜的启动效果

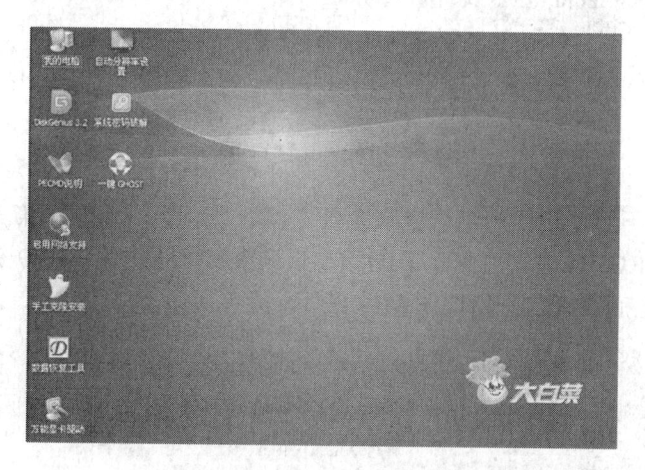

图 1-4-7 PE 系统

单击 PE 桌面上的“一键 GHOST”，如图 1-4-8 所示。

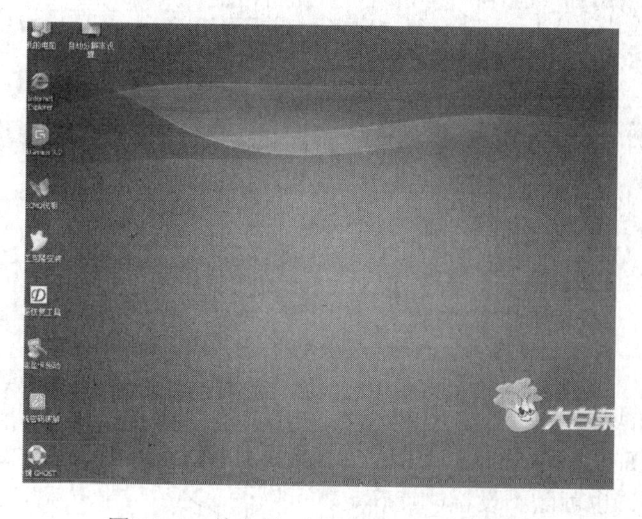

图 1-4-8 单击“一键 GHOST”后的界面

（7）运行后，如图 1-4-9 所示。

图 1-4-9　运行“一键 GHOST”

第一项默认，不管，第二项是恢复系统到 C 盘，所以也不用管，第三项，就要选中刚才在提取出来的 XP.GHO（深度技术 GHOST XP 版系统里面的 XP.GHO 提取到硬盘上，如 D 盘根目录下）。之后点确定，出现图 1-4-10 所示的界面。

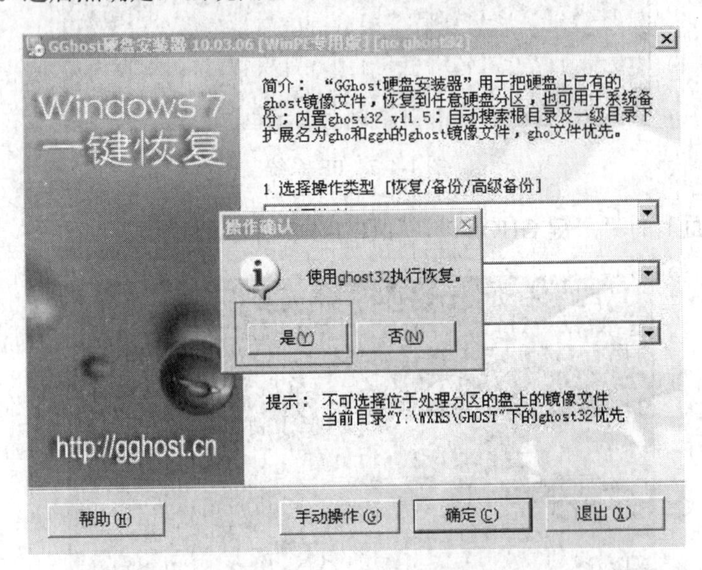

图 1-4-10　单击“确定”之后的界面

回答“是”，出现图 1-4-11 所示界面。

系统在 GHOST 中，请等待，完成后，出现图 1-4-12 所示界面。

这里可以设置，也可以不设置，点确定就可以了，之后拔出 U 盘，重启电脑，就真正开始安装系统了，你就可以一边喝茶，一边等了。至此，用大白菜 U 盘安装操作系统完毕。

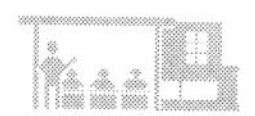

你可以忘掉没有光驱无法安装操作系统的烦恼了。值得一提的是，由于整个过程都是在硬盘里读取数据，所以在安装速度上比用光盘安装快很多。

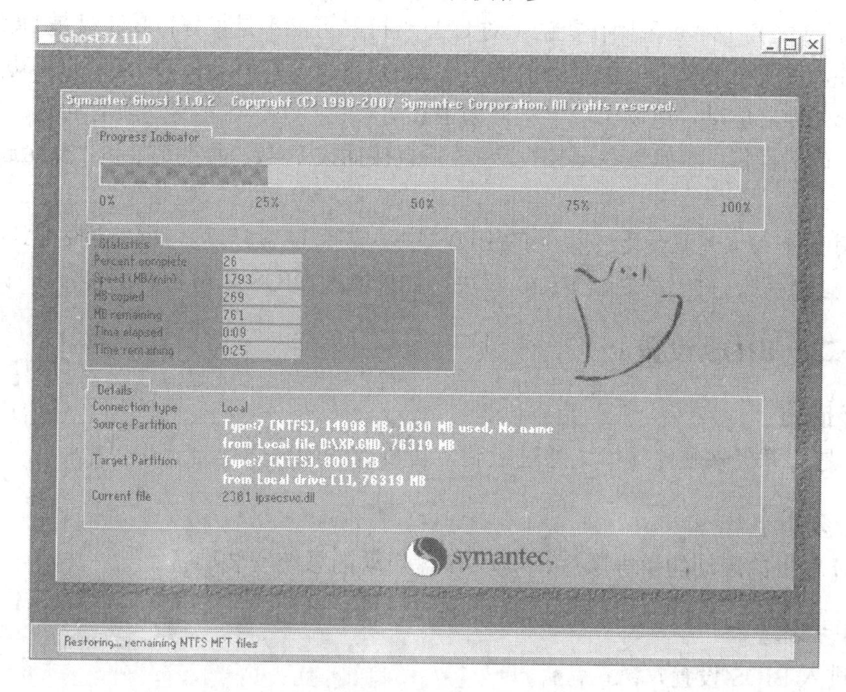

图 1-4-11　GHOST 安装界面

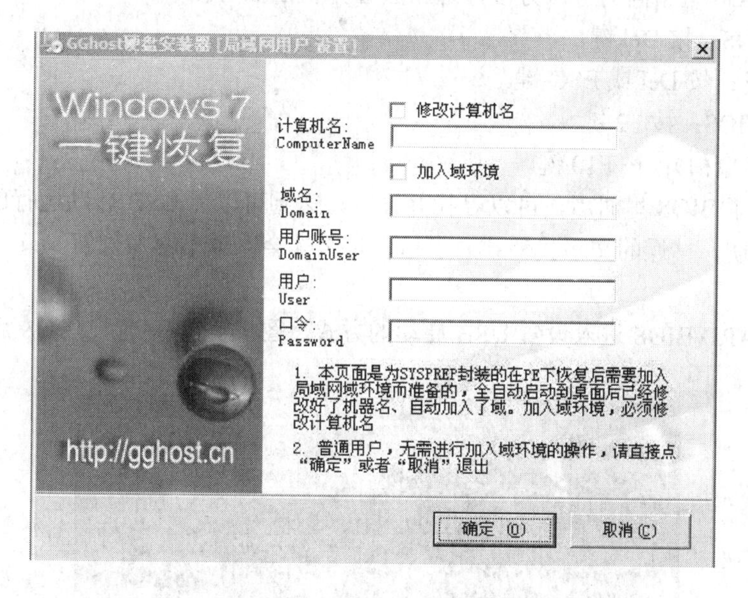

图 1-4-12　完成 GHOST 安装

注意事项：

（1）制作大白菜 U 盘启动盘之前请备份好 U 盘上有用的数据，最好能完全格式化一遍 U 盘。

（2）有 NTFS 分区的硬盘或多硬盘的系统，在 DOS 下硬盘的盘符排列和在 Windows

中的顺序可能不一样，请大家自行查找确定，以免误操作。

（3）U 盘启动盘出现问题主要原因：①主板不支持 U 盘启动（或支持的不完善）；②某些 DOS 软件（尤其是对磁盘操作类的）对 U 盘支持的可能不是很好；③U 盘是 DOS 之后出现的新硬件，种类比较繁杂，而且目前绝大多数的 USB 设备都没有 DOS 下的驱动，目前使用的基本都是兼容驱动，所以出现一些问题也在所难免；④U 盘本身质量有问题；⑤经常对 U 盘有不正确的操作，比如 2000、XP、2003 下直接插拔 U 盘，而不是通过“安全删除硬件”来卸载。

（4）有些主板（尤其是老主板）的 BIOS 中不支持 U 盘启动，所以会找不到相应的选项。如果有此问题，只能是刷新 BIOS 解决，如果刷新 BIOS 未解决，只能放弃了。

任务二　BIOS 设置

【任务描述】

BIOS 是计算机软硬件接口，通过设置，可以改变硬件工作方式。

【任务分析】

设置计算机的启动的引导顺序，实现 U 盘启动的系统安装准备。

【操作步骤】

如何进入 BIOS 设置？

不同的 BIOS 有不同的进入方法，通常会在开机画面有提示。

Award BIOS：按 Del 键。

AMI BIOS：按 Del 或 ESC 键。

Phoenix BIOS：按 F2 键。

Compaq（康柏）：按 F10 键。

成功进入了 BIOS 里面后，可以寻找并设置，达到可以让 USB 启动运行的目的。还是以举例方式说明，枯燥的文字我估计看了后没什么体会，也不容易理解。

1．举例一

常见 AWARD BIOS 进入设置 USB 启动的方式，图 1-4-13 为进入 BIOS 后的界面。

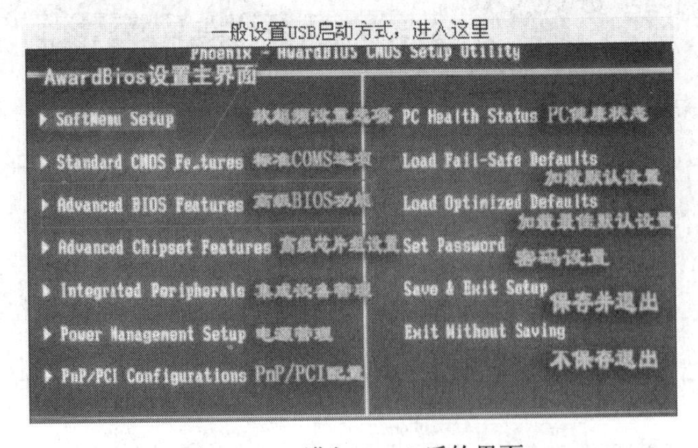

图 1-4-13　进入 BIOS 后的界面

Advanced BIOS Features（BIOS 高级功能设定）（图 1-4-14），通过键盘的“上下左右键”调节位置选中进入。Hard Disk Boot Priority（硬盘引导顺序），这个是最关键的了，之前插入了 USB 设备后，这里进去就会显示 USB 的磁盘信息，然后通过键盘上的“+”可以调节到最上面，也就是优先启动。

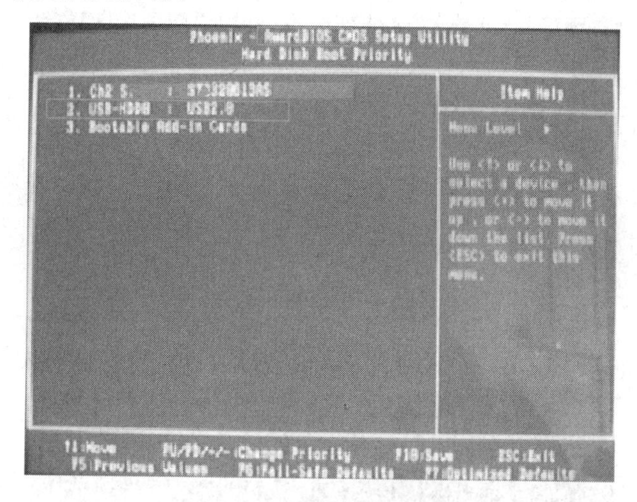

图 1-4-14　设置 U 盘引导

调节好后，按下 F10 键，弹出保存的确认界面，回车即可。然后还需要注意的是 First Boot Device（第一顺序开机启动设置），鉴于电脑不同，这里可能没有 USB-ZIP/USB-HDD 等方式选择，所以这里默认硬盘即可。当然了，如果有选择，就这里调节为“USB-ZIP”字眼方式启动。

有些 BIOS 没有设置正常的 USB 的参数，就需要做下面的事情：

进入 Integrated Peripherals（集成设备设定），这个就在启动 BIOS 设置界面后可以看到，然后进入 OnChip PCI Device（PCI 设备设定），可以设置 USB 参数。定义分别是：

（1）OnChip USB Controller：选项开启或关闭 USB 端口。

（2）USB 2.0 Controller：选项开启或关闭 USB 2.0 端口传输模式。

（3）USB Keyboard Support Via：此项目允许您去选择 [BIOS]，以让您在 DOS 环境下可以使用 USB 键盘，或是选择 [OS] 从而在 OS 环境下使用。

（4）USB Mouse Support Via：此项目允许您去选择 [BIOS]，以让您在 DOS 环境下可以使用 USB 鼠标，或是选择 [OS] 从而在 OS 环境下使用。

如图 1-4-15 设置。

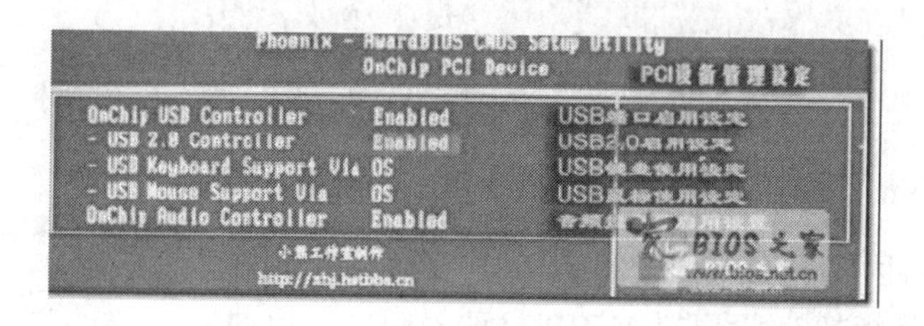

图 1-4-15　开启 USB 控制

最后一切搞定，记得按 F10 键保存，然后回车确认。OK。

2. 举例二

以 AMI BIOS 类型为例，我们进入 Boot 菜单（图 1-4-16），选择 Boot Device Priority（启动装置顺序）。

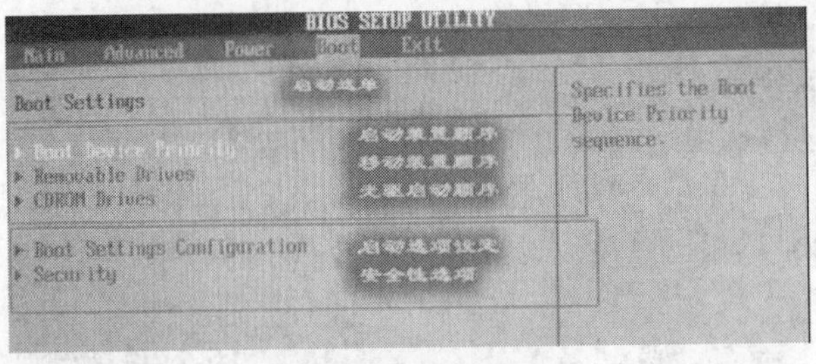

图 1-4-16 Boot 选项

进去后，如果插入有 USB，会显示图 1-4-17 效果，按“+”调节为“1st”。

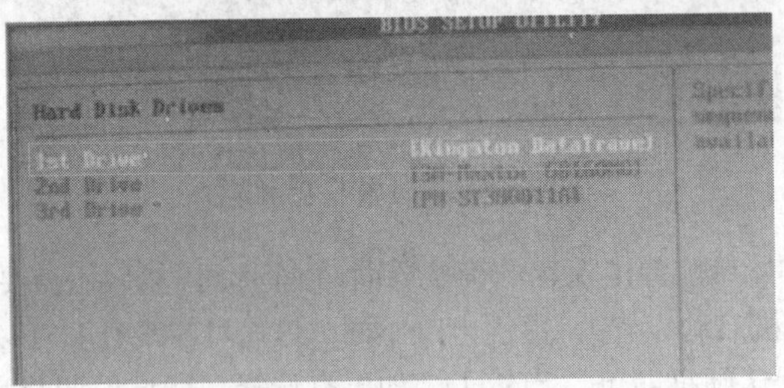

图 1-4-17 启动顺序

按 F10 键保存并确认。如果不放心的话，这个类型也有关于 USB 参数的设置。

USB Configuration（USB 装置设置）如图 1-4-18 所示。可见是在另外一个菜单中。

3. 举例三

关于第一启动，从图 1-4-18 大家可以看到 USB-HDD/USB-ZIP/HARD-DISK。

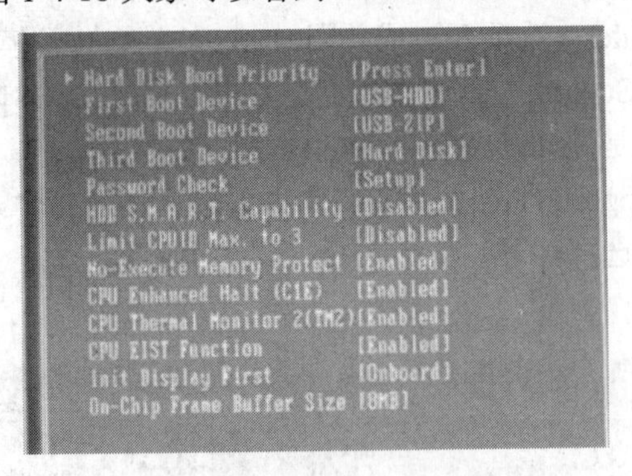

图 1-4-18 USB 启动设置

4. 几种模式的区别

（1）ZIP 模式是指把 U 盘模拟成 ZIP 驱动器模式，启动后 U 盘的盘符大多是 A:。

（2）HDD 模式是指把 U 盘模拟成硬盘模式。特别注意，如果选择了 HDD 模式，那么

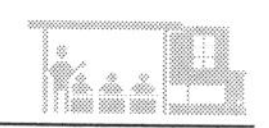

这个启动U盘启动后的盘符是C:，在对启动分区进行操作时就容易产生很多问题，比如装系统时安装程序会把启动文件写到U盘而不是硬盘的启动分区，导致系统安装失败。所以尽量先选择ZIP模式。

（3）FDD模式是指把U盘模拟成软驱模式，启动后U盘的盘符是A:，这个模式的U盘在一些支持USB-FDD启动的机器上启动时会找不到U盘，所以请酌情使用。

基本DOS系统是指仅仅加载IO.SYS、MSDOS.SYS和COMMAND.COM这3个DOS核心文件，不加载其他任何驱动和程序的系统。

用↑↓键选择你需要的启动方式，回车确定。启动成功后，会显示DOS LOADING SUCCESSFUL的字样。如果是ZIP模式或FDD模式的U盘，会出现A:>的提示符。如果是HDD模式的U盘，会出现C:>的提示符。至此DOS系统启动完毕。

注意事项：

（1）制作启动盘之前请备份好U盘上有用的数据，最好能完全格式化U盘。

（2）有NTFS分区的硬盘或多硬盘的系统，在DOS下硬盘的盘符排列和在Windows中的顺序可能不一样，请自行查找确定，以免误操作。

如果启动U盘在使用中发生问题，请试试下面的方法：

1）换成其他的工作模式（ZIP、HDD、FDD）。

2）选择DOS启动菜单中其他的选项。

U盘启动盘出现问题主要原因：

1）主板不支持U盘启动（或支持的不完善）。

2）某些DOS软件（尤其是对磁盘操作类的）对U盘支持的可能不是很好。

3）U盘是DOS之后出现的新硬件，种类比较繁杂，而且目前绝大多数的USB设备都没有DOS下的驱动，目前使用的基本都是兼容驱动，所以出现一些问题也在所难免。

任务三　硬盘分区

【任务描述】

为便于文件管理，使用工具软件将一块硬分出几个磁盘空间。

【任务分析】

两项任务：①用PQ分驱工具对硬盘逻辑分区；②调整逻辑分区。

【操作步骤】

Partition Magic，简称PQ、PM，是诺顿公司出品的磁盘分区管理软件。它可以实现在Windows里不影响数据的情况下进行磁盘分区调节、重新分区、分区大小调节、合并分区、转换磁盘分区格式等操作。但使用时有一定的危险性，如果操作方法不当，可能造成分区丢失，资料丢失。它有DOS版和Windows版两种，一般DOS版用在裸机的分区管理，Windows版在Windows界面下操作完成重新分区、分区大小调节、合并分区、转换磁盘分区格式等操作。下面讲解一下用法。

一、用DOS版给裸机分区

DOS版PQ在很多Ghost系统盘上都有，启动界面如图1-4-19所示。

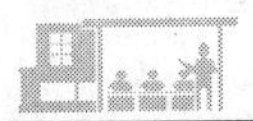

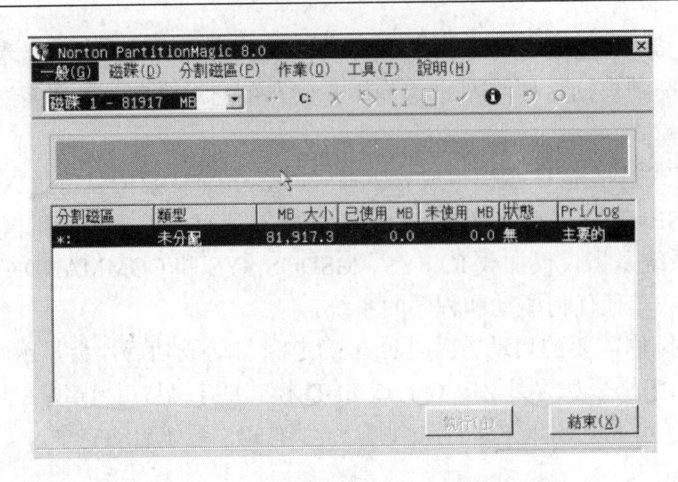

图 1-4-19　用 DOS 版给裸机分区的启动界面

下面进行分区，分区思路：80G 硬盘，分 3 个区，C 盘 10G，D 盘 30G，E 盘 40G。单击作业→建立（图 1-4-20）。

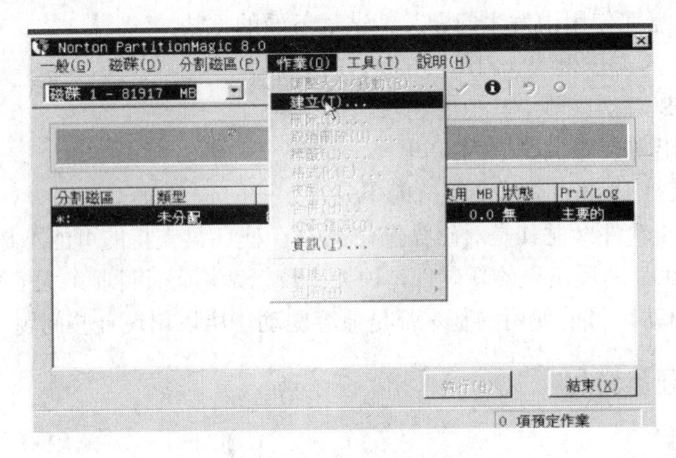

图 1-4-20　单击作业→建立

设置主要分割区域（分区）（即 C 盘）（图 1-4-21）。

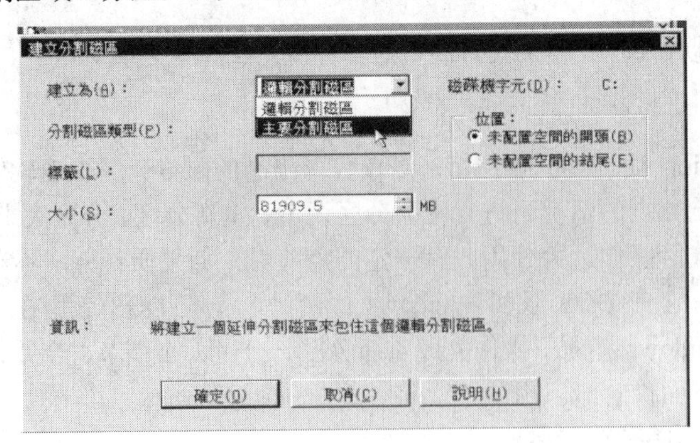

图 1-4-21　设置主要分区

设置分区格式（图 1-4-22）。

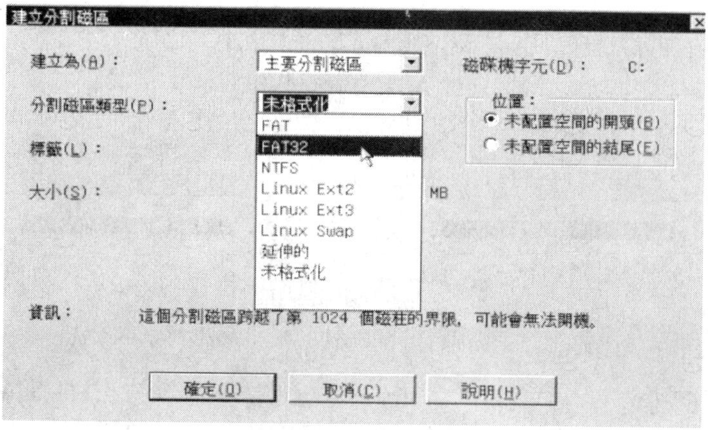

图 1-4-22　设置分区格式

设置分区大小（图 1-4-23）。

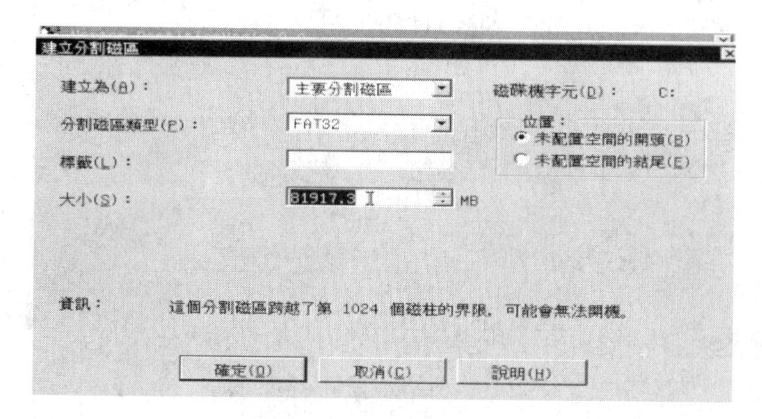

图 1-4-23　设置行区大小

设置完成后点确定，完成 C 盘分区（图 1-4-24）。

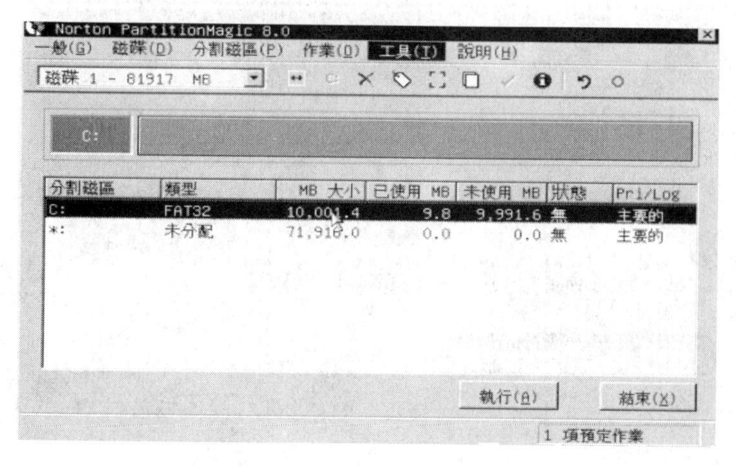

图 1-4-24　完成 C 盘分区

接着同样步骤，划分逻辑分区（即 D 盘和 E 盘）（图 1-4-25、图 1-4-26）。

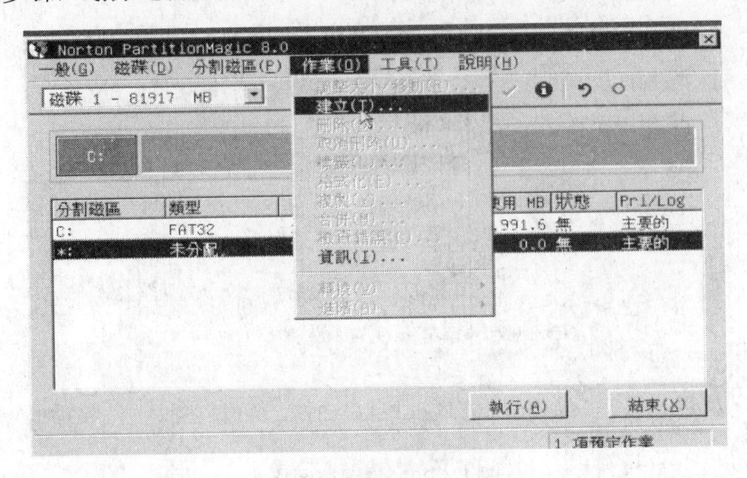

图 1-4-25 重复步骤“建立”

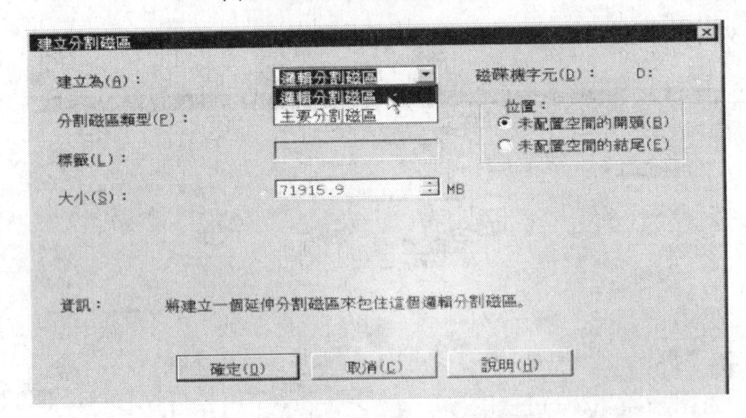

图 1-4-26 设置逻辑分割区域

分好所有分区后，一定要激活主分区，很多人忘了这步，结果造成无法启动。

激活主分区：选定 C 盘，然后作业→进阶→设定为作用（图 1-4-27、图 1-4-28）

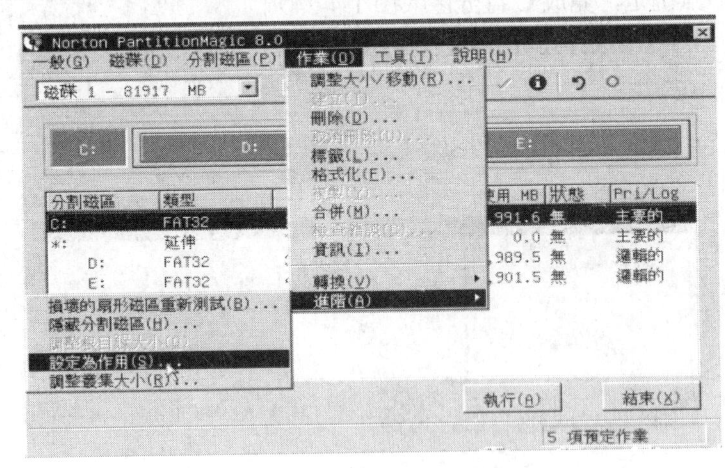

图 1-4-27 作业→进阶

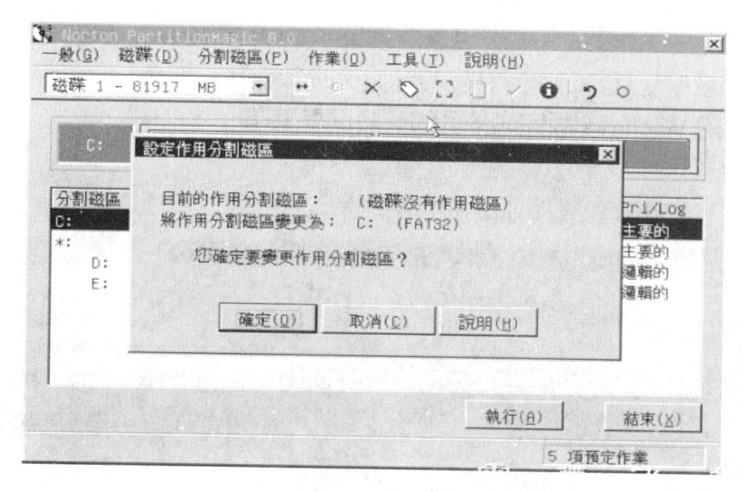

图 1-4-28 设定为作用

确定后，单击执行，使刚才所有设置生效（图 1-4-29、图 1-4-30）。

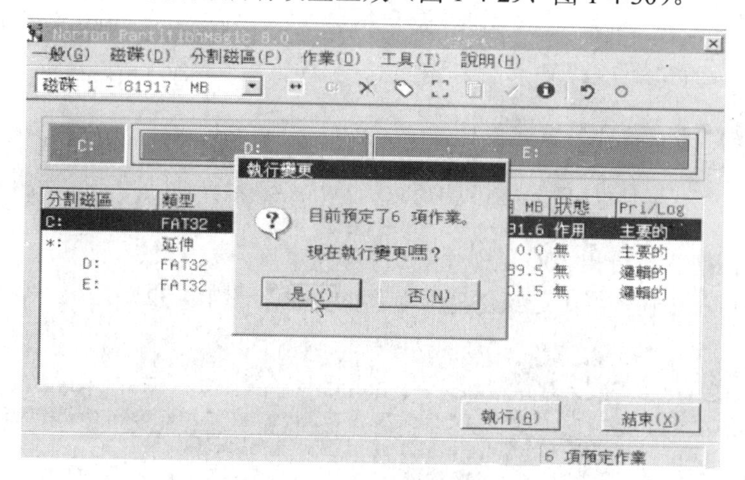

图 1-4-29 单击执行

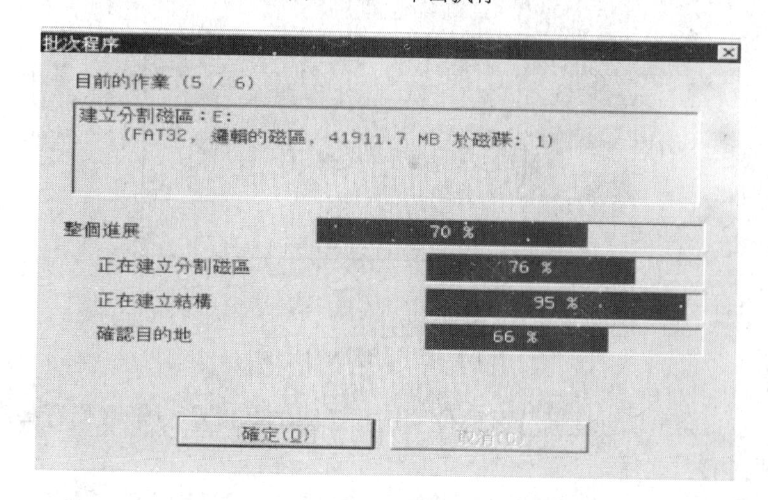

图 1-4-30 设置生效

这样就完成分区工作了，下一步可以装系统了。PQ 中文 DOS 版在很多 Ghost 系统盘上都有，可以下载并复制到制作的 U 盘启动盘来进行操作。

二、用 PQ 的 Windows 版完成分区的一些调整工作

1. 创建一个新的分区

启动 PQ 的 Windows 版界面如图 1-4-31 所示。

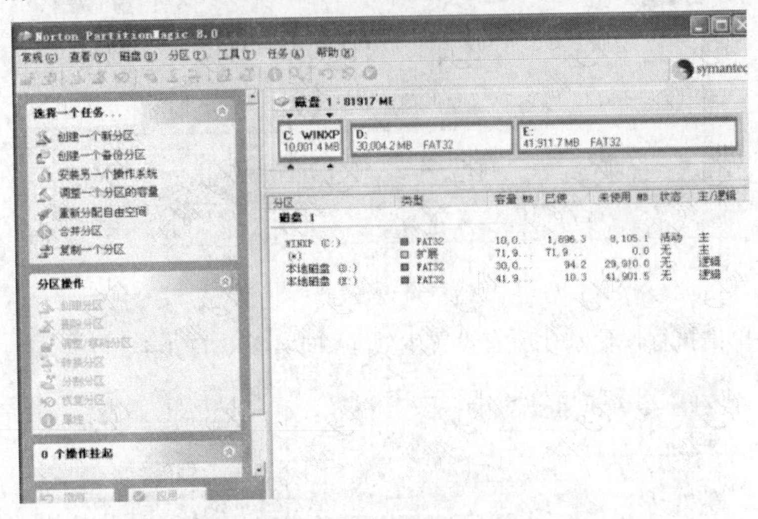

图 1-4-31　启动 PQ 的 Windows 版界面

思路：我们把 E 盘分出 10G 给一个新分区。

在软件窗口左边任务栏中选择创建一个新的分区（图 1-4-32）。

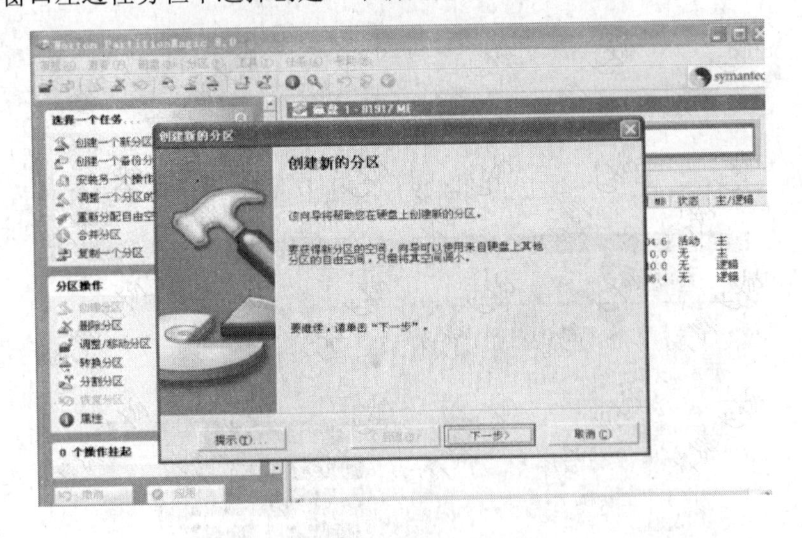

图 1-4-32　创建新的分区

单击下一步，会出现创建新分区的位置选择（图 1-4-33），一般我们选择在最后一个分区的后面，即在 E 盘之后。

单击下一步，会出现减少哪个分区的空间（图 1-4-34），我们选择 E 盘。

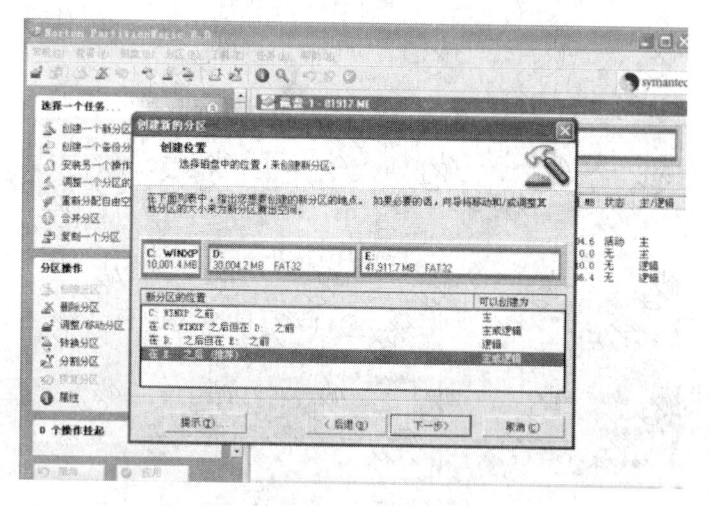

图 1-4-33　位置选择

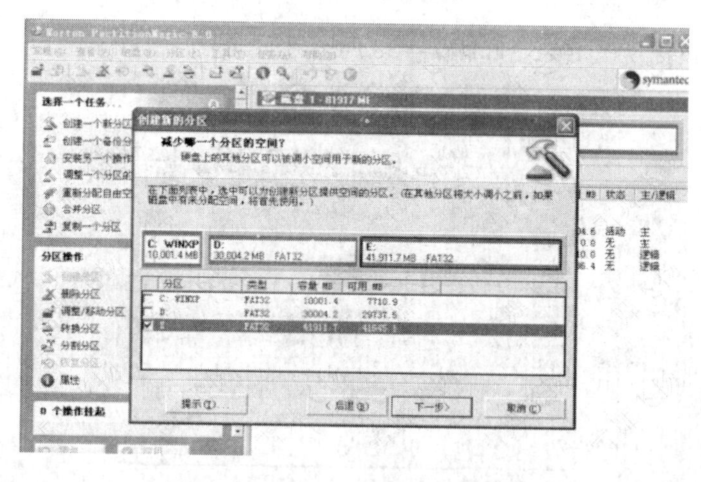

图 1-4-34　选择减少哪个分区的空间

单击下一步，选择创建的新分区属性（大小和格式等）（图 1-4-35、图 1-4-36）。

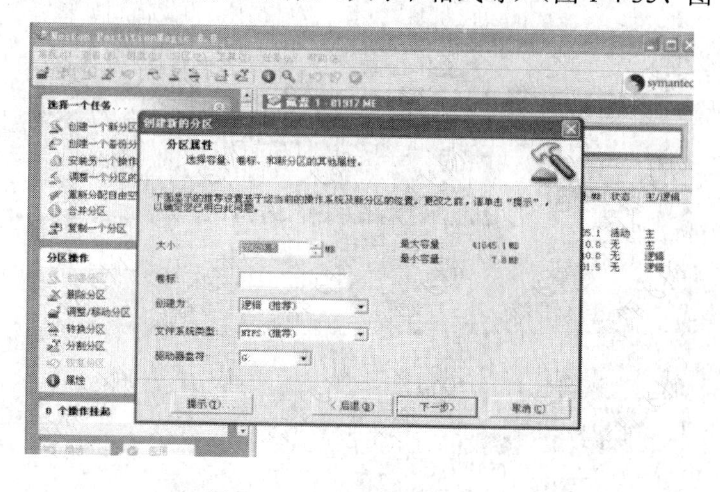

图 1-4-35　设置新分区的大小

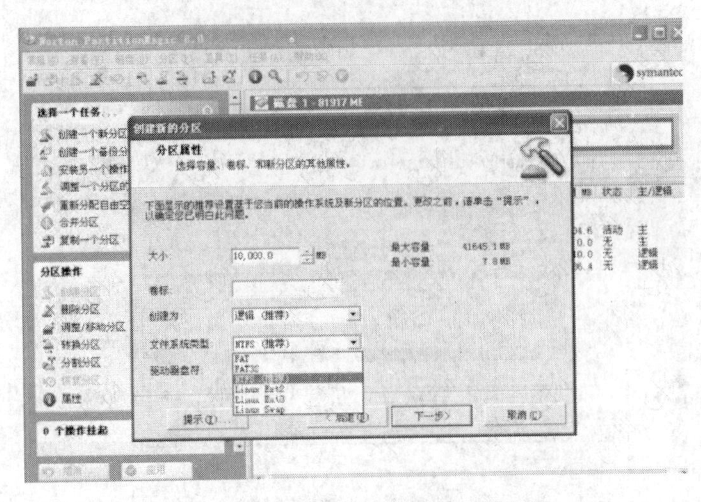

图 1-4-36　设置新的分区的驱动器盘符

单击下一步，出现图 1-4-37 和图 1-4-38 所示界面。

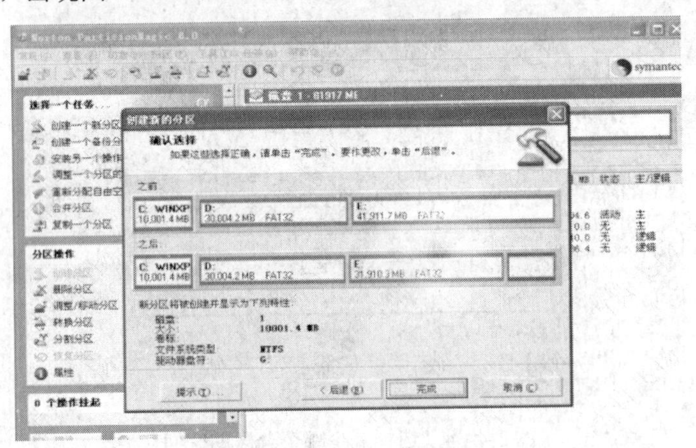

图 1-4-37　确认选择

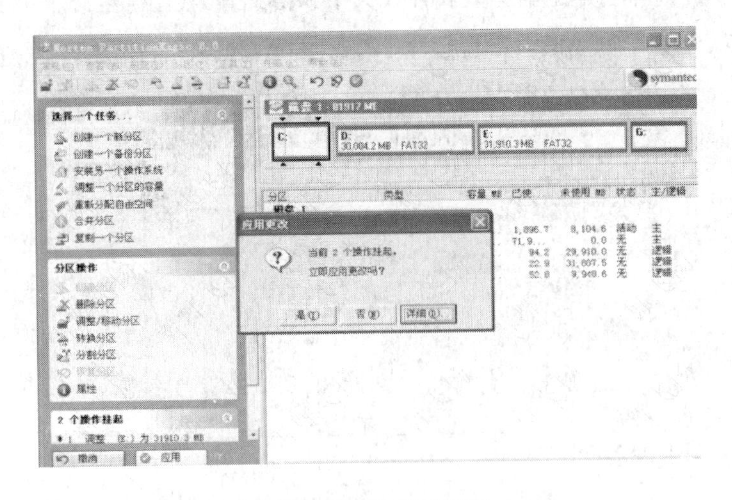

图 1-4-38　是否同意更改

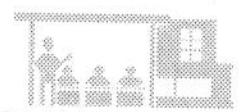

单击完成，应用。出现图 1-4-39 所示的界面。

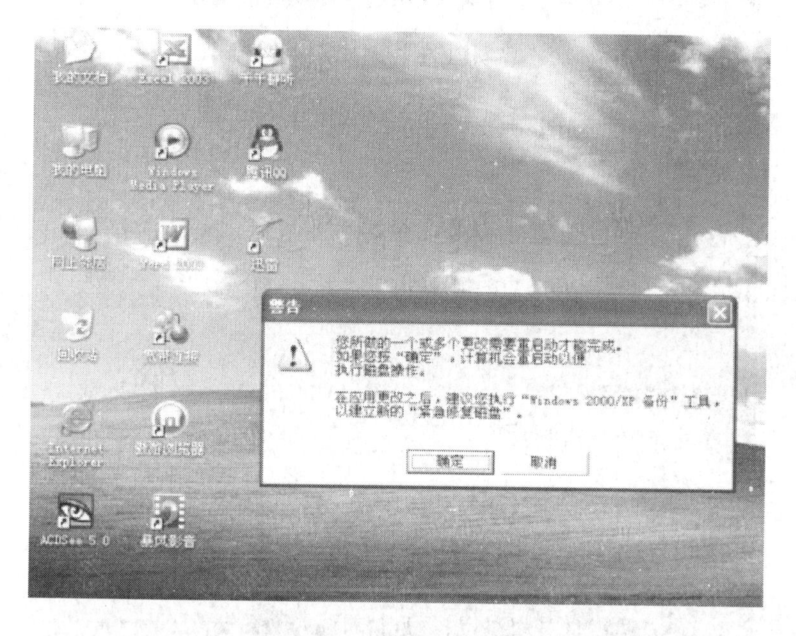

图 1-4-39　完成时的警告界面

单击确定，会重启计算机，并出现图 1-4-40 所示的界面。

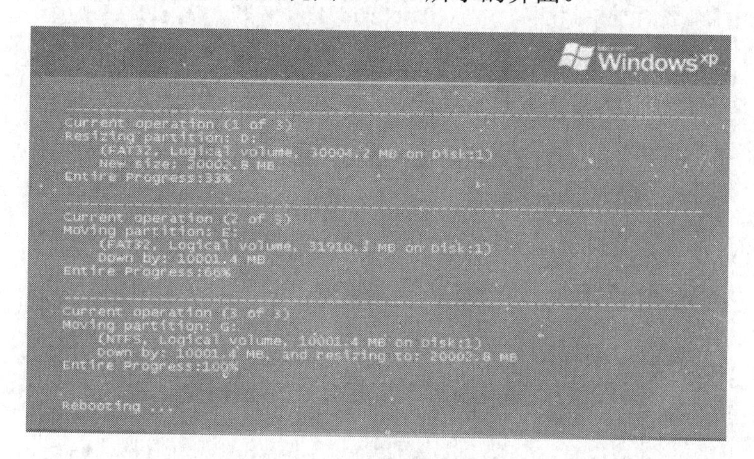

图 1-4-40　重启计算机后的界面

完成后再重启，会看到多了一个新分区，即 G 盘（图 1-4-41）。

注意：因为有光驱占用盘符 F，所以新创建的分区盘符是 G，你可以在系统的磁盘管理中把盘符调整过来。调整过程略。

2. 调整分区容量

思路：我们要把 D 盘容量调小，从中划出 10G 容量给 G 盘。

在软件窗口左边任务栏中选择调整一个分区的容量（图 1-4-42）。

单击下一步，选择分区（图 1-4-43）。

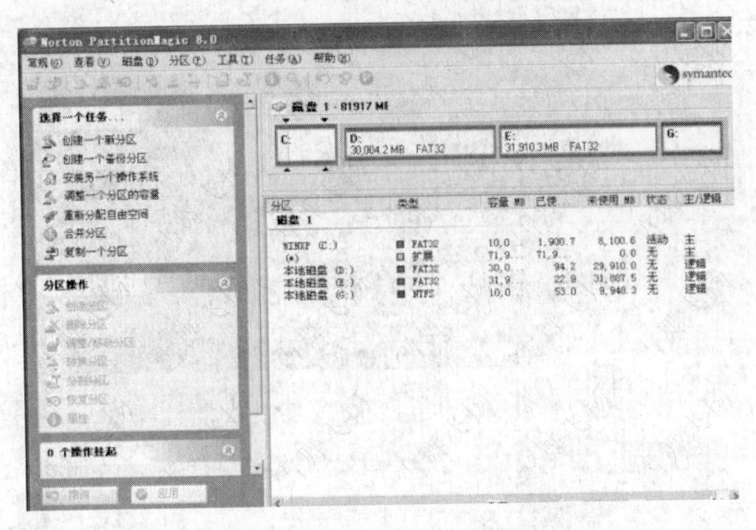

图 1-4-41　多了一个新的分区

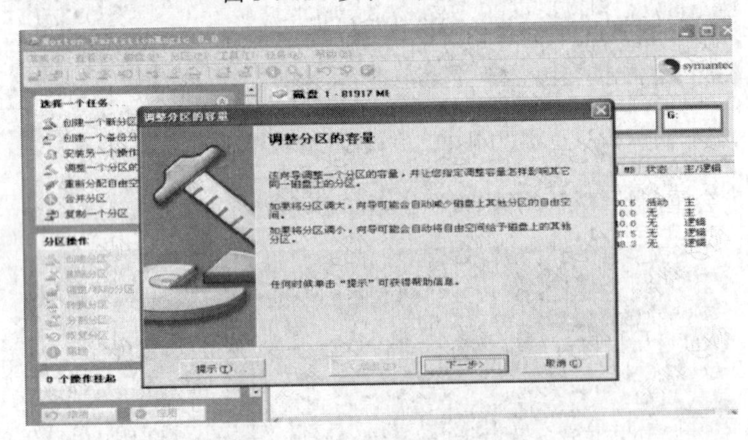

图 1-4-42　选择调整分区的容量

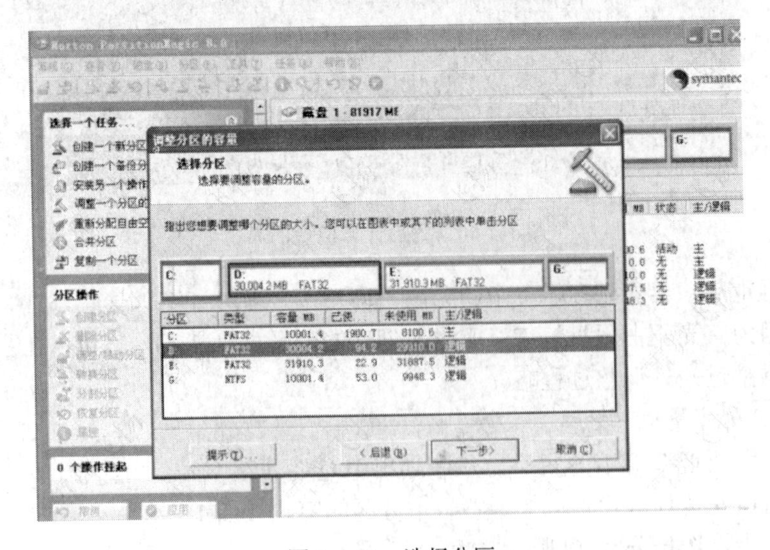

图 1-4-43　选择分区

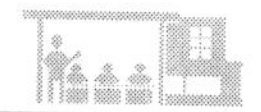

选择需要调整容量的 D 盘，下一步，会出现指定分区的新容量（图 1-4-44）。

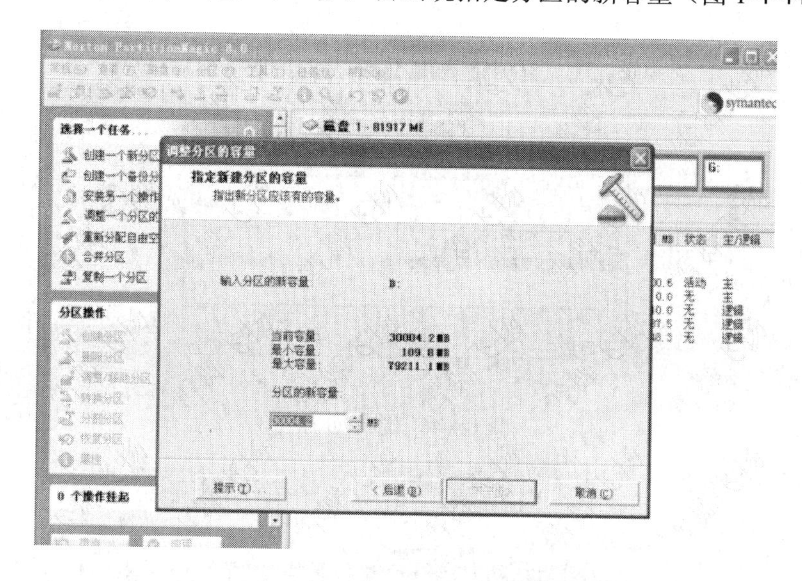

图 1-4-44 指定分区的新容量

指定好 D 盘新容量后，单击下一步，会出现把多余的空间给哪一个分区（图 1-4-45）。

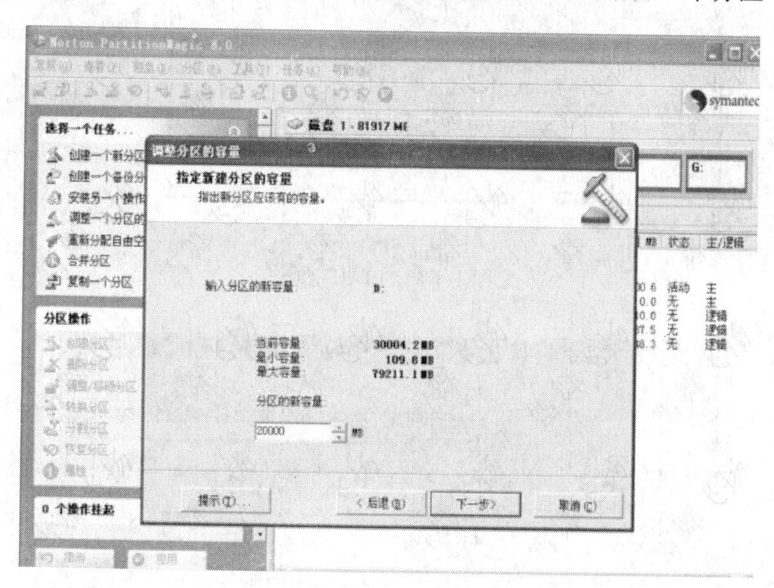

图 1-4-45 指定新建分区的容量

选择 G 盘（图 1-4-46），单击下一步。

单击完成，应用（图 1-4-47）。还会出现重启，重启后看看容量是否发生变化了？

3. 分区格式转换

思路：我们把 G 盘从 NTFS 格式转换成 FAT32 格式。

首先选中 G 盘（图 1-4-48）。

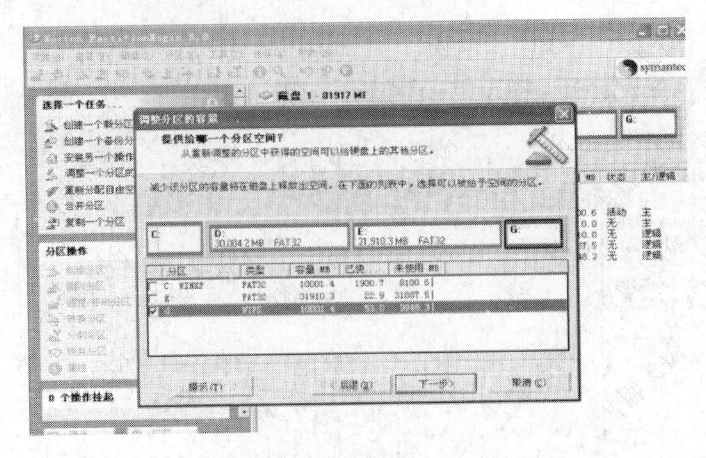

图 1-4-46　选择 G 盘

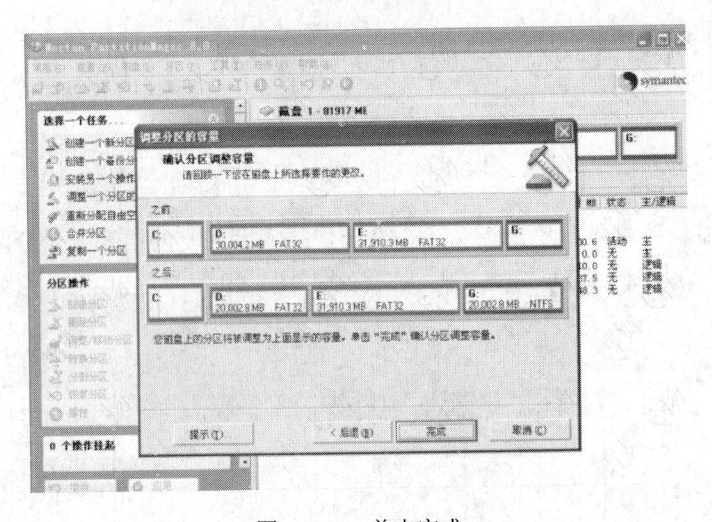

图 1-4-47　单击完成

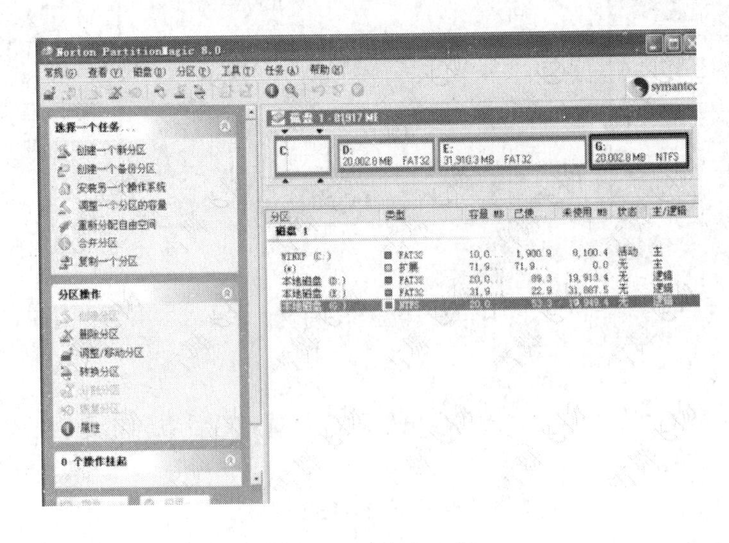

图 1-4-48　选中 G 盘

单击菜单，分区→转换（图 1-4-49）。

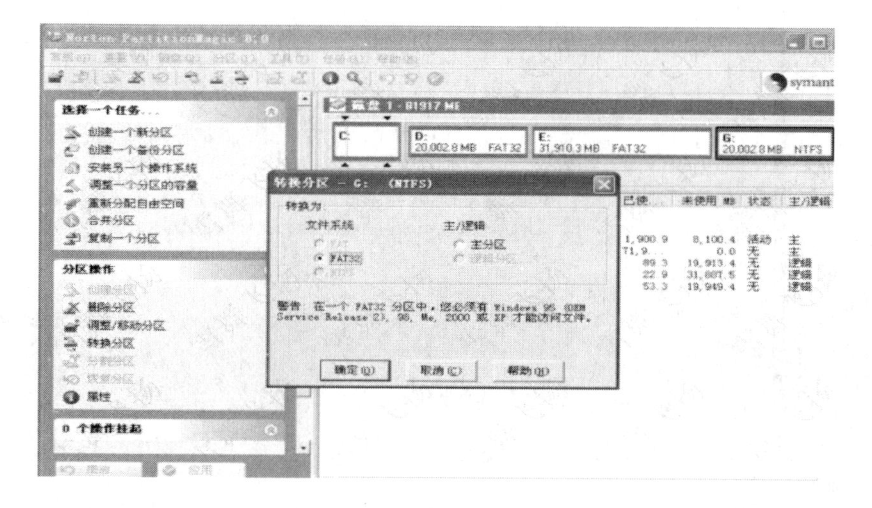

图 1-4-49 转换分区

单击确定，出现图 1-4-50 所示界面。

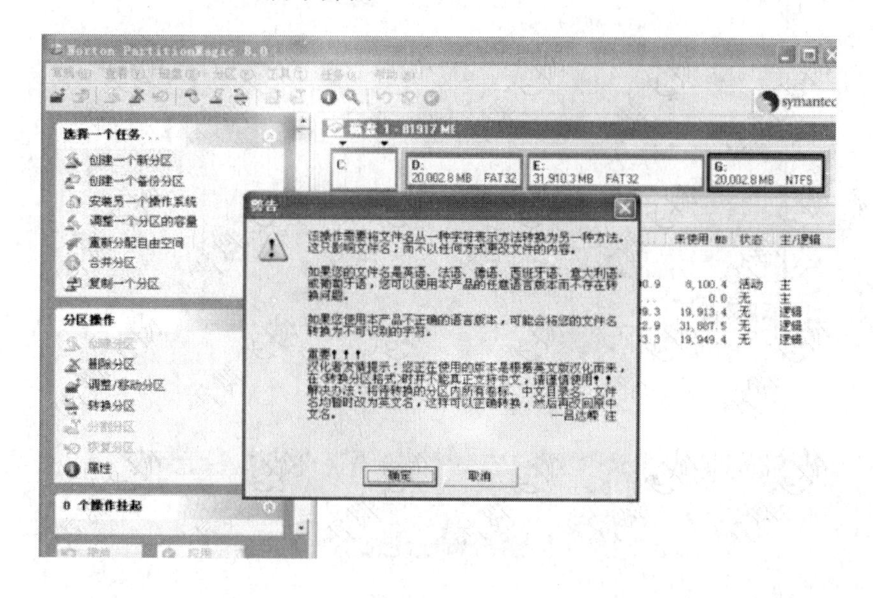

图 1-4-50 警告界面

单击确定，完成任务（图 1-4-51）。

单击应用，重启后即可完成格式转换。

4. 合并分区

思路：把 E 盘和 G 盘合并成一个分区。

在软件窗口左边任务栏中选择合并分区（图 1-4-52）。

单击下一步，会出现选择要合并的第一个分区，我们选择 E 盘（图 1-4-53）。

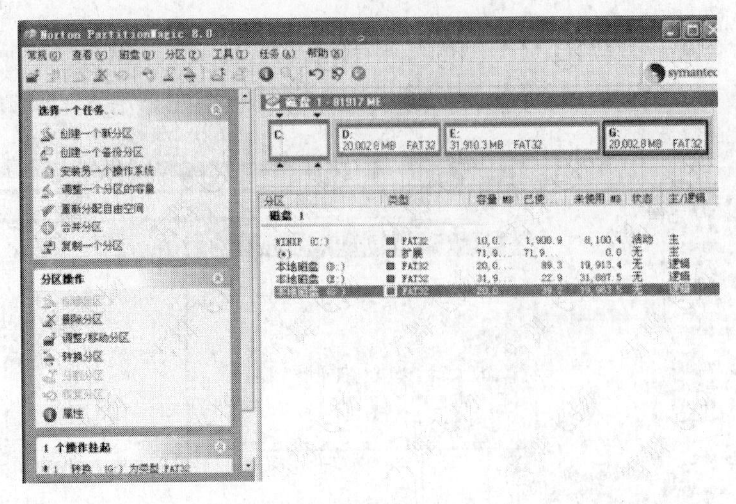

图 1-4-51　完成任务

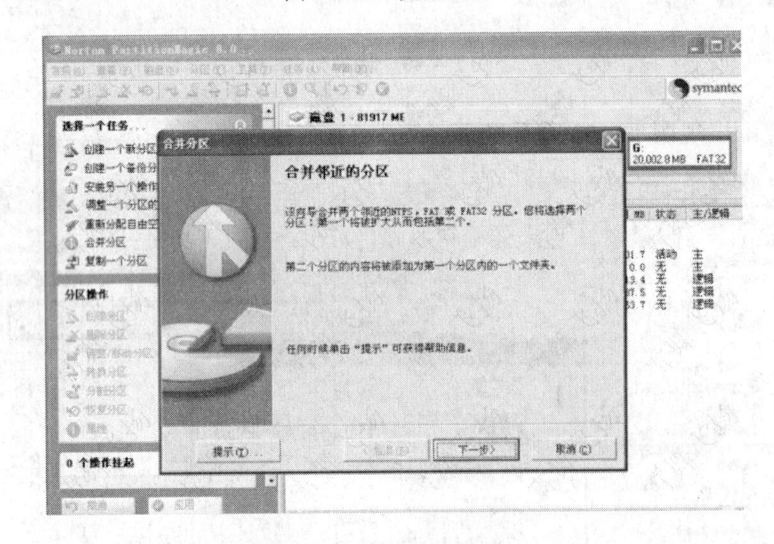

图 1-4-52　选择合并分区

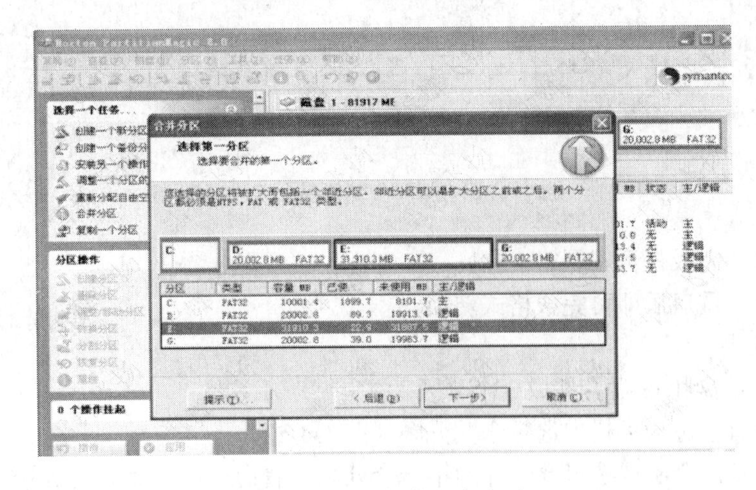

图 1-4-53　选择第一个分区

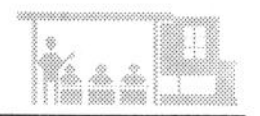

单击下一步，会出现选择要合并的第二个分区，我们选择G盘（图1-4-54）。

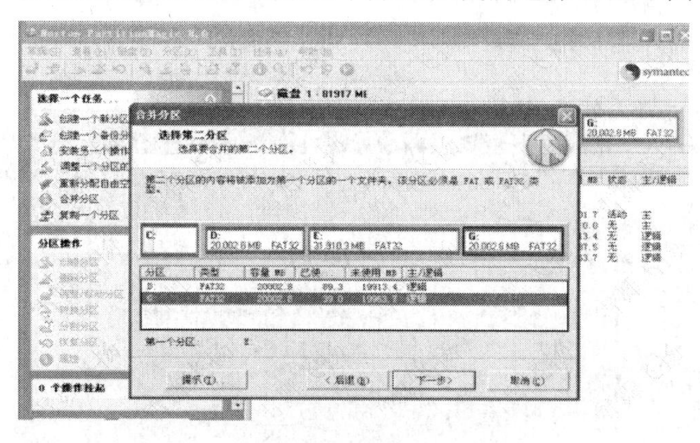

图1-4-54　选择第二个分区

单击下一步，会出现选择输入一个文件夹名称（图1-4-55），用来保存第二个分区的数据，为便于记忆我们在这里文件夹名为G（图1-4-56）。

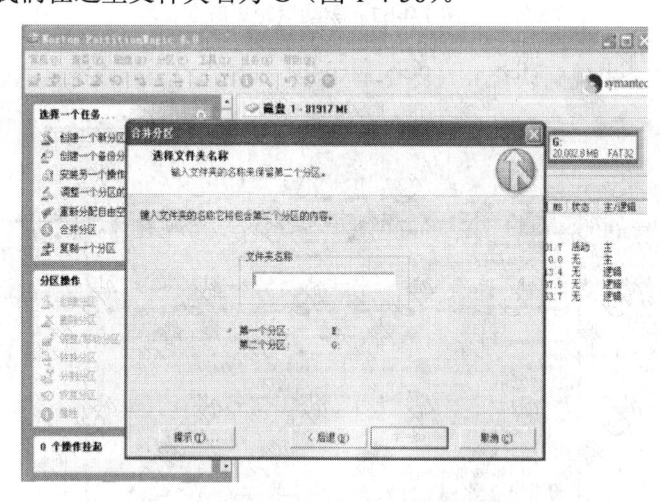

图1-4-55　输入文件夹名称

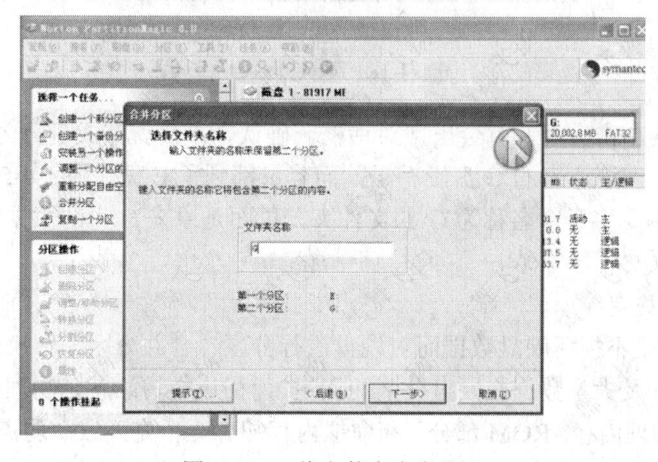

图1-4-56　将文件夹命名为G

单击下一步，会出现驱动盘符更改（图 1-4-57）。

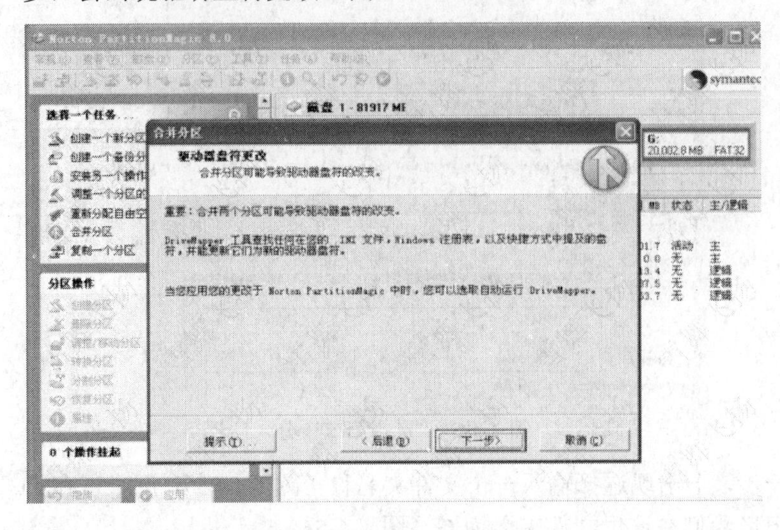

图 1-4-57　驱动盘符更改

单击下一步，会出现确认合并（图 1-4-58）。

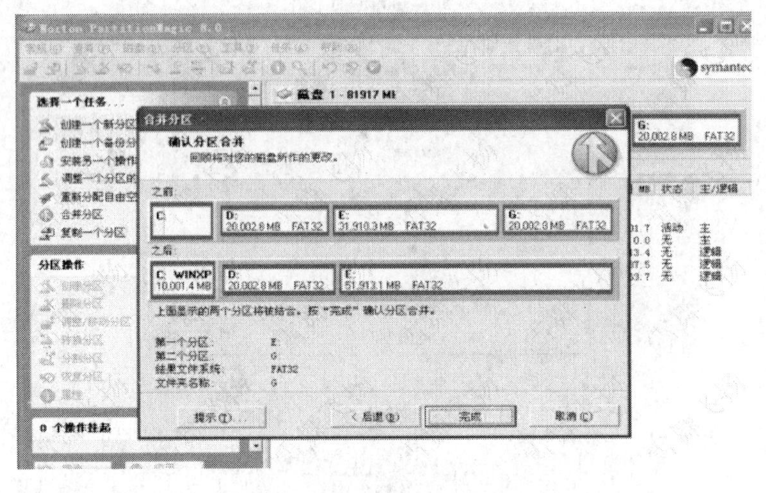

图 1-4-58　确认分区合并

单击完成，再单击应用，就会出现对话框，确认、重启就完成了分区的合并。

重启后我们会发现原来的 G 盘没有了，而容量都到了 E 盘（图 1-4-59）。

再看看 E 盘内，多了个名称为 G 的文件夹，里面是原来 G 盘的数据（图 1-4-60）。

三、注意事项

1. 保持电源稳定

PQ 典型优点是不损坏硬盘数据而对硬盘进行分区、合并分区、转换分区格式等操作。这些操作无疑要涉及大量数据在硬盘分区间搬运，而搬运中转站就是物理内存（ROM 部分）和虚拟内存，但物理内存（ROM 部分）和虚拟内存却有一个先天致命弱点：一旦失去供电，所储存的数据便会消失得一干二净，因此运行 PQ 时必须保持电源稳定。

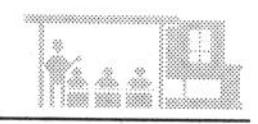

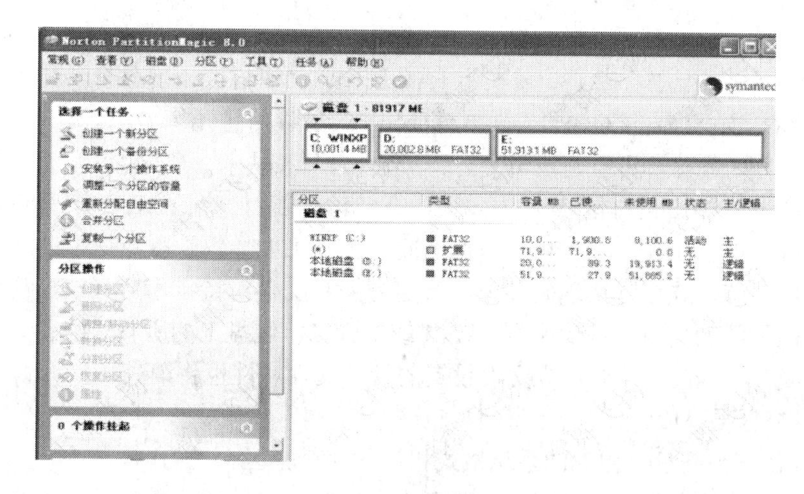

图 1-4-59 G 盘容量都到了 E 盘

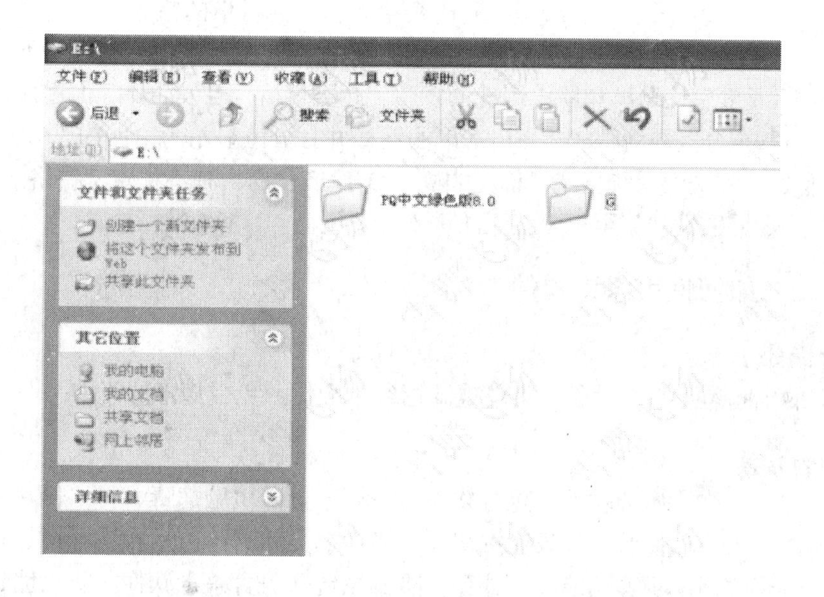

图 1-4-60 E 盘内多了一个名称为 G 的文件夹

2. 谨慎硬盘分区系统格式转换操作

使用 PQ 可方便、快捷地实现几种文件系统格式的转换，但在转换之前应注意：

（1）FAT 分区是 DOS、Windows 3.1、Windows 95/98 可以使用的；FAT32 分区是 Windows 95 OSR2、Windows 98、Windows NT5.0 可以使用的；NTFS 则由 Windows NT 系列专用；HPFS 是 OS2 系统使用的。高一级的操作系统往往可以兼容低一级分区系统格式，而低一级的操作系统无法使用高一级的分区系统格式。

（2）多数程序不会受从 FAT16 转换为 FAT32（或 NTFS）的影响，但是 FAT32（或 NTFS）格式对于一些依赖于纯 FAT16 格式的软件（如磁盘实用程序 PCTOOLS 9.0、Norton 95 等）不能很好地支持。要使用这些软件需要将 FAT32 再转换回 FAT16 格式或者升级这些实用程序到最新版本或下载使这些软件与 FAT32（或 NTFS）相兼容的补丁。

（3）由于FAT16文件系统的局限性，一个FAT16格式的分区最大容量是2473.2M。对一个超过2GB的分区进行FAT32转换为FAT操作时，可能会出现盘符混乱且该分区不可读。用PM查看，显示Stack Overflow（堆栈溢出）的错误信息。修改错误可试着运行Fdisk，把出错的逻辑分区删除，再重建逻辑分区。

（4）转换为FAT32的分区容量不能小于256MB；若将一个FAT32分区转换为FAT格式，必须保证至少有300～400MB的自由空间。否则可能导致硬盘数据丢失。

（5）文件系统格式可以实现硬盘上的特定空间和文件对特定用户开放，其他用户受到进入或读写权限限制。但一旦转换为FAT16或FAT32，硬盘上的所有空间和文件将对所有用户开放；同时在NFTS下对部分文件设置的特殊文件属性也将消失。

3. 合并分区要小心

PQ可以将一个硬盘上相邻的系统格式相同的两个分区合二为一。

合并分区操作要花费较长的时间。若两个分区较大且分区内数据较多，合并操作可能要用上数个小时之久，进度相当缓慢，有时会给人以“死机”的错觉。

使用PQ合并两个分区一定要有耐心才行，运行期间绝对不允许有因等不及或误以为“死机”而关闭或重启计算机和断电情况的发生。此类事情一旦发生，等你进入计算机时会发现要合并的两个分区被冠以“PQFLEX”的卷标并且分区显示为“PqRP”文件系统格式（事实上并非是一种文件系统格式，而是中断PQ后产生的一种不稳定文件格式状态），或分区及其中的数据丢失，甚至根本就无法进入计算机。

任务四　如何使用杀毒软件

【任务描述】

为自己的电脑装上杀毒软件，可使电脑运行更顺畅，免受病毒的侵害。

【任务分析】

杀毒软件，也称反病毒软件或防毒软件，是用于消除电脑病毒、特洛伊木马和恶意软件的一类软件。杀毒软件通常集成监控识别、病毒扫描和清除以及自动升级等功能，有的杀毒软件还带有数据恢复等功能，是计算机防御系统（包含杀毒软件、防火墙、特洛伊木马和其他恶意软件的查杀程序，入侵预防系统等）的重要组成部分。

常用的杀毒软件有金山毒霸、江民、瑞星、360等。下面以360杀毒软件为例简单介绍杀毒软件的使用。

【操作步骤】

（1）打开360安全中心主页，如图1-4-61所示。

（2）下载360杀毒软件后运行安装包，按照提示安装软件。安装完毕会在桌面右下角任务栏处看到360杀毒软件图标，双击打开，如图1-4-62所示。

（3）我们可以单击“快速扫描”等图标对电脑进行查杀病毒。为了确保我们的计算机安全，建议定期对电脑进行全盘扫描，以及时发现计算机中存在的隐患。另外，在使用杀毒软件时要经常对杀毒软件进行升级，以使杀毒软件获得最新病毒库，可以查杀最新的病毒，如图1-4-63所示。

图 1-4-61　下载杀毒软件

图 1-4-62　360 杀毒软件

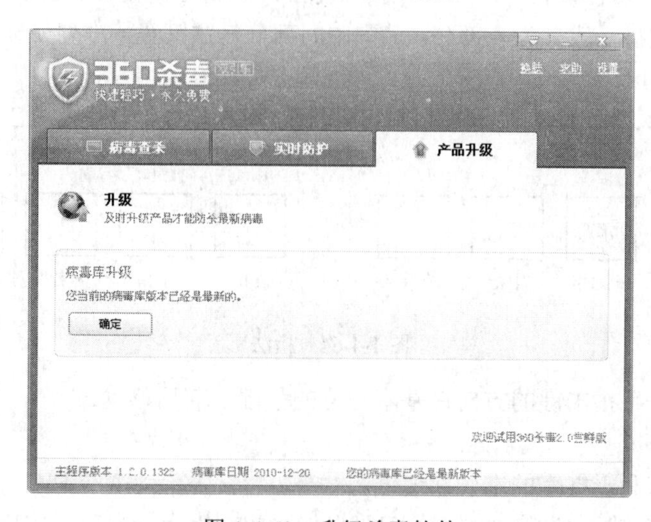

图 1-4-63　升级杀毒软件

任务五　五笔字型中文输入法

【任务描述】

“五笔字型”中文输入法具有重码率低、录入速度快、便于盲打等优点，已成为办公人员应用广泛的汉字输入方法。对于初学者来说，如果学习方法得当，也非常容易掌握。根据多年教学总结和经验摸索，笔者总结出一套直角坐标理解记忆法，秘诀就是三步走。

【任务分析】

汉字都是由笔画或部首组成的。为了输入这些汉字，我们把汉字拆成一些最常用的基本单位，叫做字根，字根可以是汉字的偏旁部首，也可以是部首的一部分，甚至是笔画。即汉字可以分3个层次：笔画（汉字的笔画归纳为横、竖、撇、捺、折5种）、字根（由若干笔画复合连接、交叉形成的相对不变的结构组合就是字根。它是构成汉字的最重要、最基本的单位）、单字（字根按一定的位置关系拼合起来就构成了单字）。因此，我们说字根才是构成汉字的最重要、最基本的单位，字根是汉字的灵魂。

【操作步骤】

掌握五笔输入法的步骤。

（1）先学习每一个键位上有哪些字根，再熟读口诀，为了加深学生对字根的理解，在讲解字根口诀含意的时候，适当组合各区字根成字，直观理解字根配件组字原理和字根间的空间位置关系。

（2）然后再将每一句字根歌诀中的第一个字排成5句话，共25字根：王土大木工，目日口田山，禾白月人金，言立水火之，已子女又纟，只需几分钟就能背熟。

（3）在熟悉字根、理解口诀含意的基础上，再捋着这5句首字根为纵向定位点，逐步背熟，那效率很可是相当的高啦。

一、指法基本知识介绍

1. 键盘简介（功能键区F1～F12、打字键区、主键盘、编辑键区、数字键区）

常用的标准键盘一般分为4部分，其中中间部分是主键盘，排列如标准的英文打字机，因此也称为打字键区。

其中A、S、D、F、J、K、L、;8键为基准键，各手指在键盘上的分工如图1-4-64所示。

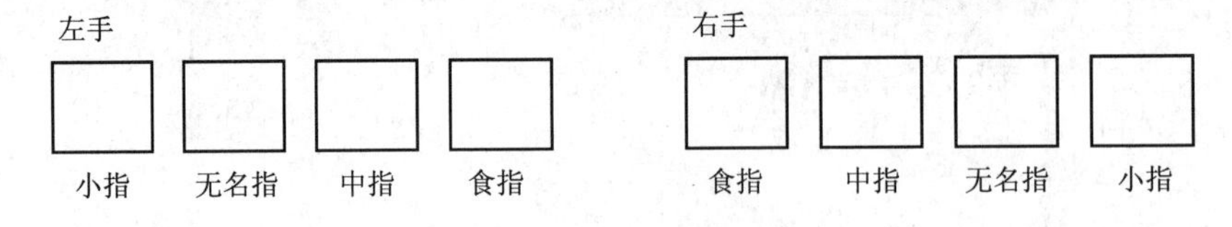

图1-4-64　指法

输入字符时，手指击键的方向在基本键位的基础上前后移动。

2. 姿势

正确的姿势有利于打字的准确和速度。

正确的姿势应该是：坐势要端正，双脚自然平放在地上，肩部要放松，上臂自然下垂，

大臂和肘不要远离身体，指、腕都不要压到键盘上，座位高低要适度。

二、五笔字根与五笔键盘

1. 五笔的基本原理

五笔字型是一种形码输入方式，归纳全部汉字结构，拆解成130多个基本字根（图1-4-65），并将它们合理地分布在键盘上。当需要输入汉字时，就按照相应的字根编码来组合。

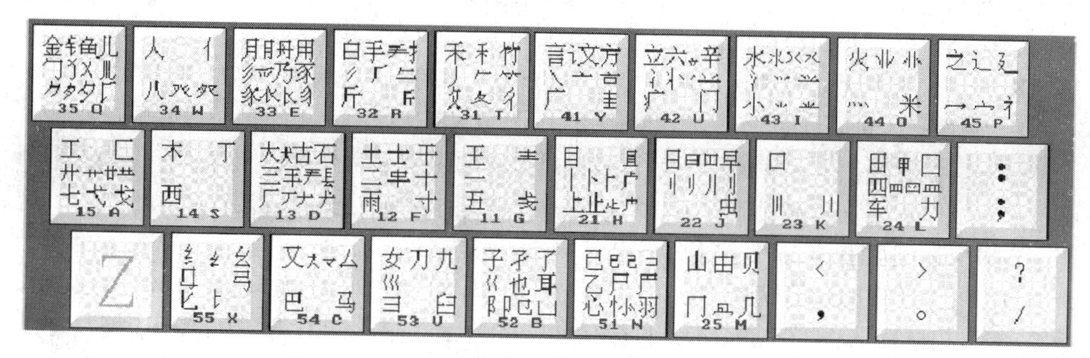

图1-4-65 五笔字型键盘字根总图

五笔输入法口诀如下。

G——11 王旁青头戋（兼）五一（“兼”与“戋”同音），

F——12 土士二干十寸雨，一二还有革字底，

D——13 大犬三羊古石厂，羊有直斜套去大（“羊”指羊字底“王”），

S——14 木丁西，

A——15 工戈草头右框七（“右框”即“匚”）。

H——21 目具上止卜虎皮，

J——22 日早两竖与虫依，

K——23 口与川，字根稀，

L——24 田甲方框四车力（“方框”即“口”），

M——25 山由贝，下框几。

T——31 禾竹一撇双人立（“双人立”即“彳”），反文条头共三一（“条头”即“夂”），

R——32 白手看头三二斤，

E——33 月彡（衫）乃用家衣底，爱头豹头和豹脚，舟下象身三三里，

W——34 人和八登祭取字头，

Q——35 金勺缺点无尾鱼（“勺缺点”指“勹”），犬旁留叉多点少点三个夕，氏无七（妻）。

Y——41 言文方广在四一，高头一捺谁人去，

U——42 立辛两点六门病（疒），

I——43 水旁兴头小倒立（“水旁”指“氵”），

O——44 火业头，四点米，

P——45 之字军盖建道底（即“之、宀、冖、廴、辶”），摘礻（示）衤（衣）。

N——51 已半巳满不出己，左框折尸心和羽，

B——52 子耳了也框向上，两折也在五耳里（“框向上”即“凵”），

V——53 女刀九臼山朝西（“山朝西”即“彐”），

C——54 又巴马，经有上，勇字头，丢矢矣（“丢矢矣”即“矣”去“矢”为“厶”），

X——55 慈母无心弓和匕，幼无力（“幼无力”即“幼”去“力”为“幺”）。

2. 键盘分区和区位号

（1）键盘分区。五笔字型中，字根多数是传统的汉字偏旁部首，同时还有少量的笔画结构作为字根，五笔基本字根有 130 种，加上一些基本字根的变型，共有 200 个左右。这些字根对应在键盘上的 25 个键上。

按照每个字根的起笔笔画，把这些字根分为 5 个“区”：横区（ASDDFG），竖区（HJKLM），撇区（QWERT），捺区（YUIOP），折区（NBVCX），还有一个 Z，是万能编码键。

以横起笔的在 1 区，从字母 G 到 A；以竖起笔的在 2 区，从字母 H 到 M；以撇起笔的在 3 区，从字母 T 到 Q；以捺起笔的叫 4 区，从字母 Y 到 P；以折起笔的叫 5 区，从字母 N 到 X。

（2）区位号。一个字母占一个位置，简称为一个“位”。每个区有五个位，按一定顺序编号，就叫区位号。比如：1 区顺序是从 G 到 A，G 为 1 区第 1 位，它的区位号就是 11，F 为 1 区第 2 位，区位号就是 12；2 区的顺序是从字母 H 开始的，H 的区位号为 21，J 的区位号为 22，L 的区位号就是 24，M 的区位号是 25。

3. 键名字

五笔字型的字根一共有 200 个左右，分布在键盘的 25 个字母上，平均每个区位号有 7、8 个字根，为了便于记忆，在每个区位中选取一个最常用的字根作为键的名字。键名字根既是使用频率很高的字根，同时又是很常用的汉字。

从键盘上我们可以得出“键名字根”有什么规律呢？

（1）每个键的左上角就是“键名字根”。

（2）五笔口诀第一个字就是“键名字根”。

比如 G，区位号为 11，它的基本字根有“王、龶、戋、五、一”等，就选取“王”作为键名字根。

1 区（横区）：王（11）土（12）大（13）木（14）工（15）。

2 区（竖区）：目（21）日（22）口（23）田（24）山（25）。

3 区（撇区）：禾（31）白（32）月（33）人（34）金（35）。

4 区（捺区）：言（41）立（42）水（43）火（44）之（45）。

5 区（折区）：已（51）子（52）女（53）又（54）纟（55）。

4. 五笔字型字根助记词（口诀）

（1）字根在键盘上基本的分布规律。

首笔与区号一致，次笔与位置一致。

如：石：首笔一（1），次笔丿（3），即石在13键上（即D键）；贝：首笔丨（2），次笔乙（5），即贝在25键上（即M键）。

（2）位号与该键位上的复合笔画数保持一致。

例：一、二、三在1区1、2、3位上（G、F、D键）；丨、刂、川在2区1、2、3位上（H、J、K键）；丿、彡、〃在3区1、2、3位上（T、R、E键）；丶、冫、氵在4区1、2、3位上（Y、U、I键）；乙、巜、巛在5区1、2、3位上（N、B、V键）。

（3）与主要字根形态相近。部分字根所在键位与和它相近的字根是放在一起的。

例："阝"与"耳"；"扌"与"手"；"忄"与"心"；"氵"与"水"。

个别特殊："车"的繁体写法为"車"与"甲"相似，故与"甲"放在一起；"力"的声母为L，故"力"放在L键上；"心"的最长笔画为折，故"心"放在折区。

三、五笔怎样拆分汉字

拆字是学习五笔的一个重要环节，光背会了字根，有的汉字不知道拆成什么样的字根，也是无法输入的。字根间的结构关系可以概括为4种类型：单、散、连、交。

1. 字根间的结构关系

（1）单：本身就单独成为汉字的字根，如：王、口、手、门、金、已、心、日等。

（2）散：构成汉字不止一个字根，且字根间保持一定距离，不相连，也不相交。如：吕、足、困、树、笔、训、计、照等。

（3）连：①指一个基本字根连一单笔画，其中单笔可连前，也可连后。如：生、不、产、及、尺等。②带点结构，如：勺、术、太、头等。

（4）交：指两个或多个基本字根交叉套迭构成的汉字。如：里——日交土，必——心交丿，专——二交乙，申——日交丨等。

2. 汉字的拆分方法

汉字的拆分方法为取大优先、兼顾直观、能散不连、能连不交。

（1）取大优先。指的是在各种可能的拆法中，保证按书写顺序拆分出尽可能大的字根，以保证拆分出的字根数最少。

例：世的第一种拆法为一凵乙（误），第二种拆法为廿乙（正），显然，前者是错误的，因为其第二个字根"凵"，完全可以向前"凑"到"一"上，形成多一个笔画的字根"廿"。

（2）兼顾直观。就是说在拆字时，尽量照顾字的直观性，一个笔划不能分割在两个字根中。

例：国，按"书写顺序"，其字根应是"冂王丶一"，但这样编码，不但有悖于该字的字源，也不能使字根"囗"直观易辩。我们只好违背"书写顺序"，按"囗王丶"的顺序编码。

（3）能散不连。前面我们讲过，笔画和字根之间，字根与字根之间的关系，可以分为"散"的关系、"连"的关系和"交"的关系3种。相应地，字根之间也有这样的3种关系。

例：倡的三个字根之间是"散"的关系；自（首笔"丿"与"目"）两个字根之间是"连"的关系；夷（"一"、"弓"与"人"）三个字根是"交"的关系。

（4）能连不交。请看以下取码实例：

午：𠂉 十（两者是相连的）。

当一个字既可以视作"相连"的几个字根，也可视作"相交"的几个字根时，我们认为"相连"的情况是可取的。因为一般来说，"连"比"交"更为"直观"，更能显现字根的笔画结构特征。

3. 汉字的三种字型

有些汉字，它们所含的字根相同，但字根之间的相对位置不同。比如"旭"、"旮"、"吧"和"邑"等。我们把汉字各部分间位置关系类型叫做字型。在五笔中，把汉字分为三种字型：左右型、上下型、杂合型，见表1-4-1。

表1-4-1　　五笔汉字字型

字型代号	字　型	图　示	字　例	特　征
1	左右		汉湘结封	字根间可有间距，总体左右排列
2	上下		字莫花华	字根间可有间距，总体上下排列
3	杂合		困凶这司乘本	字根间虽有间距，但不分上下左右，浑然一体，不分块

杂合型包含以下几种情况。

包围和半包围关系比如"团、同、医、凶、句"等，含有"辶"的字也是杂合型，如"过、进、延"等，"厂、尸"等字根组成的一些字也是杂合型；一个基本字根和一个单笔画相连，也视为杂合型，如自己的"自"，由一撇和一个目字连在一起组成，再比如"千、尺、且、本"等；一个基本字根之前或之后有孤立点的也当作杂合型，比如"勺、术、太、主、斗"等。简言之，杂合型就是分不清是左右型、上下型的字。

4. 识别码的组成和判断

一个合字体的取码规则是这个字的一、二、三、末字根，这只是针对4个字根以上的汉字。如果是这个字只有两个字根或3个字根构成，这时怎么输入呢？

如：沐：氵木 ISY（"丶"为末笔，补打"Y"即为"识别码"）"Y"为捺区第一个键；汀：氵丁 ISH（"丨"为末笔，补打"H"即为"识别码"）"H"为竖区第一个键。

有些字的规则为：①最后一笔是什么笔画；②这个汉字是什么结构。

如：把：最后一笔是"折"，"左右"结构，即RCN。

末笔的特殊约定如下。

约定1：对"辶"、"廴"的字和全包围字，它们的"末笔"规定为被包围部分的末笔。

约定2：对"九、刀、七、力、匕"等字根，当它们参加"识别"时一律用"折笔"作为末笔。

约定3："我"、"戋"、"成"等字的"末笔"，遵循"从上到下"的原则，末笔应该是"丿"。

约定4：带单独点的字，比如"义"、"太"、"勺"等，我们把点当作末笔，并且认为"丶"与附近的字根是"连"的关系，所以为杂合型。

末笔代码见表1-4-2。

表 1-4-2 末笔代码

字型代码 \ 末笔代码	横（1）	竖（2）	撇（3）	捺（4）	折（5）
左右型（1）	G（11）	H（21）	T（31）	Y（41）	N（51）
上下型（2）	F（12）	J（22）	R（32）	U（42）	B（52）
杂合型（3）	D（13）	K（23）	K（33）	I（43）	V（53）

四、五笔输入简码和词汇

（一）简码

字根超过四码汉字输入是：第一码+第二码+第三码+最后一码。

1. 单笔画的输入

在五笔中，有五种笔画：横、竖、撇、捺、折。

如：横（一）：GGLL；竖（丨）：HHLL；撇（丿）：TTLL；捺（丶）：YYLL；折（乙）：NNLL。即在其后面加两个“LL”。

2. 键名汉字的输入

只要把该键名汉字所在键连击四下。

如：王（GGGG），山（MMMM）。

3. 成字字根的输入

键名+首笔代码+次笔代码+末笔代码。

如：“金”字打“QQQQ”，“目”字打“HHHH”。

4. 一级简码（高频汉字）的输入

高频字也就是在汉字输入中出现频率最高的汉字，叫一级简码，就是说敲一个键就可以出一个汉字。

如：Q（我），W（人），E（有），R（的），T（和）。

5. 二级简码的输入

取这个字的第一、第二笔代码，再按空格键。

如：睡（HT），后（RG），吕（KK），革（AF）。

6. 三级简码的输入

按其全码的前三码加空格。

如：淋（ISS），想（SHN），黄（AMW），喇（KGK）。

（二）词汇

1. 二字词汇的输入

每字取其全码的前两码组成，共 4 码。

如：教育，土丿亠厶，F T Y C；

记录，讠己彐水，Y N V I 。

2. 三字词汇的输入方法

前两个字各取其第一码，最后一个字取其前二码，共 4 码组成。

如：教研室，土石宀一，F D P G；

广东省，广七小丿，YAIT。

3. 四字词

输入方法：每字各取其第一码，共为4码。

如：操作系统，扌亻丿纟，RWTX；

身体力行，丿亻力彳，TWLT。

4. 多字词

输入方法：按一二三末的规则，取第一二三及最末一个字的第一码。

如：中华人民共和国，口亻人口，KWW；

全国人民代表大会，人口人人，WLWW。

5. 帮助键Z的使用

Z键在五笔字型输入方法中有很重要的作用。在初学者对字根键位不太熟悉，或对某些汉字的字根拆分困难时，可以通过Z键提供帮助。在输入一个已知字根编码后，就可以用Z键来表示一切"未知"的字根，系统将检索出那些符合已知字根代码的字，将汉字及其正确代码显示在提示行里。需要那个字，就打一下这个字前的数字，就可以将所需要的字从提字行中"调"到当前的光标位置上。由于提示行中的每一个字后面都显示它的正确编码，初学者也可以从这里学习到自己不会拆分的汉字的正确编码。

如：要输入"流"字，而又不知道它的第二个字根该怎么取，便可输入"IZCQ"此时屏幕提示行显示：

五笔：IZCQ　1 溉 IVCQ　2 流 IYCQ　3 溉 IVCQ　4 流 IYCQ　5 鎏 IYCQ

键入 2，"流"字就显示到光标当前位置上，通过提示行，不但知道"Z"键代替的字根在"Y"键上，而且知道"流"是一个三级简码字。

任务六　计算机数制转换

【任务描述】

计算机处理的数据分为数值型和非数值型两类。数值型数据指数学中的代数值，具有量的含义，且有正负之分、整数和小数之分；而非数值型数据是指输入到计算机中的所有信息，没有量的含义，如数字符号0～9、大写字母A～Z或小写字母a～z、汉字、图形、声音及其一切可印刷的符号+、-、!、#、%、》等。在计算机科学中，常用的数制是十进制、二进制、八进制、十六进制4种。其中二进制数在电子技术实现上具有方便人们使用逻辑代数表示、硬件技术实现容易、便于记忆、传输可靠、运算规则简单等优点。所以，在计算机中数的存储、传送以及运算均采用二进制。而我们在开发程序、读机器内部代码和数据解决实际问题时，对数值的输入、输出通常使用十进制，这就有一个十进制向二进制转换、二进制向十进制转换的过程。为实现设计过程中计算机内部数据转换的需要，掌握各种数制之间的转换对计算机的学习是很有必要的。

【任务分析】

引入基本概念：进制、基数、位权、按权相加法、常用进位制的表示方法。

数制转换：将数由一种数制转换成另一种数制的变换，简称为数制转换。

进制：按进位的原则进行记数的方法叫做“进位记数制”，简称为“数制”或“进制”。

基数：数制的进位所遵循一个规则，那就是逢N进1。这里的N叫做“基数”。

位权：10n就叫做位权（简称“权”）。

按权相加法：每位数序字符乘以它的位权累加求和表示数值大小的方法叫做按权相加法。

常用进位制的表示方法。

（1）把该数用小括号括起来在小括号的右下角标明该进制的基数，如：（123.12）10说明123.12为十进制数。如果用R表示任意进制，可以表示为（******）R。

（2）在该数的后面加上相应的大写字母表示相应的进制。在计算机中常常用到的有二进制、八进制、十进制和十六进制。分别用字母B（Binary）表示二进制（如：10001.11B为二进制数），用字母Q或O（Octal）表示八进制（如：234.45Q为八进制数），用字母D（Decimal）表示十进制（如：123D为十进制数），用字母H（Hexadecimal）表示十六进制（如：123.12H为十六进制数）。

【操作步骤】

十进制与二进制、八进制、十六进制之间相互转换关系如图1-4-66所示。

一、十进制转换成非十进制（R进制）

方法：将十进制转化为R进制，整数部分，采用除以R取余（余数为0为止），将所取余数逆序排列；小数部分，乘R取整（每一次必须变为纯小数后再做乘法，直至乘积为0，如果是循环小数，则以约定的精度为准，最后将所取的整数按顺序排列即可）。

这里仅以十进制数转换为二进制数为例，说明十进制数转换为二进制、八进制、十六进制数的转换算法。引导学生完成十进制与八、十六进制数之间的转换。

1. 十进制整数转换为二进制数

算法：除2、取余、反取。

例：57 =（111001）2，如图1-4-67所示。

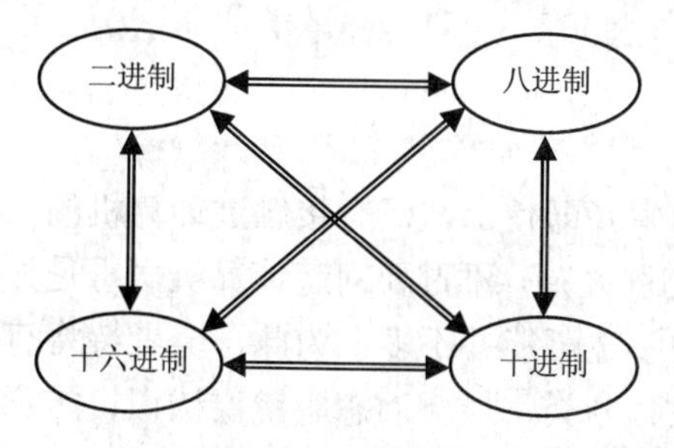

图1-4-66 十进制与二进制、八进制、十六进制相互关系图

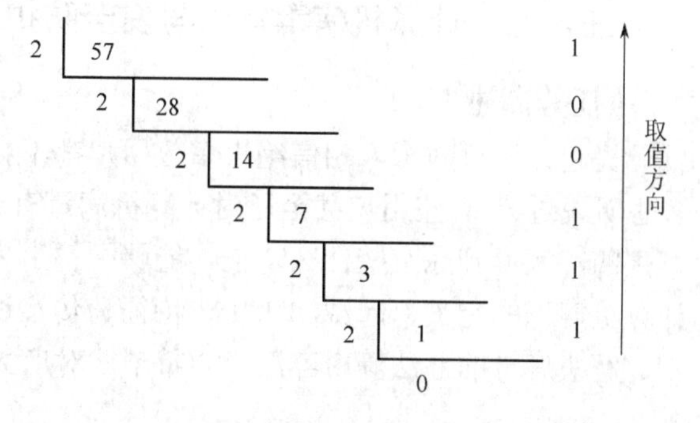

图1-4-67 十进制整数转换为二进制数算法

2. 十进制小数转换为二进制数

算法：乘2、取整、正取。

例：0.125=（0.001）2，如图1-4-68所示。

3. 十进制数转换为二进制数

运算规则：整数部分与小数部分分别按各自规则独立运算，结果用小数点顺次连接。

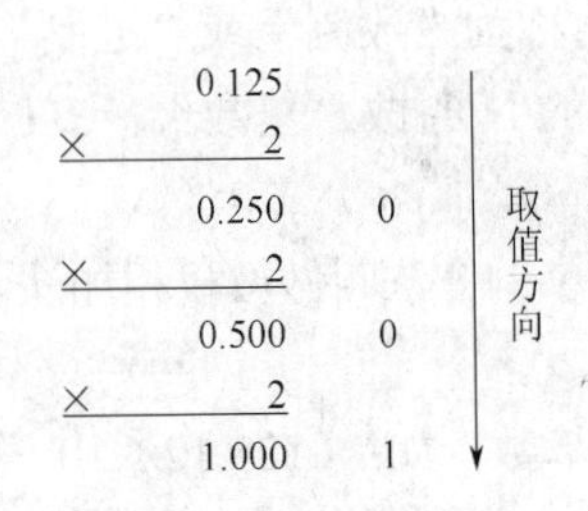

图 1-4-68 十进制小数转换为二进制数算法

如：57.125=（111001.001）2

4. 二进制数转换为十进制数

运算规则：按权展开求和。

如：把二进制数 11001.001 转换成十进制数。

111001.001B=1×25＋1×24＋1×23＋1×20＋0×2－1＋0×2－2＋1×2－3

=32＋16＋8＋1＋0.125

=57.125

说明：不管是任何数制，只是表示数的方式不同，但数的大小始终不变，它们必然可以相互转换。

二、十进制数转换成八、十六进制数

方法与“一”同，请同学自己总结。

三、二进制和八（十六）进制的转换

当二进制数有小数部分时，从小数点开始向两侧每 3 位（4 位）二进制数转换为 1 位八（十六）进制数，不够 3 位（4 位）者可以补 0，八/十六转回二进制时，每一位的八/十六进制数转成 3、4 位二进制数，注意 0 也需要如此占位划分。

如：把二进制转换成八（十六）进制，如图 1-4-69 所示。

001	101	000	110	.	011	100
←	←	←	←		←	←
001	401	000	420		021	400
1	5	0	6		3	4

图 1-4-69 二进制数转换成八（十六）进制

四、八进制与十六进制的相互转换

方法是以二进制为桥梁先把八进制（十六进制）转换为二进制再转换为十六进制（八进制）即可。

任务七 计算机病毒常识与安全防护

【任务描述】

提起计算机病毒，相信绝大多数用户都不会陌生（即使那些没有接触过计算机的人大多也听说过），有些用户甚至还对计算机病毒有着切肤之痛，不过要问起计算机病毒是如何产生的、病毒到底有些什么特征，能够回答上来的学生可能并不多。为此，笔者特将有关计算机病毒的定义、起源、历史、特征、传播途径、分类、最新动态、错误认识、防毒原则、解决病毒的办法等内容汇集，希望能对广大学生日常的反病毒操作有所帮助。

【任务分析】

通过学习相关常识，提高病毒防护能力。

【操作步骤】

一、病毒定义

计算机病毒是指那些具有自我复制能力的计算机程序，它能影响计算机软件、硬件的正常运行，破坏数据的正确与完整。

二、病毒起源

计算机病毒的来源多种多样，有的是计算机工作人员或业余爱好者为了纯粹寻开心而制造出来的，有的则是软件公司为保护自己的产品被非法拷贝而制造的报复性惩罚，因为他们发现病毒比加密对付非法拷贝更有效且更有威胁，这种情况助长了病毒的传播。还有一种情况就是蓄意破坏，它分为个人行为和政府行为两种。个人行为多为雇员对雇主的报复行为，而政府行为则是有组织的战略战术手段。另外有的病毒还是用于研究或实验而设计的"有用"程序，由于某种原因失去控制扩散出实验室或研究所，从而成为危害四方的计算机病毒。

三、病毒历史

病毒是如何一步步的从无到有、从小到大地发展到今天的地步的呢？下面的介绍可以解除你的这一疑问：

"计算机病毒"这一概念是1977年由美国著名科普作家雷恩在一部科幻小说《P1的青春》中提出。

1983年，美国计算机安全专家考因首次通过实验证明了病毒的可实现性。

1987年，世界各地的计算机用户几乎同时发现了形形色色的计算机病毒，如大麻、IBM圣诞树、黑色星期五等等，面对计算机病毒的突然袭击，众多计算机用户甚至专业人员都惊慌失措。

1989年，全世界的计算机病毒攻击十分猖獗，我国也未幸免。其中"米开朗基罗"病毒给许多计算机用户造成极大损失。

1991年，在海湾战争中，美军第一次将计算机病毒用于实战，在空袭巴格达的战斗中，成功地破坏了对方的指挥系统，使之瘫痪，保证了战斗的顺利进行，直至最后胜利。

1992年，出现针对杀毒软件的"幽灵"病毒，如One-half。

1996年，首次出现针对微软公司Office的"宏病毒"。

1997年，被公认为计算机反病毒界的"宏病毒"年。"宏病毒"主要感染Word、Excel等文件。如Word宏病毒，早期是用一种专门的Basic语言即Word Basic所编写的程序，后来使用Visual Basic。与其他计算机病毒一样，它能对用户系统中的可执行文件和数据文本类文件造成破坏。常见的有：Tw no. 1（台湾一号）、Setmd、Consept、Mdma等。

1998年，出现针对Windows95/98系统的病毒，如CIH（1998年被公认为计算机反病毒界的CIH病毒年）。CIH病毒是继DOS病毒、Windows病毒、宏病毒后的第4类新型病毒。这种病毒与DOS下的传统病毒有很大不同，它使用面向Windows的VXD技术编制。1998年8月从台湾传入国内，共有3个版本：1.2版、1.3版、1.4版，发作时间分别是4月26日、6月26日、每月26日。该病毒是第一个直接攻击、破坏硬件的计算机病毒，是迄今为止破坏最为严重的病毒。它主要感染Windows95/98的可执行程序，发作时破坏计算机Flash BIOS芯片中的系统程序，导致主板损坏，同时破坏硬盘中的数据。病毒发作时，硬盘驱动器不停旋转，硬盘上所有数据（包括分区表）被破坏，必须重新FDISK方才有可能挽救硬盘；同时，对于部分厂牌的主板（如技嘉和微星等），会将Flash BIOS中的系统程序破坏，造成开机后系统无反应。

1999年，Happy99等完全通过Internet传播的病毒的出现标志着Internet病毒将成为病

毒新的增长点。其特点就是利用 Internet 的优势，快速进行大规模的传播，从而使病毒在极短的时间内遍布全球。

四、病毒的特征

提起病毒，大家都很熟悉，可说到病毒到底有哪些特征，能有说出个所以然的用户却不多，许多用户甚至根本搞不清到底什么是病毒，这就严重影响了对病毒的防治工作。鉴于此，笔者特将常见病毒的特征简要介绍如下，希望广大用户能借以对病毒有一个较完善的灵性认识。

1. 传染性

传染性是病毒的基本特征。在生物界，病毒通过传染从一个生物体扩散到另一个生物体。在适当的条件下，它可得到大量繁殖，并使被感染的生物体表现出病症甚至死亡。同样，计算机病毒也会通过各种渠道从已被感染的计算机扩散到未被感染的计算机，在某些情况下造成被感染的计算机工作失常甚至瘫痪。与生物病毒不同的是，计算机病毒是一段人为编制的计算机程序代码，这段程序代码一旦进入计算机并得以执行，它会搜寻其他符合其传染条件的程序或存储介质，确定目标后再将自身代码插入其中，达到自我繁殖的目的。只要一台计算机染毒，如不及时处理，那么病毒会在这台机子上迅速扩散，其中的大量文件（一般是可执行文件）会被感染。而被感染的文件又成了新的传染源，再与其他机器进行数据交换或通过网络接触，病毒会继续进行传染。

正常的计算机程序一般是不会将自身的代码强行连接到其他程序之上的。而病毒却能使自身的代码强行传染到一切符合其传染条件的未受到传染的程序之上。计算机病毒可通过各种可能的渠道，如软盘、计算机网络去传染其他的计算机。当你在一台机器上发现了病毒时，往往曾在这台计算机上用过的软盘已感染上了病毒，而与这台机器相联网的其他计算机也许也被该病毒侵染上了。是否具有传染性是判别一个程序是否为计算机病毒的最重要条件。

2. 未经授权而执行

一般正常的程序是由用户调用，再由系统分配资源，完成用户交给的任务。其目的对用户是可见的、透明的。而病毒具有正常程序的一切特性，它隐藏在正常程序中，当用户调用正常程序时窃取到系统的控制权，先于正常程序执行，病毒的动作、目的对用户来说是未知的，是未经用户允许的。

3. 隐蔽性

病毒一般是具有很高编程技巧、短小精悍的程序。通常附在正常程序中或磁盘较隐蔽的地方，也有个别的以隐含文件形式出现。目的是不让用户发现它的存在。如果不经过代码分析，病毒程序与正常程序是不容易区别开来的。一般在没有防护措施的情况下，计算机病毒程序取得系统控制权后，可以在很短的时间里传染大量程序。而且受到传染后，计算机系统通常仍能正常运行，使用户不会感到任何异常。试想，如果病毒在传染到计算机上之后，机器马上无法正常运行，那么它本身便无法继续进行传染了。正是由于隐蔽性，计算机病毒得以在用户没有察觉的情况下扩散到上百万台计算机中。大部分的病毒的代码之所以设计得非常短小，也是为了隐藏。病毒一般只有几百或几 KB，而 PC 机对 DOS 文件的存取速度可达每秒几百 KB 以上，所以病毒转瞬之间便可将这短短的几百字节附着到

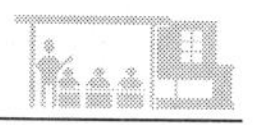

正常程序之中，非常不易被人察觉。

4. 潜伏性

大部分的病毒感染系统之后一般不会马上发作，它可长期隐藏在系统中，只有在满足其特定条件时才启动其表现（破坏）模块。只有这样它才可进行广泛地传播。如“PETER-2”在每年2月27日会提3个问题，答错后会将硬盘加密。著名的“黑色星期五”在逢13号的星期五发作。国内的“上海一号”会在每年3、6、9月的13日发作。当然，最令人难忘的便是26日发作的CIH。这些病毒在平时会隐藏得很好，只有在发作日才会露出本来面目。

5. 破坏性

任何病毒只要侵入系统，都会对系统及应用程序产生程度不同的影响。轻者会降低计算机工作效率，占用系统资源，重者可导致系统崩溃。据此特性可将病毒分为良性病毒与恶性病毒。良性病毒可能只显示些画面或出点音乐、无聊的语句，或者根本没有任何破坏动作，但会占用系统资源。这类病毒较多，如GENP、小球、W-BOOT等。恶性病毒则有明确的目的，或破坏数据、删除文件，或加密磁盘、格式化磁盘，有的对数据造成不可挽回的破坏。这也反映出病毒编制者的险恶用心（最著名的恐怕就是CIH病毒了）。

6. 不可预见性

从对病毒的检测方面来看，病毒还有不可预见性。不同种类的病毒，它们的代码千差万别，但有些操作是共有的（如驻内存，改中断）。有些人利用病毒的这种共性，制作了声称可查所有病毒的程序。这种程序的确可查出一些新病毒，但由于目前的软件种类极其丰富，且某些正常程序也使用了类似病毒的操作甚至借鉴了某些病毒的技术。使用这种方法对病毒进行检测势必会造成较多的误报情况。而且病毒的制作技术也在不断地提高，对反病毒软件来说病毒永远是超前的。

看了上面的介绍，你是不是对计算机病毒有了一个初步的了解？

五、病毒的传播途径

（1）通过不可移动的计算机硬件设备进行传播（即利用专用ASIC芯片和硬盘进行传播）。这种病毒虽然极少，但破坏力却极强，目前尚没有较好的检测手段对付。

（2）通过移动存储设备来传播（包括软盘、磁带等）。其中软盘是使用最广泛、移动最频繁的存储介质，因此也成了计算机病毒寄生的“温床”。

（3）通过计算机网络进行传播。随着Internet的高速发展，计算机病毒也走上了高速传播之路，现在通过网络传播已经成为计算机病毒的第一传播途径。

（4）通过点对点通信系统和无线通道传播。

六、病毒的分类

各种不同种类的病毒有着各自不同的特征，它们有的以感染文件为主、有的以感染系统引导区为主，大多数病毒只是开个小小的玩笑，但少数病毒则危害极大（如臭名昭著CIH病毒）。这就要求我们采用适当的方法对病毒进行分类，以进一步满足日常操作的需要。

1. 按传染方式分类

病毒按传染方式可分为引导型病毒、文件型病毒和混合型病毒3种。其中引导型病毒主要是感染磁盘的引导区，我们在使用受感染的磁盘（无论是软盘还是硬盘）启动计算机时它们就会首先取得系统控制权，驻留内存之后再引导系统，并伺机传染其他软盘或硬盘的引导区，它一般不对磁盘文件进行感染；文件型病毒一般只传染磁盘上的可执行文件（COM，EXE），在用户调用染毒的可执行文件时，病毒首先被运行，然后病毒驻留内存伺机传染其他文件或直接传染其他文件，其特点是附着于正常程序文件，成为程序文件的一个外壳或部件；混合型病毒则兼有以上两种病毒的特点，既染引导区又染文件，因此扩大了这种病毒的传染途径。

2. 按连接方式分类

病毒按连接方式分为源码型病毒、入侵型病毒、操作系统型病毒、外壳型病毒等 4 种。其中源码病毒主要攻击高级语言编写的源程序，它会将自己插入到系统的源程序中，并随源程序一起编译、连接成可执行文件，从而导致刚刚生成的可执行文件直接带毒，不过该病毒较为少见，亦难以编写；入侵型病毒则是那些用自身代替正常程序中的部分模块或堆栈区的病毒，它只攻击某些特定程序，针对性强，一般情况下也难以被发现，清除起来也较困难；操作系统病毒则是用其自身部分加入或替代操作系统的部分功能，危害性较大；外壳病毒主要是将自身附在正常程序的开头或结尾，相当于给正常程序加了个外壳，大部分的文件型病毒都属于这一类。

3. 按破坏性分类

病毒按破坏性可分为良性病毒和恶性病毒。顾名思义，良性病毒当然是指对系统的危害不太大的病毒，它一般只是作个小小的恶作剧罢了，如破坏屏幕显示、播放音乐等（需要注意的是，即使某些病毒不对系统造成任何直接损害，但它总会影响系统性能，从而造成了一定的间接危害）；恶性病毒则是指那些对系统进行恶意攻击的病毒，它往往会给用户造成较大危害，如曾经流行的 CIH 病毒就就属此类，它不仅删除用户的硬盘数据，而且还破坏硬件（主板），实可谓“十恶不赦”！

4. 按程序运行平台分类

病毒按程序运行平台分类可分为 DOS 病毒、Windows 病毒、Windows NT 病毒、OS/2 病毒等，它们分别发作于 DOS、Windows 9X、Windows NT、OS/2 等操作系统平台上的。

5. 新型病毒

部分新型病毒由于其独特性而暂时无法按照前面的类型进行分类，如宏病毒、黑客软件、电子邮件病毒等。

宏病毒主要是使用某个应用程序自带的宏编程语言编写的病毒，如感染 WORD 系统的 Word 宏病毒、感染 Excel 系统的 Execl 宏病毒和感染 Lotus Ami Pro 的宏病毒等。宏病毒与以往的病毒有着截然不同的特点，如它感染数据文件，彻底改变了人们的“数据文件不会传播病毒”的错误认识；宏病毒冲破了以往病毒在单一平台上传播的局限，当 Word、Excel 这类软件在不同平台（如 Windows、Windows NT、OS/2 和 Macintosh 等）上运行时，就可能会被宏病毒交叉感染；以往病毒是以二进制的计算机机器码形式出现，而宏病毒则是以人们容易阅读的源代码形式出现，所以编写和修改宏病毒比以往病毒更容易；另外宏病毒还具有容易传播、隐蔽性强、危害巨大等特点。总体来说，宏病毒应该算是一种特殊的文件型病毒，同时它应该也可以算是“按程序运行平台分类”中的一种特例。

黑客软件本身并不是一种病毒，它实质是一种通信软件，而不少别有用心的人却利用它的独特特点来通过网络非法进入他人计算机系统，获取或篡改各种数据，危害信息安全。

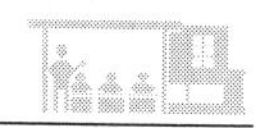

正是由于黑客软件具有直接威胁广大网民的数据安全、用户很难对其进行防范的独特特点，各大反病毒厂商纷纷将黑客软件纳入病毒范围，利用杀毒软件将黑客从用户的计算机中驱逐出境，从而保护了用户的网络安全。

电子邮件病毒实际上并不是一类单独的病毒，它严格来说应该划入到文件型病毒或宏病毒中去，只不过由于这些病毒采用了独特的电子邮件传播方式（其中不少种类还专门针对电子邮件的传播方式进行了优化），因此我们习惯于将它们定义为电子邮件病毒。

七、最新动态

近一段时间以来，计算机病毒不但没有像人们想象的那样随着Internet的流行而趋于消亡，而是进一步的爆发流行，如CIH、Happy99等，它们与以往的病毒相比具有一些新的特点，如传染性、隐蔽性、破坏性等，给广大计算机用户带来了极大的经济损失。为方便用户的使用，现将计算机病毒的最新动态向大家做一个简要介绍。

多形性病毒。多形性病毒又名“幽灵”病毒，是指采用特殊加密技术编写的病毒，这种病毒在每感染一个对象时采用随机方法对病毒主体进行加密，因而完全多形性病毒的不同样本中甚至不存在连续两个相同的字节。这种病毒主要是针对查毒软件而设计的，所以使得查毒软件的编写更困难，并且还会带来许多误报。

轻微破坏病毒。文件备份是人们用于对抗病毒的一种常用的方法，轻微破坏病毒就是针对备份而设计的。它每次只破坏一点点数据，用户难以察觉，这就导致用户每次备份的数据均是已被破坏的内容。当用户发觉到数据被彻底破坏时，可能所有备份中的数据均是被破坏的，这时的损失是难以估计的。

病毒生成工具。病毒生成工具通常是以菜单形式驱动，只要是具备一点计算机知识的人，利用病毒生成工具就可以像点菜一样轻易地制造出计算机病毒，而且可以设计出非常复杂的具有偷盗和多形性特征的病毒。如G2、VCL、MTE、TPE等。

八、病毒的破坏行为

不同病毒有不同的破坏行为，其中有代表性的行为如下。

（1）攻击系统数据区。即攻击计算机硬盘的主引寻扇区、Boot扇区、FAT表、文件目录等内容（一般来说，攻击系统数据区的病毒是恶性病毒，受损的数据不易恢复）。

（2）攻击文件。是删除文件、修改文件名称、替换文件内容、删除部分程序代码等。

（3）攻击内存。内存是计算机的重要资源，也是病毒的攻击目标。其攻击方式主要有占用大量内存、改变内存总量、禁止分配内存等。

（4）干扰系统运行。不执行用户指令、干扰指令的运行、内部栈溢出、占用特殊数据区、时钟倒转、自动重新启动计算机、死机等。

（5）速度下降。不少病毒在时钟中纳入了时间的循环计数，迫使计算机空转，计算机速度明显下降。

（6）攻击磁盘。攻击磁盘数据、不写盘、写操作变读操作、写盘时丢字节等。

（7）扰乱屏幕显示。字符显示错乱、跌落、环绕、倒置、光标下跌、滚屏、抖动、吃字符等。

（8）记录键盘、封锁键盘、换字、抹掉缓存区字符、重复输入。

（9）攻击喇叭。发出各种不同的声音，如演奏曲子、警笛声、炸弹噪声、鸣叫、咔咔声、嘀嗒声。

（10）攻击 CMOS。对 CMOS 区进行写入动作，破坏系统 CMOS 中的数据。

（11）干扰打印机。间断性打印、更换字符等。

九、防毒原则

（1）不使用盗版或来历不明的软件，特别不能使用盗版的杀毒软件。

（2）写保护所有系统盘，绝不把用户数据写到系统盘上。

（3）安装真正有效的防毒软件，并经常进行升级。

（4）新购买的电脑要在使用之前首先要进行病毒检查，以免机器带毒。

（5）准备一张干净的系统引导盘，并将常用的工具软件拷贝到该软盘上，然后加以保存。此后一旦系统受“病毒”侵犯，我们就可以使用该盘引导系统，然后进行检查、杀毒等操作。

（6）对外来程序要使用尽可能多的查毒软件进行检查（包括从硬盘、软盘、局域网、Internet、Email 中获得的程序），未经检查的可执行文件不能拷入硬盘，更不能使用。

（7）尽量不要使用软盘启动计算机。

（8）一定要将硬盘引导区和主引导扇区备份下来，并经常对重要数据进行备份，防患于未然。

（9）随时注意计算机的各种异常现象（如速度变慢、出现奇怪的文件、文件尺寸发生变化、内存减少等），一旦发现，应立即用杀毒软件仔细检查。

十、碰到病毒之后的解决办法

（1）在解毒之前，要先备份重要的数据文件。

（2）启动反病毒软件，并对整个硬盘进行扫描。

（3）发现病毒后，我们一般应利用反病毒软件清除文件中的病毒，如果可执行文件中的病毒不能被清除，一般应将其删除，然后重新安装相应的应用程序。同时，我们还应将病毒样本送交反病毒软件厂商的研究中心，以供详细分析。目前，360 是一款较好的免费病毒防护软件，360 安全卫士与 360 杀毒软件合用管理计算机安全。

（4）某些病毒在 Windows 98 状态下无法完全清除（如 CIH 病毒就是如此），此时我们应采用事先准备的干净的系统引导盘引导系统，然后在 DOS 下运行相关杀毒软件进行清除。

十一、对计算机病毒的错误认识

随着计算机反病毒技术的不断发展，广大用户对计算机病毒的了解也是越来越深，以前那种“谈毒色变”的情况再也不会出现了。不过笔者在日常错作过程中发现，许多用户对病毒的认识还存在着一定的误区，如“认为自己已经购买了正版的杀毒软件，因而再也不会受到病毒的困扰了”、“病毒不感染数据文件”等，这些错误认识在一定程度上影响了用户对病毒的正确处理，为此，特将用户的这些错误认识列举如下，希望对大家今后的操作有所帮助。

（1）错误认识一“对感染病毒的软盘进行浏览就会导致硬盘被感染”。我们在使用资源管理器或 DIR 命令浏览软盘时，系统不会执行任何额外的程序，我们只要保证操作系统本身干净无毒，那么无论是使用 Windows 98 的资源管理器还是使用 DOS 的 DIR 命令浏览软

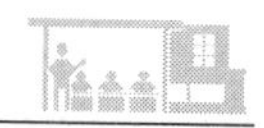

盘都不会引起任何病毒感染的问题。

（2）错误认识二“将文件改为只读方式可免受病毒的感染”。某些人认为通过将文件的属性设置为只读会十分有效地抵御病毒，其实修改一个文件的属性只需要调用几个DOS中断就可以了，这对病毒来说十分简单。我们甚至可以说，通过将文件设置为只读属性对于阻止病毒的感染及传播几乎是无能为力。

（3）错误认识三“病毒能感染处于写保护状态的磁盘”。前面我们谈到，病毒可感染只读文件，不少人由此认为病毒也能修改那些提供了写保护功能的磁盘上的文件，而事实却并非如此。一般来说，磁盘驱动器可以判断磁盘是否写保护、是否应该对其进行写操作等，这一切都是由硬件来控制的，用户虽然能物理地解除磁盘驱动器的写保护传感器，却不能通过软件来达到这一目的。

（4）错误认识四“反病毒软件能够清除所有已知病毒”。由于病毒的感染方式很多，其中有些病毒会强行利用自身代码覆盖源程序中的部分内容（以达到不改变被感染文件长度的目的）。当应用程序被这样的病毒感染之后，程序中被覆盖的代码是无法复原的，因此这种病毒是无法安全杀除的（病毒虽然可以杀除，但用户原有的应用程序却不能恢复）。

（5）错误认识五“使用杀毒软件可以免受病毒的侵扰”。目前市场上出售的杀毒软件，都只能在病毒传播之后才“一展身手”，但在杀毒之前病毒已经造成了工作的延误、数据的破坏或其他更为严重的后果。因此广大用户应该选择一套完善的反毒系统，它不仅应包括常见的查、杀病毒功能，还应该同时包括有实时防毒功能，能实时地监测、跟踪对文件的各种操作，一旦发现病毒，立即报警，只有这样才能最大程度地减少被病毒感染的机会。

（6）错误认识六“磁盘文件损坏多为病毒所为”。磁盘文件的损坏有多种原因，如电源电压波动、掉电、磁化、磁盘质量低劣、硬件错误，其他软件中的错误、灰尘、烟灰、茶水，甚至一个喷嚏都可能导致数据丢失（对保存在软盘上的数据而言）。这些所作所为对文件造成的损坏会比病毒造成的损失更常见、更严重，这点务必引起广大用户的注意。

（7）错误认识七“如果做备份的时候系统就已经感染了病毒，那么这些含有病毒的备份将是无用的”。尽管用户所作的备份也感染了病毒的话的确会带来很多麻烦，但这绝对不至于导致备份失效，我们可根据备份感染病毒的情况分别加以处理。若备份的软盘中含有引导型病毒，那么只要不用这张盘启动计算机就不会传染病毒；如果备份的可执行文件中传染了病毒，那么可执行文件就算白备份了，但是备份的数据文件一般都是可用的（除Word之类的文件外，其他数据文件一般不会感染病毒）。

（8）错误认识八“反病毒软件可以随时随地防护任何病毒”。很显然，这种反病毒软件是不存在的。随着各种新病毒的不断出现，反病毒软件必须快速升级才能达到杀除病毒的目的。具体来说，我们在对抗病毒时需要的是一种安全策略和一个完善的反病毒系统，用备份作为防病毒的第一道防线，将反病毒软件作为第二道防线。而及时升级反病毒软件的病毒代码则是加固第二道防线的唯一方法。

（9）错误认识九“病毒不能从一种类型计算机向另一种类型计算机蔓延”。目前的宏病毒能够传染运行 Word 或 Excel 的多种平台，如 Windows 9X、Windows NT、

Macintosh 等。

（10）错误认识十“病毒不感染数据文件”。尽管多数病毒都不感染数据文件，但宏病毒却可感染包含可执行代码的 MS-Office 数据文件（如 Word、Excel 等），这点务必引起广大用户的注意。

（11）错误认识十一“病毒能隐藏在电脑的 CMOS 存储器里”。不能！因为 CMOS 中的数据不是可执行的，尽管某些病毒可以改变 CMOS 数据的数值（结果就是致使系统不能引导），但病毒本身并不能在 CMOS 中蔓延或藏身于其中。

（12）错误认识十二“Cache 中能隐藏病毒”。不能！Cache 中的数据在关机后会消失，病毒无法长期置身其中。

怎么样？还不对照看看自己是不是陷入了某个认识上的误区中？若真要是这样，那可一定要小心噢！

思考与练习

1．内存又称为_____、_____；外存称为_____或_____。

2．内存条由_____、_____、_____以及少量_____等辅助元件组成。

3．________是计算机系统的记忆部件，是构成计算机硬件系统的必不可少的一个部件。通常，根据存储器的位置和所起的作用不同，可以将存储器分为________________和________________两大类。

4．RAM 一般又可分为__________和__________两大类型。

5．内存的数据带宽有个确定公式：数据带宽=__________×__________。

6．内存的工作频率表示的是内存的传输数据的频率，一般使__________为计量单位。

7．__________和__________是最常用的内存类型。

8．内存容量是指一根内存条可以容纳的 2 进制信息量，用_____作为计量单位。

9．简述内存的作用及选购事项。

10．根据存储介质，目前市场上主要有__________和__________两大类硬盘。

11．硬盘的接口类型有__________、__________和__________等。

12．传统的 HDD 硬盘的存储介质是__________，而固态硬盘 SSD 的存储介质是__________。

13．SSD 主要由__________和__________组成，其外形及使用都与传统硬盘一样。

14．传统的硬磁盘的主要性能指标有__________、__________、__________等。

15．传统的硬磁盘的主要生产厂商有__________、__________、__________等。

16．简述选购硬盘的注意事项。

17．相对于 DVD—ROM 驱动器来讲，1 倍速约等于 CD—ROM 倍速的__________倍。

18．CD—ROM 光驱的单倍速为__________。

19．光盘上标有 CD—R，表明该光盘是________，能 _______；而标有 CD—RW 表明该光盘是 __________，能__________ ，它们能存储的容量一般为__________。

20．光驱的读写方式有__________、__________、__________。

21. BD是____________的简称，一般来说，波长越短，存储密度越___________。
22. 简述光驱的种类及特点。
23. 简述选购光驱注意事项。
24. 显卡主要由_____、______、______、______和______等几部分组成。
25. 显示芯片3D加速能力的主要性能参数包括______、_____和______。
26. 显示内存也称为_____，它用来存储______所要处理的______。
27. RAMDAC的作用是将______中的______转换成能够在_______上直接显示的______。数模转换的工作频率直接影响着显卡的_______及其_______。
28. 显卡与主板的接口有______、______、_______和______接口。目前最流行的是接口，显卡与显示器的接口有_______和_______两种接口，其中_________接口用来连接液晶显示器。
29. 声卡的主要作用是将声音信息从_____转换成电脑能接受的_____，或者转换成_____。
30. 声卡由_____、______、_____以及各种______、_____接口组成。
31. 采样频率是指每秒钟取得_____的次数，采样频率越高，声音的_____就越好，但相应占用的_____也较多。
32. 软波表是指______存放在_____上，重播时依靠计算机的______进行处理。软波一般通过_____的方式实现。硬波表是指______存放在______上重播时依靠_____附带的微处理器，硬波表不需要______即可实现。
33. 采样位数可以理解为声卡处理声音的解析度，这个数据越_____，解析度就越高，录制和回放的声音效果就越真实。
34. 采样频率是指录音设备在一秒钟内对声音信号的采样次数，采样频率越_____声音的还原就越真实。
35. 机箱面板上一般有_____键和_____键，相应的指示灯有_____指示灯表示电源已接通，以及_____工作指示灯。
36. 电源按照结构可分为______和_______。______又分为______、______、_____等多个版本。
37. 机箱电源后部有两个插座，分别用来连接_____和_____。
38. UPS是一种以_______和______为主要组成部件的_______的电源，通常分为______、_____和______三类。

- CRT显示器主要由____、____、____、_____和_____五部分组成。
- CRT显示器的种类按显示屏幕的形状大致可分为______、______、_____和_____等几种。
- 显像管电子枪的扫描方式有_____和_____两种，目前_____方式已被淘汰。
- 扫描频率分为场频和行频，行频=__________×_________。
- LCD分为____、______、____和_______四种，目前被广泛应用于计算机显示器的是______。
- LCD的亮度是以___或___为单位，TFT-LCD的最低可接受亮度为____。
- 按当下主流装机配置，写出高中低档不同层次的配置清单，见表1-1。

表 1-1　　**设计装机配置单**

配 置	品 牌	型 号	性能参考指标	单价/元
CPU				
主板				
内存				
硬盘				
显卡				
声卡				
显示器				
光驱				
机箱				
电源				
键盘				
鼠标				
音箱				
其他				
合计				

第二章 Windows XP 操作基础

对于大多数用户来说，计算机操作系统是其在使用计算机的过程中，接触最早、使用最多的软件。因此，在学习了解计算机基础知识之后，用户应该熟练掌握计算机操作系统的使用方法。目前，在个人计算机上使用率比较高的操作系统是微软 Windows 系列，从 Windows 95、Windows 98、Windows Me、Windows NT4.0、Windows 2000、Windows XP 到 Windows Vista。本章以 Windows XP 为例，讲解 Windows 操作系统的基本操作。

Windows XP 中文全称为视窗操作系统体验版，是微软公司发布的一款视窗操作系统，它发行于 2001 年 10 月 25 日。字母 XP 表示英文单词的“体验”（Experience）。

项目一 认识 Windwos XP 操作系统

任务一 认识 Windows XP 操作系统的桌面

【任务描述】

Windows XP 操作系统的图形界面主要是桌面和程序窗口，了解并掌握相关内容是用户高效使用 Windows XP 的基础。本任务将帮助用户全面认识 Windows XP 的桌面和程序窗口。

【任务分析】

本任务包括以下两部分内容。

1. 认识 Windows XP 的桌面元素

图 2-1-1 为 Windows XP 的桌面。

（1）开始按钮。是开始工作的地方，单击“开始”按钮，即可出现“开始”菜单。这里存放了 Windows XP 所提供的一些公用程序及我们所安装的应用软件。

（2）快速启动栏。可以将一些常用的程序放在“快速启动栏”中。只要单击按钮，就可以启动程序，不必再到“开始菜单”里面一层一层地查找。

（3）任务栏。每执行一个程序，“任务栏”中都会显示这个程序的标题栏内容。当同时打开多个程序进行不同的工作时，单击任务栏上的不同程序标题栏，可以切换到相应的程序进行处理。

（4）语言栏。利用此工具可以进行输入法的切换。

（5）通知栏。在进行软件和硬件的安装工作时，在通知区域中就会显示目前的工作进度及发生的问题。此区域也会显示一些计算机的信息，比如日期、时间。另外，还有一些常驻程序也会在这里显示，比如杀毒软件等。

（6）快捷图标。双击这些图标，就可以直接运行对应的程序，而不用具体知道程序在哪个位置。一般软件安装完成后，其快捷图标即可自动在桌面生成，有时根据需要也可以自己手动创建。

图 2-1-1　Windows XP 的桌面

2. 认识 Windows XP 的程序窗口

Windows XP 的程序窗口由标题栏、菜单栏、工具栏等部分组成，如图 2-1-2 所示的“我的电脑”窗口。

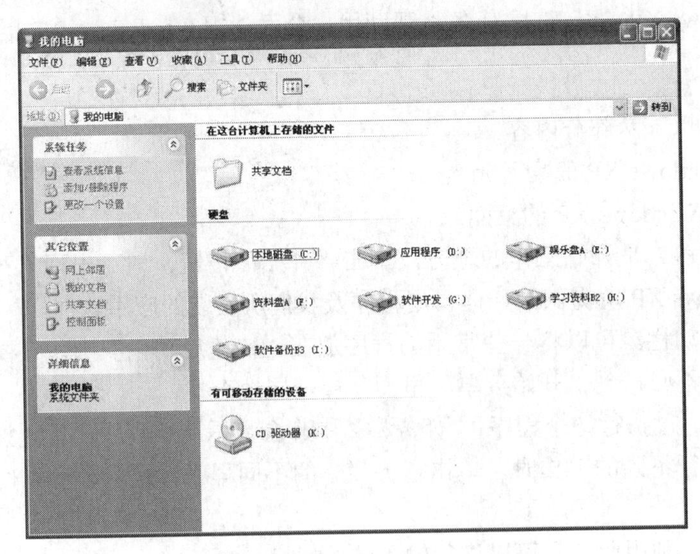

图 2-1-2　“我的电脑”窗口

（1）标题栏。位于窗口的最上部，标明当前窗口的名称，左侧图标是“控制菜单”按钮，右侧有“最小化”、“最大化/还原”及“关闭”按钮。

（2）菜单栏。其中包括多个菜单项，每个菜单项中提供了操作过程中要用到的各种命令。

（3）工具栏。放置操作过程中常用的功能按钮，以简化操作程序，提高操作效率。工具栏中的功能按钮与菜单栏中的某个命令等效。

（4）状态栏。标明当前有关操作对象的基本情况。

（5）工作区域。比例最大，显示应用程序界面或文件中的全部内容。

任务二 Windows XP 操作系统的启动、注销和退出

【任务描述】

使用操作系统，按照正常的步骤进行启动与退出操作。

【任务分析】

熟练掌握 Windows XP 的启动与退出操作。

【操作步骤】

1. Windows XP 用户选择界面

（1）按下计算机的电源开关，电源开始向主板和其他设备供电，系统在启动过程中会经过基本内存检测，主要是硬件设备检测等。

（2）选择要使用的账号，如图 2-1-3 所示。

（3）输入登录密码。

（4）单击“确认”按钮，或单击“Enter”键，即可完成登录，并显示桌面。

图 2-1-3 Windows XP 用户选择界面

2. 关闭 Windows XP 界面

（1）先关闭所有使用中的程序，然后单击“开始”按钮，并选择“关闭计算机”按钮。

（2）打开“关闭计算机”窗口，此时桌面会呈现灰色状态，如图 2-1-4 所示。

图 2-1-4　关闭 Windows XP 界面

（3）单击“关闭”按钮，即可关闭 Windows XP 操作系统。

在“关闭计算机”对话框中，还有其他两种选项可供选择。

待机（S）：使计算机处于一种低功率状态。在选择“待机”之前，应保存所有打开的文档。如果在一段时间内不需要使用计算机，又不想关闭，可选择该状态。

重新启动（R）：使计算机重新启动。当计算机不能正常工作或发生“死机”现象时，可选择该选项。

任务三　Windows XP 操作系统的窗口操作

【任务描述】

当执行某个程序或打开某一文件夹时，通常会打开该程序的窗口，如图 2-1-5 所示。

【任务分析】

认识程序窗口的主要组成部分，并能运用鼠标打开窗口、移动窗口、最小化窗口、最大化窗口、缩放窗口、关闭窗口。

【操作步骤】

1. 打开窗口

将鼠标指向要打开的图标，之后双击鼠标左键。可将鼠标指向桌面的“我的电脑”图标进行尝试。

2. 移动窗口

首先在窗口标题栏单击鼠标左键，并保持鼠标按下状态，随后移动鼠标。请在“我的电脑”窗口进行尝试。

3. 最小化窗口

单击窗口标题栏上的图标。

4. 最大化窗口

单击窗口标题栏上的▣图标。

5. 缩放窗口

改变程序窗口大小的操作方法有以下几种。

（1）将鼠标指向程序窗口的垂直边框上，当鼠标变成双向箭头时，拖动即可改变窗口宽度。

（2）将鼠标指向程序窗口的水平边框上，当鼠标变成双向箭头时，拖动即可改变窗口高度。

（3）将鼠标指向程序窗口的任意角上，当鼠标变成双向箭头时，拖动即可缩放窗口。

6. 关闭窗口

单击图 2-1-5 所示窗口标题栏上的关闭窗口图标☒。

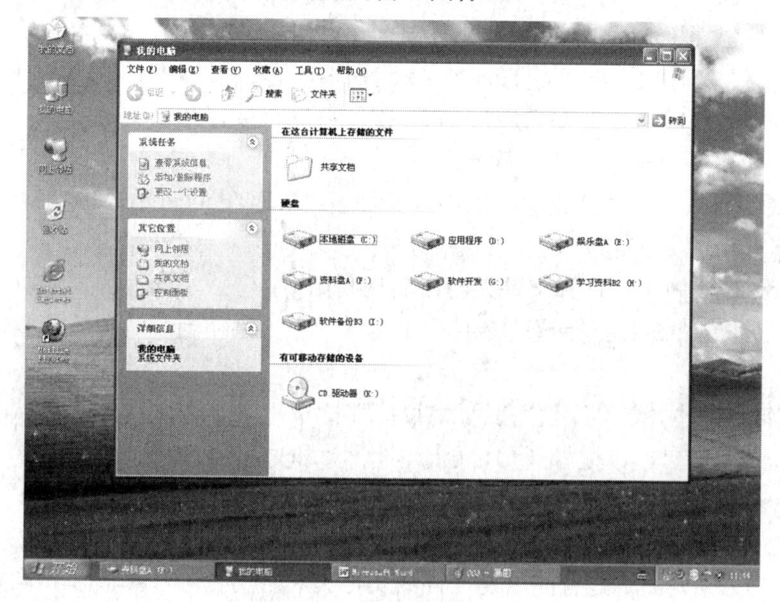

图 2-1-5 “我的电脑”窗口

项目二 Windows XP 操作系统的文件系统操作

任务一 使用“资源管理器”管理文件

【任务描述】

了解常用文件的相关知识、文件类型，并使用“资源管理器”对文件及文件夹等资源进行管理。

【任务分析】

在了解文件相关知识的基础上，介绍“资源管理器”的打开及窗口界面。然后在“资源管理器”中对文件和文件夹进行选择操作，并介绍更改文件查看方式的方法。

【操作步骤】

1. 文件的相关知识

（1）盘符。硬盘在使用前一般要进行分区，分区是逻辑上独立的存储区，用不同的盘符表示，因此盘符不一定对应物理上独立的驱动器。盘符从“C”开始，然后按顺序增加，拔出移动设备后相应的盘符消失。

（2）文件。文件是被命名的一组相关信息的集合，一个 Word 文档、一张图片或一个 Flash 动画都是一个文件。操作系统操作文件时，以文件名来区分文件，并且不同类型文件的图标也不同。

（3）文件夹。文件一般存储在文件夹中，文件夹又可以存储在其他文件夹中，这样形成层次结构。文件夹是一种特殊的文件，是存放文件位置信息的文件。通过盘符、文件夹名和文件名可查找到文件夹或文件所在的位置，这种位置的表示方法也称为文件夹或文件的“路径”。如果要把一个文件的位置表示清楚，可以使用“路径+文件名”的形式，例如，E 盘中的“软件”文件夹下的 WebThunder.exe 文件，可表示为“E\软件\WebThunder.exe”，在一般窗口的地址栏输入该文件名后按 Enter 键，可以直接打开该文件。

（4）文件和文件夹命名。文件名一般由主文件名和扩展名两部分组成，中间用一个句点隔开，扩展名用于区分文件类型。例如，文件名“WebThunder.exe”中“WebThunder”是主文件名，“.exe”是扩展名。

在 Windows XP 中，文件和文件夹的命名规则如下：

1）文件名和文件夹名不能超过 255 个字符（一个汉字相当于两个字符），最好不要使用很长的文件名。

2）文件名或文件夹名不能使用以下字符：斜线（/）、反斜线（\）、竖线（|）、冒号（：）、问号（？）、双引号（“”）、星号（*）、小于号（<）和大于号（>）。

3）文件名和文件夹名不区分大小写。

4）文件夹通常没有扩展名。

5）在同一文件夹中不能有同名的文件或文件夹（主文件名和扩展名相同），在不同文件夹中文件名和文件夹名可以相同。

6）可以使用多分隔符的文件名。

7）不能用保留的设备名称命名，如 con、aux、prn 等。

（5）文件的扩展名、图标和类型。文件的扩展名、图标和类型如表 2-2-1 所示。

表 2-2-1　　文件的扩展名、图标和类型对应关系

扩展名	图标	类型	扩展名	图标	类型
.doc		Word 文档文件	.txt		文本文件
.bmp		一种常用的图像文件	.xls		Excel 文档文件
.htm		网页文档文件	.ppt	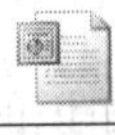	PowerPoint 文档文件
.rar		压缩文件	.wav		一种常用的声音文件

2. 打开“资源管理器”

打开“资源管理器”有以下几种方法。

（1）右击桌面上“我的电脑”、“我的文档”、“网上邻居”或“回收站”图标，从弹出的快捷菜单中选择“资源管理器”命令，都可打开“资源管理器”窗口。

（2）右击任务栏上的“开始”按钮，从弹出的快捷菜单中选择“资源管理器”命令，也可打开“资源管理器”窗口。

（3）在“我的电脑”窗口中，单击工具栏上的“文件夹”按钮，可切换“资源管理器”的显示方式。

（4）单击“开始”→“所有程序”→“附件”→“Windows 资源管理器”命令，也可以打开“资源管理器”窗口。

3. 认识“资源管理器”窗口

“资源管理器”窗口如图 2-2-1 所示。

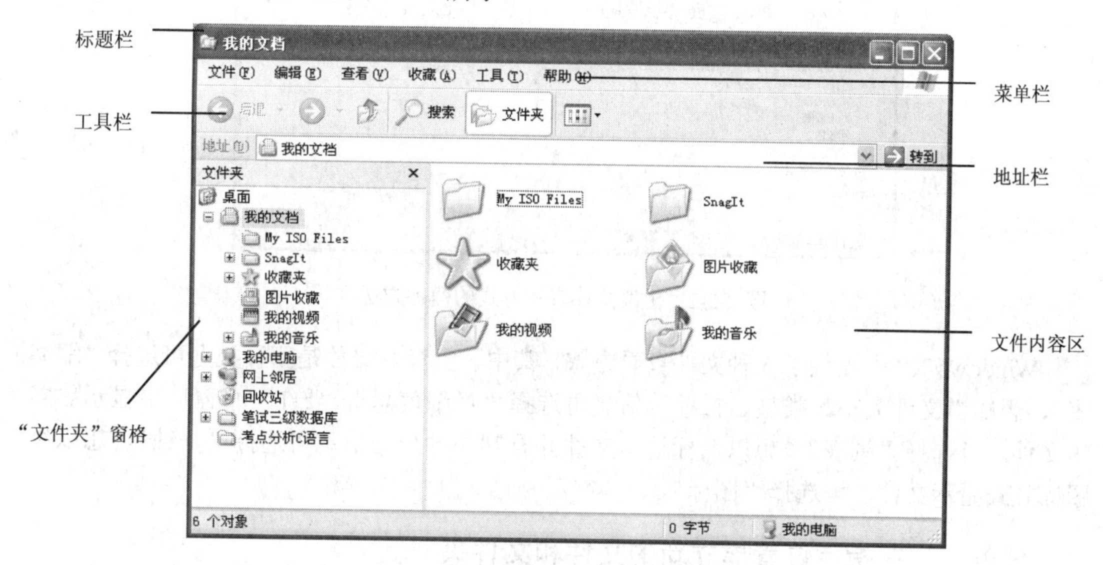

图 2-2-1 “资源管理器”窗口

与一般文件夹窗口相比，“资源管理器”窗口左侧多了“文件夹”窗格，在其中可看到树状的目录结构，便于文件和文件夹操作。单击“+”可展开该盘或文件夹，单击“-”可折叠该盘或文件夹。单击工具栏中的“文件夹”按钮，可隐藏“文件夹”窗格。

4. 选择文件或文件夹

要对文件及文件夹进行操作，首先应选择这些文件或文件夹对象，以确定操作范围。选定对象的操作方法有以下几种。

（1）单击对象可选择单个对象。

（2）在文件夹内容区中，单击需要选定的第一个对象，按住 Shift 键，再单击最后一个对象，这样可选定一组连续文件（或文件夹）。

（3）在文件夹内容区中，按住 Ctrl 键，单击所要选定的每一个对象，最后松开 Ctrl 键即选定所有对象，这样可以选择不连续的多个对象。

（4）鼠标框选文件。从第一个要选取文件的左上方按下左键，拖动到最后一个要选取的文件的右下方，释放左键，则虚线框中的对象为选中的文件。

（5）单击菜单“编辑”→“全部选定”命令或按 Ctrl+A 快捷键，可以选定全部对象。

5. 更改文件查看方式

要将文件查看方式由“平铺”更改为“详细信息”有两种操作方法，一种是单击菜单“查看”→“详细信息”命令，另一种为单击工具栏的“查看”按钮，在弹出的菜单中选择“详细信息”命令，如图 2-2-2 所示。

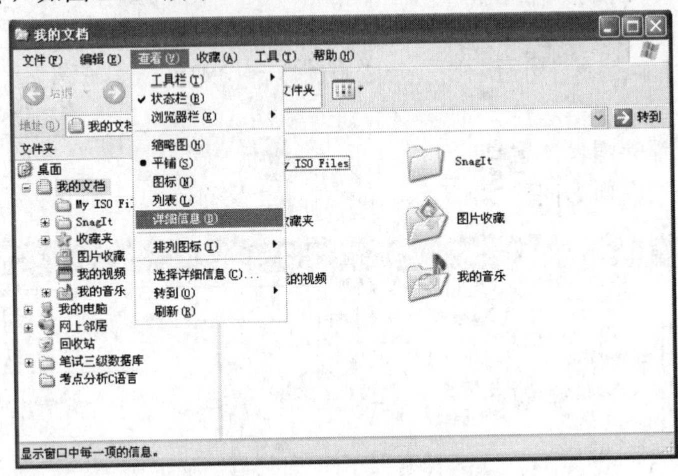

图 2-2-2　更改文件查看方式的两种方法

Windows XP 中提供了 5 种文件查看方式，其中，要查看文件是哪种类型可选择“缩略图”，想知道文件大小、类型、日期等信息可选择“详细信息”，要在一个窗口中显示更多的文件，可选择“列表”，想以图标显示文件并看到文件分类信息可选择“平铺”，想以小图标方式显示文件，可选择“图标”。

任务二　在指定位置建立新的文件和文件夹

【任务描述】

在 E 盘中分别建立“娱乐”和“工作”两个文件夹，用于存储用户相应的文件。

【任务分析】

在指定位置新建文件夹和文件，并为新建的文件夹和文件命名。

【操作步骤】

（1）双击桌面“我的电脑”图标，打开“我的电脑”窗口。

（2）双击要新建文件夹的 D 盘，打开 D 盘。

（3）单击“文件”菜单的“新建”菜单中的“文件夹”命令，在 D 盘中新建一个文件夹。此时，文件夹的名称为“新建文件夹”，并且为选中状态（反白显示）。

（4）切换中文输入法，输入“娱乐”。

（5）重复以上步骤，建立“工作”文件夹。

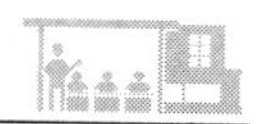

任务三　给文件和文件夹重命名

【任务描述】

重命名文件或文件夹就是给文件或文件夹重新起一个新的名称，使其符合用户的要求。

【任务分析】

若要更改文件或文件夹的名称，必须先选择要更改的文件或文件夹，之后按步骤进行更改。

【操作步骤】

（1）选择要重命名的文件或文件夹。

（2）单击菜单“文件”→“重命名”命令，如图 2-2-3 所示；或右击该文件或文件夹，在弹出的菜单中单击“重命名”命令，如图 2-2-4 所示。

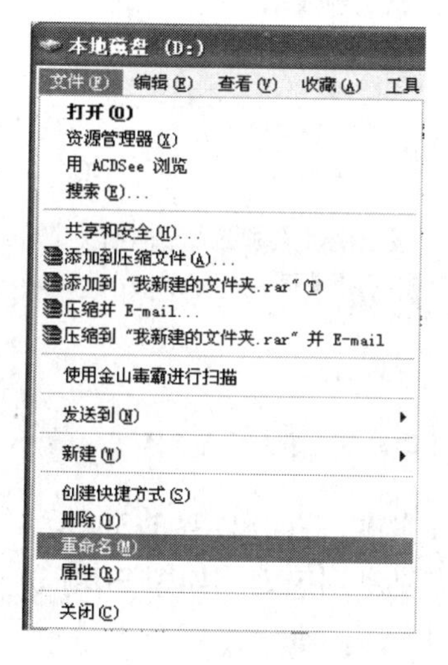

图 2-2-3　单击“重命名”命令

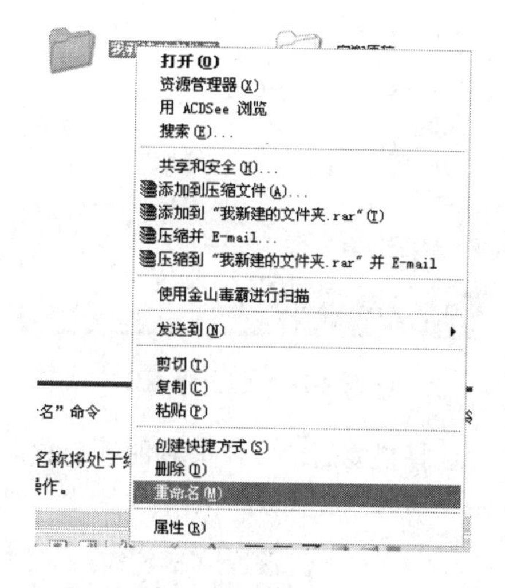

图 2-2-4　右击文件夹菜单中的“重命名”命令

（3）这时文件或文件夹的名称将处于编辑状态（蓝色反白显示），直接输入新的名称即可。

说明：不能对系统软件和应用软件里的文件和文件夹重命名。

任务四　复制、移动和删除文件或文件夹

【任务描述】

日常学习中，经常会有一些文件或文件夹被重复使用，或存在别处，或者不再使用，这时候就要掌握文件和文件夹的复制、移动和删除。

【任务分析】

（1）在保留原文件的情况下，再生成一个或多个与原文件内容相同的文件。

（2）把一个文件从一个文件夹或驱动器转移到另一个文件夹或驱动器中。

（3）删除不再使用的文件或文件夹。

【操作步骤】

1. 复制文件或文件夹

复制文件是指在保留原文件的情况下，再生成一个或多个与原文件内容相同的文件。复制文件的具体操作步骤如下。

（1）打开“我的电脑”窗口，双击“本地磁盘（F:）”，进入F盘，如图2-2-5所示。

（2）右击“新建的文件夹”图标，在弹出的菜单中单击“复制”命令，如图2-2-6所示。

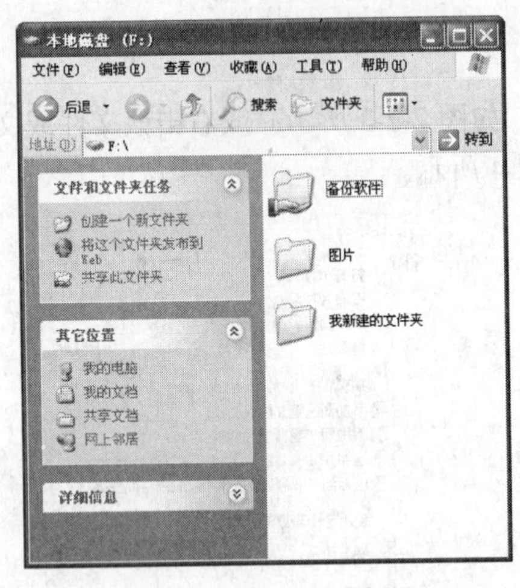

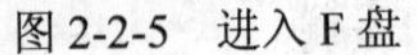

图2-2-5　进入F盘

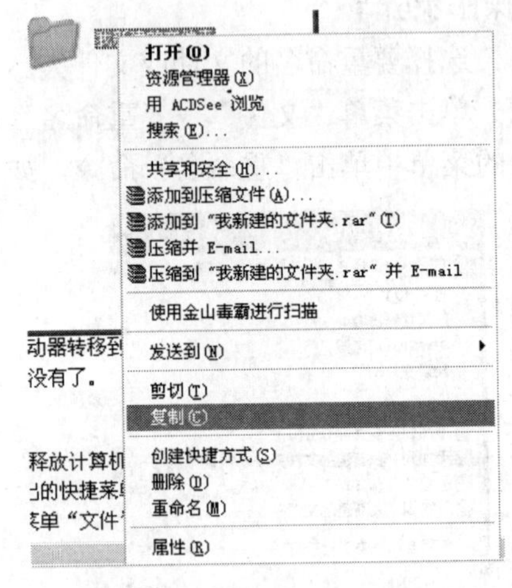

图2-2-6　单击“复制”命令

（3）选择要复制此文件夹到的新位置。这里进入D盘中，右击D盘的空白区域，在弹出的菜单中鼠标左键单击“粘贴”命令，即可把文件夹复制到该处，如图2-2-7所示。

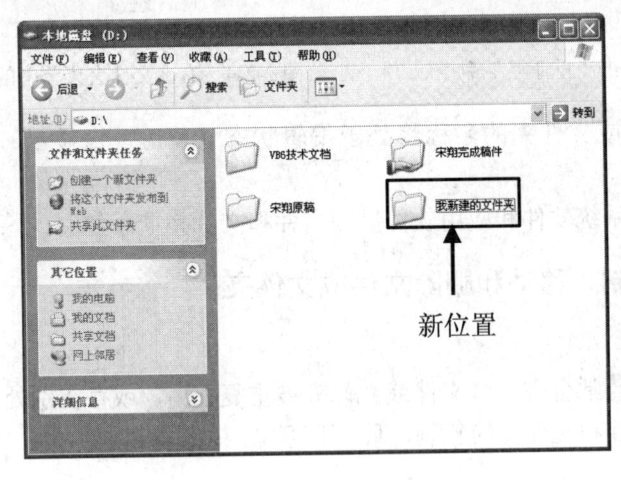

图2-2-7　文件夹被复制到新位置

2. 移动文件或文件夹

移动文件是把一个文件从一个文件夹或驱动器转移到另一个文件夹或驱动器中，操作

完成后，原文件夹或驱动器里的该文件就没有了。移动文件的方法和复制基本相同，只是将“复制”命令更换为“剪切”命令即可。

说明：移动文件时不能移动系统软件和应用软件里的文件和文件夹。

> ☆小知识：在资源管理器中选中要移动或复制的文件，然后将文件拖动到目的文件夹后松开，会弹出一个菜单，允许选择复制、移动文件还是创建一个快捷方式，甚至可以取消。

3．删除文件或文件夹

将不再使用的文件或文件夹删除，以便释放计算机的存储空间。常用的删除方法有：

（1）鼠标右键右击要删除的文件或文件夹，从弹出的菜单中单击“删除”命令。

（2）选择要删除的文件或文件夹，然后单击菜单“文件”→“删除”命令。

（3）选择要删除的文件或文件夹，按下键盘上的“Delete”键。

（4）直接将要删除的文件拖到“回收站”中。

说明：删除文件时不能删除系统软件和应用软件里的文件和文件夹。

> ☆小知识：先选择一个文件或文件夹，再按住键盘上的 Shift 键，之后选择最后一个文件或文件夹，即可将第一个到最后一个之间的所有文件和文件夹都选定，这种方法适用于选中多个相邻的文件或文件夹。按住键盘的 Ctrl 键，再选择文件或文件夹，可以选定多个不相邻的文件和文件夹。

任务五　查找文件或文件夹

【任务描述】

计算机中有庞大的文件系统，若想从中找到一个文件，则必须知道文件的确切位置，否则，无异于大海捞针。为此，操作系统设置了文件查找功能，帮助用户轻松完成文件查找任务。

【任务分析】

使用搜索功能查找文件或文件夹。

【操作步骤】

（1）单击“开始”按钮，选择“搜索”命令，即可进入“搜索结果”窗口，也可在资源管理器中单击工具栏上的“搜索”按钮，如图 2-2-8 所示。

（2）在“搜索”子菜单中选中“文件或文件夹”命令，打开“搜索结果”窗口。

（3）在“要搜索的文件或文件夹名为”文本框中输入文件的名称“简介”。

（4）在“搜索范围”下拉列表中选择要搜索的范围是本机硬盘驱动器。

（5）单击“立即搜索”按钮，开始搜索。Windows XP 会将搜索的结果显示在“搜索结果”窗格中。

（6）若要停止搜索，可单击“停止搜索”按钮。

（7）双击搜索后显示的文件或文件夹，即可打开该文件或文件夹。

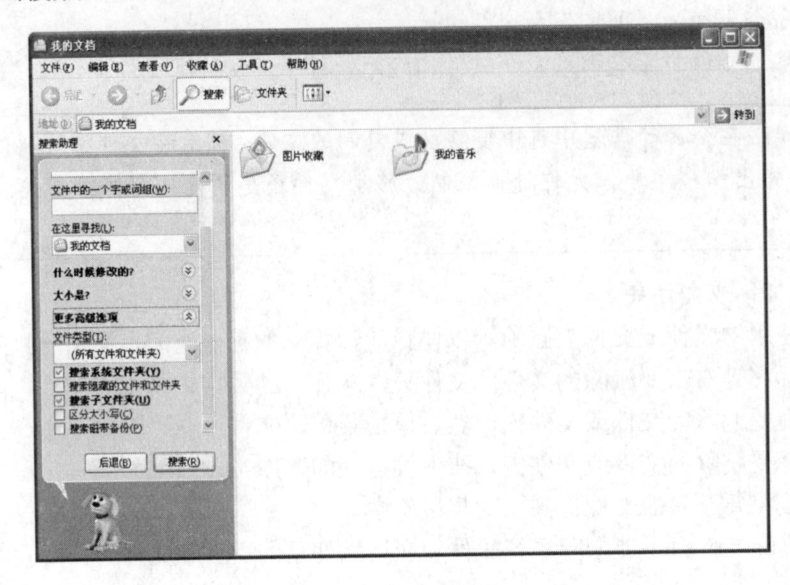

图 2-2-8　搜索文件窗口

项目三　Windows XP 操作系统的常用设置

任务一　显示器设置（桌面、分辨率）

【任务描述】

一个优秀的显示器设置不但能使自己的电脑桌面变得更加漂亮，还能最大限度地降低显示器对眼睛的伤害。因此，学习显示器的设置十分有意义。

【任务分析】

（1）掌握桌面背景的设置。

（2）掌握桌面分辨率的设置。

【操作步骤】

1．设置桌面背景

（1）在桌面空白处单击，弹出菜单栏“属性”命令。

（2）选择“属性”选项，弹出“显示属性”对话框。

（3）在选项卡上左键单击“桌面”选项卡。

（4）选择要使用的背景图片，如图 2-3-1 所示。

（5）如果想使用自己的图片做桌面，单击“浏览”按钮，即可弹出“浏览”对话框，在“浏览”对话框中选择查找范围，如图片可在 C 盘、D 盘或图片收藏夹里。

（6）如果想调整桌面背景上的照片或图片，可以选拉伸、居中、平铺中的任一种显示方式。

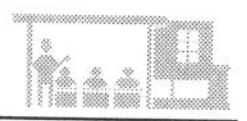

2. 设置屏幕分辨率

所谓屏幕分辨率，是指屏幕能够显示的像素数量，也就是我们常说的640像素×480像素，800像素×600像素、1024像素×768像素。屏幕分辨率越高，画质就越细致，但画面中的字体与窗口也相对变小；屏幕分辨率越低，画质就越粗糙，而字体与窗口也会相对变大。

在“显示属性”对话框中选择“设置”选项卡，移动“屏幕分辨率”的游标，即可调整屏幕分辨率，如图2-3-2所示。

图2-3-1 “显示属性”对话框

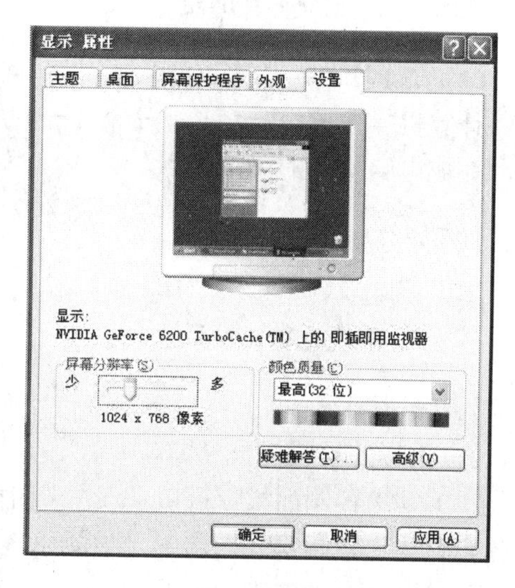

图2-3-2 更改屏幕分辨率

任务二 系统日期和时间的设置

【任务描述】

电脑中自带了一个电子表，不但能查看时间，而且还能查看日期，使用起来非常方便。

【任务分析】

掌握时间和日期的设置方法和技巧。

【操作步骤】

1. 常规方法

单击“开始”→“控制面板”命令，打开“控制面板”窗口。双击控制面板窗口中的日期和时间图标，打开如图2-3-3所示的“日期和时间属性”对话框。

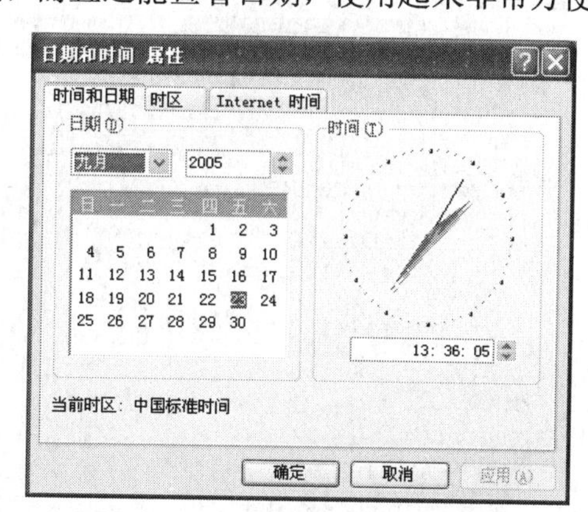

图2-3-3 “日期和时间属性”对话框

2. 简便方法

（1）双击任务栏右下角的时间15:31图标，也可打开“日期和时间属性”对话框。该对话框由“日期”选项组和“时间”选项组两部分组成。

（2）单击“月份”右侧的下拉箭头，打开“月份”下拉列表框供用户选择；单击“年份”右侧的双向箭头中的向上或向下箭头，可增加或减少年份。

（3）在年份和月份都选择好后，就可以进行日期的设置了。在“年份”和“月份”下面有一个台历模样的列表框，这就是“日期”列表框。在这里可以设置“日期”和“星期”。在“时间”选项组中的“时间”文本框中可输入或调节准确的时间 PM 13: 56: 39。

（4）设置完毕后，依次单击“应用”和“确定”按钮即可生效。

任务三 鼠标与键盘的设置

【任务描述】

计算机操作的每一步几乎都离不开鼠标和键盘的使用，如何对鼠标和键盘进行设置是顺利完成电脑操作的关键一步。

【任务分析】

（1）掌握设置鼠标的方法。

（2）掌握设置键盘的方法。

【操作步骤】

1．鼠标的设置

（1）在“控制面板”窗口中双击图标，打开“鼠标属性”对话框。该对话框打开时，系统默认为“鼠标键”选项卡，如图 2-3-4 所示。在该选项卡上的“鼠标键配置”选项组中，系统默认鼠标左键为主要键。

（2）在“指针”选项卡中提供了多种鼠标指针的显示方案，用户可以选择一种喜欢的鼠标指针方案。

（3）单击“指针选项”标签可打开“指针选项”选项卡，如图 2-3-5 所示。在该选项卡中，可调整鼠标指针的移动速度、是否显示指针的移动轨迹及是否显示指针的位置。

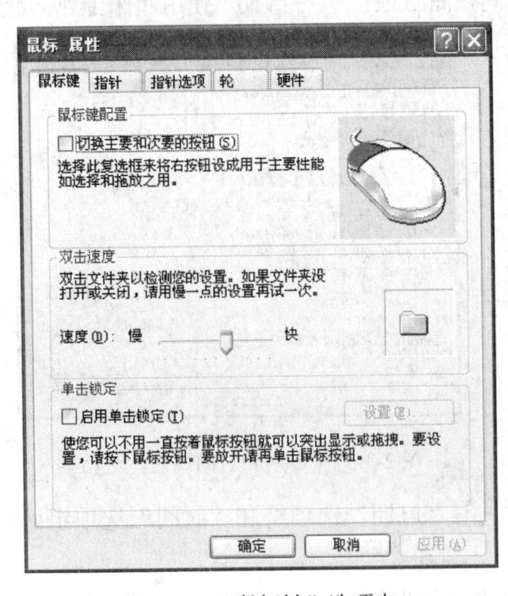

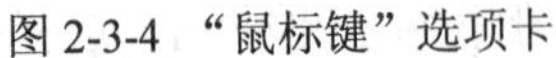
图 2-3-4 “鼠标键”选项卡

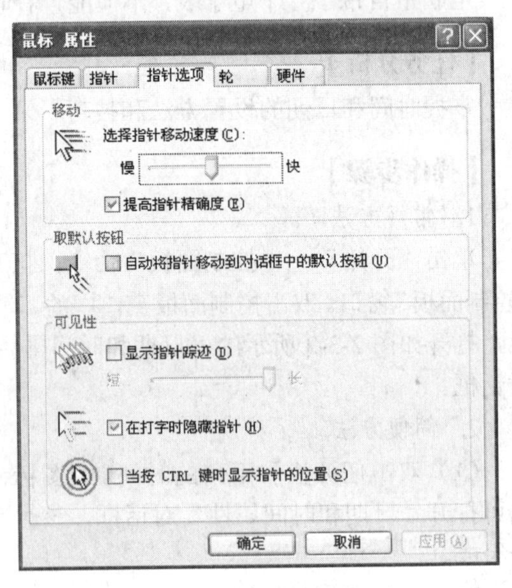

图 2-3-5 “指针选项”选项卡

2. 键盘的设置

（1）在“控制面板”窗口中双击图标，即可打开“键盘属性”对话框，如图 2-3-6 所示。该对话框打开时，系统默认打开“速度”选项卡。

（2）在该选项卡中可进行如下设置：在“字符重复”选项组中，拖动“重复延迟”滑块可调整在键盘上按住一个键需要多长时间开始重复输入该键；拖动“重复率”滑块可调整输入重复字符的速率；在“光标闪烁频率”选项组中，拖动滑块可调整光标的闪烁频率。

（3）单击“应用”按钮使设置生效。

（4）单击“硬件”标签可打开“硬件”选项卡，如图 2-3-7 所示。在该选项卡中显示了所用键盘的硬件信息，如设备的名称、类型、制造商、位置及设备状态等。

（5）设置完毕后，单击“确定”按钮即可。

图 2-3-6 “键盘属性”对话框

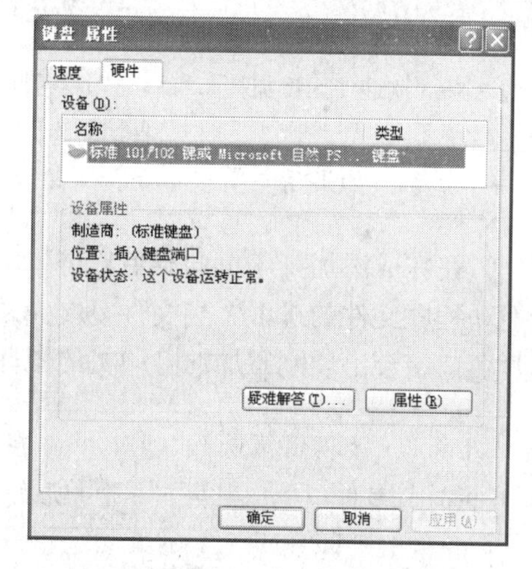

图 2-3-7 “硬件”选项卡

任务四　打印机的设置

【任务描述】

有时用户需要将一些文件以书面的形式输出，如果安装了打印机就可以打印各种文档和图片等，这将为用户的工作和学习提供极大的方便。

【任务分析】

打印机的设置与其他设置相比较，相对复杂一些，但是因为其已经成为人们必不可少的办公用具，所以一定要熟练掌握。

【操作步骤】

（1）在“控制面板”窗口中双击“打印机和传真”图标，打开“打印机和传真”窗口。

（2）在窗口链接区域的“打印机任务”选项下单击“添加打印机”图标，启动“添加打印机向导”，如图 2-3-8 所示。

（3）按照系统提示一步一步地安装，直至安装完成，单击“下一步”按钮，出现“正在完成添加打印机向导”对话框，在此显示了所添加的打印机的名称、共享名、端口以及位置等信息。如用户确定所做的设置无误时，可单击“完成”按钮，关闭“添加打印机向导”，如图 2-3-9 所示。

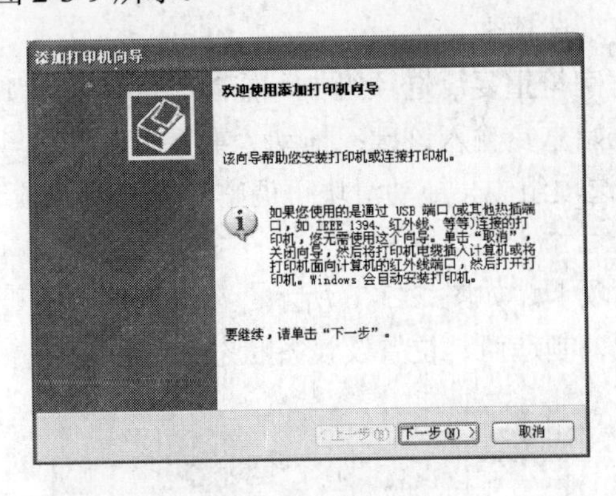

图 2-3-8 “欢迎使用添加打印机向导”对话框

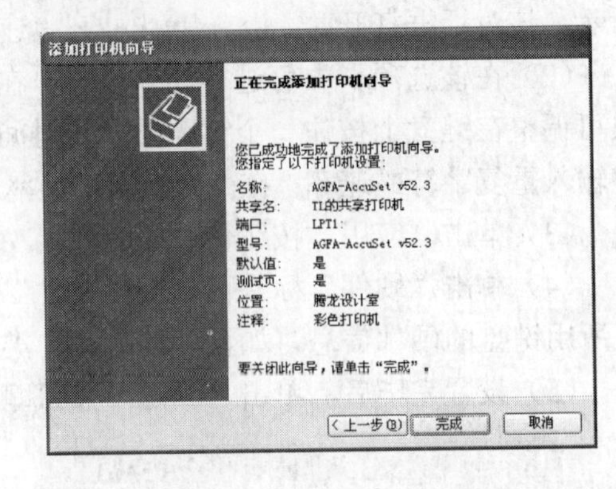

图 2-3-9 “正在完成添加打印机向导”对话框

> ☆小知识：如果用户需要改动，可以单击“上一步”按钮返回到上面的步骤进行修改。

（4）在完成添加打印机向导后，屏幕上会出现“正在复制文件”的对话框，它显示了复制驱动程序文件的进度。当文件复制完成后，全部的添加工作就完成了，在“打印机和传真”窗口中会出现刚添加的打印机的图标。

> ☆小知识：如果设置为默认打印机，在图标旁边会有一个带“√”标志的黑色小圆圈；如果设置为共享打印机，则会有一个手形的标志。

（5）如果计算机中安装了多种型号的打印机，则可以将最常用的一种设为默认打印机，如图 2-3-10 所示；以后打印工作就会由默认打印机来完成，否则会使打印工作显得非常混乱。

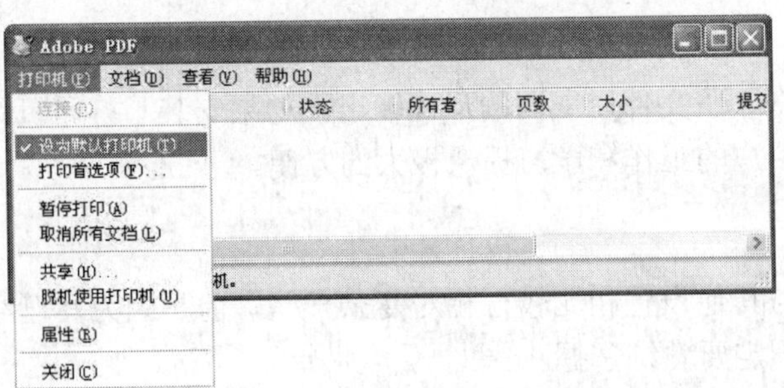

图 2-3-10 设置默认打印机

任务五 应用程序的安装与卸载

【任务描述】

计算机能够良好地运行，并为我们的生活和学习带来最大限度的方便，离不开一些必要的应用程序的支持。应用程序的安装和卸载是计算机使用者必须掌握的一项基本技能。

【任务分析】

在安装好操作系统和硬件的驱动程序之后，就可以进行应用程序和常用工具软件的安装了。这里以安装平面设计软件——Photoshop CS 为例来说明一般应用程序的安装过程。

【操作步骤】

（1）将 Photoshop CS 的安装碟盘放在光驱中，找到 Photoshop CS 的安装文件（Setup.exe）。

> ☆小知识：一般的软件在安装时都有一个序列号，而且此序列号存放在 sn.txt 文件中。因此在安装 Photoshop CS 之前，先双击打开此文件，并将序列号抄写下来。

（2）双击 Setup.exe 文件，弹出安装界面。

（3）单击“下一步”按钮，弹出“提示”对话框；单击“确定”按钮，弹出“软件许可协议”对话框。此处是关于 Photoshop 软件的许可协议，单击“是”按钮，弹出如图 2-3-11 所示的“输入安装信息”对话框，在这里输入安装所需的个人信息以及安装序列号。

（4）单击“下一步”按钮，弹出“信息确认”对话框，用户需要对刚才输入的信息进一步确认。

（5）单击“是”按钮，弹出“选择安装位置”对话框。单击“浏览”按钮可改变安装位置，这里默认不变。

（6）依次单击“下一步”按钮，开始安装程序，如图 2-3-12 所示。

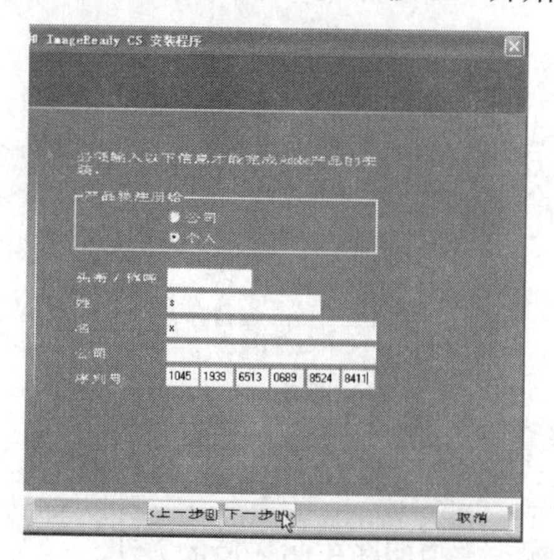

图 2-3-11　输入安装信息

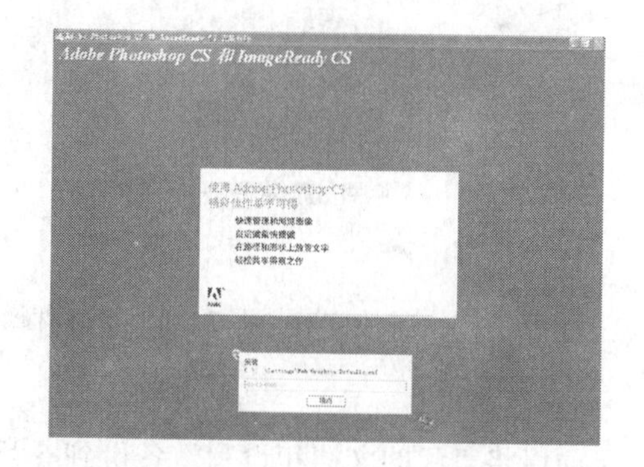

图 2-3-12　正在安装程序

（7）安装完毕后，弹出“安装完成”对话框，单击“完成”按钮完成安装。

任务六　使用 Windows XP 自带程序

【任务描述】

由于磁盘经常执行保存、更改、删除文件等操作，更改后的文件可能会分段保存在磁盘不同的位置，这样便导致许多文件在磁盘上不连续存储，久而久之形成大量的磁盘碎片。系统在读取这些文件时，会因为文件的不连续而花费大量的时间从磁盘的各个位置读取文

件，从而影响了读取速度。需要定期进行磁盘碎片整理，以提高读写文件的速度。同时，为避免因系统崩溃或病毒入侵等原因造成重要数据丢失，应该定期对重要的数据进行备份。

【任务分析】

Windows XP 的自带程序大部分集中在“附件”中，基本为工具软件。Windows XP 自带的“磁盘碎片整理程序”是一个专门整理磁盘碎片的程序，它可以通过整理磁盘提高读写文件的速度。同时，以“我的文档和设置”备份到 F 盘为例，来说明备份与还原的方法。

【操作步骤】

1. 整理磁盘碎片

（1）单击“开始”→“所有程序”→“附件”→“系统工具”→“磁盘碎片整理程序”命令，打开“磁盘碎片整理程序”窗口，如图 2-3-13 所示。

（2）选择要整理的磁盘，例如 D 盘，单击“碎片整理”按钮后，系统开始分析整理，整理完毕后在弹出的“已完成磁盘碎片整理”提示框中单击“关闭”按钮即可。

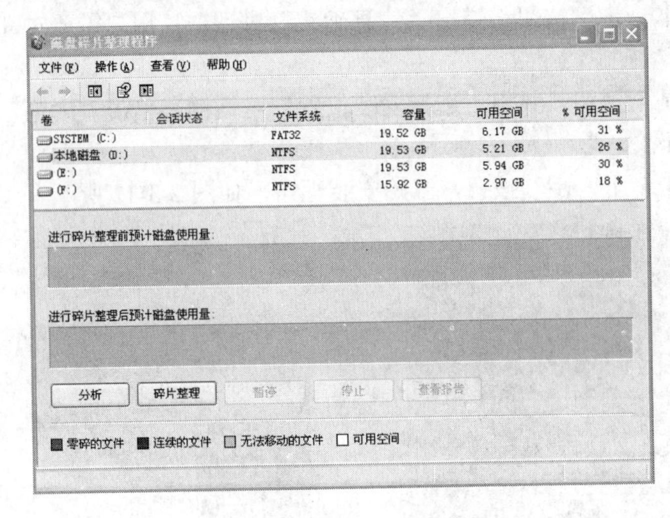

图 2-3-13 “磁盘碎片整理程序”窗口

2. 数据备份与还原

下面以将“我的文档和设置”备份到 F 盘为例，来说明备份与还原的方法。

（1）单击“开始”→“所有程序”→“附件”→“系统工具”→“备份”命令，打开“备份或还原向导”对话框，单击“下一步”按钮。

（2）在打开的“备份或还原”对话框中选择“备份文件和设置”单选按钮，单击“下一步”按钮。

（3）在打开的“要备份的内容”对话框中选择“我的文档和设置”单选按钮，单击“下一步”按钮。

（4）在打开的“备份类型、目标和名称”对话框中，选择保存备份的位置为 F 盘，在“键入这个备份的名称”文本框中输入 Backup，单击“下一步”按钮。

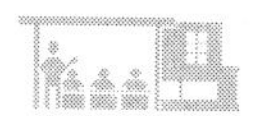

（5）在“正在完成备份或还原向导”对话框中单击“完成”按钮。

（6）备份完成后，在“备份进度”对话框中单击“关闭”按钮，如图 2-3-14 所示。

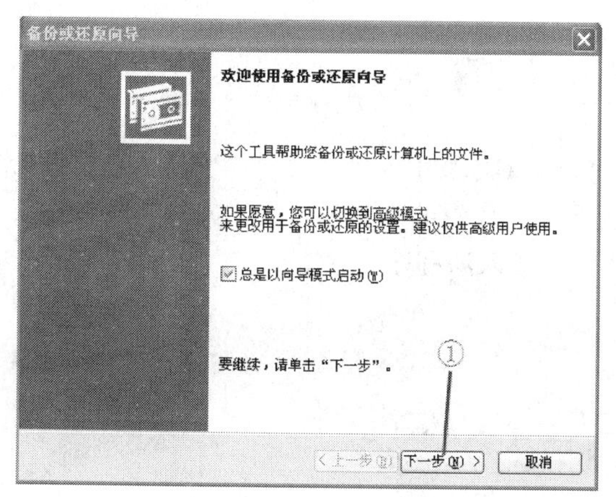

（a）步骤一

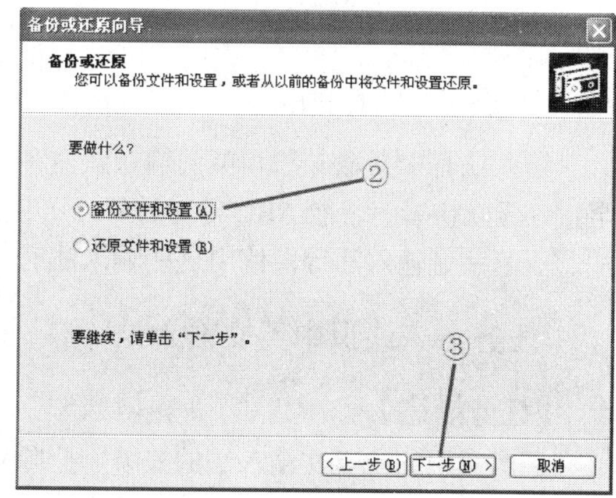

（b）步骤二

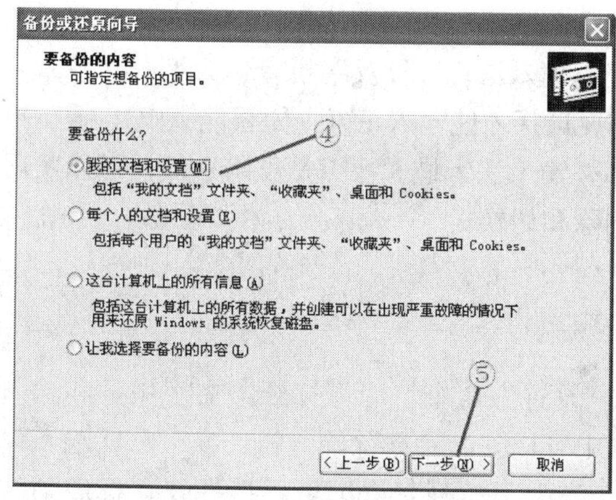

（c）步骤三

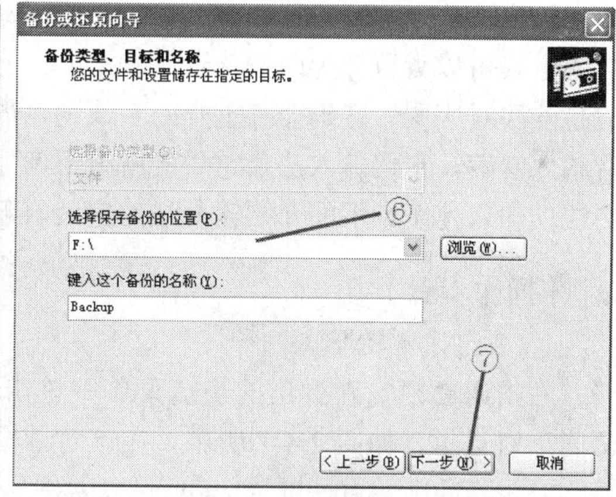

（d）步骤四

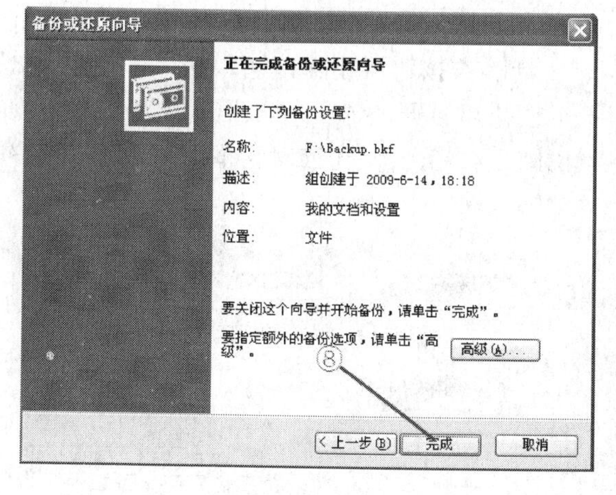

（e）步骤五

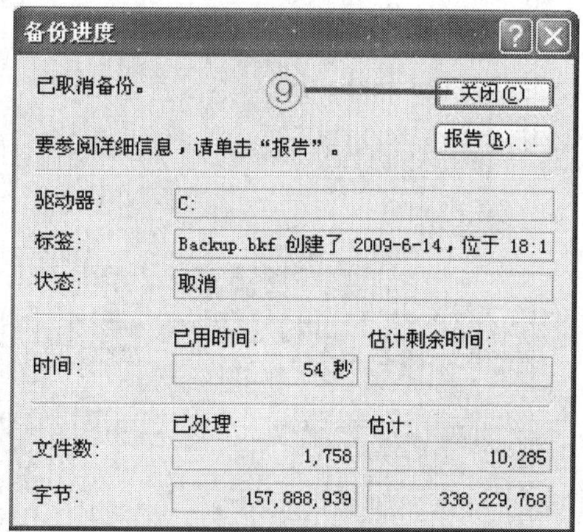

（f）步骤六

图 2-3-14　文件备份操作步骤

数据文件还原的操作步骤与备份相似，只是要在“备份和还原”对话框中选择“还原文件和设置”单选按钮，然后根据向导完成数据还原。

项目四　中 英 文 输 入

输入法有中文输入法和英文输入法两种。Windows XP 中提供了几种中文输入法，包括全拼、微软拼音、智能 ABC 等。另外，还有很多使用广泛的中文输入法，如搜狗拼音输入法、五笔字型输入法等，使用这些输入法时要安装输入法程序。

任务一　认识中英文输入法

【任务描述】

了解常用的中英文输入法的安装、删除和切换。

【任务分析】

输入法分中文输入法和英文输入法。系统默认的一般为英文输入法。中文输入法按照编码方式可以大致分为两类：音码和形码。音码输入法一般以汉字拼音作为编码的基础，但是一般对应同一音码会有重叠的字或词，需要选择才能输入正确，如智能 ABC、搜狗拼音输入法等。形码输入法最常用的就是五笔字型输入法，最大特点是重码率低，可以实现更快的输入速度。下面介绍输入法的安装、删除和切换。

【操作步骤】

1. 安装和删除输入法

右击语言栏，在弹出的快捷菜单中单击“设置”命令，即可打开“文字服务和输入语言”对话框，如图 2-4-1 所示，在该对话框中可以安装和删除输入法。在“默认输入语言”下拉列表框中可以选择计算机启动时要使用的已安装的输入语言。在“已安装的服务”列表框中选择一种输入法，单击“删除”按钮可删除该输入法。单击“添加”按钮可打开“添加输入语言”对话框，如图 2-4-2 所示，在该对话框中可添加需要的输入法。

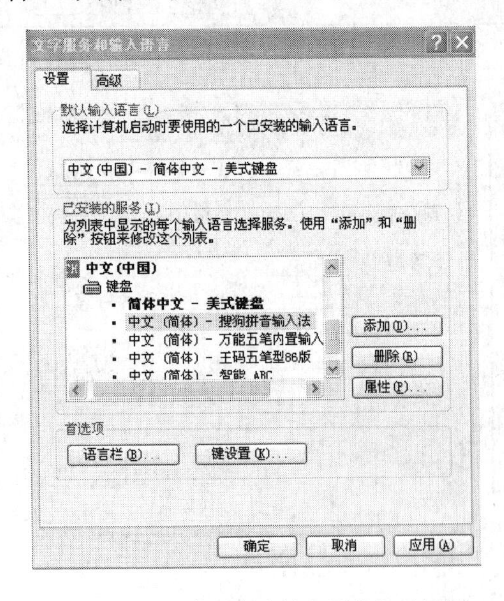

图 2-4-1 “文字服务和输入语言”对话框

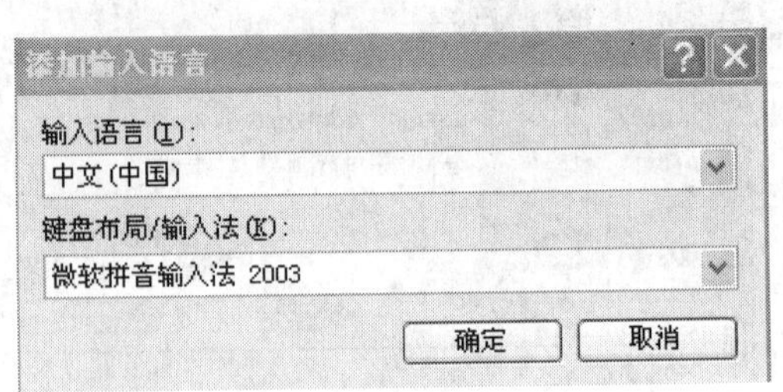

图 2-4-2 “添加输入语言”对话框

2. 切换输入法

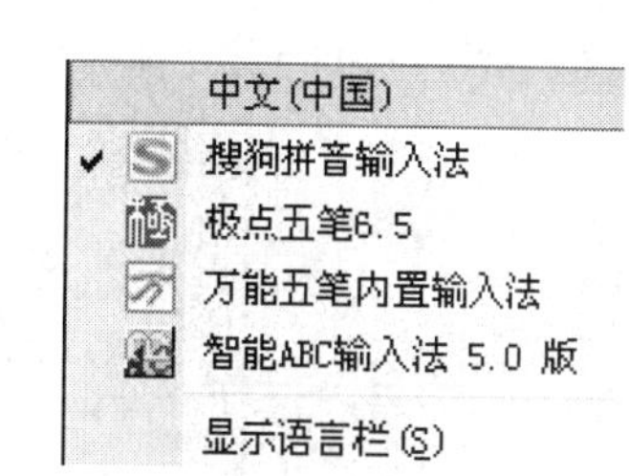

图 2-4-3 “输入法”菜单

Windows XP 中默认的输入法是英文输入法，要切换到中文输入法状态或者在两种中文输入法之间切换，可以单击“语言栏”中的输入法图标，打开“输入法”菜单，如图 2-4-3 所示，选择要使用的输入法即可。选择了输入法后，桌面上会出现输入法的状态条，智能 ABC 输入法的状态条如图 2-4-4 所示。

图 2-4-4 所示的智能 ABC 输入法状态条，在弹出的快捷菜单中选择“属性设置”命令，可打开“智能 ABC 输入法设置”对话框，如图 2-4-5 所示，可在该对话框中对输入法进行设置。

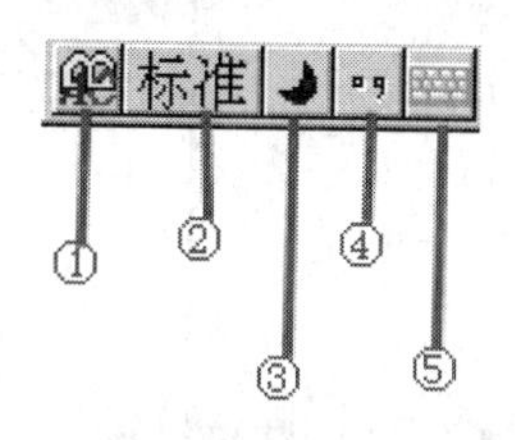

图 2-4-4 智能 ABC 输入法状态条右击

①—中英文切换按钮；②—输入方式切换按钮；③—全角/半角切换按钮；④—中/英文标点切换按钮；⑤—软键盘按钮

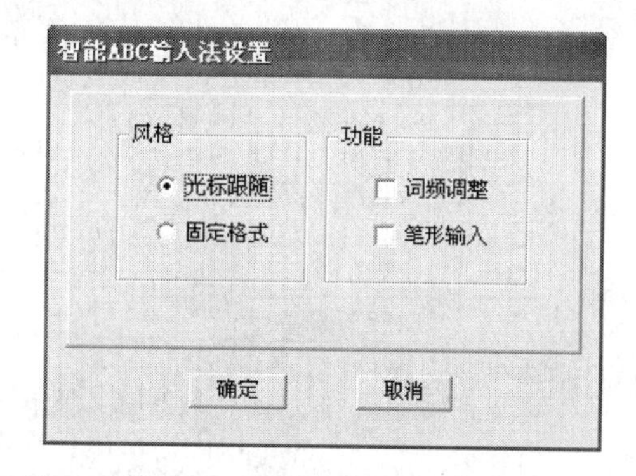

图 2-4-5 智能 ABC 输入法设置

按 Ctrl+Shift 快捷键可在已安装输入法之间进行切换，按 Ctrl+空格键可在中文输入法和英文输入法之间进行切换，按 Ctrl+快捷键可进行标点符号全角与半角的切换，按 Shift+空格键可进行字符全角与半角的切换。

任务二 使用中文输入法输入中文

【任务描述】

使用智能 ABC 输入法和搜狗拼音输入法输入中文。

【任务分析】

熟练掌握使用一种中文输入法进行输入。

【操作步骤】

打开“写字板”程序，使用智能 ABC 输入法在其中输入“我的个人简历”。操作过程为：将输入法切换到智能 ABC 输入法，在外码输入框中输入“wo”，按空格键，外码框中出现“我”，接着依次输入“de”、“ge”，依次按空格键出现“的”、“个”，如图 2-4-6 所示，再用同样的方法输入剩余的字。

使用搜狗拼音输入法使用搜狗拼音输入法在“写字板”中输入“今天是 2011 年 6 月 18 日”。操作过程为：将输入法切换到搜狗拼音输入法，输入“今天是”三个字拼音的第一个字母，然后按 2 键，在输入日期时可直接输入“2011 年”，系统会在光标上方显示日期的格式，如图 2-4-7 所示。

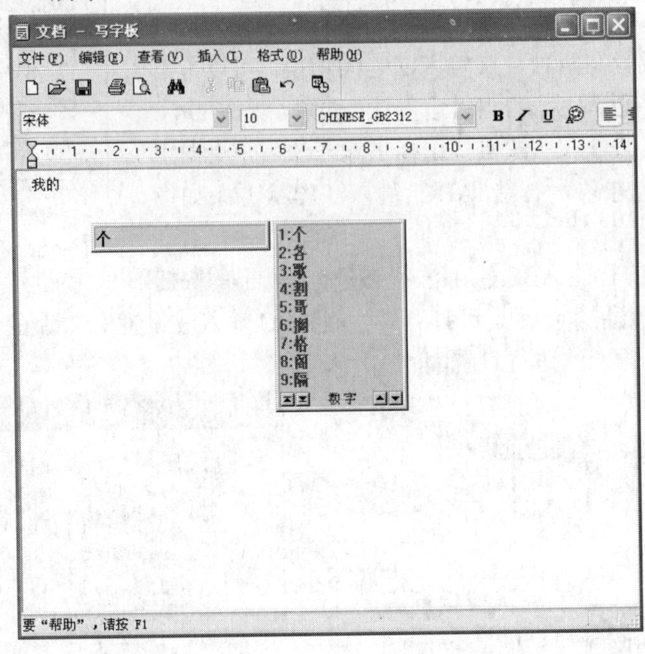

图 2-4-6　使用智能 ABC 输入中文

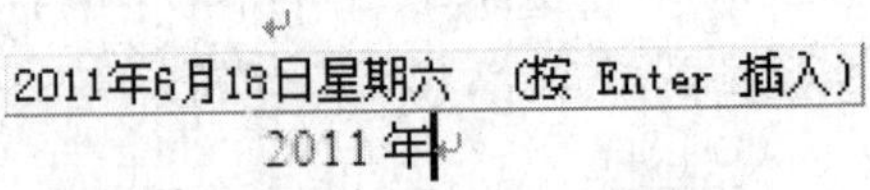

2011年6月18日星期六　(按 Enter 插入)
2011 年

图 2-4-7　使用搜狗拼音输入法输入中文

在使用智能 ABC 时，如果按空格键没有得到所要的字，可以使用鼠标或者相应数字键在候选框中挑选。如果在本页没有所要的字，可以按“＋”或者“－”进行翻页查找。

实训　Windows XP 界面的基本操作

【实训目的】

（1）掌握任务栏的基本操作。

（2）掌握窗口的基本操作。

（3）掌握菜单的基本操作。

【实训步骤】

（1）打开“我的电脑”窗口，将该窗口缩放至合适大小，并移动该窗口至合适位置，然后再使其最大化和最小化。

（2）在“我的电脑”窗口中，单击菜单“查看”→“缩略图”命令，将该窗口中的图标以缩略图方式排列。

（3）在桌面上另外打开“我的文档”和“回收站”窗口，右击任务栏空白处，在出现的菜

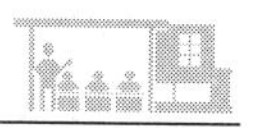

单中选择“层叠”、“横向平铺”和“纵向平铺”3 种显示方式，观察屏幕上出现的变化。

（4）关闭这 3 个窗口。

思 考 与 练 习

1．IE 浏览器中，“受限制的站点区域”的默认安全级别（　　）。

A　最高　　B　最低　　C　中　　D　中低

2．收件箱里的某一封邮件前若带有曲别针标志，则表示（　　）。

A　该邮件的优先级高　　B　该邮件有附件

C　该邮件没有被阅读

3．Outlook Express 中，在创建新邮件时，若想把该邮件发给多个人，且每个人间不知道还有谁收到了该封邮件，则把第一个人的邮件地址写在“收件人”栏中，把其余人的邮件地址写在（　　）栏中。

A　抄送　　B　密件抄送　　C　主题

4．Outlook Express 中，被删除的电子邮件被放在了（　　）箱中。

A　收件箱　　B　发件箱

C　草稿箱　　D　已删除邮件箱

5．在写字板中，选定一行文本的方法是（　　）。

A　双击该行　　B　单击该行行首　　C　右击该行行首

6．写字板中，对文档进行保存，默认的保存类型是（　　）。

A　.doc　　B　.txt　　C　.rtf　　D　.jpg

7．在设置桌面背景时，若想将背景图像重复显示在整个屏幕上，则在“位置”下拉列表框中，应选择（　　）。

A　居中　　B　平铺　　C　拉伸

8．当用户打开多个窗口并且需要在各个窗口间进行切换时，可以按（　　）组合键。

A　Alt+Tab　　B　Ctrl+Del　　C　Shift+Tab　　D　Ctrl+Tab

9．下列关于窗口与对话框的论述，正确的是（　　）。

A　所有的窗口与对话框都可以移动位置

B　所有的窗口与对话框都不可以改变大小

C　所有的窗口与对话框都有菜单栏

D　对话框既不能移动位置也不能改变大小

10．通过控制面板中的（　　）可以对多媒体设备进行一些相关设置。

A　管理工具　　B　显示　　C　声音和多媒体　　D　系统

11．在 Windows XP 中，（　　）可用来关闭一个程序。

A　Ctrl＋Esc　　B　双击控制菜单　　C　Alt＋F5　　D　Alt＋空格

12．Windows XP 中，选中文件，右击鼠标，选择“复制”选项，则此文件的复制件被放到（　　）。

A　复制板中　　B　剪贴板中　　C　目标位置中　　D　粘贴板中

13．在 Windows XP 中，呈浅灰色显示的菜单意味着（　　）。

A　选中该菜单后将弹出对话框　　B　该菜单正在使用
C　该菜单当前不能选用　　D　选中该菜单后将弹出子菜单

14．windows XP 的注册表中共有（　　）个根键。

A　1　　B　3　　C　4　　D　5

15．Windows XP 新增的视图模式是（　　）。

A　平铺　　B　详细信息　　C　列表　　D　幻灯片

16．文件的命名，不正确的是（　　）。

A　QWER ASD ZXC.dat　　B　QWERASDZXC.dat
C　QWERASDZXC.dat　　D　QWER ASD\ZXC.dat

17．在控制面板中不能进行的工作是（　　）。

A　查看系统的硬件配置　　B　增加或删除程序
C　任务栏在桌面上的位置　　D　更换新的网络协议

18．鼠标右键单击“开始”按钮出现快捷菜单，下面哪一个命令不属于其中的（　　）资源管理器。

A　运行　　B　搜索　　C　打开

19．在 Windows XP 中，操作具有（　　）的特点。

A　先选择操作命令，再选择操作对象　　B　先选择操作对象，再选择操作命令
C　需同时选择操作对象和操作命令　　D　允许用户任意选择

20．文件的“重命名”命令在（　　）菜单下。

A　文件菜单　　B　编辑菜单　　C　工具菜单　　D　查看菜单

21．在 Windows XP 的“资源管理器”窗口中，为了将选定的硬盘上的文件或文件夹复制到软盘，应进行的操作是（　　）。

A　先将它们删除并放入“回收站”，再从“回收站”中恢复
B　将它们从硬盘拖动到软盘
C　先执行“编辑”菜单下的“剪切”命令，再执行“编辑”菜单下的“粘贴”命令
D　将它们从硬盘拖动到软盘，并从弹出的快捷菜单中选择“移动到当前位置”

22．当一个应用程序在执行时，其窗口被最小化，该应用程序将（　　）。

A　被暂停执行　　B　被终止执行
C　被转入后台执行　　D　继续在前台执行

23．下列叙述中，不正确的是（　　）。

A　Windows XP 中打开的多个窗口，既可平铺也可层叠
B　Windows XP 可以利用剪贴板实现多个文件之间的复制
C　在“资源管理器”窗口中，双击应用程序名，即可运行该程序
D　在 Windows XP 中不能改变文件图标

24．Windows XP 提供的拨号网络适配器是（　　）。

A　Modem　　B　软件　　C　电话线　　D　网卡

25．在 Windows 的资源管理器中，选定多个连续的文件方法是（　　）。

A 单击第一个文件，然后单击最后一个文件

B 双击第一个文件，然后双击最后一个文件

C 单击第一个文件，然后按住 Shift 键单击最后一个文件

D 单击第一个文件，然后按住 Ctrl 键单击最后一个文件

26. 在资源管理器中打开文件的操作，错误的是（ ）。

A 双击该文件

B 在“编辑”菜单中选“打开”命令

C 选中该文件，然后按回车键

D 右单击该文件，在快捷菜单中选“打开”命令

27. 通过 Internet 发送或接收电子邮件（E-mail）的首要条件是应该有一个电子邮件（E-mail）地址，它的正确形式是（ ）。

A 用户名@域名　　B 用户名#域名

C 用户名/域名　　D 用户名 域名

28. 在 Windows XP 中，能实现中文 / 英文标点符号切换的组合键是（ ）。

A Ctrl+Shift 键　　B Shift+空格键　　C Ctrl+空格键　　D Ctrl+圆点键

29. 在 Windows XP 中，下列说法错误的是（ ）。

A 单击任务栏上的按钮不能切换活动窗口

B 窗口被最小化后，可以通过单击它在任务栏上的按钮使它恢复原状

C 启动的应用程序一般在任务栏上显示一个代表该应用程序的图标按钮

D 任务栏按钮可用于显示当前运行程序的名称和图标信息

30. 在 Windows 中，要实现文件或文件夹的快速移动与复制，可使用鼠标的（ ）。

A 单击　　B 双击　　C 拖放　　D 移动

31. 在 IE 浏览器中键入 FTP 站点地址访问 FTP 站点时要在地址前加（ ）。

A ftp://　　B http://　　C net://　　D www://

32. www 服务向用户提供信息的基本单位是（ ）。

A 网页　　B 文件　　C 链接点　　D 超媒体文件

33. www 的超级链接定位信息所在位置使用的是（ ）。

A 超文本技术　　B 统一资源定位器

C 超媒体技术　　D 超大型文本标注语言 HTML

34. Outlook Express 的通讯簿中保存的是（ ）。

A 包含联系人的 E-mail 地址，电话等信息

B 只包含发件人的 E-mail 地址

C 只包含收件人的 E-mail 地址

D 只包含联系人的电话号码

35. 所有 CD-ROM 光盘只能读，不能写（ ）。

A 是　　B 否

36. 可以把要经常访问的网址放入 IE5.0 的收藏夹中（ ）。

A 是　　B 否

37. C 分区的空间快没有了。你想从临时文件中确定哪些是可以删除的文件以便释放磁盘空间，应该使用（　　）工具。

A 磁盘清理　　B 磁盘管理器　　C 磁盘检查　　D 磁盘碎片整理

38. 在 Windows XP 中为了重新排列桌面上的图标，首先应进行的操作是（　　）。

A 右击桌面空白处　　B 右击“任务栏”空白处

C 右击已打开窗口空白处　　D 右击“开始”空白处

39. 在 Windows XP 中，若在某一文档中连续进行了多次剪切操作，当关闭该文档后，“剪贴板”中存放的是（　　）。

A 空白　　B 所有剪切过的内容

C 最后一次剪切的内容　　D 第一次剪切的内容

40. 在 Windows XP 的“资源管理器”窗口中，其左部窗口中显示的是（　　）。

A 当前打开的文件夹的内容　　B 系统的文件夹树

C 当前打开的文件夹名称及其内容　　D 当前打开的文件夹名称

41. 中央处理器的英文缩写是（　　）。

A RAM　　B ROM　　C CPU　　D PC

42. 个人计算机的英文缩写是（　　）。

A ROM　　B RAM　　C CPU　　D PC

43. 一个完整的计算机系统由硬件和（　　）两部分组成。

A 软盘　　B 软件　　C 光驱　　D 硬盘

44. Windows XP 中，不能在“任务栏”内进行的操作是（　　）。

A 设置系统日期的时间　　B 排列桌面图标

C 排列和切换窗口　　D 启动“开始”菜单

45. 在 Windows XP 的“我的电脑”窗口中，若已选定硬盘上的文件或文件夹，并按了 Del 键和“确定”按钮，则该文件或文件夹将（　　）。

A 被删除并放入“回收站”　　B 不被删除也不放入“回收站”

C 被删除但不放入回收站　　D 不被删除但放入“回收站”

46. 在 Windows XP 的资源管理器窗口中，为了将选定的硬盘上的文件或文件夹复制到软盘，应进行的操作是（　　）。

A 先将它们删除并放入“回收站”，再从“回收站”中恢复

B 鼠标左键将它们从硬盘拖动到软盘

C 先用执行“编辑”菜单下的“剪切”命令，再执行“编辑”菜单下的“粘贴”命令

D 用鼠标右键将它们从硬盘拖动到软盘，并从弹出的快捷菜单中选择“移动到当前位置”

47. 指法中回车键用（　　）。

A 大拇指击键　　B 右手小指击键　　C 右手中指击键　　D 左手食指击键

48. Caps Lock 键是（　　）。

A 数字锁定键　　B 退格键　　C 大小写锁定键　　D 删除键

49. 在 Windows XP 中，要安装一个应用程序，正确的操作应该是（　　）。

A 打开“资源管理器”窗口，使用鼠标拖动
B 打开“控制面板”窗口，双击“添加/删除程序”图标
C 打开 MS-DOS 窗口，使用 Copy 命令
D 打开“开始”菜单，选中“运行”项，在弹出的“运行”对话框中 Copy 命令

50．在 Windows XP 中，用“创建快捷方式”创建的图标（　　）。
A 可以是任何文件或文件夹　　B 只能是可执行程序或程序组
C 只能是单个文件　　D 只能是程序文件和文档文件

51．在 Window XP 的“资源管理器”左部窗口中，若显示的文件夹图标前带有加号（+），意味着该文件夹（　　）。
A 含有下级文件夹　　B 仅含有文件
C 是空文件夹　　D 不含下级文件夹

52．在 Windows XP 的窗口中，选中末尾带有省略号（…）的菜单意味着（　　）。
A 将弹出下一级菜单　　B 将执行该菜单命令
C 表明该菜单项已被选用　　D 将弹出一个对话框

53．在中文 Windows XP 中，为了实现中文与西文输入方式的切换，应按的键是（　　）。
A Shift+空格　　B Shift+Tab　　C Ctrl+空格　　D Alt+F6

54．在 Windows XP 中，若已选定某文件，不能将该文件复制到同一文件夹下的操作是（　　）。
A 右击将该文件拖动到同一文件夹下
B 先执行“编辑”菜单中的复制命令，再执行粘贴命令
C 单击将该文件拖动到同一文件夹下
D 按注 Ctrl 键，再单击将该文件拖动到同一文件夹下

55．把 Windows XP 的窗口和对话框作一比较，窗口可以移动和改变大小，而对话框（　　）。
A 既不能移动，也不能改变大小　　B 仅可以移动，不能改变大小
C 仅可以改变大小，不能移动　　D 既能移动，也能改变大小

56．Windows XP 操作系统是一个（　　）。
A 单用户多任务操作系统　　B 单用户单任务操作系统
C 多用户单任务操作系统　　D 多用户多任务操作系统

57．在（　　）中，文件名必须是唯一的。
A 同一磁盘　　B 不同磁盘的相同目录
C 同一磁盘的同一目录　　D 不同磁盘

58．在执行命令时有时会弹出一个包含若干选项的窗口，这个窗口为（　　）。
A 帮助窗口　　B 对话框　　C 命令窗口　　D 消息窗口

59．在 Windows XP 的窗口菜单命令中，呈灰色形式的命令表明（　　）。
A 该命令暂时不可用　　B Windows 软件有问题
C 该命令一直不可用　　D 该命令有差错

60．同时改变窗口两个边框的大小，应当使用（　　）。
A 窗口角　　B 最小化按钮　　C 收缩框　　D 边框

61．启动后的应用程序名或打开的文档名，都显示在（　　）。

A 状态栏　　B 标题栏　　C 菜单栏　　D 工具栏

62. 移动窗口时应拖动（　　）。

A 窗口角　　B 窗口任何角　　C 标明栏　　D 菜单栏

63. 在 IE 中若要启用内容审查程序，则单击“工具”菜单下的 Internet 选项命令，单击打开的“Internet 选项”窗口中的（　　）选项卡设置即可。

A 安全　　B 内容　　C 连接　　D 程序

64. Outlook Express 中的收件箱后面的蓝色数字表示（　　）。

A 收件箱里邮件的总数　　B 收件箱里新接收的邮件总数

C 收件箱里未阅读邮件的总数　　D 收件箱里已阅读邮件的总数

65. Outlook Express 中，使用（　　）命令可在新邮件窗口中显示出“密件抄送”栏。

A “查看”菜单中的“所有邮件标头”　　B “工具”菜单中的“账户”

C “邮件”菜单中的“新邮件”

66. 当有多个收件人时，多个收件人的邮件邮件地址之间用（　　）分隔。

A 逗号　　B 句号　　C 冒号　　D 问号

67. 写字板中，左缩进滑块的作用是（　　）。

A 将光标所在段的行首移动一定距离

B 将光标所在段除首行外其余行移动一定距离

C 将光标所在段的全部行移动一定距离

68. 若要删除计算机内安装的一个软件，可使用（　　）方法。

A 在资源管理器找到该软件所在的磁盘和文件夹，然后将该文件夹直接删除

B 使用“控制面板”中的“添加/删除程序”

C 找到该软件的安装光盘，利用该光盘进行删除

69. 移动窗口的方法是（　　）。

A 按住鼠标键左键拖动标题栏　　B 按住鼠标右键拖动标题栏

C 按住鼠标键左键拖动菜单栏　　D 按住鼠标右键拖动菜单栏

70. Windows XP 提供了 5 种视图：缩略图、平铺、图标、列表、详细信息。视图的更改在（　　）菜单下。

A 查看　　B 文件　　C 编辑　　D 工具

71. 单击应用程序窗口右上角的最小化按钮后（　　）。

A 窗口最小化，结束应用程序的运行　　B 窗口消失，任务被取消

C 窗口落入任务栏，变为任务按钮　　D 窗口在桌面上缩成快捷方式小图标

72. 在资源管理器的文件夹栏中，文件夹是按照（　　）关系来组织的。

A 图形　　B 时间　　C 名称　　D 树型

73. Windows XP 中，为了弹出“显示属性”对话框以进行显示器的设置，下列操作中正确的是（　　）。

A 右击“资源管理器”窗口空白处，在弹出的快捷菜单中选择“属性”项

B 右击桌面空白处，在弹出的快捷菜单中选择“属性”项

C 右击“我的电脑”窗口空白处，在弹出的快捷菜单中选择“属性”项

D　右击“任务栏”空白处，在弹出的快捷菜单中选择“属性”项

74. Windows XP 中用于在中文输入法和英文输入法之间切换的快捷键是（　　）。

A　Alt＋Space　　B　Alt＋Shift　　C　Ctrl＋Shift　　D　Ctrl＋Space

75. 操作系统是根据文件的（　　）来区分文件类型的。

A　创建方式　　B　主名　　C　扩展名　　D　打开方式

76. 打开注册表编辑器的方法是（　　）。

A　“开始”→“运行”→regedit

B　“开始”→“程序”→“附件”→“写字板”

C　“开始”→“设置”→“控制面板”

77. 粘滞键的设置是在（　　）。

A　控制面板中的显示　　B　控制面板中的辅助功能选项

C　控制面板中的用户账户　　D　控制面板中的区域和语言选项

78. 下列关于在 Windows 资源管理器中“查找”文件或文件夹的描述，不正确的是（　　）。

A　可以按照文件或文件夹的名称和位置查找

B　查找的位置只能是某个磁盘，而不能是某个磁盘中的文件夹

C　可以按照文件中所包含的文字查找

D　可以按照文件类型和文件的创建或修改时间查找，但不能按照文件大小查找

79. 不能查找文件或文件夹的操作是（　　）。

A　用“开始”菜单中的“搜索”命令

B　单击“我的电脑”图标，在弹出的菜单中选择“搜索”命令

C　单击“开始”按钮，在弹出的菜单中选择“搜索”命令

D　在“资源管理器”窗口中选择“查看”命令

80. 在 Windows 中，下列不能用在文件名中的字符是（　　）。

A　,　　B　^　　C　?　　D　+

81. 在 Windows 中，呈灰色显示的菜单意味着（　　）。

A　该菜单当前不能选用　　C　选中该菜单后将弹出对话框

B　选中该菜单后将弹出下级子菜单　　D　该菜单正在使用

82. 关于关闭窗口的说法错误的是（　　）。

A　双击窗口左上角的控制按钮　　C　单击窗口右上角的“X”按钮

B　单击窗口右上角的“-”按钮　　D　选择“文件”菜单中的“关闭”命令

83. 在 Windows 中，为了启动一个应用程序，下列操作正确的是（　　）。

A　从键盘输入该应用程序图标下的标识　　C　用鼠标双击该应用程序图标

B　用鼠标单击该应用程序图标　　D　将该应用程序图标最大化成窗口

84. 在 Windows 资源管理器的右窗格中，要显示出对象的名称大小等内容应选择（　　）显示方式。

A　小图标　　B　大图标　　C　列表　　D　详细资料

85. 设置为默认的打印机其图标（　　）。

A　反向显示　　B　左上角有一个标记

C 右上角有一个标记　　D 左下角有一个小箭头

86．在 Windows 中，对文件和文件夹的管理可以使用（　　）。

A 资源管理器或控制面板窗口　　B 资源管理器或“我的电脑”窗口

C “我的电脑”窗口或控制面板窗口　　D 快捷菜单

87．双击控制面板中的（　　）图标可以设置屏幕保护程序。

A 显示　　B 键盘

C 输入法　　D 添加或删除程序

88．以下可以打开控制面板窗口的操作是（　　）。

A 右击“开始”按钮，在弹出的快捷菜单中选择“控制面板”

B 右击桌面上“我的电脑”图标，在弹出的快捷菜单中选择“控制面板”

C 打开“我的电脑”窗口，双击“控制面板”图标

D 选择“开始”菜单中的“设置”，在级联菜单中选择“控制面板”

89．以下关于输入法状态切换的组合键正确的是（　　）。

A 使用 Ctrl+、来切换中文标点和英文标点

B 使用 Ctrl+空格键来打开或关闭中文输入法

C 使用 Shift+空格键来切换半角输入模式和全角输入模式

D 使用 Shift+Ctrl 来切换半角输入模式和全角输入模式

90．图标、字体、颜色、声音和其他窗口元素的预定义的集合是（　　）。

A 桌面背景　　B 外观　　C 桌面主题　　D 桌面样式

91．以下说法不正确的是（　　）。

A 不能改变桌面上图标的标题

B 可以移动桌面上的图标

C 可以将桌面上的图标设置成自动排列状态

D 可以改变桌面上图标的标题

92．Windows XP 的桌面指的是（　　）。

A 整个窗口　　B 全部窗口　　C 整个屏幕　　D 活动窗口

93．对磁盘上的根文件夹用户（　　）。

A 可以创建，也可以删除　　B 只能创建，不能删除

C 不能创建，可以删除　　D 不能创建，也不能删除

94．桌面上的任务栏不能拖到桌面的（　　）位置上。

A 上边缘　　B 左边缘　　C 右边缘　　D 中央

95．下列不属于任务栏组成部分的是（　　）。

A 开始菜单　　B 窗口控制按钮　　C 快速启动栏　　D 指示区

96．任务栏的宽度最宽可以（　　）。

A 占据桌面的二分之一　　B 占据窗口的二分之一

C 占据整个窗口　　D 占据整个桌面

97．下列关于快捷方式不正确的叙述是（　　）。

A 快捷方式是一种扩展名为.lnk 的特殊文件

B 文件中存放的是一个指向另一个文件的指针
C 快捷方式文件的图标左下角有一个小箭头
D 删除快捷方式文件意味着删除它指向的文件

98.“回收站”是（ ）。
A 硬盘上的一个文件
B 硬盘上的一块存储空间，是一个特殊的文件夹
C 软盘上的一块存储空间，是一个特殊的文件夹
D 内存中的一个特殊存储区域

99. 以下（ ）操作不能启动控制面板。
A “资源管理器”窗口的左窗格中单击“控制面板”图标
B 桌面上直接按“F1”键
C “我的电脑”窗口，双击“控制面板”图标
D 单击“开始菜单”中的“控制面板”菜单项

100. 在 Windows XP 中，下列关于添加硬件的叙述正确的是（ ）。
A 添加任何硬件均应打开“控制面板”
B 添加即插即用硬件必须打开“控制面板”
C 添加非即插即用硬件必须使用“控制面板”
D 添加任何硬件均不使用“控制面板”

101. 在 Windows XP 资源管理器中，选中文件后，打开文件属性对话框的操作是（ ）。
A 单击“文件”→“属性” B 单击“编辑”→“属性”
C 单击“查看”→“属性” D 单击“工具”→“属性”

102. 非法的 Windows XP 文件夹名是（ ）。
A x+y B x−y C x×y D x÷y

103. 登陆 Windows XP 首先需要一个（ ）。
A. 地址 B. 账户 C. 软件 D. 说明书

104. 不正确的关机，会造成数据丢失和（ ）等不良后果。
A 系统启动不正常 B 烧坏 CPU
C 显示器不正常 D 时间显示错误

105. 在关闭 Windows 对话框中不存在的选项是（ ）。
A 注销 B 关机 C 重新启动 D 重新登录

106. 一般鼠标器只需要两个键就能完成对 Windows XP 的基本操作，这两个键分别是（ ）。
A 左键和中键 B 左键和右键 C 右键和中键 D 滑动轮和左键

107. 对于右手习惯的人要选取一个对象，鼠标的基本动作是（ ）。
A 右单击 B 左单击 C 左双击 D 以上皆不正确

108. 开始菜单一般位于屏幕的（ ）。
A 右下角 B 左下角 C 左上角 D 右上角

109. 下列哪项不存在于开始菜单内（ ）。

A 程序 B 文档 C 运行 D 时间

110. 控制面板可以在开始菜单的哪个选项中找到（ ）。

A 程序 B 设置 C 运行 D 文档

111. 用户要打开在桌面和开始菜单中找不到的程序可以在（ ）选项中打开。

A 帮助 B 关机 C 文档 D 运行

112. 在窗口中标题栏位于窗口的（ ）。

A 顶端 B 底端 C 两侧 D 中间

113. 在资源管理器窗口中菜单栏位于窗口的（ ）。

A 标题栏上方 B 标题栏下方 C 工具栏下方 D 状态栏下方

114. 在资源管理器窗口中工具栏位于窗口的（ ）。

A 菜单栏下方 B 菜单栏上方 C 状态栏下方 D 标题栏上方

115. 在资源管理器窗口中状态栏位于窗口的（ ）。

A 顶端 B. 底端 C 两侧 D 中间

116. 滚动条可分为（ ）滚动条。

A 横，竖 B. 垂直，水平 C 上，下 D 左，右

117. 以下哪项不是对话框中常见的元素？（ ）。

A 选项卡 B 编辑框 C 单选按钮 D 复选卡

118. 在对话框中按下了“应用”按钮则（ ）。

A 关闭对话框 B 开启新对话框

C 执行当前内容，但不关闭对话框 D 恢复到上一次设置状态

119. Windows XP 常见的菜单形式不包括（ ）。

A 上拉菜单 B 下拉菜单 C 层叠式菜单 D 快捷菜单

120. 任务栏位于整个桌面的（ ）。

A 顶端 B 底端 C 两侧 D 中间

121. 下列关于任务栏的说法正确的是（ ）。

A 任务栏位置不可变，大小可变 B 任务栏大小不可变，位置可变

C 任务栏大小和位置都可变 D 任务栏大小和位置都不可变

122. Windows XP 中用户不可调用的系统预设汉字输入法是（ ）。

A 全拼 B 双拼 C 智能 ABC D 陈桥五笔

123. 在 Windows XP 中可以打开“开始”菜单的组合键是（ ）。

A Ctrl + Esc B Tab + Esc C Alt + Esc D Shift + Esc

124. 在桌面空白处按 F1 键会（ ）。

A 弹出出错窗口 B 弹出帮助窗口

C 弹出开始窗口 D 弹出资源管理器窗口

125. 下面关于快捷菜单的描述中，（ ）是不正确的。

A 快捷菜单可以显示与某一对象相关的命令菜单

B 选定需要操作的对象，单击左键，屏幕上就会弹出快捷菜单

C 选定需要操作的对象，单击右键，屏幕上就会弹出快捷菜单

D 按 ESC 键或单击桌面或窗口上的任一空白区域，都可以退出快捷菜单

126. Windows XP 对文件和文件夹的管理工具是（ ）。

A 我的电脑 B 网上邻居 C Internet Explorer D 回收站

127. 文件夹这个称呼在 MS-DOS 时代也叫做（ ）。

A 文档 B 公文包 C 目录 D 扇区

128. 操作系统是（ ）的接口。

A 用户与软件 B 系统软件与应用软件

C 主机与外设 D 用户与计算机

129. 在 Windows XP 中文件名最长可由（ ）个字符组成。

A 8 B 64 C 128 D 255

130. 在 Windows XP 中文件名不可使用的字符是（ ）。

A B _ C [] D ?

131. （ ）窗口能较详细地反映系统中资源的层次关系。

A 我的电脑 B 资源管理器 C 我的文档 D 我的公文包

132. 关闭资源管理器窗口的组合键是（ ）。

A Alt+F5 B Alt+F4 C Ctrl+F4 D Ctrl+F5

133. （ ）按钮不能在资源管理器窗口中找到。

A 后退 B 文件夹 C 撤销 D 居中

134. 在资源管理器中文件夹左侧带“+”表示（ ）。

A 这个文件夹已经展开了 B 这个文件夹受密码保护

C 这个文件夹是隐含文件夹 D 这个文件夹下还有子文件夹

135. 在资源管理器的文件夹内容框显示方式里没有（ ）显示方式。

A 大图标 B 小图标 C 缩略图 D 自动排列

136. 在资源管理器中要执行全部选定命令可以利用组合键（ ）。

A Ctrl +S B Ctrl +V C Ctrl +A D Ctrl +C

137. 在不同驱动器间移动文件夹，须在鼠标选中并拖拽至目标位置的同时要按下（ ）键。

A Ctrl B Alt C Shift D Caps Lock

138. 在同一驱动器上复制文件夹，须在鼠标选中并拖拽至目标位置的同时要按下（ ）键。

A Ctrl B Alt C Shift D Caps Lock

139. 要删除文件夹，在鼠标选定后可以按（ ）键。

A Ctrl B Delete C Insert D Home

140. 要永久删除一个文件可以按（ ）键。

A Ctrl +End B Ctrl +Delete C Shift +Delete D Alt +Delete

141. 如果要查找 Glossary txt，Glossary doc 和 Glossy doc 3 个文件，可键入（ ）。

A gloss* B gloss? C *gloss D gloss? *

142. 在 Windows XP 提供的搜索功能中不包含哪种搜索功能？（ ）。

A 按日期搜索 B 按类型搜索

C 按大小搜索 D 按访问顺序搜索

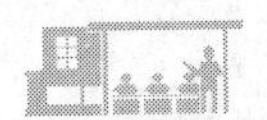

143. 在附件中不能找到（　　）。

A 画图　　B 写字板　　C 记事本　　D 控制面板

144. Windows 操作系统的特点包括（　　）。

A 图形界面　　B 多任务　　C 即插即用　　D 以上都对

145. 在 Windows XP 中，按[PrintScreen]键，则使整个桌面显示的内容（　　）。

A 打印到打印纸上　　B 打印到指定文件

C 复制到指定文件　　D 复制到剪贴板

146. 以下对快捷方式理解正确的是（　　）。

A 删除快捷方式等于删除文件

B 建立快捷方式可以减少打开文件夹、找文件夹的麻烦

C 快捷方式不能被删除　　D 打印机不可建立快捷方式

147. 要隐藏任务栏可以在哪里进行相关设置（　　）。

A 任务栏　　B 资源管理器　　C 控制面板　　D 我的电脑

148. 要设置桌面墙纸，我们可以在显示属性的哪个选项卡里进行设置？（　　）。

A 外观　　B 屏幕保护程序　　C 背景　　D 效果

149. 在 Windows XP 窗口中，选中末尾带有省略号（…）的菜单意味着（　　）。

A 将弹出下一级菜单　　B 将执行该菜单命令

C 表明该菜单项已被选中　　D 将弹出一个对话框

150. Windows XP 中，若要选定当前文件夹中的全部文件和文件夹对象，可使用的组合键是（　　）。

A Ctrl +V　　B Ctrl +A　　C Ctrl +X　　D Ctrl +D

151. 如何才能弹出 Windows 任务管理器（　　）。

A 按 Ctrl +Alt　　B 按 Alt +Del

C 按 Ctrl +Del　　D 按 Ctrl +Alt +Del

152. 只有（　　）才能激活来宾账户。

A 管理员　　B 受限用户　　C 高级用户　　D 来宾

153. 如果用户安装了 10 台打印机，那么系统默认的打印机数量是（　　）。

A 1　　B 10　　C 5　　D 2

154. Windows XP 中“磁盘碎片整理程序”的主要作用是（　　）。

A 修复损失的磁盘　　B 缩小磁盘空间

C 提高文件访问速度　　D 扩大磁盘空间

155. 以下哪个英文单词代表管理员用户（　　）。

A User1　　B Administrator　　C Guest　　D VIP

156. Windows XP 中，剪贴板是程序和文件间用来传递信息的临时存储区，此存储区是（　　）。

A 回收站的一部分　　B 硬盘的一部分

C 软盘的一部分　　D 内存的一部分

157. 以下不属于中文操作系统的是（　　）。

A Windows 98 中文版　　B Windows XP 中文版
C Foxpro 中文版　　D Windows 2003 server 中文版

158. 中文 Windows XP 的操作，以下哪个是错误的？（　　）。
A 可以用鼠标操作，也可以用键盘操作
B 可以用 Windows XP 执行 DOS 下研制的程序
C 只能对图标进行操作
D 用键盘进行输入可代替所有的鼠标操作

159. 在 Windows XP 中，为了重新排列桌面上的图标，首先应进行的操作是（　　）。
A 右击桌面空白处　　B 右击“任务栏”空白处
C 右击已打开窗口的空白处　　D 右击“开始”按钮

160. 对文件的确切定义应该是（　　）。
A 记录在磁盘上的一组相关命令的集合
B 记录在磁盘上的一组相关程序的集合
C 记录在磁盘上的一组相关数据的集合
D 记录在磁盘上的一组相关信息的集合

161. 在 Windows XP 中，打开“资源管理器”窗口后，要改变文件或文件夹的显示方式，应选用（　　）。
A “文件”菜单　　B “编辑”菜单
C “工具”菜单　　D “帮助”菜单

162. 如果在 Windows XP 的“资源管理器”窗口底部没有状态栏，那么增加状态栏的操作是（　　）。
A 单击“编辑”菜单中的“状态栏”命令
B 单击“工具”菜单中的“状态栏”命令
C 单击“查看”菜单中的“状态栏”命令
D 单击“文件”菜单中的“状态栏”命令

163. 在的“资源管理器”窗口中，如果单击文件夹中的图标，则（　　）。
A 在左窗口中扩展该文件夹
B 在右窗口中显示文件夹中的子文件夹和文件
C 在左窗口中显示文件夹中
D 在右窗口中显示该文件夹中的文件

164. 在 Windows XP 的“资源管理器”窗口中，其左边窗口中显示的是（　　）。
A 当前打开的文件夹的内容　　B 系统的文件夹树
C 当前打开的文件夹名称及其内容　　D 当前打开的文件夹名称

165. 在 Windows XP 中，磁盘驱动器“属性”对话框“工具”标签中包括的磁盘管理工具有（　　）。
A 修复　　B 碎片整理　　C 复制　　D 格式化

166. 在 Windows XP 中，当程序因某种原因陷入死循环，下列哪一个方法能较好地结束该程序？（　　）

A 按 Ctrl+Alt+Del 键，然后选择结束任务结束该程序的运行

B 按 Ctrl+Del 键，然后选择结束任务结束该程序的运行

C 按 Ctrl+Shift+Del 键，然后选择结束任务结束该程序的运行

D 直接按 Reset 键，结束该程序的运行

167. 在 Windows XP 中，关于开始菜单叙述不正确的一条是（　　）。

A 单击开始按钮可以启动开始菜单

B 在任务栏和开始菜单属性窗口中可以选择开始菜单的样式

C 可以在开始菜单中增加菜单项，但不能删除菜单项

D 用户想做的任何事情都可以从开始菜单开始

168. 在 Windows XP 中，下列不能用资源管理器对选定的文件或文件夹进行更名操作的是（　　）。

A 单击“文件”菜单中的“重命名”命令

B 右击要更名的文件或文件夹，选择快捷菜单中的“重命名”菜单命令

C 快速双击要更名的文件或文件夹

D 间隔双击要更名的文件或文件夹，并键入新名字

169. 下列不属于 Windows XP 的任务栏组成部分的是（　　）。

A 开始按钮　　B 应用程序任务按钮

C 任务栏指示器　　D 最大化窗口按钮

170. 当一个窗口被最小化，该窗口（　　）。

A 被暂停执行　　B 被转入后台执行

C 仍在前台执行　　D 不能执行

第三章　文字处理软件 Word 2003

文字处理软件 Word 2003 中文版是办公自动化软件 Office 2003 中文版的重要组成部分。当前 Office 系列软件已成为办公自动化软件的主流。Office 2003 中文专业版包括文字处理软件 Word 2003、数据电子表格 Excel 2003、演示文稿制作软件 PowerPoint 2003、数据库软件 Access 2003、网页制作软件 FrontPage 2003、图形处理软件 PhotoDraw 2003 和信息管理软件 Outlook 2003。一般说来，Word 主要用来进行文本的输入、编辑、排版、打印等工作；Excel 主要用来进行预算、财务、数据汇总等工作；PowerPoint 主要用来制作演示文稿、幻灯片和投影片等。

使用 Word 软件可以编辑文字、图形、图像、声音，还可以用 Word 软件提供的绘图工具进行图形制作，编辑艺术字，编辑数学公式等一些复杂的程式。同时，Word 提供了强大的制表功能，有自动制表和手动制表两种方式，并且可以对表格进行各种修饰。当用户编辑完一篇文档，Word 还提供了自动拼写和检查功能对整篇文档进行检查，提高输入的正确率。Word 软件还提供了大量且丰富的模板，使用户在编辑某一类文档时，能很快建立相应的格式。而且 Word 软件允许用户自己定义模板，这为用户建立特殊需要的文档提供了高效而快捷的方法。

本章主要介绍 Word 2003 的基本知识和操作技能，帮助读者掌握其使用方法，达到熟练操作 Word 文档的目的。

项目一　Word 2003 创建办公文档的流程

任务一　打开 Word 文档

【任务描述】

掌握打开 Word 文档方法和相关设置。

【任务分析】

（1）在 Word 中打开文档。

（2）使用查找功能来搜索所有名字中有“a”的文档并打开文档。

（3）“最近使用的文档”显示个数设置为 8 个。

【操作流程】

（1）在常用工具栏上，单击打开按钮或在菜单栏上单击：文件→打开→选择查找范围/位置→选择文件或输入文件名→点击打开按钮，或直接双击选定的文件，即可打开 Word 文档，如图 3-1-1 所示。

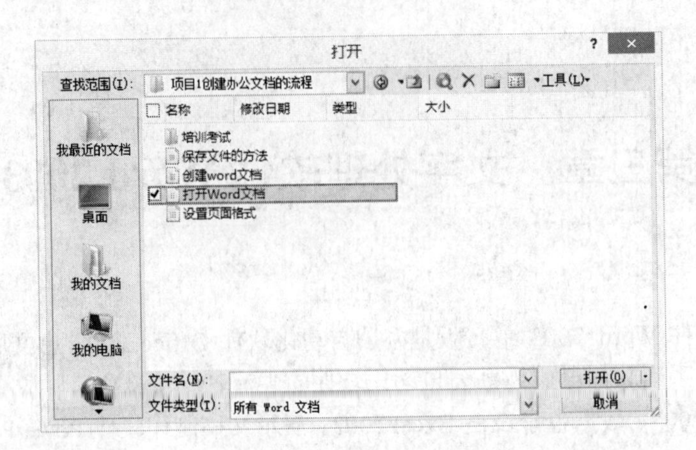

图 3-1-1　打开 Word 文档

（2）文件→打开→工具→查找→高级→搜索→属性：文件名→条件：包含→值：a，如图 3-1-2 和图 3-1-3 所示。

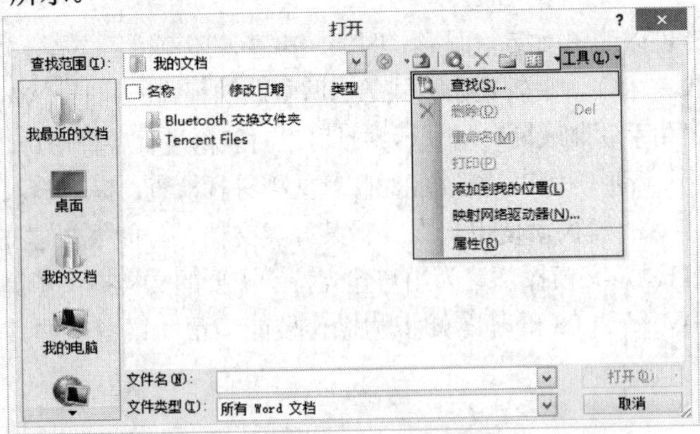

图 3-1-2　搜索文档

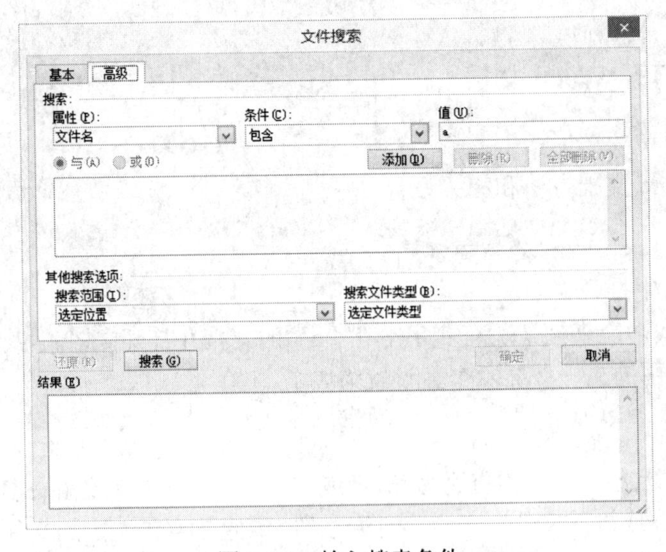

图 3-1-3　输入搜索条件

（3）工具→选项→常规→常规选项→列出最近所用文件→更改为 8，文件菜单下显示最近经常使用的文件个数，就由默认的 4 个变为 8 个，如图 3-1-4 和图 3-1-5 所示。

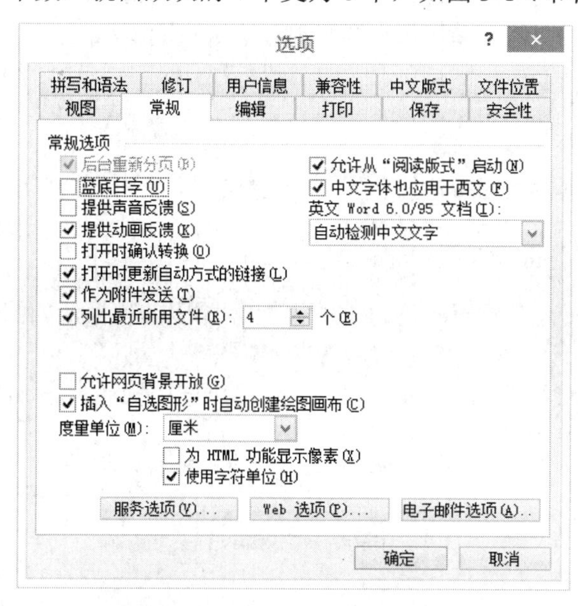

图 3-1-4 “选项”命令

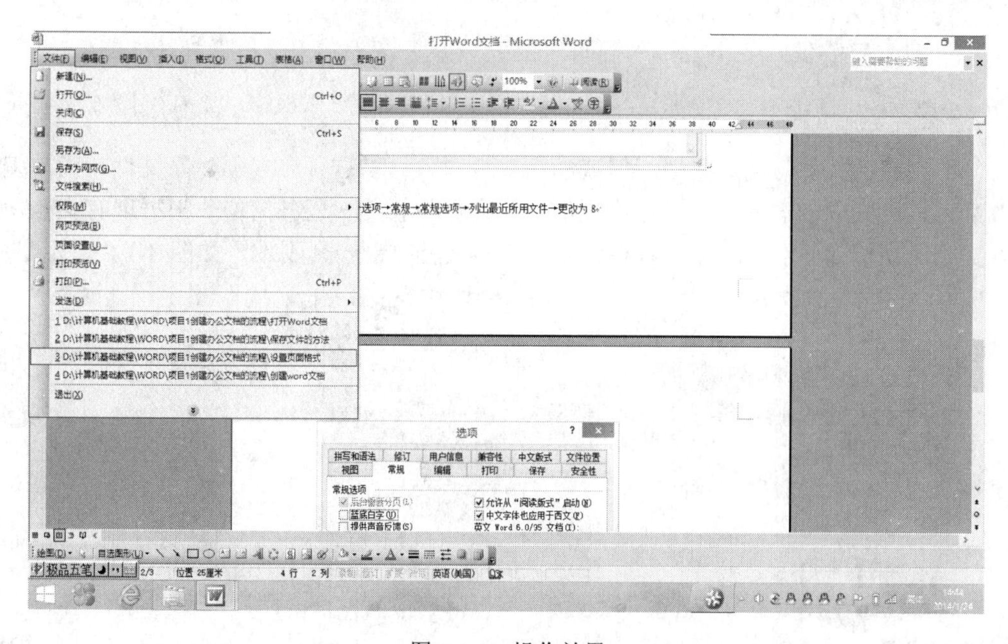

图 3-1-5　操作效果

任务二　创建 Word 文档

【任务描述】

掌握 Word 文档相关类型及创建方法。

【任务分析】

（1）创建文档：新建空白文档、新建 Web 页、新建电子邮件。

（2）创建指定格式文档：使用模板向导制作会议议程文档。

（3）基于现有文档创建新文档。

【操作流程】

（1）单击常用工具栏上的新建按钮 ，会建立一个空白文档，或者单击菜单栏：文件→新建→任务空格→空白文档、新建 Web 页、新建电子邮件逐次选取即可，新建电子文档窗口如图 3-1-6 所示。

（2）文件→新建→任务窗格→本机上的模板/网站上的模板，如图 3-1-7 所示。

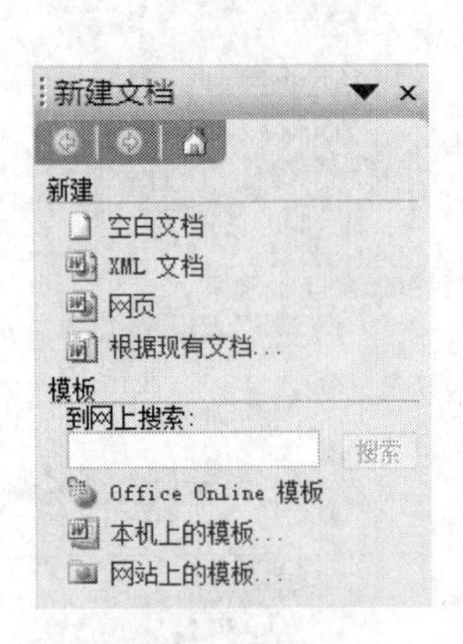

图 3-1-6　新建文档

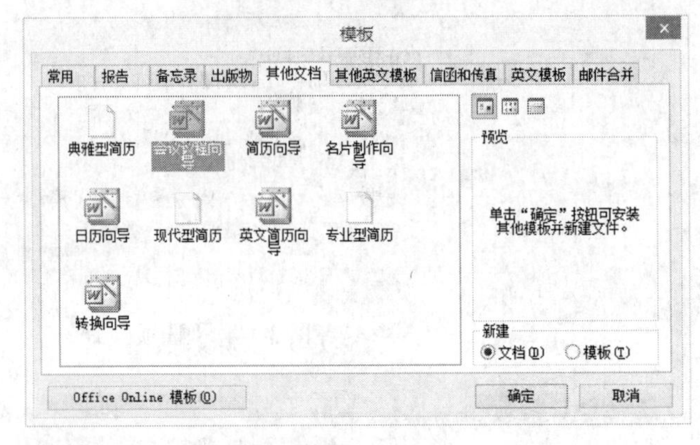

图 3-1-7　模板

（3）创建的文件与现有文档相似或相当接近时，可以这种方式创建新文件，简单编辑修改后，就可完成创建任务，操作流程如下：文件→新建→任务窗格→根据现有文档→找现有文档所在位置→双击即可，就相当于把原有文档复制一个副本，如图 3-1-8 所示。

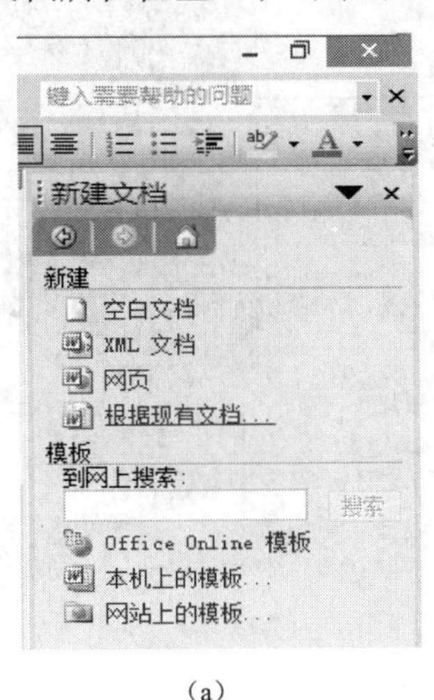

（a）

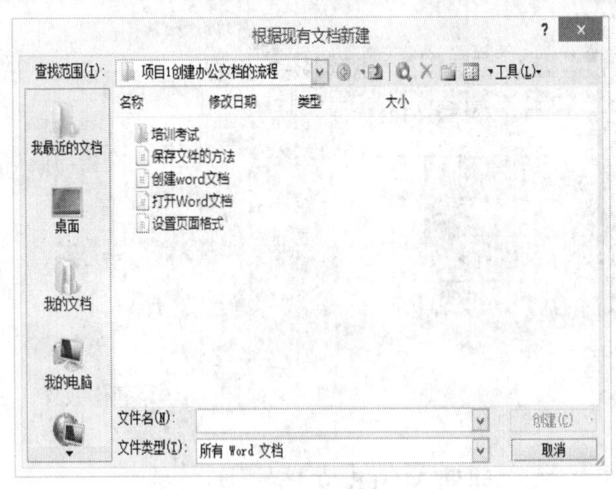

（b）

图 3-1-8　根据现有文档新建

（a）任务窗口；（b）新建文档

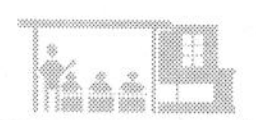

任务三　页面格式设置

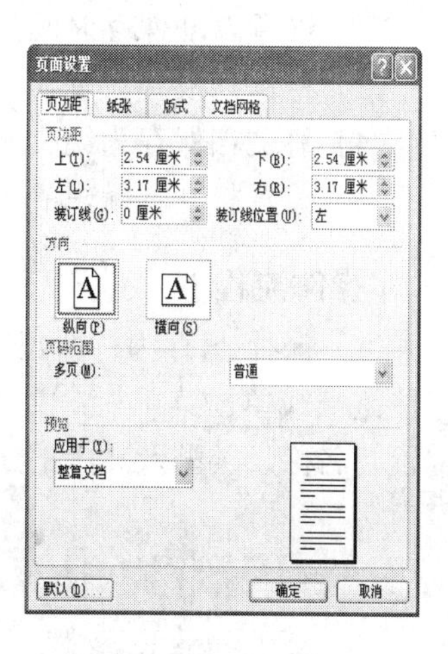

图 3-1-9　设置页边距

【任务描述】

掌握 Word 文档页面格式设置，为打印输出做好准备。

【任务分析】

（1）设置面边距。

（2）设置纸张类型。

（3）设置版式。

【操作流程】

（1）设置页边距。文件→页面设置→页边距→上、下、左、右、装订线宽度、纸张方向，参数设置可通过下面的预览直观看到效果，如图 3-1-9 所示。

（2）设置纸张大小。文件→页面设置→纸张→纸张大小。其中，纸张大小可分：国际标准 A 类纸型、B 类纸型，国内标称为开，还可根据需要，自定义纸张大小，参数设置可通过下面的预览看到直观效果，如图 3-1-10 所示。

（3）设置版式：文件→页面设置→版式→页眉和页脚、距边界。在此可以设置页眉和页脚的奇偶页不同、首页不同、距边界的参数值、应用范围、行号、边框等，参数设置可在预览效果中直观看到，如图 3-1-11 所示。

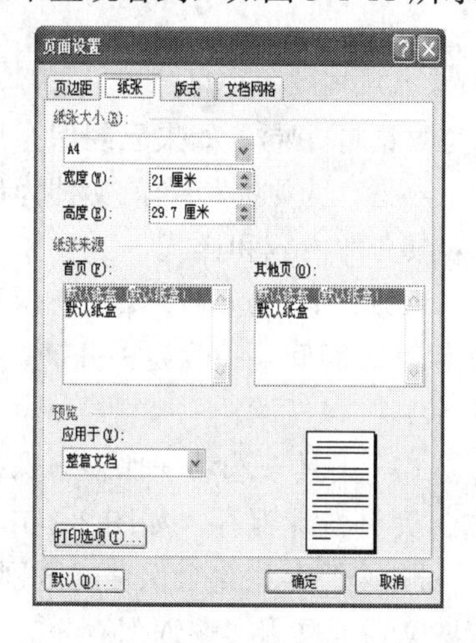

图 3-1-10　设置纸张大小

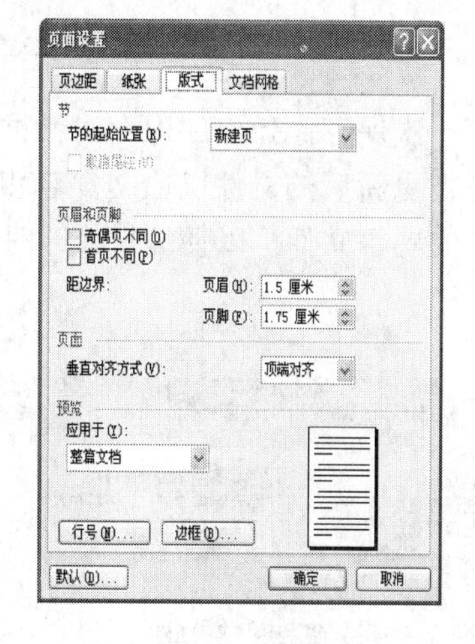

图 3-1-11　设置版式

任务四　保存 Word 文档

【任务描述】

掌握 Word 文档保存、安全设置等操作。

【任务分析】

（1）保存/另存为。

（2）设置自动保存时间间隔为 3 分钟。

（3）将保存模式设置为快速保存，区分快速和完全保存文档。

（4）将文档保存为纯文本格式。

（5）设置打开、编辑的安全密码。

【操作流程】

（1）保存/另存为：新建的文档，第一要任务是先保存，操作如下：点击工具栏上的保存按钮或单击菜单栏：文件→保存，会弹出如下对话框，在这里，可以设置文件保存的位置、名称、类型及相关的工具选项应用，如图 3-1-12 所示。

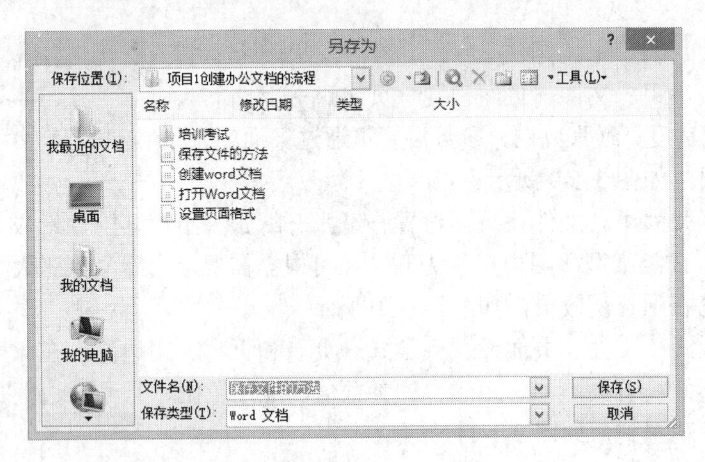

图 3-1-12 “保存/另存为”窗口

文件第一次保存，弹出的保存对话框与另存为对话框相同，如果已经保存过，那么保存的功能是把更新后的文件以原文件名和位置保存，另存为则是以当前文件为母本，保存成一模一样的副本文件，以便编辑修改时，不损坏原文件内容和样式。

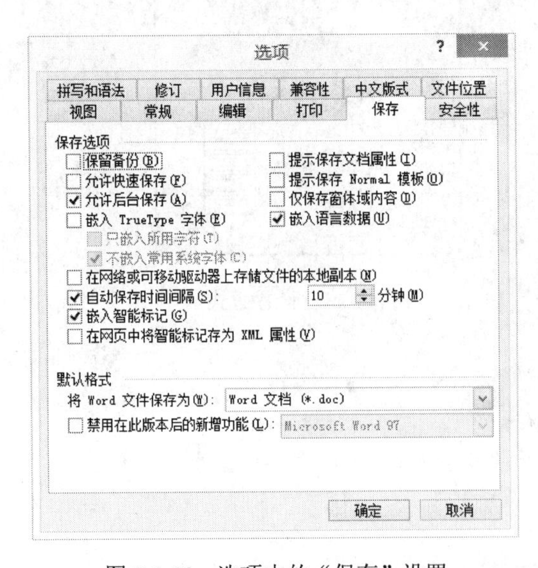

图 3-1-13 选项中的“保存”设置

（2）工具→选项→保存→保存选项→自动保存时间间隔：改为 3 分钟，如图 3-1-13 所示。

（3）工具→选项→保存→保存选项→勾选：允许快速保存，如图 3-1-13 所示。

快速保存和完全保存的区别如下。

Word 采用“快速保存”方式保存文档时，它并不是将文档中的现有内容一次性写到硬盘上，而仅仅是将用户本次对文档所作的修改添加到磁盘上原有的文件中。也就是说，此时磁盘上的文件由修改前的信息和用户所作的修改两部分内容共同组成。由于用户每次执行存盘操作时，Word 仅仅将本次修改的信息保存到保存到磁盘上，这样存盘

速度就非常快，但占用的磁盘空间也就相应的大一些。

Word 在采用“完全保存”方式保存文档时，则是将文档中的现有内容作为一个整体写入到磁盘的文件中。此时磁盘上的文件仅由修改后的信息所构成，而不再包括其他内容，所以采用“完全保存”方式所生成的文档要比采用“快速保存”方式所生成的文档要小一些，但由于一次性写到磁盘上的内容比“快速保存”要多，故存盘速度相应要慢一些。

（4）文件→另存为→设置保存位置→保存名称→设置保存类型为纯文本，如图 3-1-14 所示。

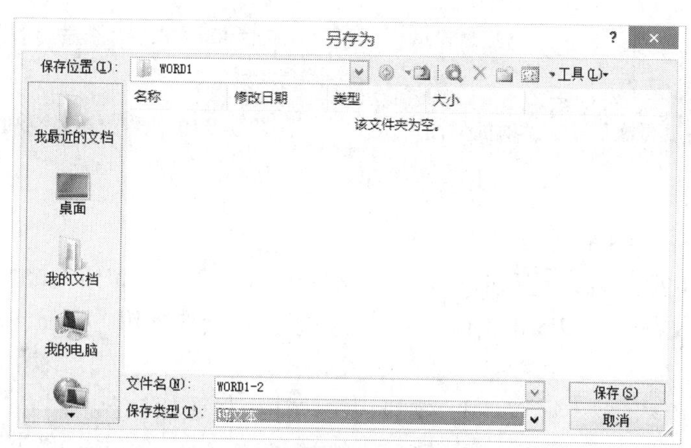

图 3-1-14 “另存为”窗口

（5）工具→选项→安全性→分别设置：打开文件时的密码、修改文件时的密码，如图 3-1-15 所示。

确定→输入确认密码：打开文件时的密码、修改文件时的密码，前后设置保持一致，设置生效，单击常用工具栏上的保存按钮，保存文件，如图 3-1-16 和图 3-1-17 所示。

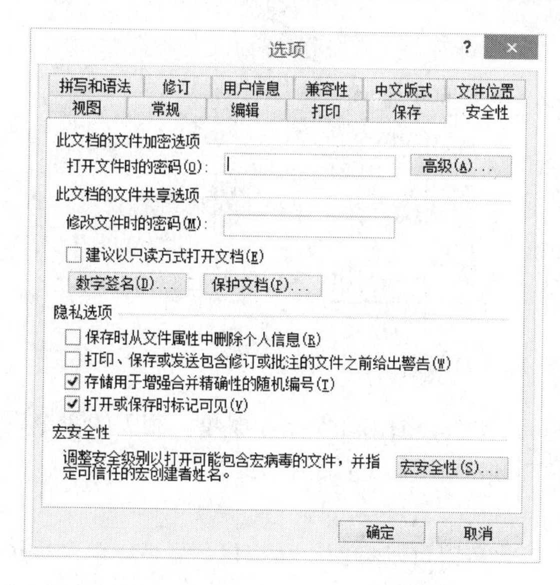

图 3-1-15 选项中的“安全性”设置

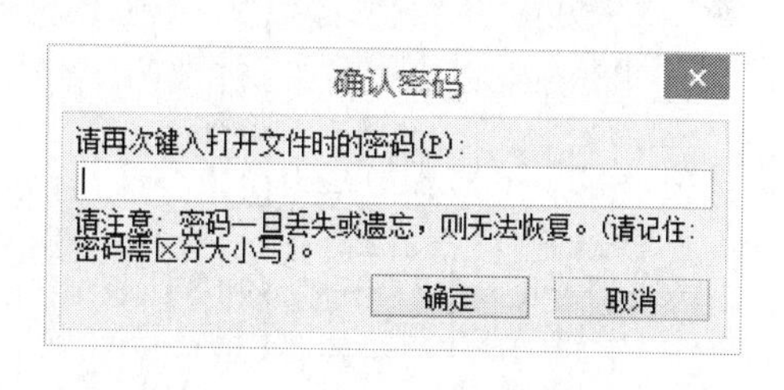

图 3-1-16 确认打开文件的密码

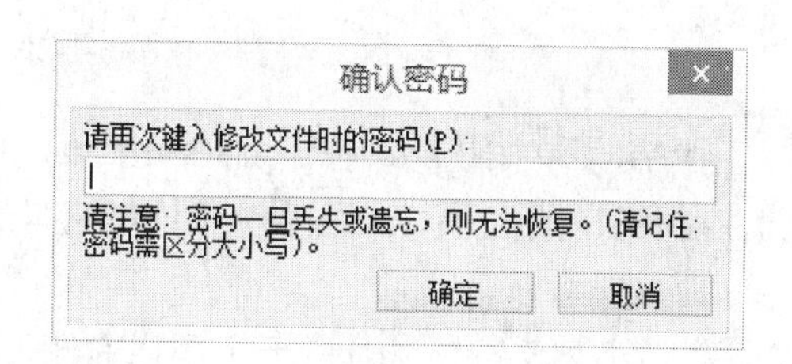

图 3-1-17 确认修改文件的密码

下次再打开文件时，会要求输入密码后，才能打开文件、编辑文件，如图 3-1-18 和图 3-1-19 所示。

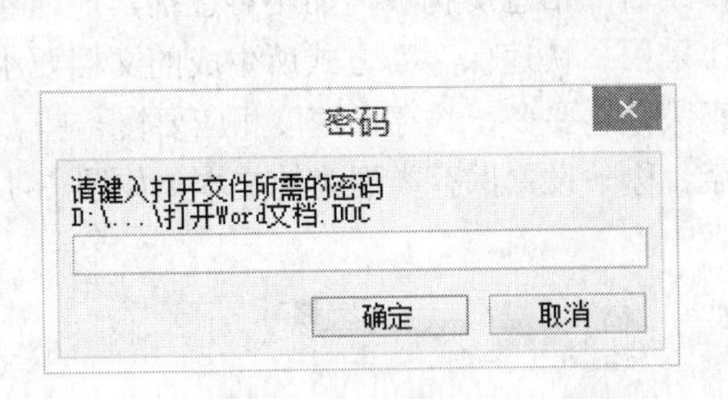

图 3-1-18　再次打开文件时的界面

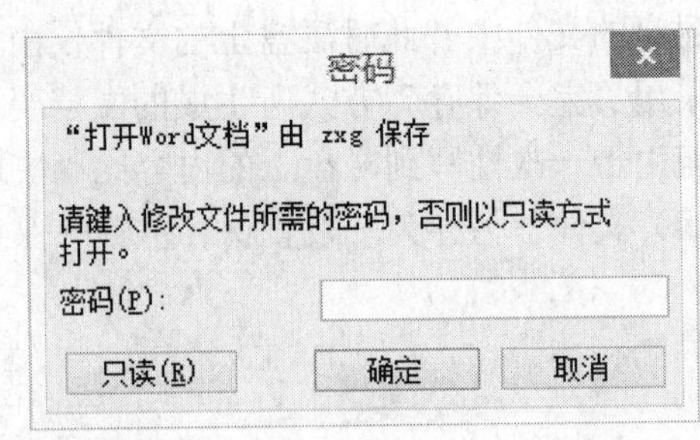

图 3-1-19　再次修改密码时的界面

【知识拓展】

1. 了解 Word 2003 的界面

在介绍 Word 2003 的启动和退出前，我们有必要认识一下 Word 2003 的操作界面。有了这个基础，不仅在使用 Word 软件时会得心应手，也会在使用 Office 套装中的其他软件时触类旁通。

如图 3-1-20 所示，最上面蓝色的区域叫做标题栏。标题栏包含控制窗口的 3 个按钮（最小化按钮、还原/最大化按钮、关闭按钮）、程序名称“Microsoft Word”以及正在编辑的文档名称等。

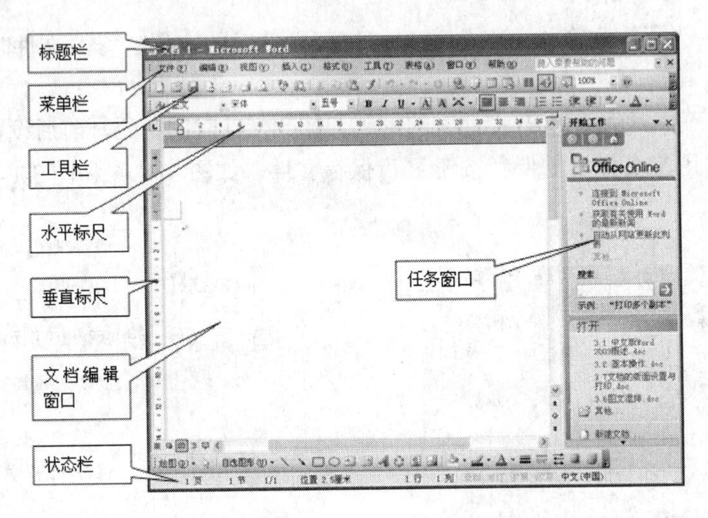

图 3-1-20　Word 2003 界面

控制菜单按钮：位于窗口左上角，单击此按钮会弹出一个下拉菜单，相关的命令用于控制窗口的大小、位置及关闭窗口，如图 3-1-21 所示。直接双击此按钮可以关闭整个窗口。

“最小化”按钮：位于标题栏右侧，单击此按钮可以将窗口最小化，缩小成一个小按钮显示在任务栏上。

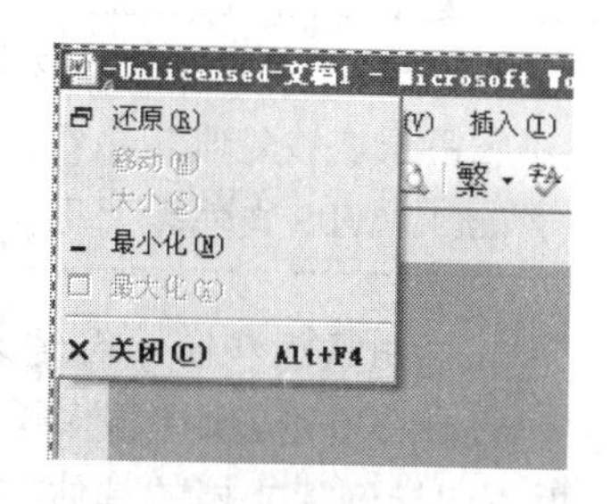

图 3-1-21　“控制菜单”按钮

“最大化”按钮□和“还原”按钮🗗：位于标题栏右侧，这两个按钮不能同时出现。当窗口不是最大化时，单击可以使窗口最大化，占满整个屏幕；当窗口是最大化时，单击可以使窗口恢复到原来的大小。

“关闭”按钮✕：位于标题栏最右侧，单击可以退出整个 Word 2003 应用程序。

标题栏的下面是菜单栏，在菜单栏中包含了文件、编辑、视图、插入、格式、工具、表格、窗口和帮助等。菜单栏的下面有许多图标的区域叫做工具栏，它由两部分组成，上面的部分叫做常用工具栏，下面的部分叫做格式工具栏。利用菜单栏和工具栏可以完成 Word 2003 的绝大部分操作，我们会在后面的教学中向大家逐一介绍它们的使用。

工具栏下面像尺子一样的部分叫做水平标尺，左边的这一部分叫做垂直标尺。利用水平标尺与鼠标可以改变段落的缩进、调整页边距、改变栏宽、设置制表位等。

文档编辑窗口右边的区域叫做任务窗。中间这一片白色的部分叫做编辑区，它就像是传统的纸张，我们就是在这个部分设计我们的文档，闪烁的“I”形光标即为插入点，可以接受键盘的输入。编辑区的下方有滚动条，用户可以移动滚动条两端的滚动箭头按钮，移动文档到不同的位置。

视图切换按钮位于编辑区的左下角，水平滚动条的左端，单击各按钮可以切换文档的 4 种不同的视图显示方式，如图 3-1-22 所示。

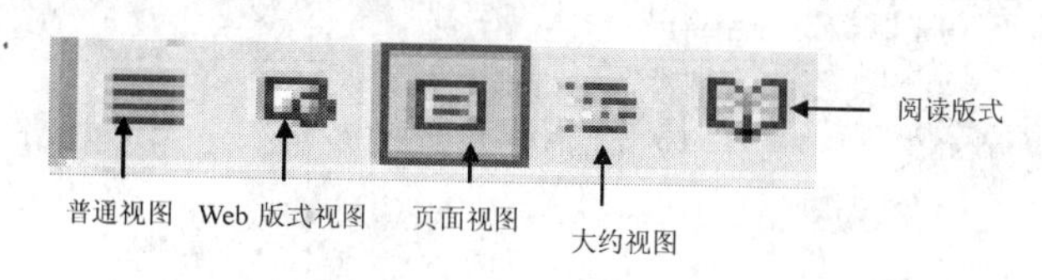

图 3-1-22　视图显示方式

在界面的最底部是状态栏，包含当前文档的页数、总页数和栏号，光标所在的列数和行数，以及当前文档的插入/改写状态。如图 3-1-23 所示。

4 页	1 节	4/29	位置 15.7厘米	11 行	1 列	录制	修订	扩展	改写	中文(中国)

图 3-1-23　状态栏

当我们在编辑文本过程中遇到问题时，可以通过 Office 助手寻求帮助，可单击“帮助”菜单，按照提示找到解决问题的途径，如图 3-1-24 所示；或者我们可以从 Office Update Web 站点获取帮助。

☆小知识：需要提醒大家的是，当我们单击一个菜单时，看到在列表的右侧有 Ctrl+S、或者 F1 这样的符号时，说明这是与它相对应的快捷键，比如，我们可以直接在键盘上按住 Ctrl+S 实现鼠标左键单击该菜单保存的功能。

☆小知识：Word 2003 文档以文件形式存放于磁盘中，其文件扩展名为.doc。Word 2003 并不仅限于能够处理自身可以识别的文档格式的文件，还可以打开文本文件（txt）、模板文件（dot）、WPS 文件等十几种格式的文件。

2. 利用模板和向导创建文档

Word 2003 提供了很多不同类型的模板供用户选择，如图 3-1-25、图 3-1-26 所示。用模板和向导创建文档的具体方法是：单击“文件”菜单中的“新建”命令，打开“新建”对话框，从中选择需要的文档类别及模板样式。有些模板中还带有向导，可以根据向导的提示完成文档。

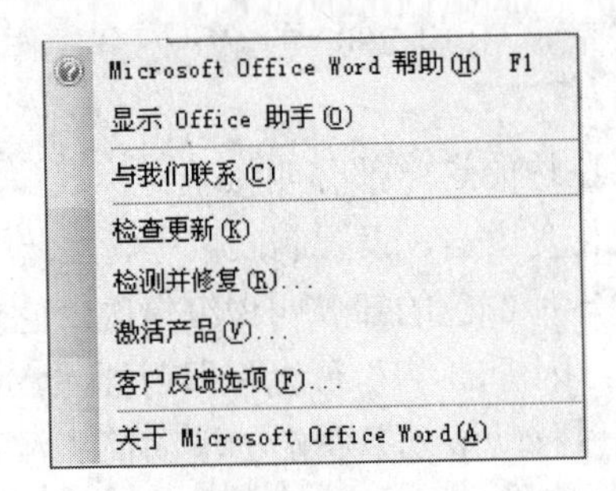

图 3-1-24　Office 帮助菜单

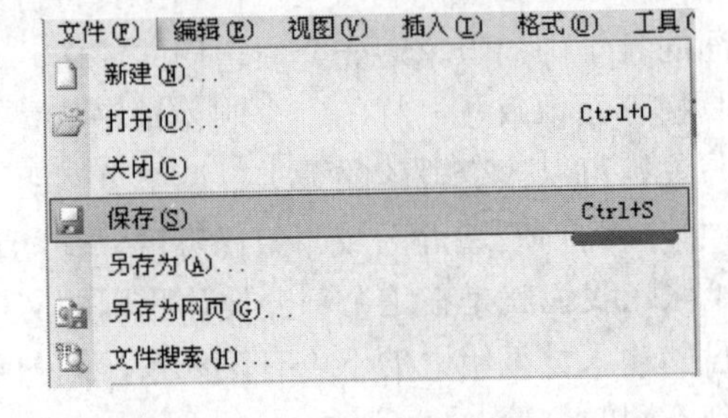

图 3-1-25　菜单栏的快捷键

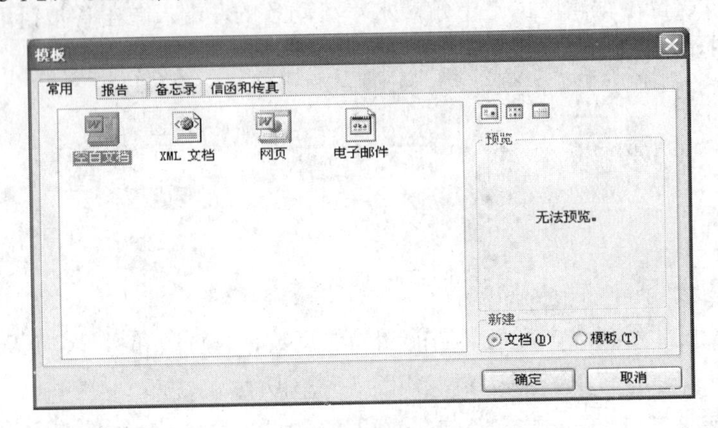

图 3-1-26　用模板创建 Word 文档

☆小知识：一个模板并不一定是自己使用，或许是一个公司的所有人使用，在需要输入数据的地方加入一些提示信息会给使用者带来方便。

3. 关闭 Word 文档

退出 Word 2003 的方法主要有以下几种：

（1）单击 Word 2003 窗口右上角的“关闭”按钮。

（2）单击“文件”菜单中的“退出”命令。

（3）双击 Word 2003 窗口左上角的控制图标。

（4）使用快捷键 Alt+F4。

☆小知识：若需要在已打开的不同文档之间浏览，不需要关闭当前文档，只需单击窗口菜单或者在文件菜单下左键单击已打开的文档即可。

项目二　文档编辑排版

任务一　文本编辑

【任务描述】

通过本次任务，我们要学会如何选定文本并对选定的文本进行移动、复制、粘贴、替换的操作。

【任务分析】

（1）打开自动选定功能。

（2）用任意 Word 文档插入文中第二段结尾处。

（3）将插入文字设置删除线效果。

（4）将第三段文字设置字符放大到 120%。

（5）设置 Word 标尺的度量单位。

【操作步骤】

随　机　应　变

CEAC 正式启动之初，其目标定位就是培养具有分析能力、设计能力、实现能力的实用型信息化人才。在这个定位的指导下，CEAC 在培训形式上走了一条求变创新之路。

课程因职位而变：CEAC 培训有 3 个基本方向：企业 IT 战略、IT 解决方案和 IT 应用。企业 IT 战略的培训对象为企业高级决策者、业务管理者和技术管理者；IT 解决方案的培训对象为企业高级 IT 技术管理者和应用者；IT 应用的培训对象为企业的 IT 应用者，包括财务、行政、营销、研发设计等人员。

拓展因地域而变：由于 CEAC 的培训对象数量庞大，培训对象的学历状况和信息技术应用水平差距巨大，使得培训对象对信息技术应用和操作的能力的需求也有所不同。CEAC 根据不同地域的需要采用不同的培训方法，使得其培训体系中涌现出鞍山模式、沈阳模式、南海模式等既有地方特色，又能提供各地机构学习借鉴的良好模式。

方式因情况而变：在培训方式上，CEAC 根据各地的实际情况不拘一格。比如通过讲课介绍基本概念和观点；通过分析典型案例，学习掌握成功经验，通过操作模拟环境，深化对电子政务的认识；通过对本地区和部门实际情况的研究和讨论，切实提高领导工作的能力和水平。

（1）打开自动选定功能。“选定时自动选定整个单词”就是用户在 Word 文档中拖动鼠标选定连续单词时，实现以单词为单位而不是以字母为单位的选中效果。Word 2000、Word 2003、Word 2007、Word 2010 和 Word 2013 均具有该功能。

启动方式如下：工具→选项→编辑→编辑选项→勾选：选定时自动选定整个单词，如图 3-2-1 所示。

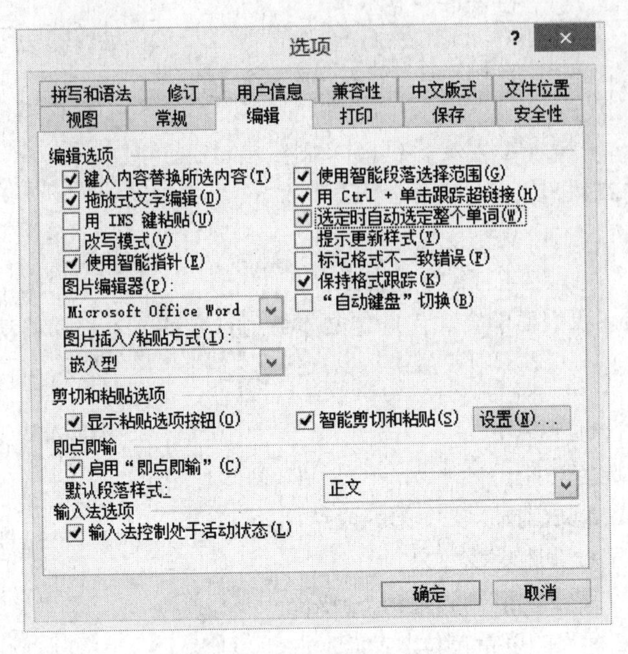

图 3-2-1　选项中的“编辑”设置

（2）用任意 Word 文档插入文中第二段结尾处操作如下。在菜单栏上单击：插入→文件，如图 3-2-2 所示。

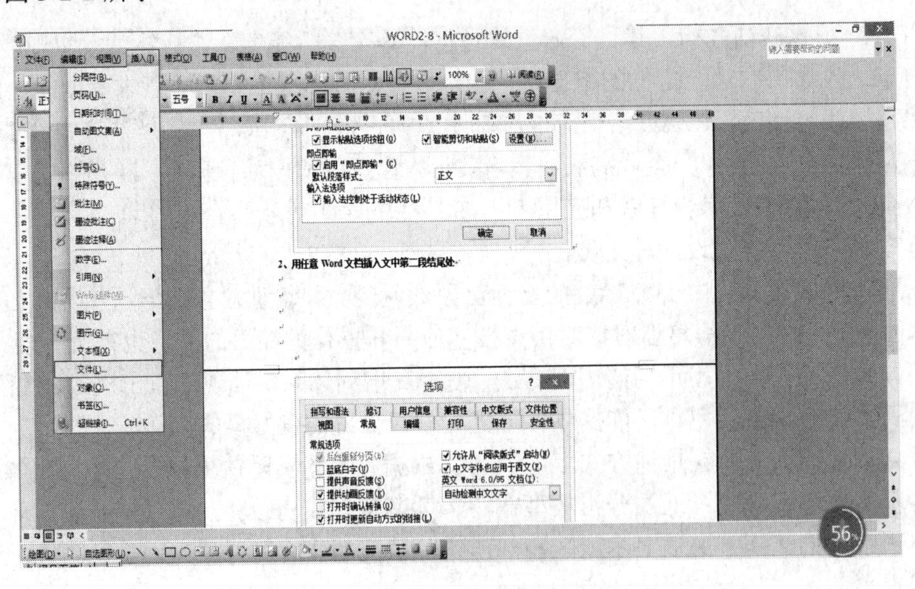

图 3-2-2　插入→文件

在弹出的窗口中查找要插入的文件，双击或单击选中后再按确定按钮，如图 3-2-3 所示。

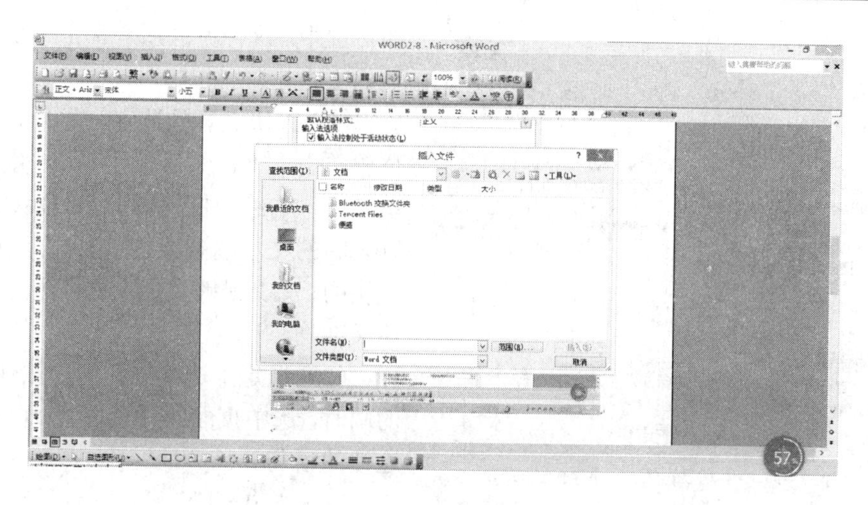

图 3-2-3　选择要插入的文件

（3）将插入文字设置删除线效果。首先选中文字→菜单栏：格式→字体→字体标签→效果→删除线→确定，如图 3-2-4 所示。

（4）将第三段文字设置字符放大到 120%。菜单栏：格式→字体→字符间距标签→缩放：120%，如图 3-2-5 所示。

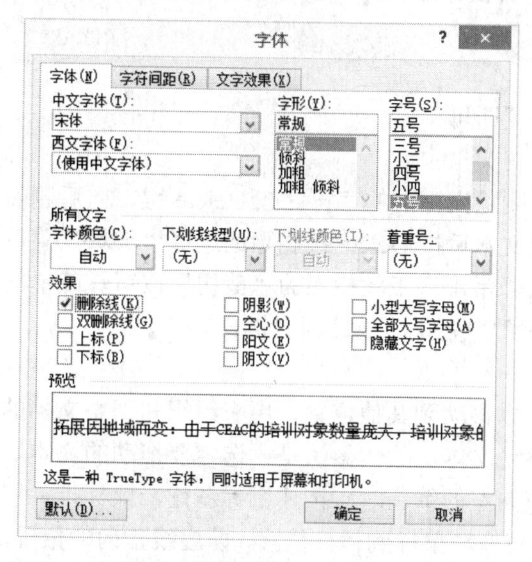

图 3-2-4　设置删除线

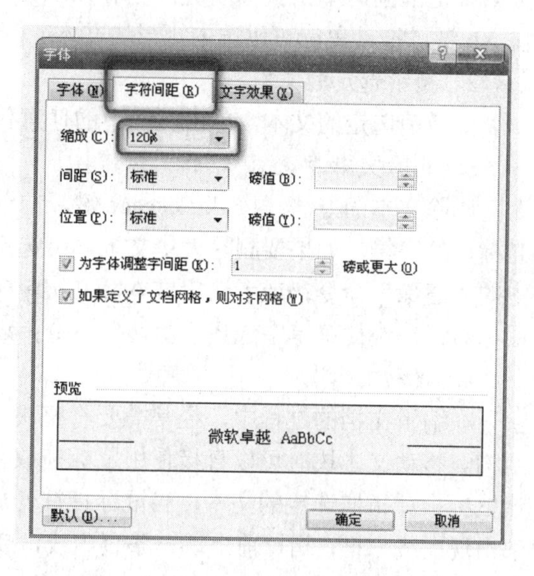

图 3-2-5　设置字符间距

（5）设置 Word 标尺的度量单位。菜单栏：工具→选项→常规→度量单位→单击右侧下拉按钮→选择需要的单位即可，如图 3-2-6 所示。

【知识拓展】

1. 选定文本

选定文本有以下几种方法。

（1）小块文本的选定。按住鼠标左键从起始键位置拖动到终止位置，鼠标拖过的文本

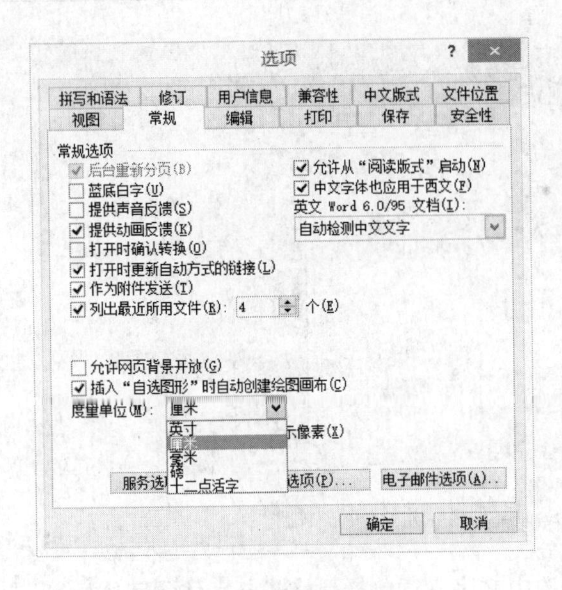

图 3-2-6　设置度量单位

即被选中。这种方法适合选定小块的、不跨页的文本。

（2）大块文本的选定。先用鼠标在起始位置单击一下，然后按住 Shift 键的同时、单击文本的终止位置，则起始位置与终止位置之间的文本就被选中。这种方法适合选定大块的、尤其是跨页的文档，使用起来既快捷又准确。

（3）选定不连续的几句。按住 Ctrl 键的同时，选中页面的任意位置，可以选定不连续的语句。

（4）选定一段。鼠标指针移动至左选定栏，左键双击可以选定所在的一段，或在段落内的任意位置快速三击可以选定所在的段落。

（5）选定整篇文档。鼠标指针移至页面左选定栏，快速三击；鼠标移至页面左选定栏，按 Ctrl 键的同时单击鼠标左键；使用 Ctrl+A 组合键。这 3 种方法均可以选定整篇文档。按住 Alt 键，拖动鼠标可以选中矩形块文本。

2. 撤销选定的文本

要撤销选定的文本，单击文档中的任意位置即可。

3. 删除文本

删除文本的方法：按 BackSpace 键，向前删除光标前的字符；按 Delete 键，向后删除光标后的字符。如果要删除大块文本，可选定文本后按 Delete 键删除或选择“编辑”菜单中的“清除”命令；或者选定文本后左键单击“常用”工具栏上的“剪切”按钮，或单击鼠标右键在快捷菜单中选择“剪切”命令；还可以使用 Ctrl+X 组合键。

4. 移动文本

在编辑文档的过程中，经常需要将整块文本移动到其他位置，用来组织和调整文档的结构。移动文本块时可以直接使用鼠标拖放移动文本。具体做法是：选定要拖动的文本，让鼠标指针指向选定的文本，当鼠标指针变成向左的箭头时，按住鼠标左键，鼠标指针尾部出现虚线方框，指针前出现一条直虚线，接着拖动鼠标到目标位置，即虚线指向的位置，释放鼠标左键即可。

还有一种方法是使用剪贴板移动文本。首先也要选定要移动的文本，接着将选定的文本移动到剪贴板上。可使用编辑菜单中的剪切命令；或工具栏上的“剪切”按钮；或单击鼠标右键，在弹出对话框中选择“剪切”命令；或使用 Ctrl+X 组合键，最后将鼠标指针定位到目标位置，单击鼠标右键，选择“粘贴”命令，或使用 Ctrl+V 组合键即可移动文本到目标位置。

接下来我们用一段文字为例具体讲解以上知识点。按住 Ctrl 键用鼠标选中每段文字的第一句话，如图 3-2-7 所示；然后将选中的这些文字拖放至文章末尾，如图 3-2-8 所示。

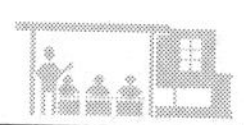

按下 BackSpace 键删除当前文章的最后一句话，用 Delete 键删除文章倒数第二句话，此时注意光标的位置，用 BackSpace 键删除文本时，光标要放在被删除那一句话的后面；用 Delete 键删除文本时，光标要放在被删除那一句话的起始位置。

乐观自信是超越自我的动力　作者：李开复

随着社会的发展，人们越来越注重自己的生活质量，于是“不在乎钱多少，只在乎活得好”的口号就成了一句流行语言。然而怎么才能达到这个度呢?首先我们必须培养出活得好的先决条件——自信。我认为，自信的人敢于尝试新的领域，能更快地发展自己的兴趣和才华，更容易获得成功。自信的人也更快乐，因为他不会时刻担心和提防失败。很多人认为自信就是成功。一个学生老得第一名，他有了自信。一个员工总是被提升，他也有了自信。但这只是一元化的成功和一元化的自信。那么怎样才能达到多元化的成功和自信呢?

我们都知道，过分自信就等于傲慢，而自觉的自信才是成·功的保障，也就是说自己要清楚自己能做什么，不能做什么。自觉的人自信时，他成功的概率就非常大，他不需要靠成功来增强自信，也不会因失败而丧失自信。我们下面所说得就是李开复先生提倡的这种自觉自信。在工作当中，每个人都有优缺点，如果我们能够把自身的优点淋漓尽致地发挥出来，就可以充分实现自我存在的人生价值，就可以增强超越自己、追求美好生活的信心。曾经有人问球王贝利：“您最得意的进球是哪一个?”贝利总是能乐观自信地说：“下一个!”就是这不满足于现状的“下一个”，使球王贝利数十年驰骋于球场，踢出了一个比一个更精彩的进球，成为饮誉全球的“球场王子”。由此可见，乐观自信常常能使人树立更高的信心和目标，去战胜强大的困难，取得最终的胜利，所以爱默生说：“自信是成功的第一秘诀。”居里夫人也曾说：“我们要有恒心，要有毅力，更重要的是要有自信心。”

春秋战国时代，一位父亲和他的儿子出征作战。父亲已做了将军，儿子还只是马前卒。又一阵号角吹响，进攻开始了，父亲庄严地托起一个箭囊，其中只插着一支箭。父亲郑重地对儿子说：“这是家传宝箭，佩戴身边，力量无穷，但千万不可抽出来。”那是一个极其精美的箭囊，厚牛皮打制，镶着幽幽泛光的铜边儿，露出孔雀羽毛制作的箭尾。儿子喜上眉梢，想象着箭杆、箭头的模样，耳旁仿佛嗖嗖的箭声掠过，敌方的主帅应声而倒。果然，佩戴宝箭的儿子英勇非凡，所向披靡。当鸣金收兵的号角快要吹响时，儿子再也禁不住得胜的豪气，完全背弃了父亲的叮嘱，强烈的欲望驱使着他“呼”一声拔出宝剑，试图看个究竟。骤然间他惊呆了：一支断箭，箭囊里装着一只折断的箭。“我一直背着只断箭打仗呢!”儿子吓出了一身冷汗，仿佛顷刻间失去支柱的房子，意志轰然坍塌了。结果不言自明，儿子惨死于乱军之中。拂开蒙蒙的硝烟，父亲拣起那柄断箭，沉重地说道：“没有自信的人，永远也做不成将军。”

我们的生活不可能一帆风顺，我们的事业也不会屡屡成功。在现实生活中，我们应该多一些像莱特兄弟那样的信念和勇气，使我们不再为咫尺之遥的成功不翼而飞而懊丧不已。莱特兄弟给我们的启示是深刻的，它告诉了我们当遇到困难，遭到挫折时，就应该有“再试一次”的决心。

有人说，乐观自信是超越自我的调温器，这的确是有道理的。实践证明，否定自己是一种消极的力量，它常常使人走向失败之途；而一个乐观自信的人，则常常踏上成功之路。所以说，乐观自信是一个人加强自身修养、提高生活质量的一种巨大的精神力量，同样也是我们能够生活得好的保障之一。

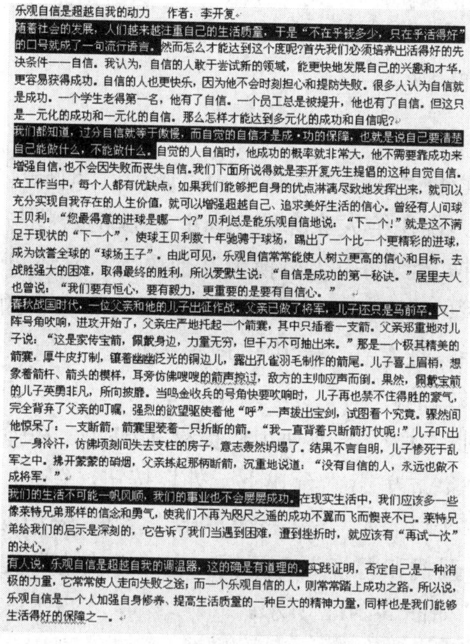

图 3-2-7　用 Ctrl 键选中不连续的文本

乐观自信是超越自我的动力　作者：李开复

然而怎么才能达到这个度呢?首先我们必须培养出活得好的先决条件——自信。我认为，自信的人敢于尝试新的领域，能更快地发展自己的兴趣和才华，更容易获得成功。自信的人也更快乐，因为他不会时刻担心和提防失败。很多人认为自信就是成功。一个学生老得第一名，他有了自信。一个员工总是被提升，他也有了自信。但这只是一元化的成功和一元化的自信。那么怎样才能达到多元化的成功和自信呢?

自觉的人自信时，他成功的概率就非常大，他不需要靠成功来增强自信，也不会因失败而丧失自信。我们下面所说得就是李开复先生提倡的这种自觉自信。

在工作当中，每个人都有优缺点，如果我们能够把自身的优点淋漓尽致地发挥出来，就可以充分实现自我存在的人生价值，就可以增强超越自己、追求美好生活的信心。曾经有人问球王贝利：“您最得意的进球是哪一个?”贝利总是能乐观自信地说：“下一个!”就是这不满足于现状的“下一个”，使球王贝利数十年驰骋于球场，踢出了一个比一个更精彩的进球，成为饮誉全球的“球场王子”。由此可见，乐观自信常常能使人树立更高的信心和目标，去战胜强大的困难，取得最终的胜利，所以爱默生说：“自信是成功的第一秘诀。”居里夫人也曾说：“我们要有恒心，要有毅力，更重要的是要有自信心。”

又一阵号角吹响，进攻开始了，父亲庄严地托起一个箭囊，其中只插着一支箭。父亲郑重地对儿子说：“这是家传宝箭，佩戴身边，力量无穷，但千万不可抽出来。”那是一个极其精美的箭囊，厚牛皮打制，镶着幽幽泛光的铜边儿，露出孔雀羽毛制作的箭尾。儿子喜上眉梢，想象着箭杆、箭头的模样，耳旁仿佛嗖嗖的箭声掠过，敌方的主帅应声而倒。果然，佩戴宝箭的儿子英勇非凡，所向披靡。当鸣金收兵的号角快要吹响时，儿子再也禁不住得胜的豪气，完全背弃了父亲的叮嘱，强烈的欲望驱使着他“呼”一声拔出宝剑，试图看个究竟。骤然间他惊呆了：一支断箭，箭囊里装着一只折断的箭。“我一直背着只断箭打仗呢!”儿子吓出了一身冷汗，仿佛顷刻间失去支柱的房子，意志轰然坍塌了。结果不言自明，儿子惨死于乱军之中。拂开蒙蒙的硝烟，父亲拣起那柄断箭，沉重地说道：“没有自信的人，永远也做不成将军。”

在现实生活中，我们应该多一些像莱特兄弟那样的信念和勇气，使我们不再为咫尺之遥的成功不翼而飞而懊丧不已。莱特兄弟给我们的启示是深刻的，它告诉了我们当遇到困难，遭到挫折时，就应该有“再试一次”的决心。

实践证明，否定自己是一种消极的力量，它常常使人走向失败之途；而一个乐观自信的人，则常常踏上成功之路。所以说，乐观自信是一个人加强自身修养、提高生活质量的一种巨大的精神力量，同样也是我们能够生活得好的保障之一。

随着社会的发展，人们越来越注重自己的生活质量，于是“不在乎钱多少，只在乎活得好”的口号就成了一句流行语言。

我们都知道，过分自信就等于傲慢，而自觉的自信才是成·功的保障，也就是说自己要清楚自己能做什么，不能做什么。

春秋战国时代，一位父亲和他的儿子出征作战。父亲已做了将军，儿子还只是马前卒。

我们的生活不可能一帆风顺，我们的事业也不会屡屡成功。

有人说，乐观自信是超越自我的调温器，这的确是有道理的。

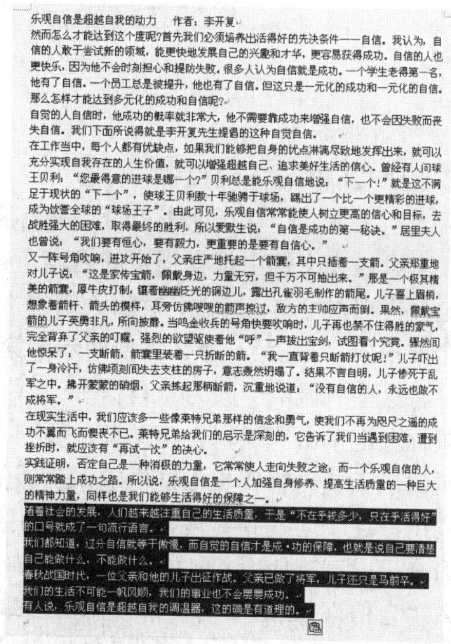

图 3-2-8　置于文档末尾

5. 文本的复制与粘贴

提高输入速度的方法有很多，复制和粘贴就是一种最常用的方法。

复制粘贴的方法是：首先选定要复制文本，单击鼠标右键，在弹出对话框中选择“复制”命令；或左键单击“常用”工具栏的“复制”按钮；或使用“编辑”菜单中的“复制”命令；或使用 Ctrl+C 组合键。然后将鼠标指针定位到目标位置，使用“编辑”菜单中的“粘贴”命令，或单击“常用”工具栏中的“粘贴”按钮，或使用 Ctrl+V 组合键，即可完成文本的复制与粘贴。

> ☆小知识：“复制”和“剪切”操作均将选定的内容复制到剪贴板，Word 剪贴板最多可以保存 12 项剪切或复制的内容，用户可以根据自己的需要从中选择粘贴的内容。

6. 撤销与恢复操作

在我们编辑文本的过程中有时会出现编辑错误的情况，Word 2003 会自动记录下最新的击键和刚执行过的命令，有了这个存储我们可以有机会改正错误的操作。如果用户不小心删除了需要的文本，千万不要着急，Word 2003 提供了撤销与恢复操作。可使用以下几种方法来撤销刚才的操作：单击“编辑”菜单中的“撤销键入”命令，或者单击“常用”工具栏上的“撤销”按钮，更为简便的是使用 Ctrl+Z 快捷键。在经过撤销操作后，“撤销”按钮右边的“恢复”按钮将被置亮。恢复是对撤销的否定，如果用户认为不应该撤销刚才的操作，可以使用此按钮进行恢复，如图 3-2-9 所示。

图 3-2-9 撤销与恢复

7. 查找与替换

在上面文稿的输入过程中，有的用户不小心将“自信”误输入为“诚信”，他想更改这个错误，但发现要一行行地去检查，非常麻烦。现在给大家介绍 Word 2003 的查找与替换功能，它可以在文档中搜索指定的内容，并将搜索到的内容替换为其他内容，它还可以快速地定位文档，用户在修改、编辑大篇幅文档时，使用起来非常方便。如果将文章中的“诚信”全部换成“自信”，那么需要两步：第一步，搜索在文章中出现了多少处“诚信”；第二步，将这些“诚信”改为“自信”。具体步骤如下。

鼠标左键单击“编辑”菜单项，找到“查找”命令，或使用快捷键 Ctrl+F，在弹出的对话框的“查找内容”文本框内输入“诚信”，然后单击“查找下一处”按钮，Word 2003 会帮助用户逐个地找到要搜索的内容，如图 3-2-10 所示。鼠标左键单击“查找”旁边的“替换”命令，或直接使用 Ctrl+H 快捷键，弹出“查找和替换”对话框，在“替换为”文本框中输入“自信”，然后单击“替换命令”即可，如图 3-2-11 所示。

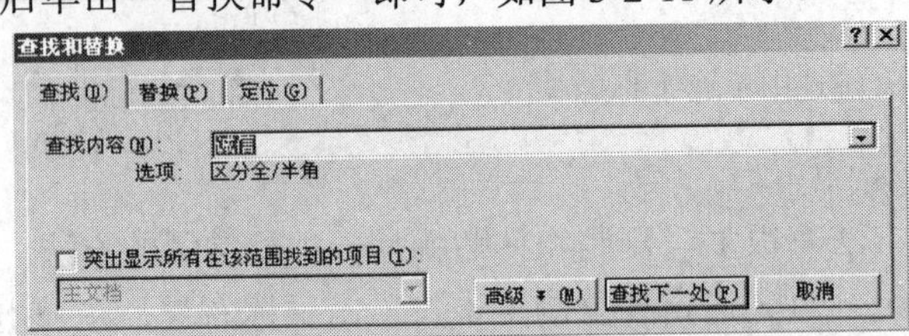

图 3-2-10 “查找”选项卡

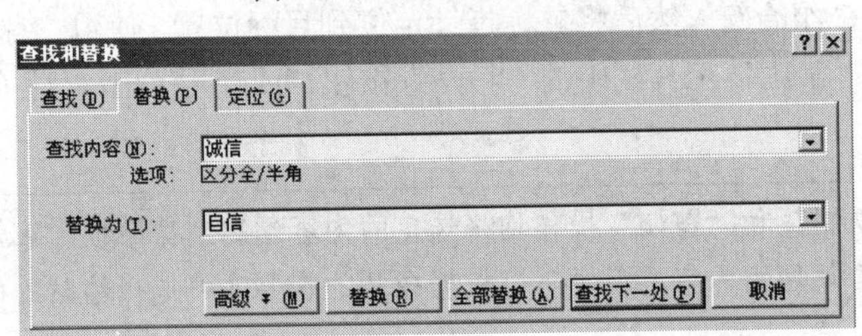

图 3-2-11 “查找和替换”对话框

☆小知识：查找的内容最多为 255 个字符或者 127 个汉字。若需要进行复杂的查找，在对话框的“高级选项”中，提供了“收索范围”（确定收索方向，分为从当前位置“向上”、“向下”或“全部”）、“区分大小写”（区分字母的大小写形式查找）、“全字匹配”（查找一个英语单词，而不是这个单词的几个字母）、“使用通配符”（要查找的内容中使用通配符查找，常用的通配符有“*”、“？”）、“区分全/半角”（查找时区分全/半角）、“格式”（指定查找的格式）、“特殊字符”（指定查找的特殊字符）等选项。

任务二　文本格式化

【任务描述】

通过本次任务，我们要学会设置字符格式、置段落格式、设置边框和底纹、设置项目符号和编号以满足用户需求。

【任务分析】

格式化文档需要用到“字体”对话框、“段落”对话框、“边框和底纹”对话框和“项目符号和编号”对话框等。

（1）将标题字体设置为“华文行楷”，字号设置为三号，字体颜色设置为蓝色。

（2）将标题设置为居中对齐，并将标题的段后间距设置为 1.5 行。

（3）将正文设置为“楷体_GB2312”，小四号字。

（4）将正文所有段落设置为首行缩进两个字符，段后间距设置为 0.5 行。

（5）将正文第一段的第一字设置为首字下沉，要求设置下沉的字体为幼圆，下沉行数为 4 行。

（6）给第二段添加段落底纹，颜色黄色。

（7）将第三段的时间部分设置边框、底纹。

（8）将第四段添加段落阴影边框。

【操作步骤】

（1）将标题字体设置为“华文行楷”，字号设置为三号，字体颜色设置为蓝色。选中标题“发挥国家品牌优势打造一流政府公务员”单击格式工具栏字体左边的按钮 宋体 ▾，展开字体下拉框，拖动右侧边的滑块，滚动查找所需字体，点击华文行楷，即将标题设置上题要求的字体，如图 3-2-12 所示。

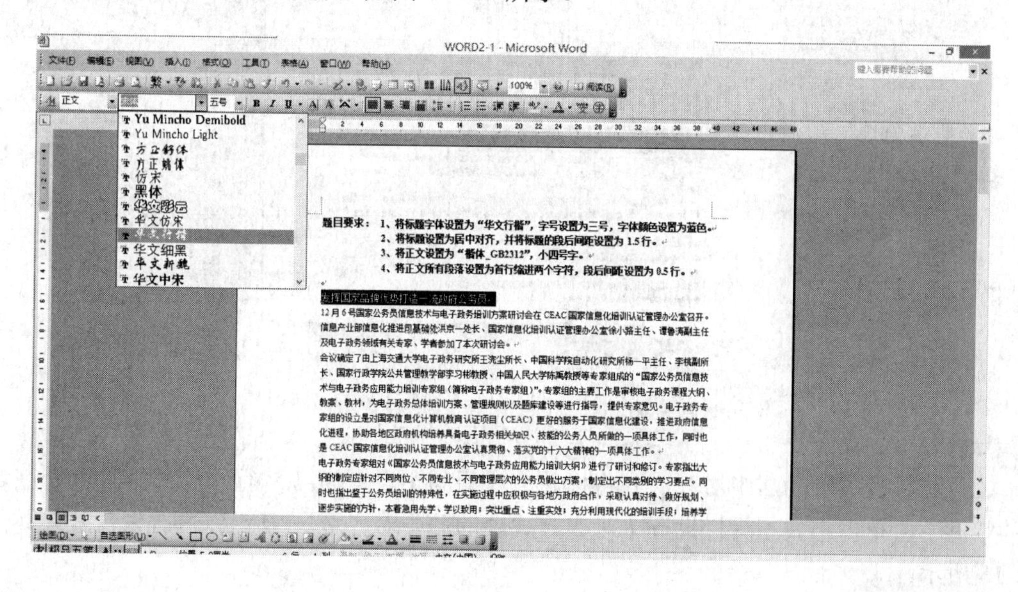

图 3-2-12　设置标题字体

选中标题，单击格式工具栏上字号右侧按钮三号，选取题目要求的字号即可。这里字号设置有两种方法：一种是用数字表示的字号大小，另一种是用文字描述的字号大小。特别有意思的是，如果需要设置大字报那样效果，一张纸一个字，字号大约是 500 号左右，可以在这里直接输入 500，慢慢调整，直到理想效果，字号设置如图 3-2-13 所示。

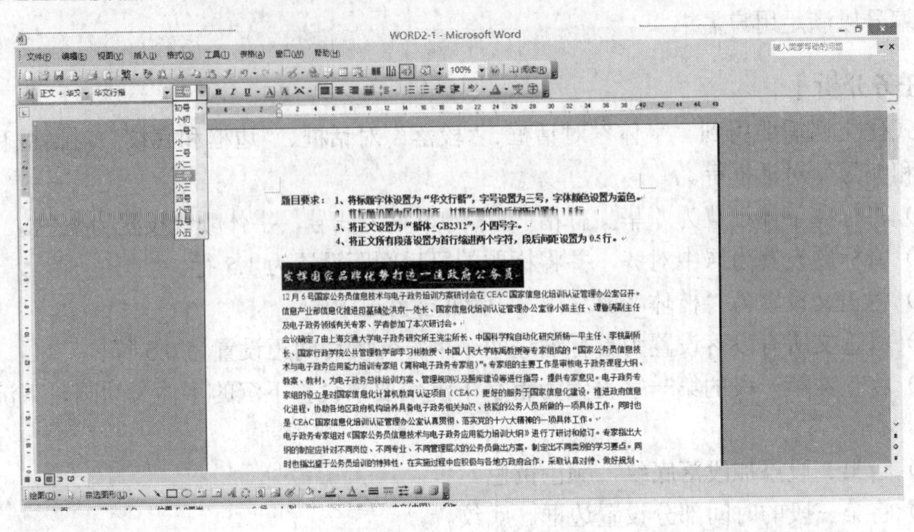

图 3-2-13　设置标题字号

依然保持标题是选中状态，单击格式工具栏字体颜色右侧按钮，打开字体颜色选择框，选取蓝色，如图 3-2-14 所示。

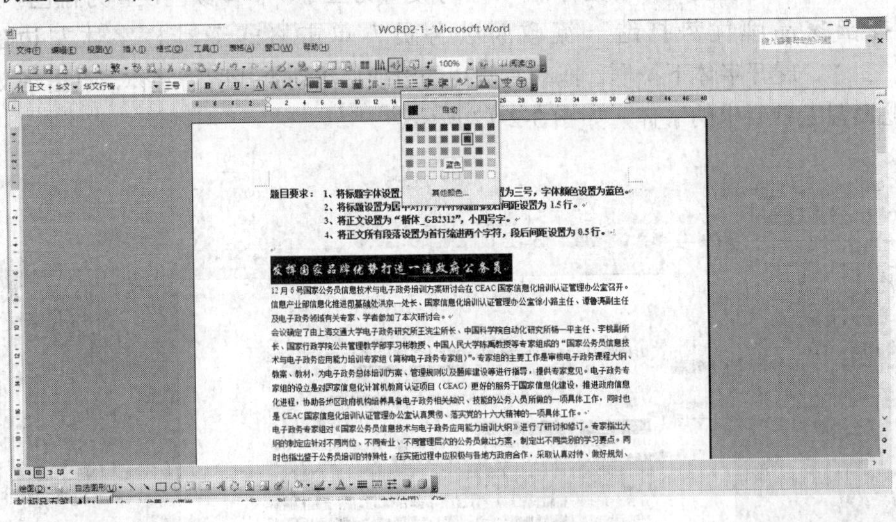

图 3-2-14　设置字体颜色

（2）将标题设置为居中对齐，并将标题的段后间距设置为 1.5 行。依然保持标题被选中的状态下，单击格式工具栏上五中对齐方式中的居中对齐，设置标题居中，效果如图 3-2-15 所示。

（3）将正文设置为“楷体_GB2312”，小四号字。选中正文，单击格式工具栏上的字体

右侧按钮宋体　　　　　，拖动下拉式菜单右侧的滑块，找到“楷体_GB2312”字体，单击选中，完成正文字体设置，如图 3-2-16 所示。

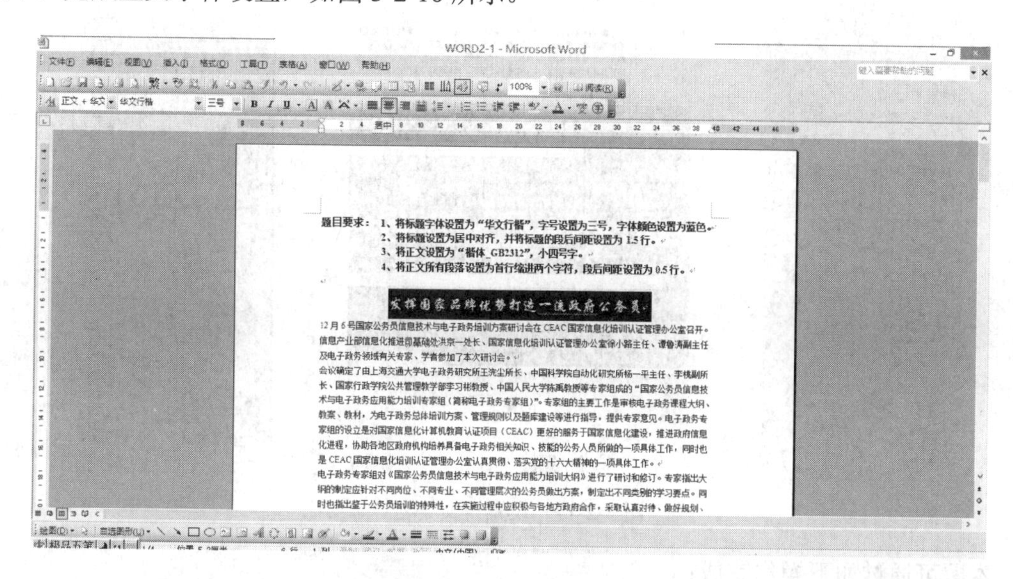

图 3-2-15　将标题居中

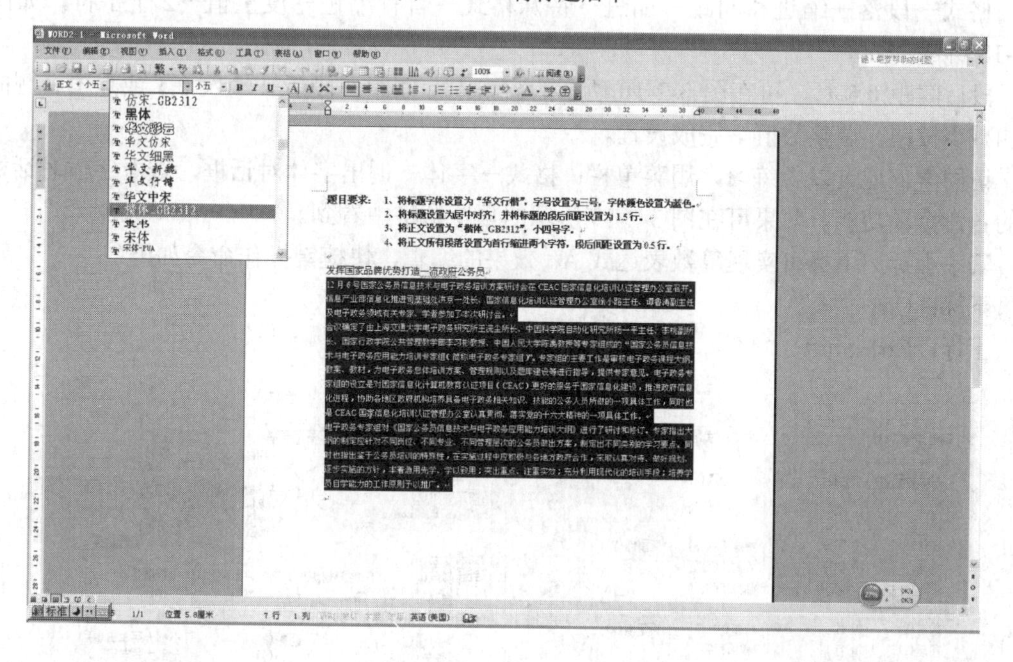

图 3-2-16　设置正文字体

字号设置如下图：保证正文在选中状态下，单击格式工具栏上“字号”右侧的按钮，选择“小四”号，完成设置，如图 3-2-17 所示。

（4）将正文所有段落设置为首行缩进两个字符，段后间距设置为 0.5 行。文本格式可通过“格式工具栏”上的相应功能按钮完成设置，也可通过“格式”菜单下的“字体”完成更多设置。

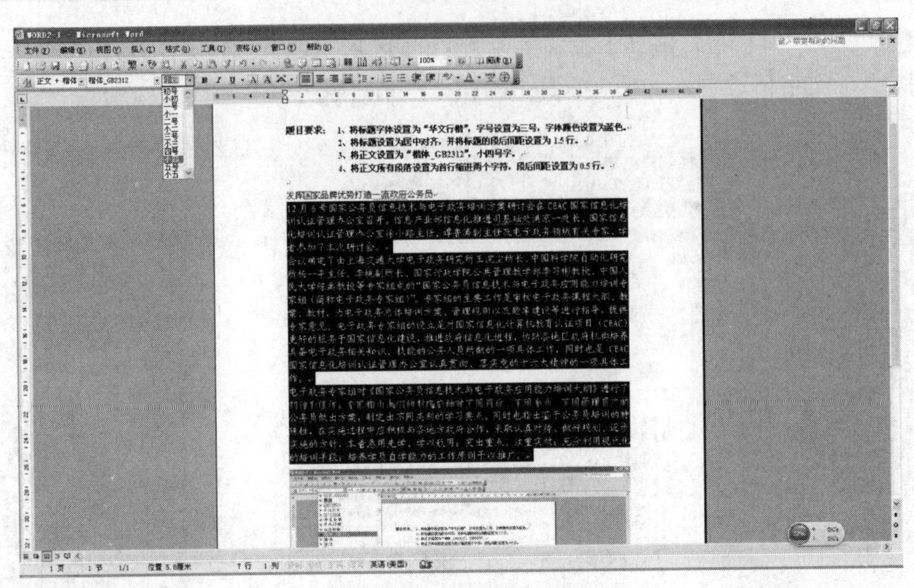

图 3-2-17　设置正文字号

本题可通过如下操作完成：

格式→段落→缩进和间距→缩进→特殊格式→首行缩进→度量值→2 个字符，如图 3-2-18 所示。

段后间距 0.5 行，可在图 3-2-18 所示的窗口中：间距→段后→输入 0.5 或点击右侧的增加减少按钮，调整数值，完成设置。

请同学们通过以上练习，用菜单栏：格式→字体→调出字体对话框，查看字体对话框下的各命令项功能，效果可在图 3-2-19 所示的预览窗格中看到。

其中上标、下标可实现算数表达式 A_1^2 效果的编辑，快捷键操作命令如下：

下标：Ctrl+“+”

上标：Ctrl+Shift+“+”

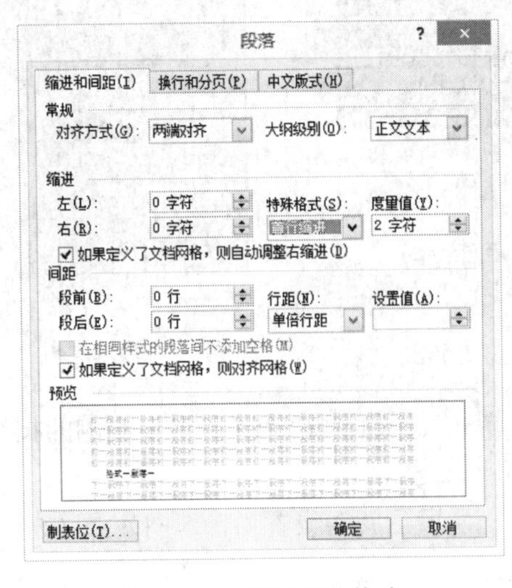

图 3-2-18　设置段落格式

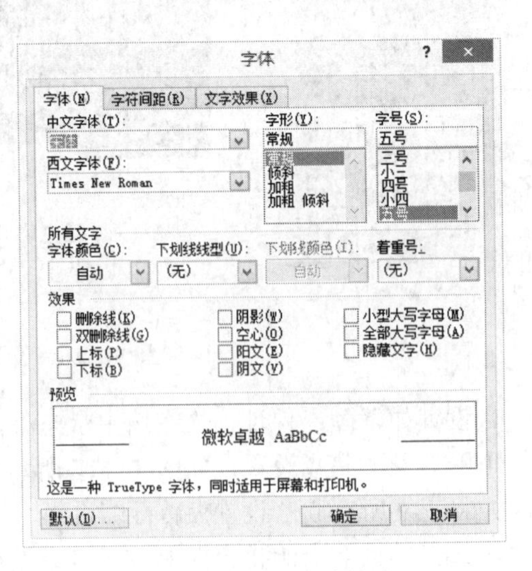

图 3-2-19　设置字体格式

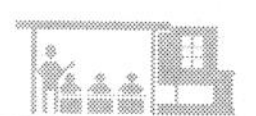

（5）将正文第一段的第一字设置为首字下沉，要求设置下沉的字体为幼圆，下沉行数为 4 行。将光标定位在第一段内→菜单栏→格式→首字下沉，如图 3-2-20 所示。

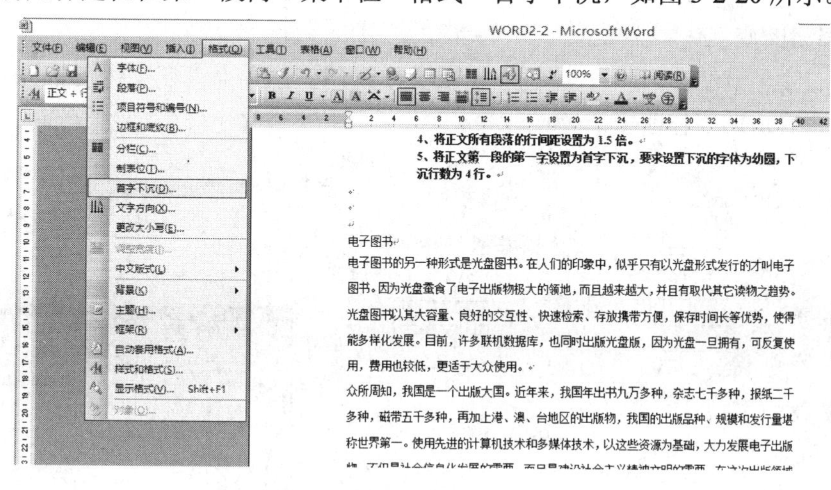

图 3-2-20　设置“字体下沉”

调出首字下沉设置对话框→设置参数，如图 3-2-21 所示。

（6）给第二段添加段落底纹，颜色黄色，操作如下。首先选取第二段→菜单栏上→格式→边框和底纹→底纹→设置填充：黄色→应用于：段落，如图 3-2-22 所示。

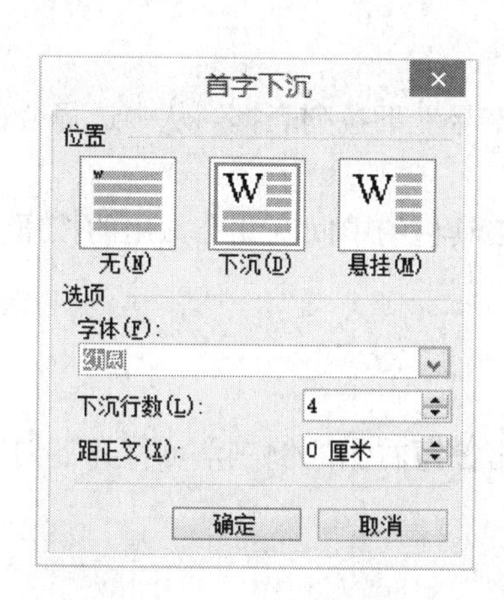

图 3-2-21　字体下沉的参数

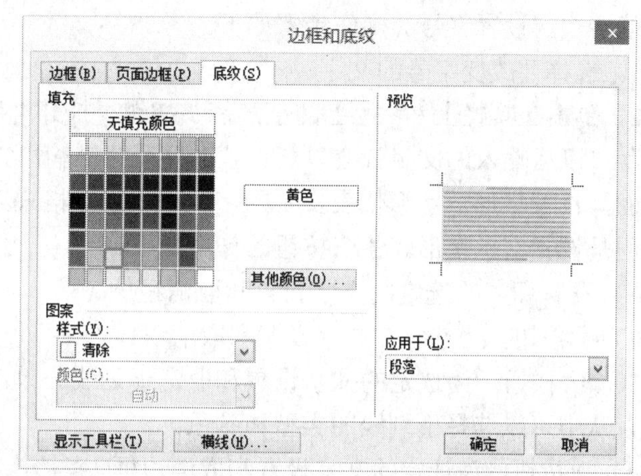

图 3-2-22　设置底纹颜色

（7）将第三段的时间部分设置边框、底纹，操作如下。首先选取时间部分文字，之后依次单击工具栏上的字符边框 A 图标和字条底纹 A 图标，完成题目要求操作。

（8）将第四段添加段落阴影边框。首先选取第四段→格式→边框和底纹→边框→阴影→应用于：段落，如图 3-2-23 所示。

【知识扩展】

1．设置字符格式

（1）设置字体。Word 2003 提供了很多中英文字体，使用不同的字体，效果也不同，用户可以根据需要或习惯设置字体。

设置字体的操作方法如下。

1）选择要改变字体的文字。

2）单击工具栏上 宋体 的小黑箭头按钮，打开“字体”下拉列表框（图 3-2-24），从中选择一个合适的字体即可。

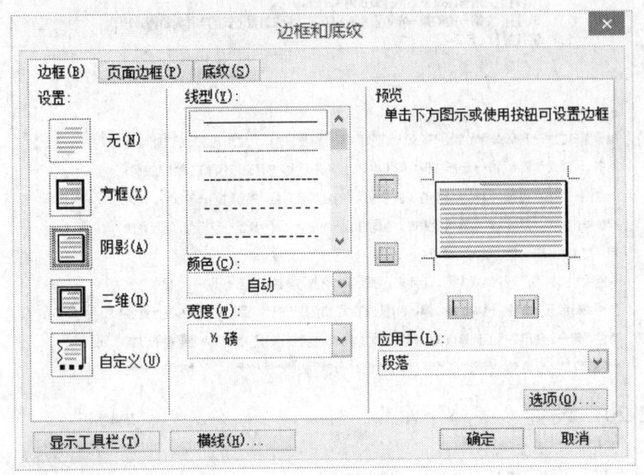

图 3-2-23 填加阴影边框

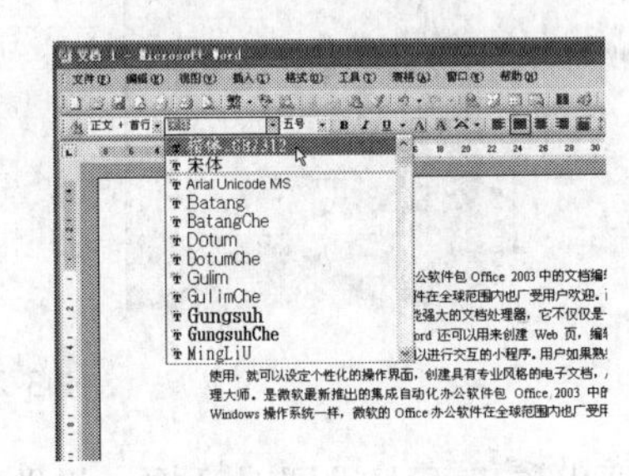

图 3-2-24 选择字体

（2）设置字号。字号代表字符的大小。在文档的排版过程中，使用不同的字号能体现不同的格式。设置字号的操作步骤如下。

1）选择要改变字号的文字。

2）单击工具栏上 五号 上的小黑箭头按钮，打开“字号”下拉列表框，从中选择合适的字号，以后输入的文字就会以新设置的字号为准输出。

（3）设置字形。字形代表文本的字符形式。在格式工具栏的中间有几个常用的按钮，其作用是设置文本字形。各个按钮的作用如下：

1）B 按钮。为选定的文字设置和取消粗体。

2）I 按钮。为选定的文字设置和取消斜体。

3）U 按钮。为选定的文字设置和取消下划线。单击按钮右侧的倒三角可打开下划线类型，从中可以选择下划线的类型和颜色。

4）A 按钮。为选定的文字设置和取消边框。

5）A 按钮。为选定的文字设置和取消底纹。

6）按钮。为选定的文字设置水平方向扩大倍数。

7）按钮。设置字符样式和格式。

8）A 按钮。为选定的文字设置字符颜色。鼠标左键单击倒三角按钮，打开颜色下拉列表框，从中可以选择颜色。

9）ab 按钮。为选定的文字设置突出颜色。

☆小知识：字体、字号和字形都可以在“格式”菜单栏的“字体”对话框中设置，在“字体”对话框中还可以设置“字符间距”和“文字的动态效果”。

2. 设置段落格式

（1）段落间距。有时用户需要调整段落之间的距离，如要将段落间距设置为“5 行”，具体操作如下。

1）将光标定位在要设置的段落中，鼠标左键单击菜单“格式”→“段落”命令，打开如图 3-2-25 所示的“段落”对话框。

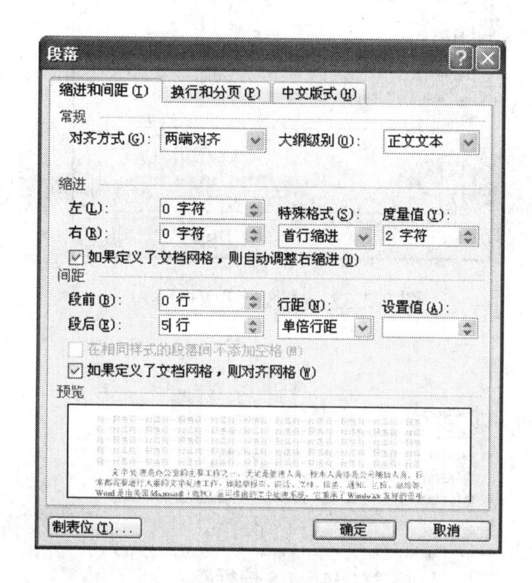

图 3-2-25　设置段落间距

2）在“间距”选项组中，单击“段后”文本框中的向上箭头，把间距设置为“5 行”；也可直接在该文本框中输入“5 行”。

3）单击“确定”按钮，该段落和后面的段落之间的距离即可拉开，如图 3-2-26 所示。

散文

我第二次到仙岩的时候，我惊诧于梅雨潭的绿了。

梅雨潭是一个瀑布潭。仙瀑有三个瀑布，梅雨瀑最低。走到山边，便听见花花花花的声音；抬起头，镶在两条湿湿的黑边儿里的，一带白而发亮的水便呈现于眼前了。

我们先到梅雨亭。梅雨亭正对着那条瀑布；坐在亭边，不必仰头，便可见它的全体了。亭下深深的便是梅雨潭。这个亭踞在突出的一角的岩石上，上下都空空儿的；仿佛一只苍鹰展着翼翅浮在天宇中一般。三面都是山，像半个环儿拥着；人如在井底了。

图 3-2-26　设置后的段落间距

（2）对齐方式。Word 2003 提供了 5 种对齐方式：左对齐、居中对齐、右对齐、两端对齐和分散对齐。可用“格式”工具栏上的对齐方式按钮来设置段落的对齐方式。

左对齐的效果如图 3-2-27 所示。居中对齐的效果如图 3-2-28 所示。

散文
我第二次到仙岩的时候，我惊诧于梅雨潭的绿了。
梅雨潭是一个瀑布潭。仙瀑有三个瀑布，梅雨瀑最低。走到山边，便听见花花花花的声音；抬起头，镶在两条湿湿的黑边儿里的，一带白而发亮的水便呈现于眼前了。
我们先到梅雨亭。梅雨亭正对着那条瀑布；坐在亭边，不必仰头，便可见它的全体了。亭下深深的便是梅雨潭。这个亭踞在突出的一角的岩石上，上下都空空儿的；仿佛一只苍鹰展着翼翅浮在天宇中一般。三面都是山，像半个环儿拥着；人如在井底了。

图 3-2-27　左对齐

散文
我第二次到仙岩的时候，我惊诧于梅雨潭的绿了。
梅雨潭是一个瀑布潭。仙瀑有三个瀑布，梅雨瀑最低。走到山边，便听见花花花花的声音；抬起头，镶在两条湿湿的黑边儿里的，一带白而发亮的水便呈现于眼前了。
我们先到梅雨亭。梅雨亭正对着那条瀑布；坐在亭边，不必仰头，便可见它的全体了。亭下深深的便是梅雨潭。这个亭踞在突出的一角的岩石上，上下都空空儿的；仿佛一只苍鹰展着翼翅浮在天宇中一般。三面都是山，像半个环儿拥着；人如在井底了。

图 3-2-28　居中对齐

右对齐的效果如图 3-2-29 所示。两端对齐的效果如图 3-2-30 所示。

散文
我第二次到仙岩的时候，我惊诧于梅雨潭的绿了。
梅雨潭是一个瀑布潭。仙瀑有三个瀑布，梅雨瀑最低。走到山边，便听见花花花花的声音；抬起头，镶在两条湿湿的黑边儿里的，一带白而发亮的水便呈现于眼前了。
我们先到梅雨亭。梅雨亭正对着那条瀑布；坐在亭边，不必仰头，便可见它的全体了。亭下深深的便是梅雨潭。这个亭踞在突出的一角的岩石上，上下都空空儿的；仿佛一只苍鹰展着翼翅浮在天宇中一般。三面都是山，像半个环儿拥着；人如在井底了。

图 3-2-29　右对齐

散文
我第二次到仙岩的时候，我惊诧于梅雨潭的绿了。
梅雨潭是一个瀑布潭。仙瀑有三个瀑布，梅雨瀑最低。走到山边，便听见花花花花的声音；抬起头，镶在两条湿湿的黑边儿里的，一带白而发亮的水便呈现于眼前了。
我们先到梅雨亭。梅雨亭正对着那条瀑布；坐在亭边，不必仰头，便可见它的全体了。亭下深深的便是梅雨潭。这个亭踞在突出的一角的岩石上，上下都空空儿的；仿佛一只苍鹰展着翼翅浮在天宇中一般。三面都是山，像半个环儿拥着；人如在井底了。

图 3-2-30　两端对齐

分散对齐的效果如图 3-2-31 所示。

（3）段落行距。段落行距就是行和行之间的距离。选中全文，单击菜单“格式”→“段落”命令，打开如图 3-2-32 所示的“段落”对话框。

用鼠标左键单击对话框中“行距”下拉列表框中的下拉箭头，选择行距数值。单击“确定”按钮后，即可改变整个文档的行距。

单倍行距的效果如图 3-2-33 所示。1.5 倍行距的效果如图 3-2-34 所示。

散文

我第二次到仙岩的时候，我惊诧于梅雨潭的绿了。

梅雨潭是一个瀑布潭。仙瀑有三个瀑布，梅雨瀑最低。走到山边，便听见花花花花的声音；抬起头，镶在两条湿湿的黑边儿里的，一带白而发亮的水便呈现于眼前了。

我们先到梅雨亭。梅雨亭正对着那条瀑布；坐在亭边，不必仰头，便可见它的全体了。亭下深深的便是梅雨潭。这个亭踞在突出的一角的岩石上，上下都空空儿的；仿佛一只苍鹰展着翼翅浮在天宇中一般。三面都是山，像半个环儿拥着；人如在井底了。

图 3-2-31　分散对齐

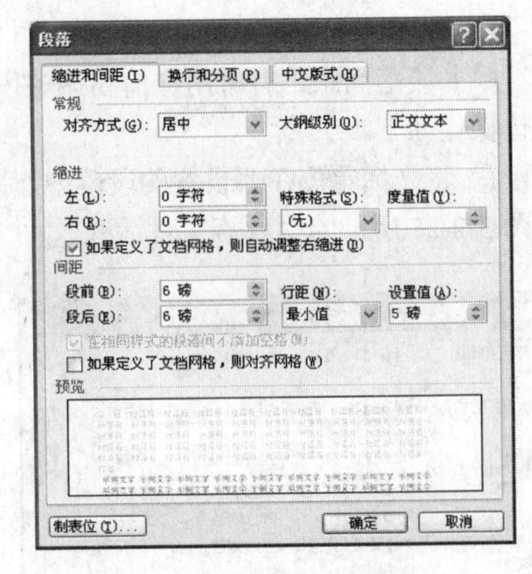

图 3-2-32　“段落”对话框

散文

我第二次到仙岩的时候，我惊诧于梅雨潭的绿了。

梅雨潭是一个瀑布潭。仙瀑有三个瀑布，梅雨瀑最低。走到山边，便听见花花花花的声音；抬起头，镶在两条湿湿的黑边儿里的，一带白而发亮的水便呈现于眼前了。

我们先到梅雨亭。梅雨亭正对着那条瀑布；坐在亭边，不必仰头，便可见它的全体了。亭下深深的便是梅雨潭。这个亭踞在突出的一角的岩石上，上下都空空儿的；仿佛一只苍鹰展着翼翅浮在天宇中一般。三面都是山，像半个环儿拥着；人如在井底了。

图 3-2-33　单倍行距

散文

我第二次到仙岩的时候，我惊诧于梅雨潭的绿了。

梅雨潭是一个瀑布潭。仙瀑有三个瀑布，梅雨瀑最低。走到山边，便听见花花花花的声音；抬起头，镶在两条湿湿的黑边儿里的，一带白而发亮的水便呈现于眼前了。

我们先到梅雨亭。梅雨亭正对着那条瀑布；坐在亭边，不必仰头，便可见它的全体了。亭下深深的便是梅雨潭。这个亭踞在突出的一角的岩石上，上下都空空儿的；仿佛一只苍鹰展着翼翅浮在天宇中一般。三面都是山，像半个环儿拥着；人如在井底了。

图 3-2-34　1.5 倍行距

2 倍行距的效果如图 3-2-35 所示。最小值的效果如图 3-2-36 所示。

散文

我第二次到仙岩的时候，我惊诧于梅雨潭的绿了。

梅雨潭是一个瀑布潭。仙瀑有三个瀑布，梅雨瀑最低。走到山边，便听见花花花花的声音；抬起头，镶在两条湿湿的黑边儿里的，一带白而发亮的水便呈现于眼前了。

我们先到梅雨亭。梅雨亭正对着那条瀑布；坐在亭边，不必仰头，便可见它的全体了。亭下深深的便是梅雨潭。这个亭踞在突出的一角的岩石上，上下都空空儿的；仿佛一只苍鹰展着翼翅浮在天宇中一般。三面都是山，像半个环儿拥着；人如在井底了。

图 3-2-35　2 倍行距

散文

我第二次到仙岩的时候，我惊诧于梅雨潭的绿了。

梅雨潭是一个瀑布潭。仙瀑有三个瀑布，梅雨瀑最低。走到山边，便听见花花花花的声音；抬起头，镶在两条湿湿的黑边儿里的，一带白而发亮的水便呈现于眼前了。

我们先到梅雨亭。梅雨亭正对着那条瀑布；坐在亭边，不必仰头，便可见它的全体了。亭下深深的便是梅雨潭。这个亭踞在突出的一角的岩石上，上下都空空儿的；仿佛一只苍鹰展着翼翅浮在天宇中一般。三面都是山，像半个环儿拥着；人如在井底了。

图 3-2-36　最小值

固定值的效果如图 3-2-37 所示。多倍行距的效果如图 3-2-38 所示。

散文

我第二次到仙岩的时候，我惊诧于梅雨潭的绿了。

梅雨潭是一个瀑布潭。仙瀑有三个瀑布，梅雨瀑最低。走到山边，便听见花花花花的声音；抬起头，镶在两条湿湿的黑边儿里的，一带白而发亮的水便呈现于眼前了。

我们先到梅雨亭。梅雨亭正对着那条瀑布；坐在亭边，不必仰头，便可见它的全体了。亭下深深的便是梅雨潭。这个亭踞在突出的一角的岩石上，上下都空空儿的；仿佛一只苍鹰展着翼翅浮在天宇中一般。三面都是山，像半个环儿拥着；人如在井底了。

图 3-2-37　固定值

散文

我第二次到仙岩的时候，我惊诧于梅雨潭的绿了。

梅雨潭是一个瀑布潭。仙瀑有三个瀑布，梅雨瀑最低。走到山边，便听见花花花花的声音；抬起头，镶在两条湿湿的黑边儿里的，一带白而发亮的水便呈现于眼前了。

我们先到梅雨亭。梅雨亭正对着那条瀑布；坐在亭边，不必仰头，便可见它的全体了。亭下深深的便是梅雨潭。这个亭踞在突出的一角的岩石上，上下都空空儿的；仿佛一只苍鹰展着翼翅浮在天宇中一般。三面都是山，像半个环儿拥着；人如在井底了。

图 3-2-38　多倍行距

（4）段落的缩进。段落的缩进有首行缩进、左缩进、右缩进和悬挂缩进 4 种形式，水平标尺上有这几种缩进所对应的标记，如图 3-2-39 所示。

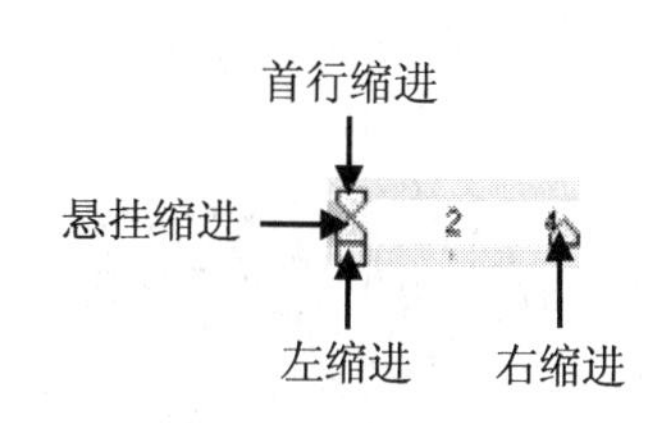

图 3-2-39　标尺上各种缩进标记

首行缩进控制的是段落的第一行的开始位置；水平标尺中的左缩进和悬挂缩进两个标记是不能分开的；右缩进表示的是段落右边的位置，拖动该标记，段落右边的位置就会发生变化。拖动不同的标记会有不同的效果。

首行缩进的效果如图 3-2-40 所示。左缩进的效果如图 3-2-41 所示。

散文

我第二次到仙岩的时候，我惊诧于梅雨潭的绿了。梅雨潭是一个瀑布潭。仙瀑有三个瀑布，梅雨瀑最低。走到山边，便听见花花花花的声音；抬起头，镶在两条湿湿的黑边儿里的，一带白而发亮的水便呈现于眼前了。我们先到梅雨亭。梅雨亭正对着那条瀑布；坐在亭边，不必仰头，便可见它的全体了。亭下深深的便是梅雨潭。这个亭踞在突出的一角的岩石上，上下都空空儿的；仿佛一只苍鹰展着翼翅浮在天宇中一般。三面都是山，像半个环儿拥着；人如在井底了。

图 3-2-40　首行缩进

散文

我第二次到仙岩的时候，我惊诧于梅雨潭的绿了。梅雨潭是一个瀑布潭。仙瀑有三个瀑布，梅雨瀑最低。走到山边，便听见花花花花的声音；抬起头，镶在两条湿湿的黑边儿里的，一带白而发亮的水便呈现于眼前了。我们先到梅雨亭。梅雨亭正对着那条瀑布；坐在亭边，不必仰头，便可见它的全体了。亭下深深的便是梅雨潭。这个亭踞在突出的一角的岩石上，上下都空空儿的；仿佛一只苍鹰展着翼翅浮在天宇中一般。三面都是山，像半个环儿拥着；人如在井底了。

图 3-2-41　左缩进

右缩进的效果如图 3-2-42 所示。悬挂缩进的效果如图 3-2-43 所示。

散文

我第二次到仙岩的时候，我惊诧于梅雨潭的绿了。梅雨潭是一个瀑布潭。仙瀑有三个瀑布，梅雨瀑最低。走到山边，便听见花花花花的声音；抬起头，镶在两条湿湿的黑边儿里的，一带白而发亮的水便呈现于眼前了。我们先到梅雨亭。梅雨亭正对着那条瀑布；坐在亭边，不必仰头，便可见它的全体了。亭下深深的便是梅雨潭。这个亭踞在突出的一角的岩石上，上下都空空儿的；仿佛一只苍鹰展着翼翅浮在天宇中一般。三面都是山，像半个环儿拥着；人如在井底了。

图 3-2-42　右缩进

散文

我第二次到仙岩的时候，我惊诧于梅雨潭的绿了。梅雨潭是一个瀑布潭。仙瀑有三个瀑布，梅雨瀑最低。走到山边，便听见花花花花的声音；抬起头，镶在两条湿湿的黑边儿里的，一带白而发亮的水便呈现于眼前了。我们先到梅雨亭。梅雨亭正对着那条瀑布；坐在亭边，不必仰头，便可见它的全体了。亭下深深的便是梅雨潭。这个亭踞在突出的一角的岩石上，上下都空空儿的；仿佛一只苍鹰展着翼翅浮在天宇中一般。三面都是山，像半个环儿拥着；人如在井底了。

图 3-2-43　悬挂缩进

拖动左缩进标记，可以看到首行缩进标记同时移动。悬挂缩进只影响段落中除第一行以外的其他行左边的开始位置；而左缩进则是影响到整个段落。

拖动标记的方法是：单击代表缩进标记的图标，如左缩进是□图标，如图 3-2-44 所示。然后按住鼠标左键并拖动至所需位置，释放鼠标左键即可，如图 3-2-45 所示。

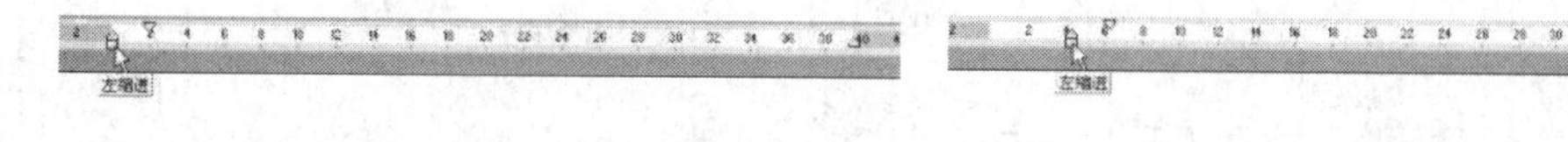

散文

我第二次到仙岩的时候，我惊诧于梅雨潭的绿了。梅雨潭是一个瀑布潭。仙瀑有三个瀑布，梅雨瀑最低。走到山边，便听见花花花花的声音；抬起头，镶在两条湿湿的黑边儿里的，一带白而发亮的水便呈现于眼前了。我们先到梅雨亭。梅雨亭正对着那条瀑布；坐在亭边，不必仰头，便可见它的全体了。亭下深深的便是梅雨潭。这个亭踞在突出的一角的岩石上，上下都空空儿的；仿佛一只苍鹰展着翼翅浮在天宇中一般。三面都是山，像半个环儿拥着；人如在井底了。

图 3-2-44　拖动左缩进前

散文

我第二次到仙岩的时候，我惊诧于梅雨潭的绿了。梅雨潭是一个瀑布潭。仙瀑有三个瀑布，梅雨瀑最低。走到山边，便听见花花花花的声音；抬起头，镶在两条湿湿的黑边儿里的，一带白而发亮的水便呈现于眼前了。我们先到梅雨亭。梅雨亭正对着那条瀑布；坐在亭边，不必仰头，便可见它的全体了。亭下深深的便是梅雨潭。这个亭踞在突出的一角的岩石上，上下都空空儿的；仿佛一只苍鹰展着翼翅浮在天宇中一般。三面都是山，像半个环儿拥着；人如在井底了。

图 3-2-45　拖动左缩进后

如果要把整个段落的左边往右移，则可以直接拖动左缩进标记，这样可以保持段落的首行缩进或悬挂缩进的量不变。需要精确定位的地方可以按住“Alt”键后再拖动标记，这样即可平滑地拖动。

首行缩进和悬挂缩进还可以在“段落”对话框的“特殊格式”下拉列表框中设置。

3. 设置边框和底纹

向文本中添加边框和底纹可以修饰和突出文档中的内容。

（1）给文字或段落添加边框。可以使用文字边框把重要的文本用边框围起来以提醒其他人。添加边框的操作步骤如下。

1）选择要添加边框的文字或段落（图3-2-46），然后鼠标左键单击菜单“格式”→“边框和底纹”命令，打开“边框和底纹”对话框，如图3-2-47所示。

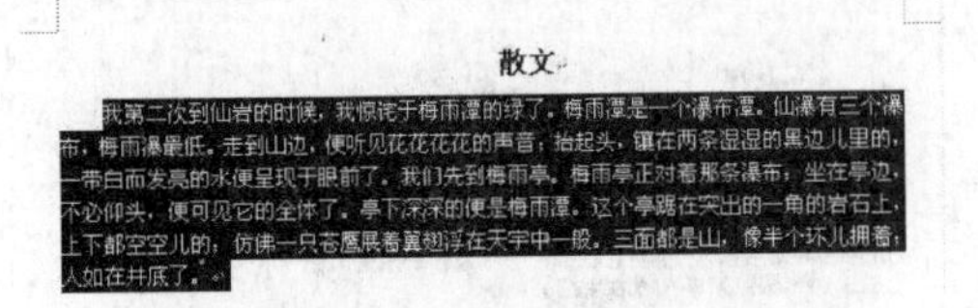
散文

我第二次到仙岩的时候，我惊诧于梅雨潭的绿了。梅雨潭是一个瀑布潭。仙瀑有三个瀑布，梅雨瀑最低。走到山边，便听见花花花花的声音；抬起头，镶在两条湿湿的黑边儿里的，一带白而发亮的水便呈现于眼前了。我们先到梅雨亭。梅雨亭正对着那条瀑布；坐在亭边，不必仰头，便可见它的全体了。亭下深深的便是梅雨潭。这个亭踞在突出的一角的岩石上，上下都空空儿的；仿佛一只苍鹰展着翼翅浮在天宇中一般。三面都是山，像半个环儿拥着；人如在井底了。

图3-2-46 选择要添加边框的文字

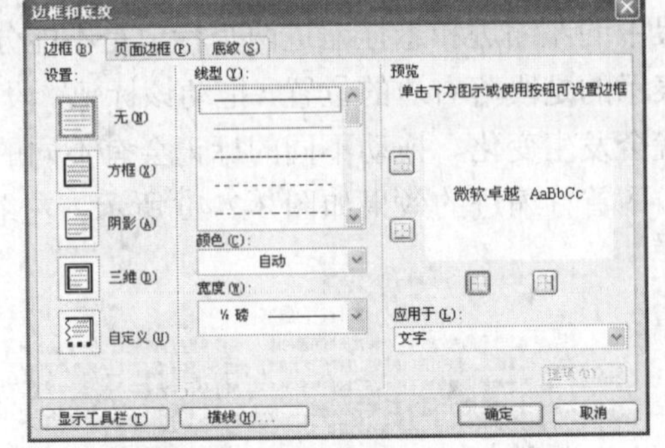

图3-2-47 “边框和底纹”对话框

2）在“边框”选项卡中（默认）的“设置”选项组中选择一种边框样式，如“方框”、“阴影”、“三维”或者“自定义”。

3）在“线型”列表框中选择边框线的线型，如“双线”、“点划线”等，在“颜色”下拉列表框中选择边框线的颜色。

4）在“宽度”下拉列表框中选择边框线的宽度。

5）在“应用于”下拉列表框中选择边框线的应用范围，可以选择文字或者段落，然后单击“确定”按钮即可。

6）添加边框后的文字如图3-2-48所示。

（2）给页面添加边框。

1）在如图3-2-49所示的要添加边框的页面中，鼠标左键单击菜单“格式”→“边框和底纹”命令，打开“边框和底纹”对话框。

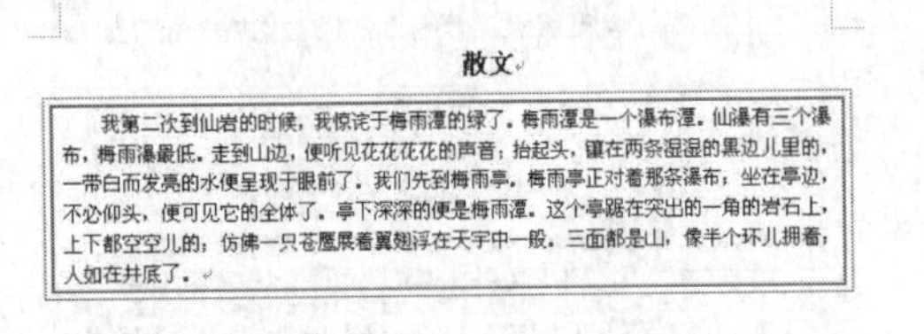
散文

我第二次到仙岩的时候，我惊诧于梅雨潭的绿了。梅雨潭是一个瀑布潭。仙瀑有三个瀑布，梅雨瀑最低。走到山边，便听见花花花花的声音；抬起头，镶在两条湿湿的黑边儿里的，一带白而发亮的水便呈现于眼前了。我们先到梅雨亭。梅雨亭正对着那条瀑布；坐在亭边，不必仰头，便可见它的全体了。亭下深深的便是梅雨潭。这个亭踞在突出的一角的岩石上，上下都空空儿的；仿佛一只苍鹰展着翼翅浮在天宇中一般。三面都是山，像半个环儿拥着；人如在井底了。

图3-2-48 添加边框后的文字

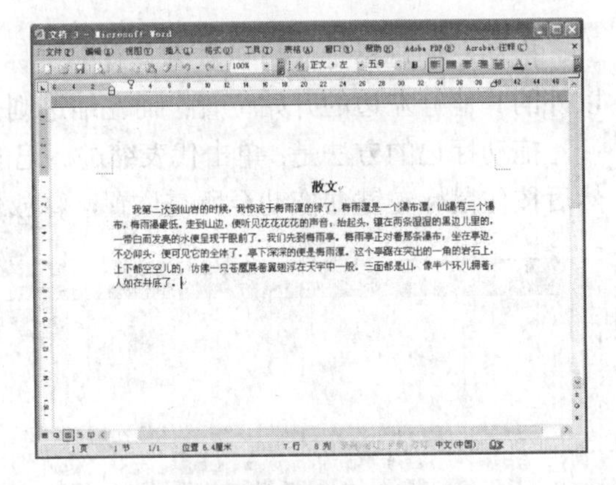

图3-2-49 要添加边框的页面

2）鼠标左键单击“页面边框”标签，在打开的“页面边框”选项卡中，设置“方框”类型、“线型”和“颜色”等项，在“艺术型”下拉列表框中选择一种艺术类型，如图3-2-50所示。

3）在所有选项都设置好后，单击“确定”按钮，文档最终效果如图3-2-51所示。

（3）添加底纹。添加底纹可以使文档内容更为突出。对于一般的文档，如果没有特别

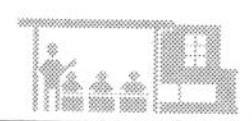

要求，只要设置相对简单的淡色底纹即可，以免给阅读造成不便。添加底纹只能用于文字和段落，不能用于页面。

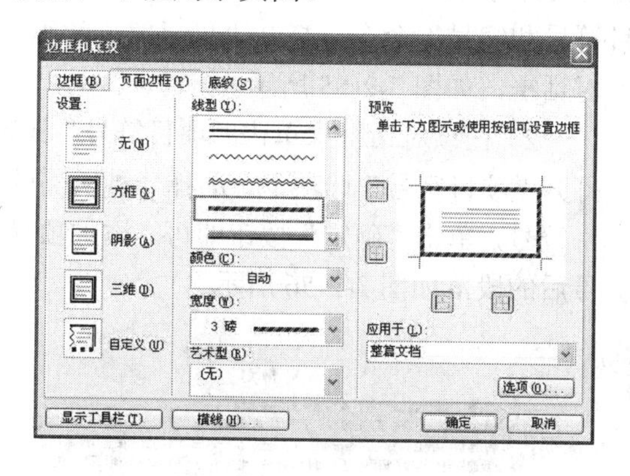

边框和底纹
边框(B)
页面边框(P)
底纹(S)
设置:
无(N)
方框(X)
阴影(A)
三维(D)
自定义(U)
线型(Y):
颜色(C):
自动
宽度(W):
3 磅
艺术型(R):
(无)
预览
单击下方图示或使用按钮可设置边框
应用于(L):
整篇文档
选项(O)...
显示工具栏(T)
横线(H)...
确定
取消

图 3-2-50　“页面边框”选项卡

散文

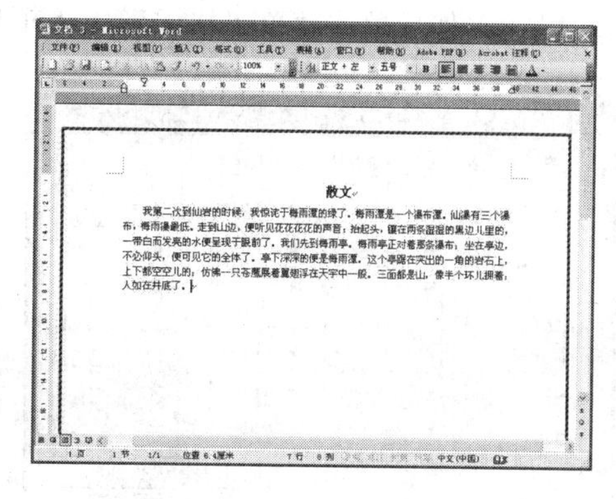

图 3-2-51　添加边框后的页面

1）选中要添加底纹的文本，如图 3-2-52 所示。

2）打开“边框和底纹”对话框，单击“底纹”标签，打开“底纹”选项卡，如图 3-2-53 所示。

3）在“底纹”选项卡的“填充”列表框中选择填充颜色。

4）在“图案”选项组中选择底纹的样式和颜色。

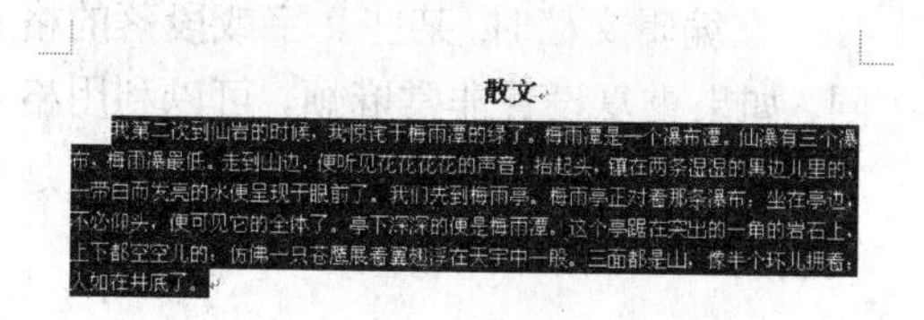

散文

图 3-2-52　选中要添加底纹的文字

边框和底纹
边框(B)
页面边框(P)
底纹(S)
填充
无填充颜色
灰色-15%
其他颜色(M)...
图案
样式(Y):
清除
预览
应用于(L):
段落
显示工具栏(T)
横线(H)...
确定
取消

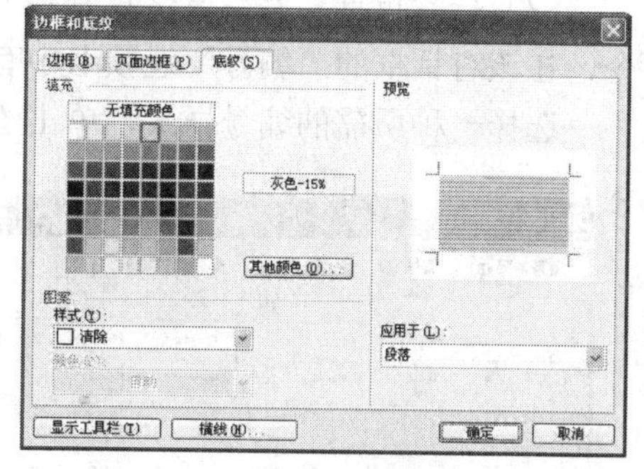

图 3-2-53　“底纹”选项卡

5）单击“确定”按钮，效果如图 3-2-54 所示。

4. 设置项目符号和编号

在文档编辑中，经常需要为文档添加项目符号和编号，使文档条理清晰，一目了然。通常，手工为列表项编号时，Word 2003 会将键入的编号转化为自动编号。如果段落以连字符开头，当用户按下 Enter 键结束该段时，Word 2003 会自动将该段转化为项目符号列表项。

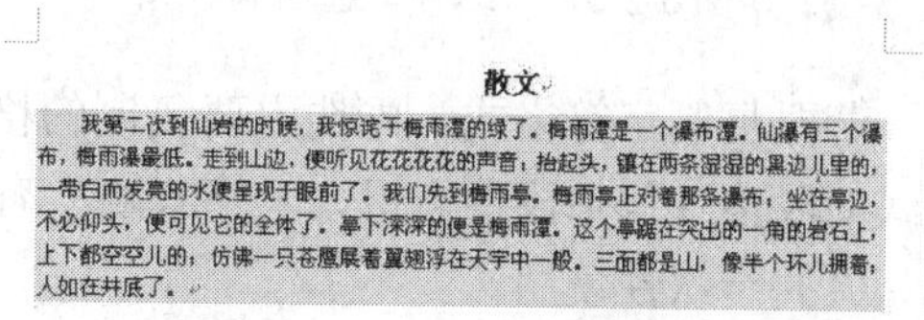

散文
我第二次到仙岩的时候，我惊诧于梅雨潭的绿了。梅雨潭是一个瀑布潭。仙瀑有三个瀑布，梅雨瀑最低。走到山边，便听见花花花花的声音；抬起头，镶在两条湿湿的黑边儿里的，一带白而发亮的水便呈现于眼前了。我们先到梅雨亭。梅雨亭正对着那条瀑布；坐在亭边，不必仰头，便可见它的全体了。亭下深深的便是梅雨潭。这个亭踞在突出的一角的岩石上，上下都空空儿的；仿佛一只苍鹰展着翼翅浮在天宇中一般。三面都是山，像半个环儿拥着；人如在井底了。

图 3-2-54　添加底纹后的文字

项目符号列表最多可拥有 9 个级别，可以在键入时更改编号级别。

编号与项目符号最大的不同是：前者为一个连续的数字或字母，而后者都使用相同的符号，操作方法相同。

（1）项目符号。Word 2003 的编号功能是十分强大的，用户可以轻松地设置多种格式的编号以及多级编号等，通常在一些列举条件的地方使用。添加项目符号的步骤如下。

1）选中目标段落（如果只对一个段落设置项目符号或编号，则只需将光标置于段落中任意位置），然后单击菜单“格式”→“项目符号和编号”命令，打开“项目符号和编号”对话框，如图 3-2-55 所示。

2）在该对话框中单击“项目符号”标签，打开“项目符号”选项卡，选择一种所需的项目符号，单击“确定”按钮即可。添加项目符号后的段落如图 3-2-56 所示。

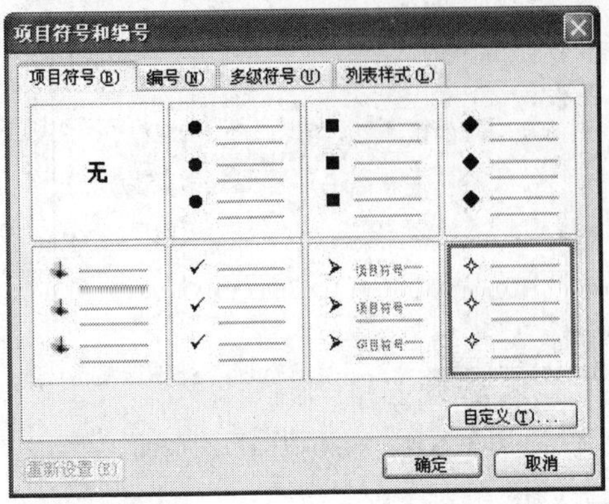

图 3-2-55 “项目符号和编号”对话框

散文

➢ 我第二次到仙岩的时候，我惊诧于梅雨潭的绿了。
➢ 梅雨潭是一个瀑布潭。仙瀑有三个瀑布，梅雨瀑最低。走到山边，便听见花花花花的声音；抬起头，镶在两条湿湿的黑边儿里的，一带白而发亮的水便呈现于眼前了。
➢ 我们先到梅雨亭。梅雨亭正对着那条瀑布；坐在亭边，不必仰头，便可见它的全体了。亭下深深的便是梅雨潭。这个亭踞在突出的一角的岩石上，上下都空空儿的；仿佛一只苍鹰展着翼翅浮在天宇中一般。三面都是山，像半个环儿拥着；人如在井底了。

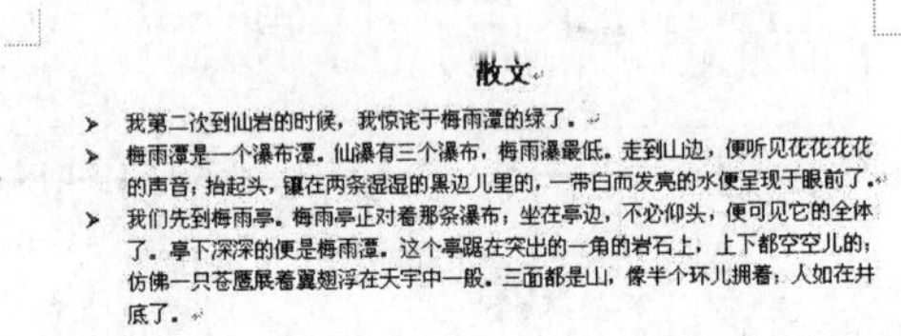

图 3-2-56 添加了项目符号的段落

（2）编号设置。要给段落设置编号，可以单击菜单“格式”→“项目符号和编号”命令，在该对话框的“编号”选项卡中有很多编号可供用户选择，如图 3-2-57 所示。

选择一种所需的编号样式，单击“确定”按钮，添加编号后的效果如图 3-2-58 所示。

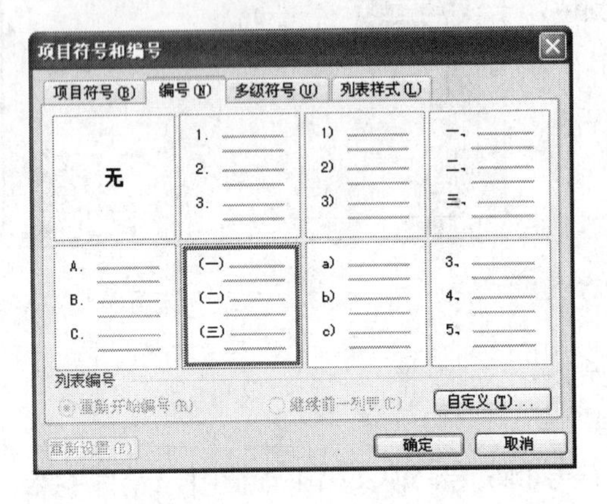

图 3-2-57 “编号”选项卡

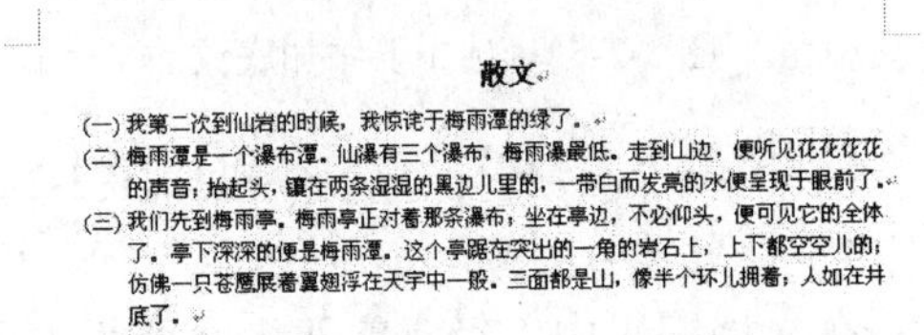

5. 使用格式刷工具

在编辑文档时，某些文字或段落的格式相同，如果重复设置非常麻烦，可以利用格式复制功能提高编辑的速度。格式刷就是用来复制文字和段落格式的最佳工具。

散文

(一) 我第二次到仙岩的时候，我惊诧于梅雨潭的绿了。
(二) 梅雨潭是一个瀑布潭。仙瀑有三个瀑布，梅雨瀑最低。走到山边，便听见花花花花的声音；抬起头，镶在两条湿湿的黑边儿里的，一带白而发亮的水便呈现于眼前了。
(三) 我们先到梅雨亭。梅雨亭正对着那条瀑布；坐在亭边，不必仰头，便可见它的全体了。亭下深深的便是梅雨潭。这个亭踞在突出的一角的岩石上，上下都空空儿的；仿佛一只苍鹰展着翼翅浮在天宇中一般。三面都是山，像半个环儿拥着；人如在井底了。

图 3-2-58 添加了编号的段落

若要复制字符格式，先选定要复制的格式的文本。若要复制段落格式，先选定具有此格式的段落（包括段落标记）。“格式刷”有以下两种使用方法：

（1）一次性使用。

1）选定已设置好格式的文本或字符，或将插入点移到已设置好的文本或字符中。

2）单击常用工具栏上的“格式刷”按钮，取得已有的格式。此时，鼠标指针变成形状。

3）将鼠标指针移至要改变格式的文本或字符中，从文本开始位置拖动鼠标至结束位置，将格式复制即可。

（2）多次使用。

1）选定已设置好格式的文本或字符，或将插入点移到已设置好的文本或字符中。

2）鼠标左键双击常用工具栏上的“格式刷”按钮，取得已有的格式。此时，鼠标指针变成形状。

3）将鼠标指针移至要改变格式的文本或字符中，从文本开始位置拖动鼠标至结束位置，将格式复制。

4）重复执行上一步骤，对文档格式多次（或多处）进行复制。

5）复制完毕后，单击“格式刷”按钮或按 Esc 键，退出格式的复制。

项目三　页面设置与打印

在 Word 中，除了可以设置字符和段落格式外，还可以对文档的页码、页面进行设置，主要包括页面格式设置，插入页码、页眉和页脚、分隔符，进行分栏等。设置好页面后，在打印前还可以进行打印预览，查看打印效果，最后还要设置打印参数。

任务一　设置页面格式、页眉和页脚

【任务描述】

将文档的页面格式进行如下设置：纸张大小设置为 16 开，页面方向设置为纵向，设置适当的页边距、页眉和页脚的插入方式和位置，文字方向设置为水平，设置适当的字符网格参数，最后将页面设置的效果应用于整篇文档。

【任务分析】

通过“页面设置”对话框可以对页面进行各类设置。“页面设置”对话框如图 3-3-1 所示。

通过“页眉和页脚”工具栏可以设置页眉和页脚（通过“视图菜单”中的“页眉和页脚”命令可以打开“页眉和页脚”工具栏）。“页眉和页脚”工具栏如图 3-3-2 所示。

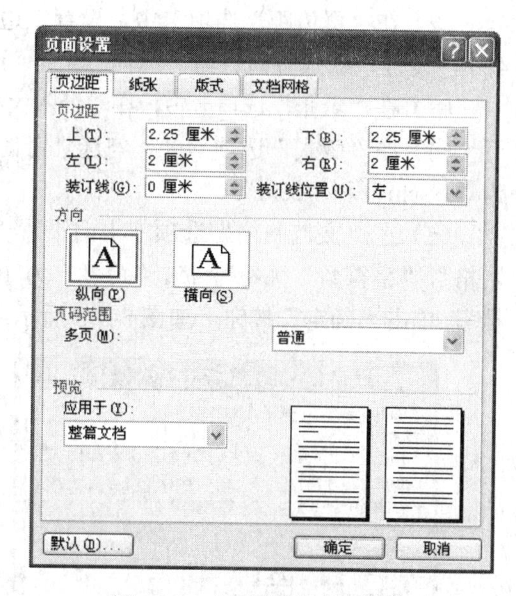

图 3-3-1　“页面设置”对话框

图 3-3-2　“页眉和页脚”工具栏

【操作步骤】

1. 页面设置

利用前面学过的知识，新建一个名为“骆驼祥子.doc”的文档，内容如下所示。

骆驼祥子

我们所要介绍的是祥子，不是骆驼，因为“骆驼”只是个外号；那么，我们就先说祥子，随手儿把骆驼与祥子那点关系说过去，也就算了。

北平的洋车夫有许多派：年轻力壮，腿脚伶俐的，讲究赁漂亮的车，拉“整天儿”，爱什么时候出车与收车都有自由；拉出车来，在固定的“车口”（注：车口，即停车处）或宅门一放，专等坐快车的主儿；弄好了，也许一下子弄个一块两块的；碰巧了，也许白耗一天，连“车份儿”也没着落，但也不在乎。这一派哥儿们的希望大概有两个：或是拉包车；或是自己买上辆车，有了自己的车，再去拉包月或散座就没大关系了，反正车是自己的。

比这一派岁数稍大的，或因身体的关系而跑得稍差点劲儿的，或因家庭的关系而不敢白耗一天的，大概就多数的拉八成新的车；人与车都是相当的漂亮，所以在要价儿的时候也还能保持住相当的尊严。这派的车夫，也许拉“整天”，也许拉“半天”，在后者的情形下，因为还有相当的精气神，所以无论冬天夏天总是“拉晚儿”（注：拉晚儿，是下午四点以后出车，拉到天亮以前）。夜间，当然比白天需要更多的留神与本事；钱自然也多挣一些。

（1）执行菜单栏中的“文件”→“页面设置”命令，打开“页面设置”对话框。

（2）在“页边距”选项卡中，设置上边距为2.5cm，下边距为2.4cm，左、右边距均为4cm，设置“纸张方向”为“纵向”。

（3）在“纸张”选项卡中，在“纸张大小”下拉列表中选择“16开（18.4cm×26cm）”。

（4）在“版式”选项卡中，勾选“奇偶页不同”复选框，“页眉”和“页脚”分别设置为“1.9cm”和“2cm”。

（5）在“文档网格”选项卡中，设置“方向”为“水平”，“网格”为“指定行和字符网格”，“字符数”为每行25，“跨度”为10.5磅，在“应用于”下拉列表中选择“整篇文档”，单击“确定”按钮，如图3-3-3所示。

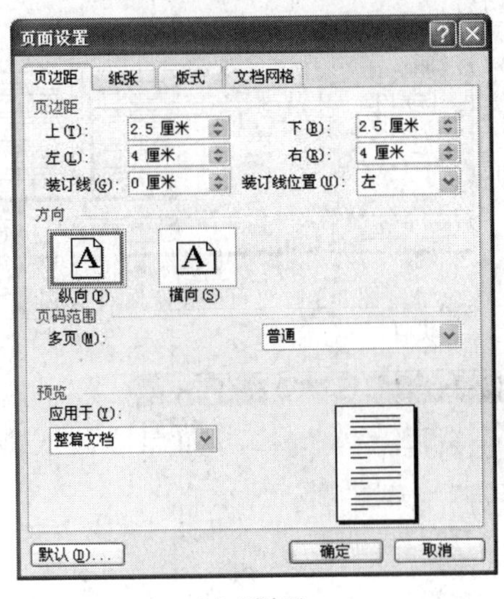

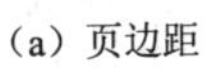
（a）页边距

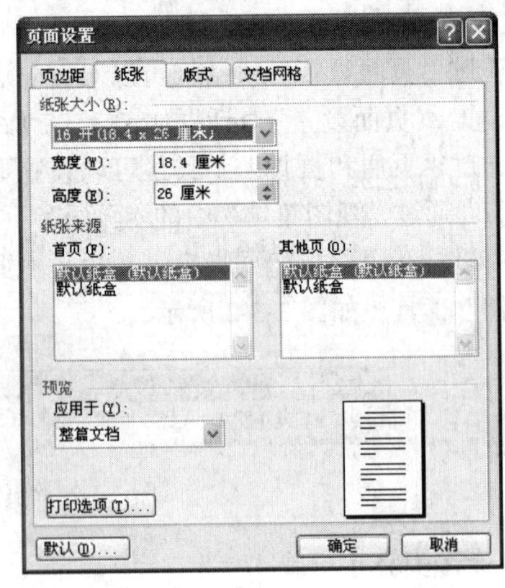

（b）纸张

图3-3-3　页面设置（一）

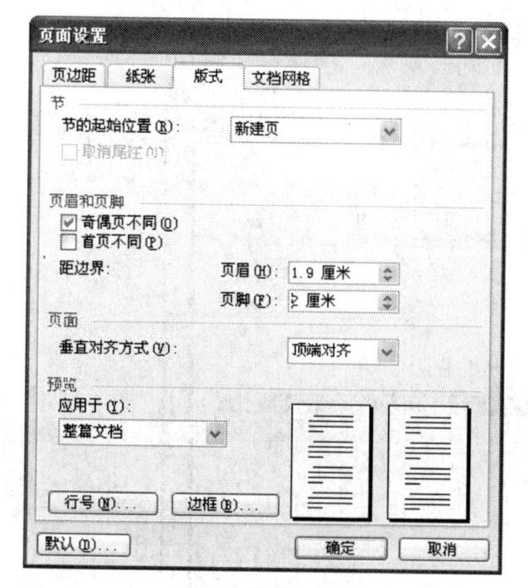

（c）版式

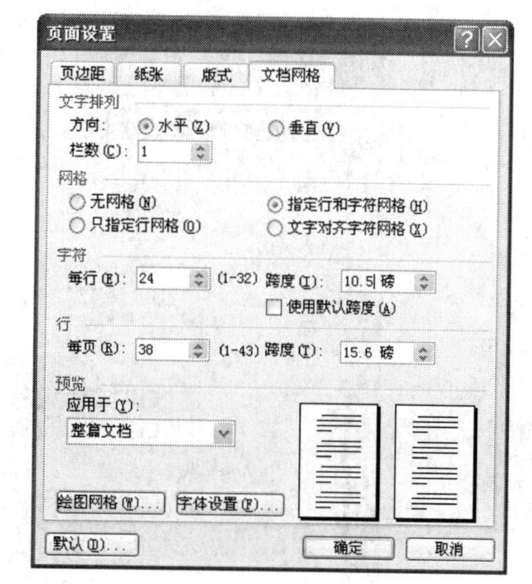

（d）文档网格

图 3-3-3 页面设置（二）

页面设置后的文档效果如图 3-3-4 所示。

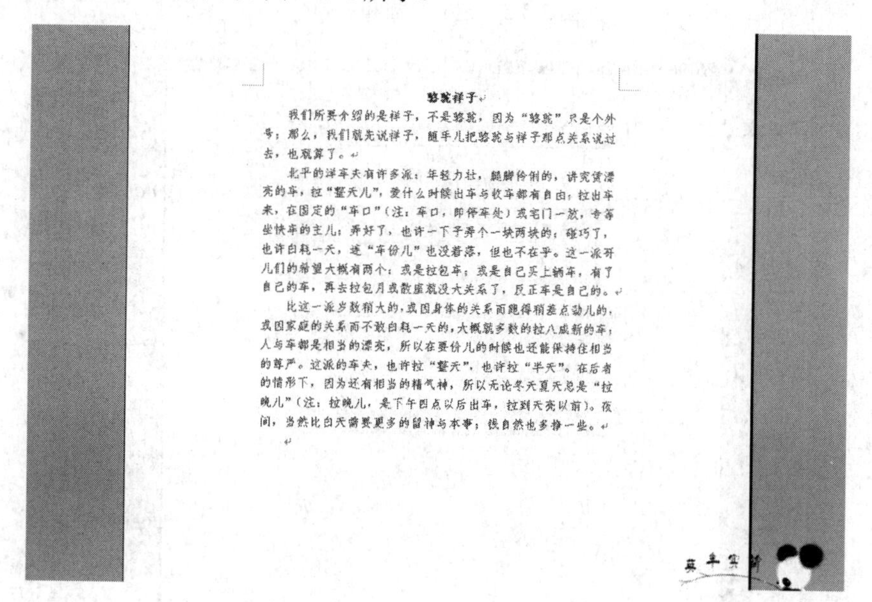
骆驼祥子

我们所要介绍的是祥子，不是骆驼，因为“骆驼”只是个外号；那么，我们就先说祥子，随手儿把骆驼与祥子那点关系说过去，也就算了。

北平的洋车夫有许多派：年轻力壮，腿脚伶俐的，讲究赁漂亮的车，拉“整天儿”，爱什么时候出车与收车都有自由；拉出车来，在固定的“车口”（注：车口，即停车处）或宅门一放，专等坐快车的主儿；弄好了，也许一下子弄个一块两块的；碰巧了，也许白耗一天，连“车份儿”也没着落，但也不在乎。这一派哥儿们的希望大概有两个：或是拉包车；或是自己买上辆车，有了自己的车，再去拉包月或散座就没大关系了，反正车是自己的。

比这一派岁数稍大的，或因身体的关系而跑得稍差点劲儿的，或因家庭的关系而不敢白耗一天的，大概就多数的拉八成新的车；人与车都是相当的漂亮，所以在要价儿的时候也还能保持住相当的尊严。这派的车夫，也许拉“整天”，也许拉“半天”。在后者的情形下，因为还有相当的精气神，所以无论冬天夏天总是“拉晚儿”（注：拉晚儿，是下午四点以后出车，拉到天亮以前）。夜间，当然比白天需要更多的留神与本事；钱自然也多挣一些。

图 3-3-4 页面设置后的文档效果

2. 插入页眉和页脚

当 Word 文档页数超过一页时，给每个页面都加上页眉和页脚，显示文档的章节名、页码、页数、时间等，会使整篇文档更加完整，阅读起来也更加方便。给“骆驼祥子.doc”文档插入页眉和页脚，执行菜单栏中的“视图”→“页眉和页脚”命令，弹出“页眉和页脚”工具栏，如图 3-3-5 所示。完成页眉的设计，用同样方法建立页脚。

设置完页眉和页脚的文档效果如图 3-3-6 所示。

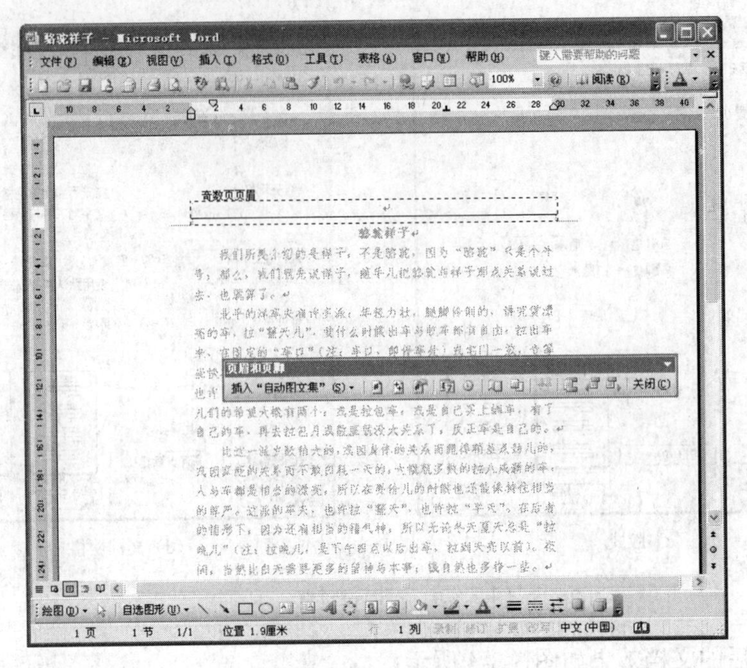

图 3-3-5　建立页眉和页脚

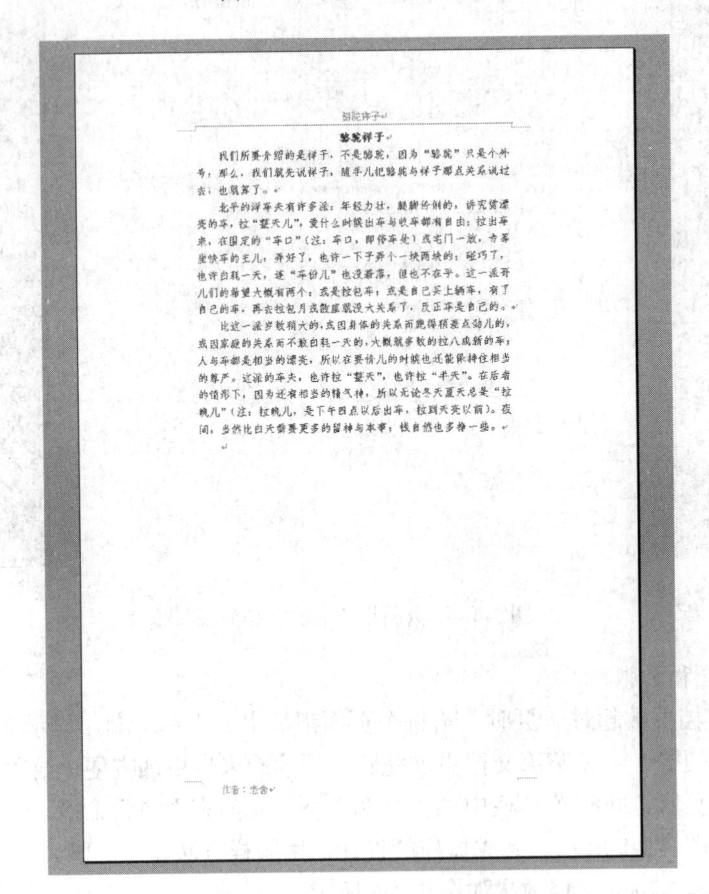
骆驼祥子

骆驼祥子

我们所要介绍的是祥子，不是骆驼，因为“骆驼”只是个外号；那么，我们就先说祥子，随手儿把骆驼与祥子那点关系说过去，也就算了。

北平的洋车夫有许多派：年轻力壮，腿脚伶俐的，讲究赁漂亮的车，拉“整天儿”，爱什么时候出车与收车都有自由；拉出车来，在固定的“车口”（注：车口，即停车处）或宅门一放，专等坐快车的主儿；弄好了，也许一下子弄个一块两块的；碰巧了，也许白耗一天，连“车份儿”也没着落，但也不在乎。这一派哥儿们的希望大概有两个：或是拉包车；或是自己买上辆车，有了自己的车，再去拉包月或散座就没大关系了，反正车是自己的。

比这一派岁数稍大的，或因身体的关系而跑得稍差点劲儿的，或因家庭的关系而不敢白耗一天的，大概就多数的拉八成新的车；人与车都是相当的漂亮，所以在要价儿的时候也还能保持住相当的尊严。这派的车夫，也许拉“整天”，也许拉“半天”。在后者的情形下，因为还有相当的精气神，所以无论冬天夏天总是“拉晚儿”（注：拉晚儿，是下午四点以后出车，拉到天亮以前）。夜间，当然比白天需要更多的留神与本事；钱自然也多挣一些。

作者：老舍

图 3-3-6　设置完页眉和页脚的文档效果

任务二　设置分栏和分隔符

【任务描述】

一篇文章常常分成若干个小块排版，以便文档看起来层次分明、便于阅读，这种排版效果称为分栏。在 Word 2003 中也可以方便地设置分栏效果。分隔符主要用于文档中段落与段落之间、节与节之间的分隔，使不同的段落或章节之间更加明显，也避免了敲一大堆回车键的麻烦。

【任务分析】

打开“骆驼祥子.doc”文档，对文档进行分栏操作，并插入分隔符。

【操作步骤】

1. 设置分栏

执行菜单栏中的“格式”→“分栏”命令，打开“分栏”对话框，如图 3-3-7 所示。设置“预设”为“两栏”，“宽度”和“间距”为默认，在“应用于”下拉列表中选择“整篇文档”，单击“确定”按钮，文档效果如图 3-3-8 所示。

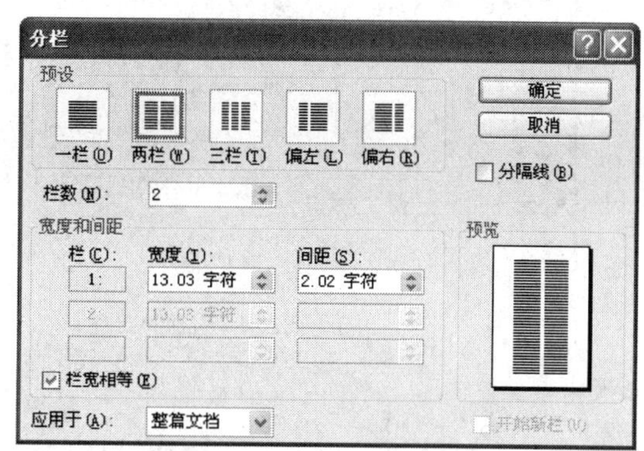

图 3-3-7　“分栏”对话框

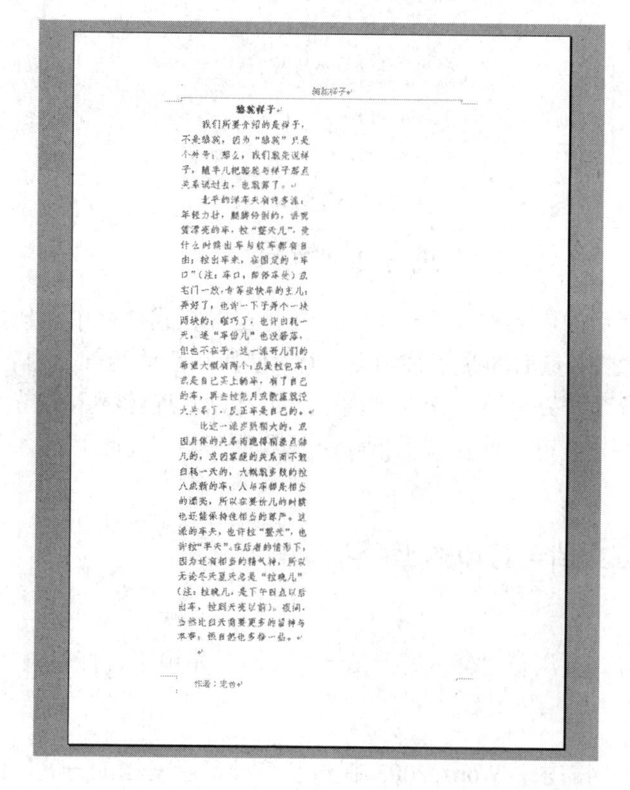

图 3-3-8　“骆驼祥子.doc”文档插入分栏符后

2. 使用分隔符

对“骆驼祥子.doc”文档设置分隔符，执行菜单栏的“插入”→“分隔符”命令，打开“分隔符”对话框，设置“分节符类型”为“连续”，如图 3-3-9 所示。

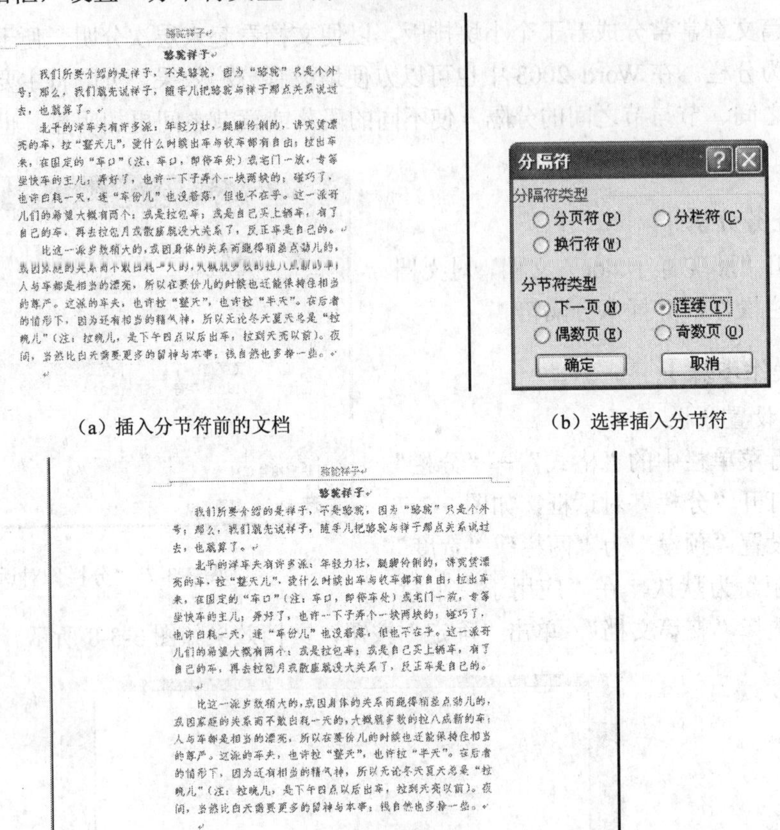

（a）插入分节符前的文档　（b）选择插入分节符

（c）插入分节符后的文档

图 3-3-9　设置分隔符

分页符使插入点后的内容移到下一页。分栏符在多栏式文档中，使插入点后的内容移到下一栏。换行符使插入点后的文字移到下一行，但换行后的两部分内容仍属于同一段落。分节符下一页插入分节符并分页，使新节由下一页开始。连续插入分节符，使新节由插入点开始。偶数页插入分节符，使新节由下一个偶数页开始。奇数页插入分节符，使新节由下一个奇数页开始。

任务三　浏览文档与打印输出

【任务描述】

在不同的视图方式下浏览“骆驼祥子.doc”文档，并预览、打印该文档。

【任务分析】

为满足用户的不同需求，Word 2003 提供了多种显示文档的方式，每一种显示方式称为一种视图。视图方式包括普通视图、页面视图、大纲视图、Web 版式视图和阅读版式视

图，Word 2003 中默认的并且常用的是页面视图。

普通视图一种简化的页面布局，用于显示更多的文档内容，但此视图不显示页码、页眉、页脚、背景和图形图像。页面视图文档编辑中最常用的一种视图方式。在这种方式下，文档内容的显示效果与打印效果完全一样，并且能够保证所有信息都会真实地显示出来。阅读版式视图显示视图如同一本打开的书，便于用户阅读，能够显示背景、页边距、页眉和页脚、图形对象等效果。大纲视图利用这种方式，不但可以使标题层次分明，而且还可以快速地改变标题的级别或相对位置。Web 版式视图设置页面背景或编辑网页文档时自动切换到该方式，此视图不显示标尺，不显示分页。

Word 文档打印效果可以采用打印预览的方式查看。

【操作步骤】

1. 浏览文档

使用“视图”菜单，可以切换视图方式。“骆驼祥子.doc”文档在不同的视图下浏览的效果如图 3-3-10 所示。

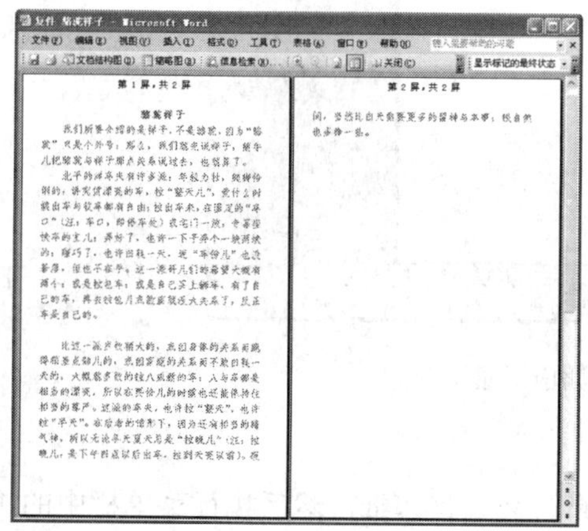

（a）阅读版式视图

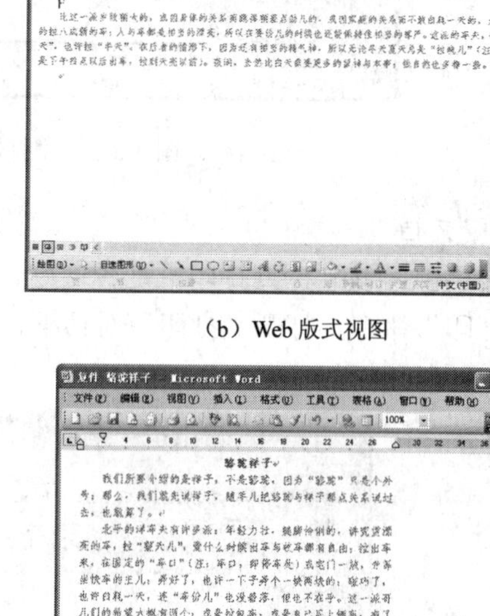

（b）Web 版式视图

（c）大纲版式视图

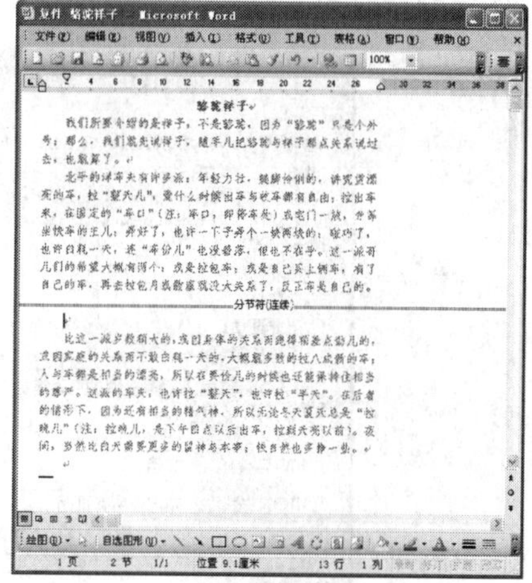

（d）普通视图

图 3-3-10　不同视图方式的比较

2. 打印预览

在“骆驼祥子.doc”文档的窗口中，执行菜单栏的“文件”→“打印预览”命令，可以打开“打印预览”窗口，如图 3-3-11 所示。在“打印预览”窗口的工具栏中可设置单页预览、多页预览以及预览显示比例等。打印预览后，如果有不合适之处，可以继续修改。

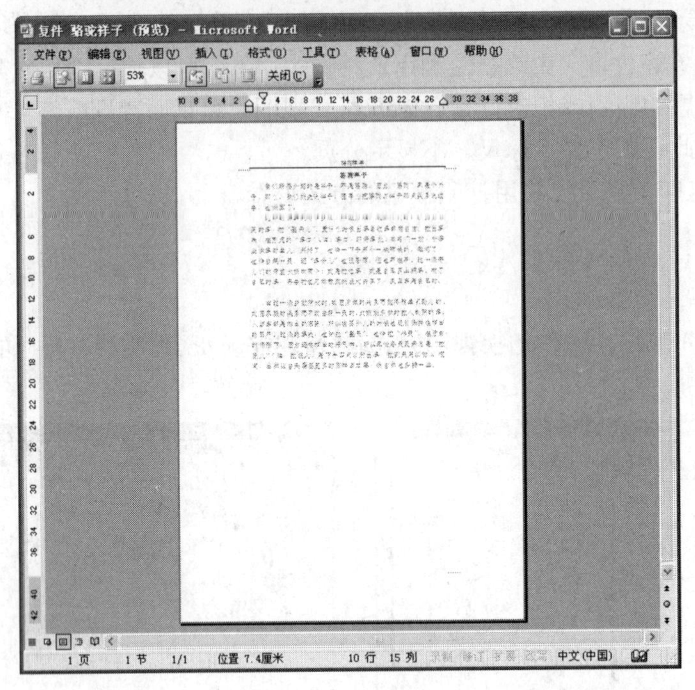

图 3-3-11 “打印预览”窗口

3. 打印文档

打印文档前应该先检查打印机是否连好，是否装好打印纸，然后执行菜单栏中的“文件”→“打印”命令，打开“打印”对话框，如图 3-3-12 所示，设置好打印参数后，单击“确定”按钮即可进行打印。

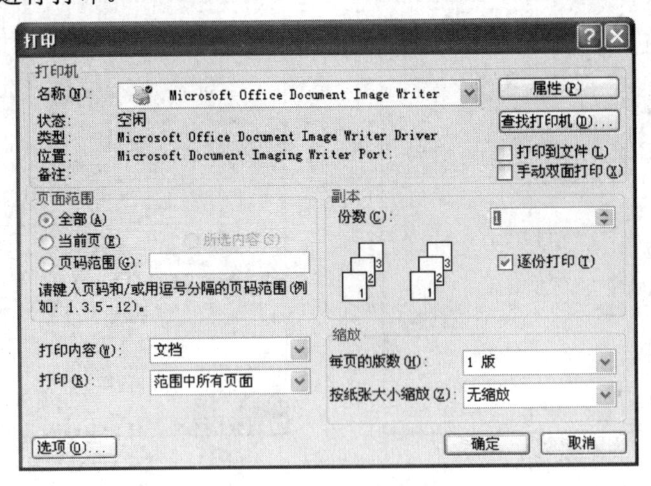

图 3-3-12 “打印”对话框

其中，页码范围“全部”指打印文档的全部页面；“当前页”指打印光标所在页；“页码范围”指打印指定页码，页码范围按规则输入在右侧文本框中。打印可以选择打印范围中所有页面、奇数页、偶数页。“份数”输入打印的份数。逐份打印打印数量在 1 份以上时，每份按照文档顺序打印。“属性”按钮提供更多的控制打印选项。

项目四　混　合　排　版

任务　图文表混合排版

【任务描述】

在生活、工作和学习中，往往需要将 Word 的基本知识和技能综合在一起灵活运用，制作比较复杂的文档。

【任务分析】

在文档中插入并编辑图片、艺术字、剪贴画和图表等对象；实现图、文、表混合排版。

【操作步骤】

1. 页面设置

（1）创建新文档，在“页面设置”对话框中设置新文档页面格式为：①“页边距”选项卡。“页边距”设置为上 2.54 厘米、下 2.54 厘米、左 3.17 厘米、右 3.17 厘米；“纸张方向”设置为“横向”。②“文档网格”选项卡。“文字排列”设置为“水平”；“网格”设置为“只指定行网格”；“行数”设置为每页 26、跨度 15.6 磅；“预览”设置应用于“整篇文档”。

（2）调整页面网格度量值。选取“页面设置”对话框的“文档网格”选项卡，单击左下角的“绘图网格”按钮，打开“绘图网格”对话框，设置如图 3-4-1 所示，调整页面网格度量值最小，使编辑过程中能比较精确地定位图形位置。

2. 插入艺术字

艺术字是 Word 中设置好的一组带有各种不同文字修饰效果的文字对象。通过艺术字，用户可以方便地制作出有特殊效果的文字。

将艺术字插入文档中，首先选择插入点，执行“插入”→“图片”→“艺术字”命令，打开“艺术字库”列表；单击选择合适的艺术字形后，弹出“编辑艺术字文字”对话框；输入“父亲节由来”，将字体设置为宋体、32 号、加粗，如图 3-4-2 所示。插入艺术字后，还可以使用“艺术字”工具栏设置艺术字格式、艺术字形状、环绕方式等。

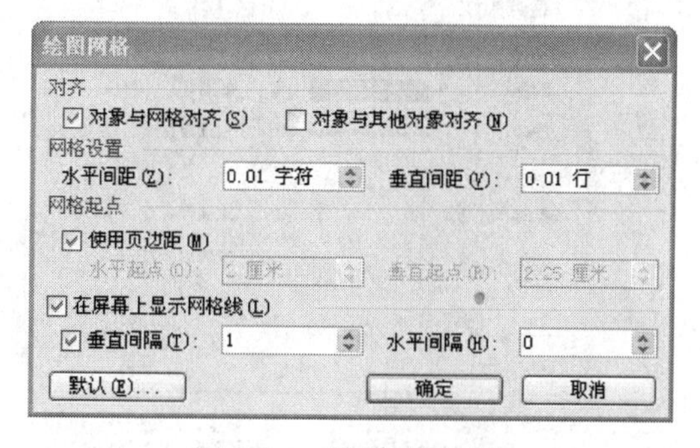

图 3-4-1　设置绘图网格

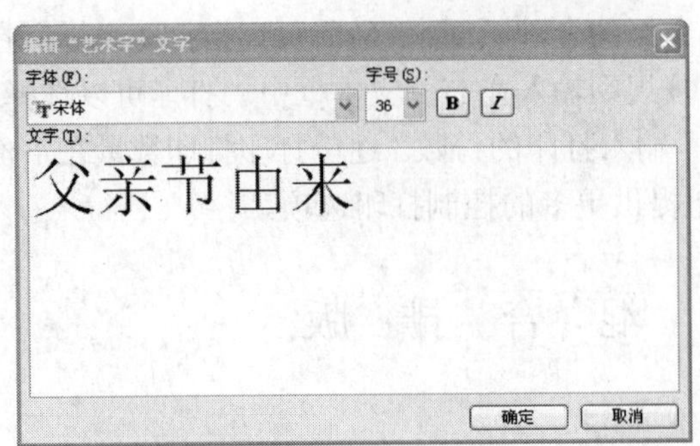

图 3-4-2　插入艺术字

3. 插入文本框

在文档排版中，将对象加入文本框中，就可以使对象的操作不受周围文字的影响。Word 有横排和竖排两种文本框，插入文本框后还可以对其设置格式。

插入文本框操作方法如下：执行菜单栏中的"插入"→"文本框"命令，选择子菜单中的"横排"或"竖排"子命令，可绘制相应类型的文本框。右击绘制好的文本框，在弹出的快捷菜单中选择"设置文本框格式"，弹出"设置文本框格式"对话框，如图 3-4-3 所示，可以对文本框的边框、线型、颜色以及版式等进行设置。在文本中输入相应文字并进行适当的格式设置，插入合适的底纹，文本框就做好了，用鼠标将它拖动到合适位置即可。

在页面视图或打印预览中才能准确地显示文本框的位置以及环绕情况。

4. 插入图片

在文档中插入图片，操作方法如下：执行菜单栏中的"插入"→"图片"命令，在弹出的子菜单中可以看到可以插入的图片类型，如图 3-4-4 所示。在子菜单中执行"来自文件"命令，弹出"插入图片"对话框，从中找到图片文件，单击"插入"按钮，就将图片插入文档了。拖动图像的控制点可以快速调整其大小和方向。

图 3-4-3　"设置文本框格式"对话框

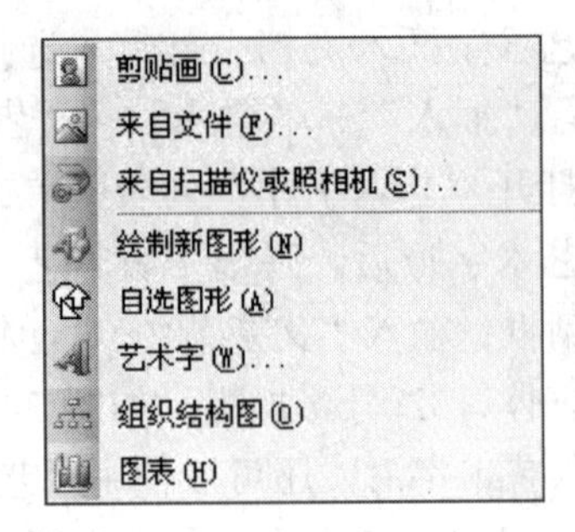

图 3-4-4　可插入的图片类型

（1）图片的版式。图片的版式主要是指图片本身的样式及它们在文字中的排列方式，诸如艺术字、文本框等对象版式的参数与图片基本一致。右击插入的图片，在弹出的快捷菜单中选择“设置图片格式”，打开“设置图片格式”对话框，选择“版式”选项卡，单击右下角的“高级”按钮，打开“高级版式”对话框，如图 3-4-5 所示，其中提供了更多的文字环绕方向，还可以对图片位置做更精确的调整。

（a）文字环绕

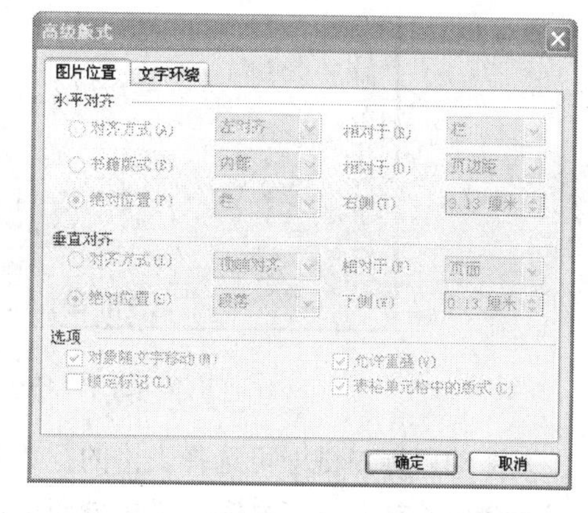

（b）图片位置

图 3-4-5　“高级版式”对话框

（2）Word 中的图片。在 Word 中除了可以插入来自图片文件的图片外，还可以插入剪贴画、自选图形和图表等其他图片。Word 自带了拥有大量剪贴画的图片库，用户可以通过主题搜索相关剪贴画；自选图形中包括线条、标注、连接符、流程图等，自选图形中可以加入文字等对象，还可以对自选图形进行阴影、三维效果等样式设置。

项目五　制　作　表　格

任务一　创建表格

【任务描述】

Word 2003 提供了较强的表格处理功能，人们利用它可以方便地创建、修改表格，还可以对表格中的数据进行计算、排序等处理。

【任务分析】

目前创建表格在办公和工业生产中使用极为广泛，是人们在使用 Word 2003 时应该掌握的基本功能。创建表格的方法有很多种，下面分别予以介绍。

【操作步骤】

1. 利用“插入表格”按钮创建表格

（1）鼠标左键单击工具栏上的“插入表格”按钮，即可出现一个表格行数和列数的选择框，如图 3-5-1 所示。

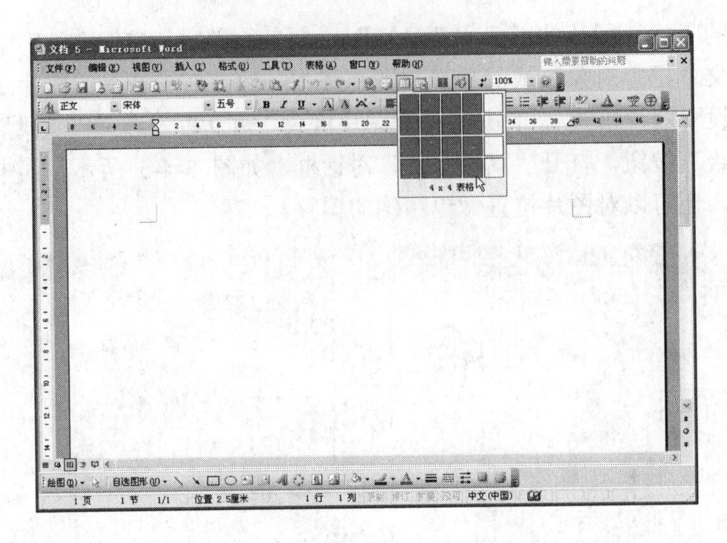

图 3-5-1　行数和列数的选择框

（2）拖动鼠标左键即可选择表格的行数和列数。

（3）释放鼠标左键，系统在光标处即可插入表格，如图 3-5-2 所示。

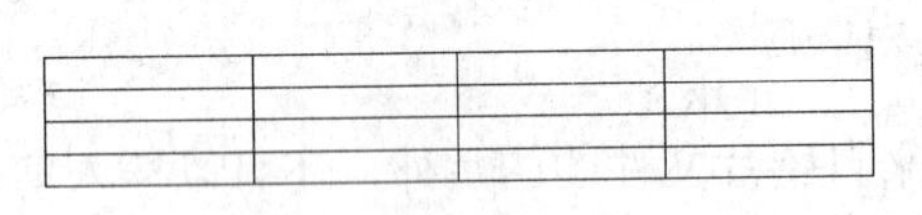

图 3-5-2　新创建的表格

2. 利用“插入表格”对话框创建表格

当需要创建很多行或列的表格时，可以使用此方法。

（1）单击菜单“表格”→“插入”→“表格”命令，如图 3-5-3 所示。

（2）打开“插入表格”对话框，如图 3-5-4 所示。

（3）在行数和列数文本框中输入要创建表格的行数和列数，同时可以在“自动调整操作”选项组中设置表格的列宽；或者单击“自动套用格式”按钮来创建表格的格式。

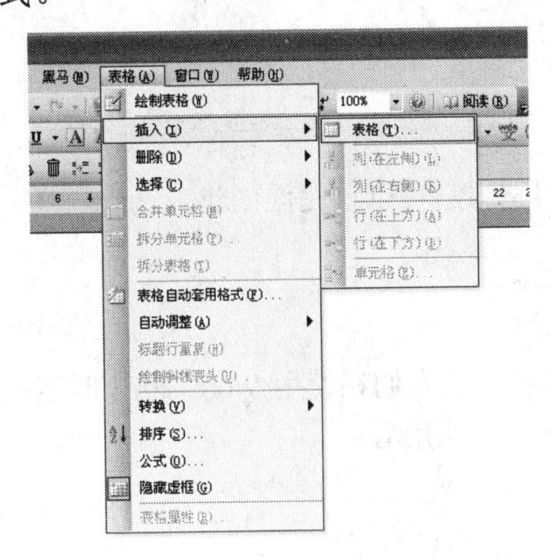

图 3-5-3 “插入表格”命令

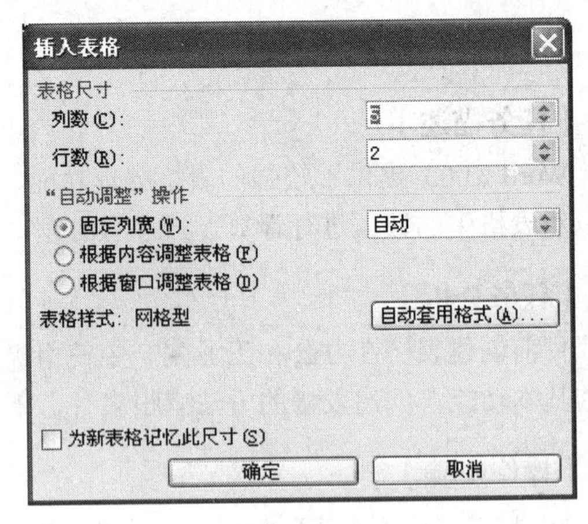

图 3-5-4 “插入表格”对话框

（4）在设置好以上选项之后，单击“确定”按钮即可。

3. 利用自由绘制表格方式创建表格

这种方法是使用 Word 2003 的“表格和边框”工具栏绘制表格。该方法的最大优点就是可以如同用笔一样非常灵活地进行绘制。

（1）单击菜单“表格”→“绘制表格”命令，弹出“表格和边框”工具栏，如图 3-5-5 所示。

（2）单击“表格和边框”按钮，在文档空白处画出如图 3-5-6 所示的表格边框。

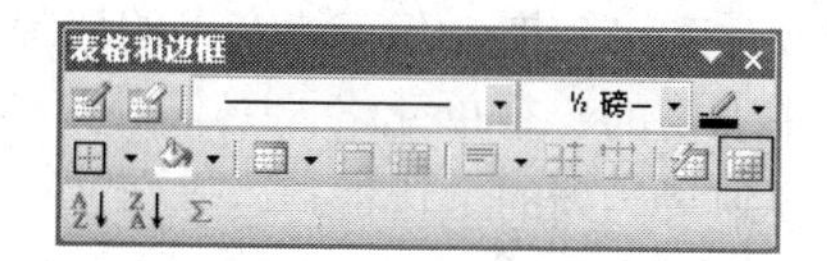

图 3-5-5 “表格和边框”工具栏

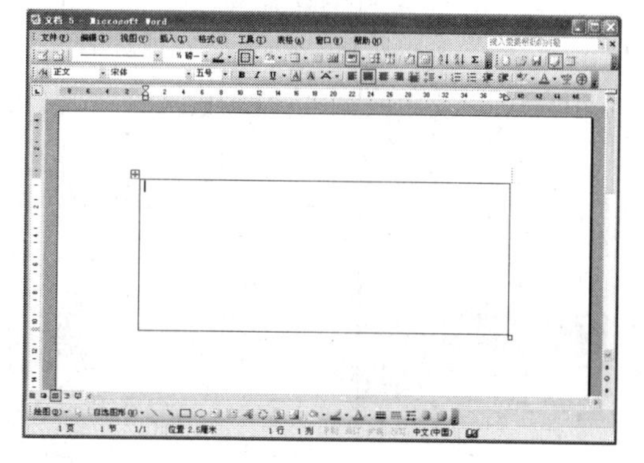

图 3-5-6　绘制表格边框

（3）单击“表格和边框”按钮，在表格内侧画出如图 3-5-7 所示的内侧线。

（4）如果要去掉多余的线条，可以单击“擦除”按钮，如图 3-5-8 所示。

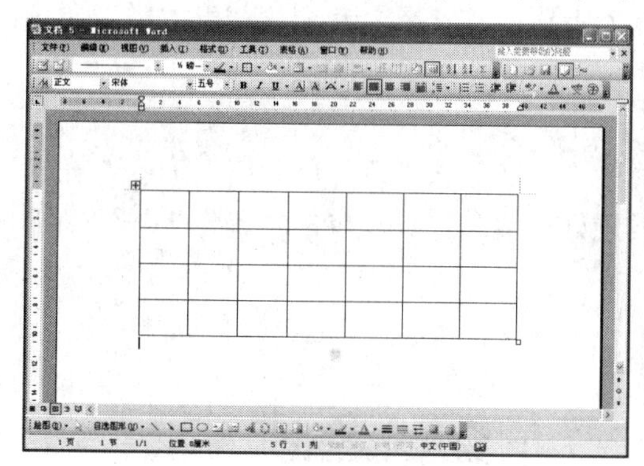

图 3-5-7　绘制表格内侧线

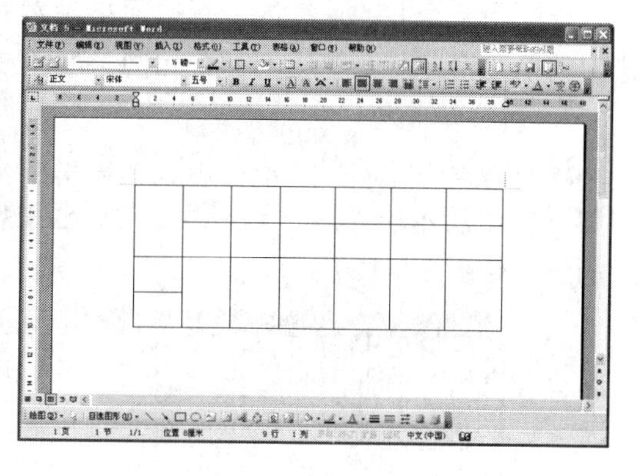

图 3-5-8　擦除多余的线条

任务二　编辑表格

【任务描述】

在绘制表格过程中或绘制完成后，经常需要对表格进行一些修改。对于制作完成的表格可能还需要添加一些行、列或单元格等，因此表格的后期修改也是非常重要的。

【任务分析】

要对表格进行编辑，首先应该选定单元格，在选定的情况下，再进行合并、拆分等相关的操作，以满足用户的需求。

【操作步骤】

1. 单元格的选择

就像文章是由文字组成的一样，表格也是由一个或多个单元格组成。单元格就像文档

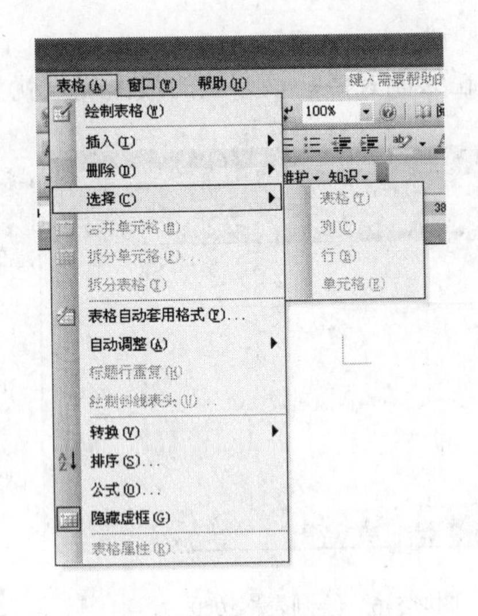

图 3-5-9　单元格选择命令

中的文字，只有选择单元格后才能对其进行操作。

将光标定位到单元格内，单击菜单“表格”→“选择”命令，即可选择行、列、单元格或者整个表格，如图 3-5-9 所示。

其他选择方法如下。

（1）将光标定位于单元格的左下角，当光标变成一个黑色的箭头时，左键单击可选择一个单元格，拖动鼠标可选择多个。

（2）像选中一行文字一样，在左边文档的选择区中左键单击，可选中表格的一行单元格。

（3）将光标移到某一列的上边框，当光标变成向下的箭头时左键单击即可选择该列。

（4）将光标移到表格上，当表格的左上方出现了一个移动标记⊞时，左键单击该标记即可选择整个表格。

2. 合并单元格

选中想要合并的连续的一行单元格，然后单击菜单“表格”→“合并单元格”命令，选中的单元格即可合并成一个单元格，如图 3-5-10 所示。

3. 拆分单元格

选取需要拆分的单元格，鼠标左键单击菜单“表格”→“拆分单元格”命令，在打开如图 3-5-11 所示的“拆分单元格”对话框中设置好列数和行数，单击“确定”按钮，拆分后的结果如图 3-5-12 所示。

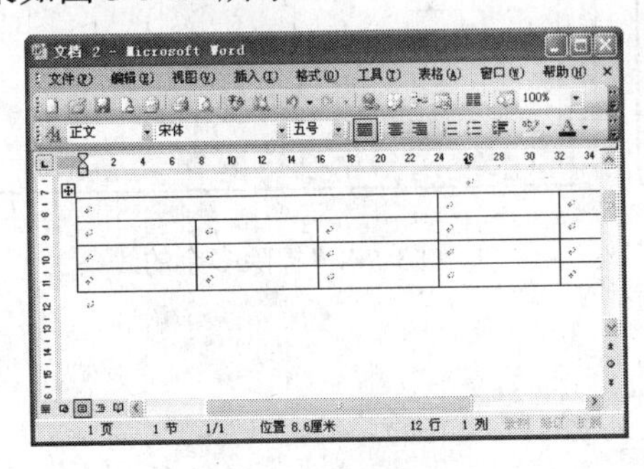

图 3-5-10　合并单元格

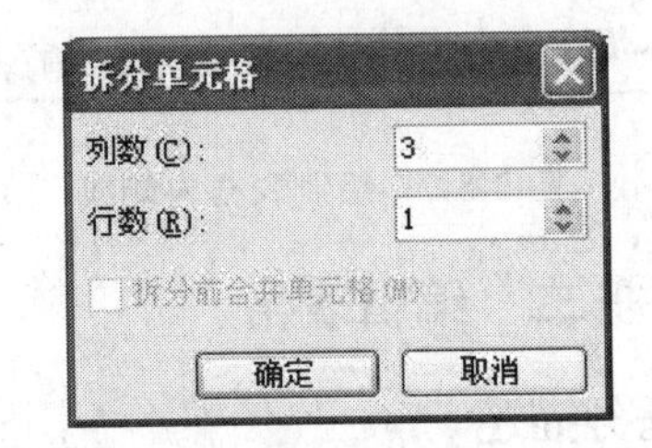

图 3-5-11　“拆分单元格”对话框

4. 删除单元格

选定要删除的单元格，鼠标左键单击菜单“表格”→“删除”→“单元格”命令，将会弹出“删除单元格”的对话框，如图 3-5-13 所示。

在该对话框中可以选择任一种删除方式：“右侧单元格左移”、“下方单元格上移”、“删除整行”和“删除整列”。选择后单击“确定”按钮，选定的单元格即被删除。

5. 拆分表格

“拆分表格”和“拆分单元格”的操作基本相同。先将光标移动到要拆分的单元格中（图 3-5-14），然后单击菜单“表格”→“拆分表格”命令，表格就在光标的位置被上下拆分成

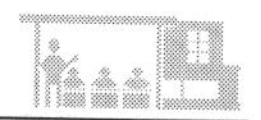

为两个表格了，如图 3-5-15 所示。

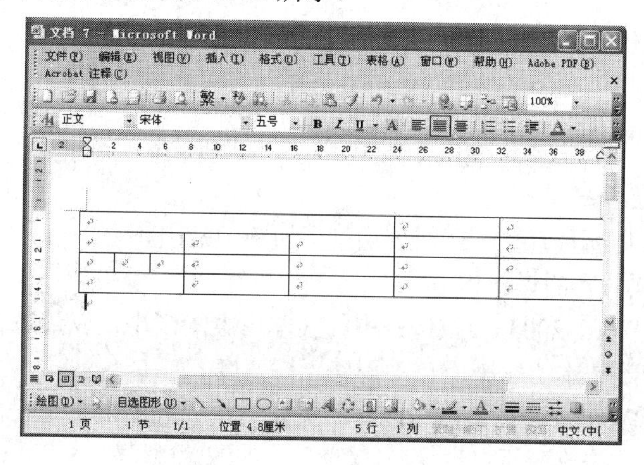

图 3-5-12　拆分后的表格

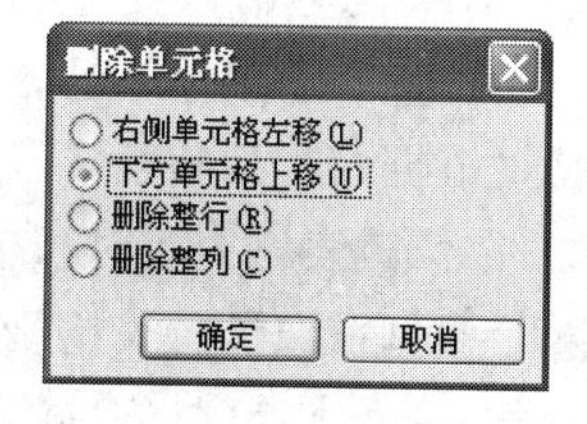

图 3-5-13　删除单元格

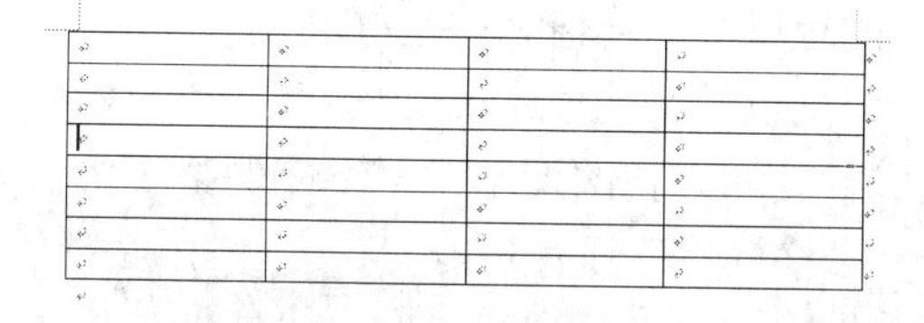

图 3-5-14　拆分前

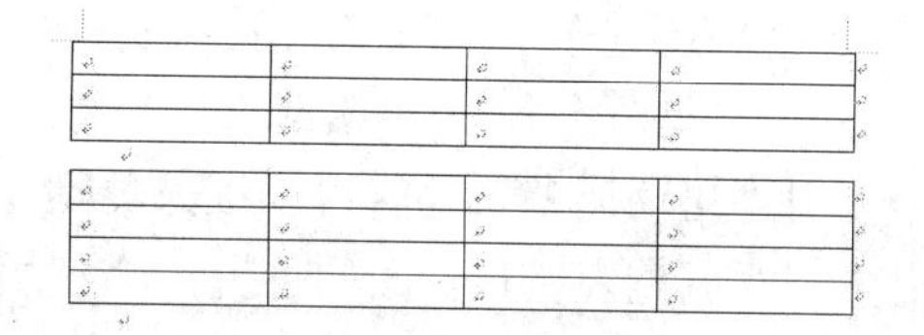

图 3-5-15　拆分后

6. 插入行、列和单元格

在表格中插入行、列和单元格的方法有以下几种。

（1）将光标定位在一个单元格内，左键单击菜单“表格”→“插入”命令，在其下级菜单中选择“行”、“列”或“单元格”项（图 3-5-16），即可相应地插入行、列和单元格。

或者选取一个单元格，单击常用工具栏上的“插入单元格”按钮，也可以选择插入一行或一列单元格。

（2）将光标定位到表格最后一行的最右边的回车符前，然后按一下回车键，或将光标定位到表格最后一行的最右边的一个单元格中，按一下 Tab 键，即可在最后面插入一行单元格。

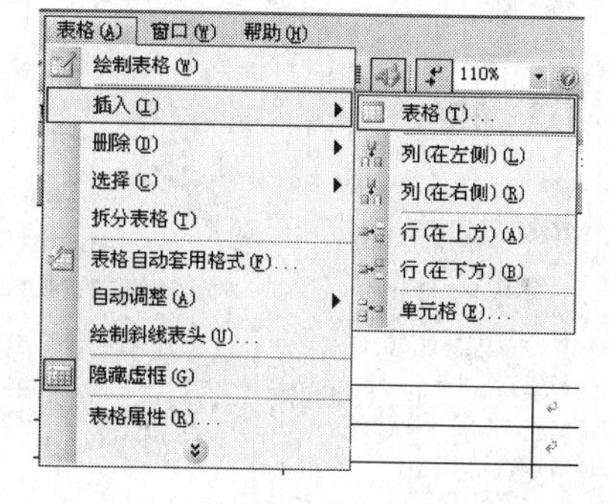

图 3-5-16　“插入”命令

（3）将光标定位在表格下面的段落标记前，单击工具栏上的“插入行”按钮，Word 2003 会弹出一个对话框，选择要插入的行数，单击“确定”按钮即可。

任务三　设置表格

【任务描述】

本任务将介绍如何设置表格的属性。

【任务分析】

设置表格的方法有很多种，在 Word 2003 中，主要包括使用“自动调整”设置表格和使用“表格属性”设置两种。

【操作步骤】

1. 使用“自动调整”设置表格

单击菜单“表格”→“自动调整”命令，打开子菜单，如图 3-5-17 所示。

“自动调整”子菜单下的各项内容的说明如下。

（1）“根据内容调整表格”。Word 2003 会按每列中的文本内容的多少，以最适合的列宽显示。在修改表格内容时，会随文本的增减而自动调整表格宽度。

（2）“根据窗口调整表格”。Word 2003 会按当前文档页面的设置大小来确定表格的宽度。在修改页面大小时，会随页面的改变而自动调整。

（3）“固定列宽”。表格固定列的宽度。在此方式下改变列宽，则需要进行人工调整。

（4）“平均分布各行”。Word 2003 将选中的行以其平均值来确定行高。

（5）“平均分布各列”。Word 2003 将选中的列以其平均值来确定列宽。

使用“自动调整”功能可以很方便地完成行高和列宽的调整，但不能调整表格在页面的位置。要调整表格在页面的位置，需使用“表格属性”设置功能。

2. 使用“表格属性设置”功能

将鼠标指针置于表格中（或选定整个表格），然后左键单击菜单“表格”→“表格属性”命令，打开“表格属性”对话框，如图 3-5-18 所示。

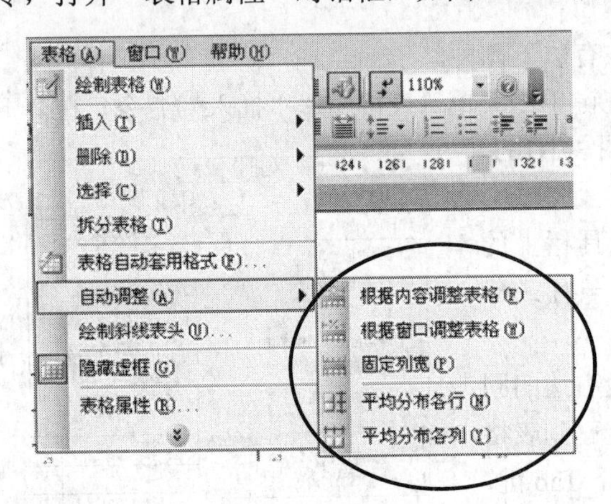

图 3-5-17 “自动调整”子菜单

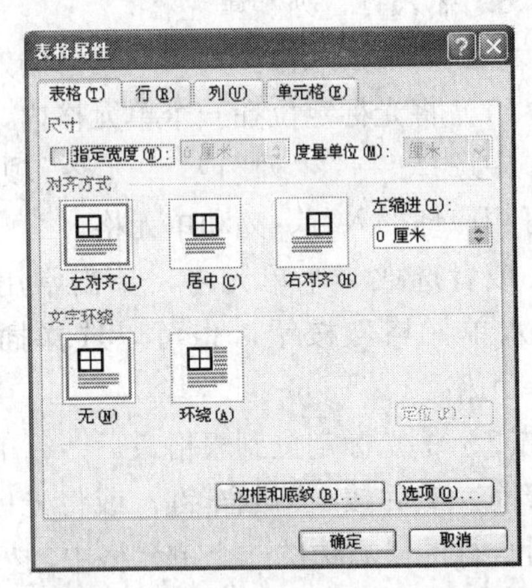

图 3-5-18 “表格属性”对话框

在该对话框中单击“表格”标签打开“表格”选项卡，从中可以设置表格的各项属性。

（1）“尺寸”选项组。用于设置整个表格的宽度。左键单击“指定宽度”复选框，然后在其后面的微调框中输入数值即可。

（2）“对齐方式”选项组。用于确定整个表格在水平方向的位置，分别有“左对齐”、“居中”和“右对齐”3 种方式。

（3）“文字环绕”选项组。用于设置表格与正文的环绕方式。选择“环绕”选项时，可

以实现表格与正文混排的功能。此时，“定位”按钮会被激活，单击该按钮可以打开如图 3-5-19 所示的“表格定位”对话框，从中设置在“环绕”方式下表格与正文的位置。

（4）“边框和底纹”按钮。单击此按钮打开“边框和底纹”对话框，可设置表格边框和底纹，如图 3-5-20 所示。

（5）“选项”按钮。单击此按钮可打开如图 3-5-21 所示的“表格选项”对话框，从中设置表格单元格的边距和间距。

在“表格属性”对话框中，左键单击“行”、“列”和“单元格”标签可打开各选项卡，分别设置某行、某列或某个单元格的高度和宽度等内容。

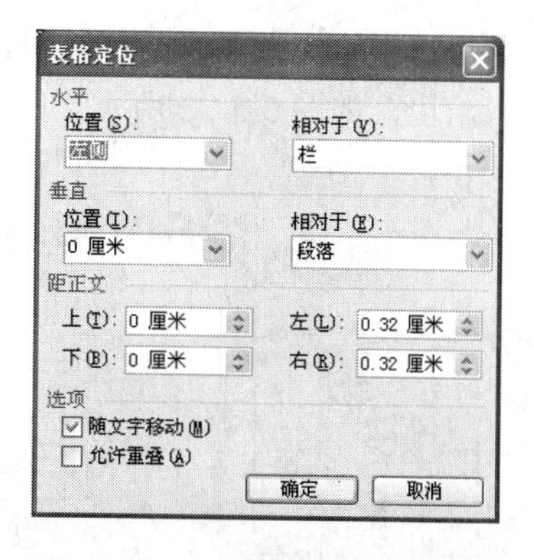

图 3-5-19 “表格定位”对话框

在“表格属性”对话框的“单元格”标签下，可以设置表格单元格中内容在垂直方向上的对齐方式，分别有“顶端对齐”、“居中”和“底端对齐”3 种方式。

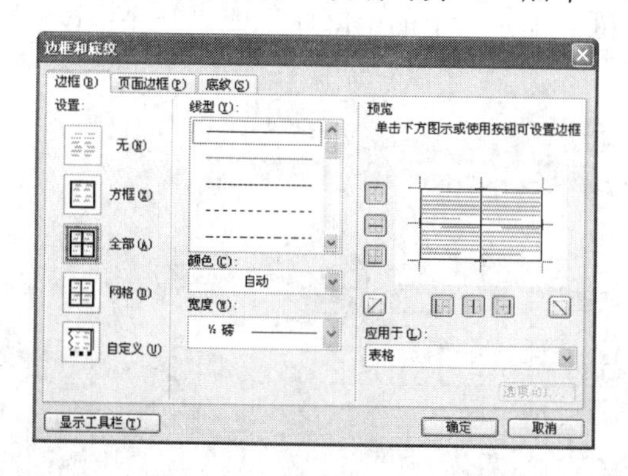

图 3-5-20 “边框和底纹”对话框

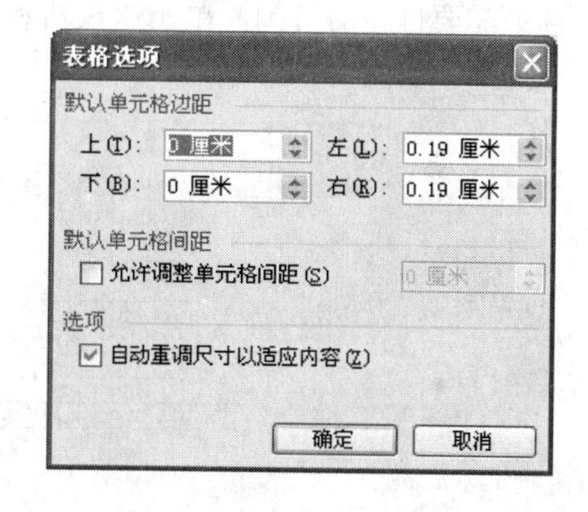

图 3-5-21 “表格选项”对话框

任务四　表格数据的计算

【任务描述】

在表格中出现一些数据时，难免会有对数据进行排序和数值计算的操作。Word 2003 可以对表格中的数据进行计算，还可以进行排序等操作。

【任务分析】

要想对表中数据进行操作，先要了解单元格的表示法。表格中的列依次用英文字母 A，B，C，…表示。表格中的行依次用数字 1，2，3，…表示。某个单元格则用其对应的列号和行号表示。例如，第 B 列第 4 行的单元格表示为 B4（注意顺序是列在前，行在后），用冒号分隔两个单元格则表示单元格的范围，例如 B3：F5 表示从 B3 单元格到 F5 单元格矩形区域内的所有单元格。

【操作步骤】

1．表格的求和

把光标定位到需要求和的列下面的第一个单元格中，左键单击“自动求和”按钮 Σ，然后选中这个数字，把它复制到下面的单元格中，选中这一列，按下 F9 键，其余行的和即可求出，如图 3-5-22 所示。

序号	姓名	基本工资	奖金	总工资
1	张三	600	300	900
2	李四	550	400	950
3	王五	650	350	1000
4	刘六	700	600	1300

图 3-5-22　表格求和

2. 表格的排序

选中需要排序的一列，单击“表格和边框”工具栏上的“降序”或“升序”按钮即可按要求排列，如图 3-5-23 所示。

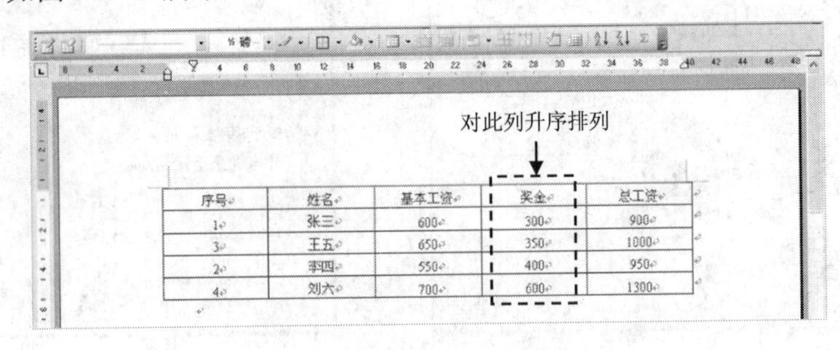

序号	姓名	基本工资	奖金	总工资
1	张三	600	300	900
3	王五	650	350	1000
2	李四	550	400	950
4	刘六	700	600	1300

图 3-5-23　表格排序

项目六　样 式 与 索 引

任务　如何生成论文中的索引和目录

【任务描述】

我们有时候撰写的涉及研究性强，并且内容较多的论文可能就较长，涉及篇幅较多，不利于检索，这就需要将论文中的标题目录化，便于读者检索并快速阅读，那么，在这一步骤中，要掌握 Word 2003 索引和目录功能，学员能使用 Word 2003 进行论文的目录，一般来说，建立目录有两种方法：一种是利用大纲级别自动生成目录；第二种是标记索引项来自动生成目录。

【任务分析】

（1）利用大纲级别自动生成目录。

（2）利用标记索引项实现自动生成目录。

（3）如何在论文中应用分隔符。

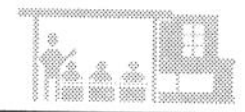

【操作步骤】

一、利用大纲级别自动生成目录

如果要插入目录，请单击“插入”菜单，指向“引用”→“索引和目录”，出现“索引和目录”的画面，点击“目录”标签，倘若直接按下“确定”按钮，则会以黑体字提示“错误！未找到目录项”。

那么如何解决这个问题？那就该设置“目录项”，目录项即文档中用来显示成为目录内容的一段或一行文本。因此，要想自动显示目录，必先设置目录项，目录项的设置很简单，其实就是在大纲视图下定义文章标题级别，这些含有级别的文章标题就是目录项。

（1）单击视图→大纲切换至大纲视图模式，选定文章大标题，在“大纲级别”中将之定义为“1 级”，接着依次选定小标题将之逐一定义为“2 级”。当然，若有必要，可将需要设置为目录项的文字，继续定义“3 级”等等，如图 3-6-1 所示。

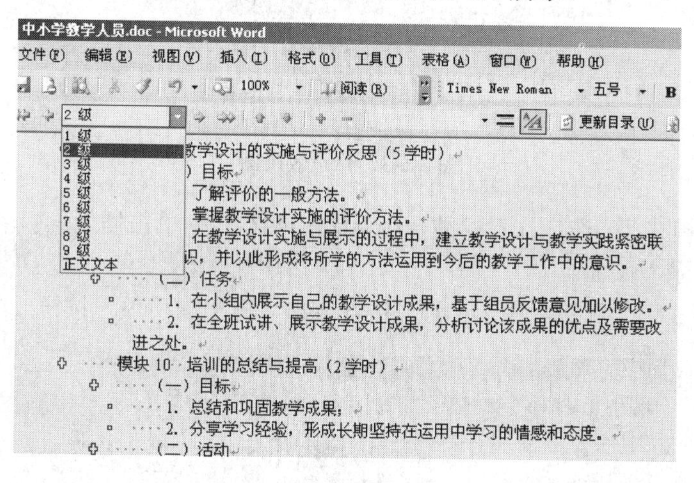

图 3-6-1　设置大纲级别

（2）单击视图→页面，回至页面视图模式，将光标插入文档中欲创建目录处，单击插入→引用→索引和目录，出现“索引和目录”对话框。

（3）单击“目录”标签（图 3-6-2），选择“显示页码”与“页码右对齐”这两项，前者的作用是自动显示目录项所在的页面，后者的作用是为了显示美观。在常规“格式”下拉选择“正式”。

（4）单击“确定”完成，效果如图 3-6-3 所示。

二、利用标记索引项实现自动生成目录

这种方法需预先将每个标题（目录项）标记成为一个索引项，从而应用索引来实现目录的生成。具体的操作如下。

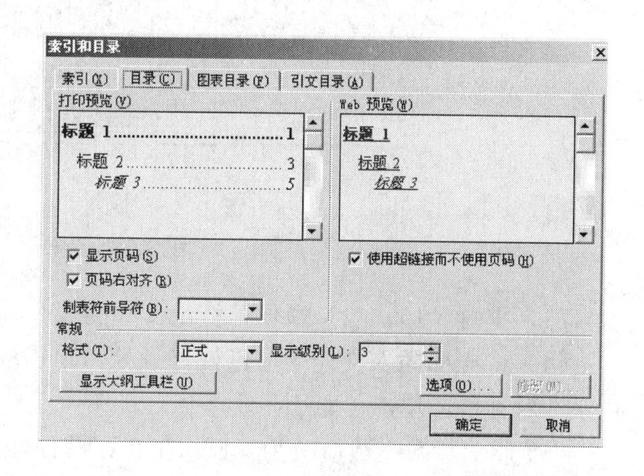

图 3-6-2　索引与目录中的“目录”标签

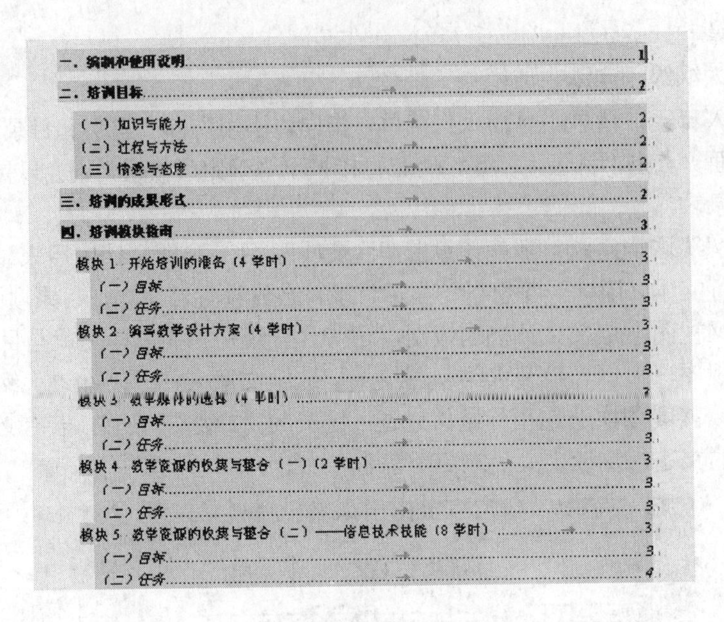

一、编制和使用说明........................1
二、培训目标........................2
（一）知识与能力........................2
（二）过程与方法........................2
（三）情感与态度........................2
三、培训的成果形式........................2
四、培训模块指南........................3
模块 1 开始培训的准备（4 学时）........................3
（一）目标........................3
（二）任务........................3
模块 2 编写教学设计方案（4 学时）........................3
（一）目标........................3
（二）任务........................3
模块 3 教学媒体的选择（4 学时）........................3
（一）目标........................3
（二）任务........................3
模块 4 教学资源的收集与整合（一）（2 学时）........................3
（一）目标........................3
（二）任务........................3
模块 5 教学资源的收集与整合（二）——信息技术技能（8 学时）........................3
（一）目标........................3
（二）任务........................4

图 3-6-3 目录效果图

（1）在页面模式下，选定文章中的一个标题（目录项），单击插入→引用→索引和目录，出现“索引和目录”画面。

（2）单击“索引”标签（图 3-6-4），接着点击“标记索引项”按钮（图 3-6-5）。

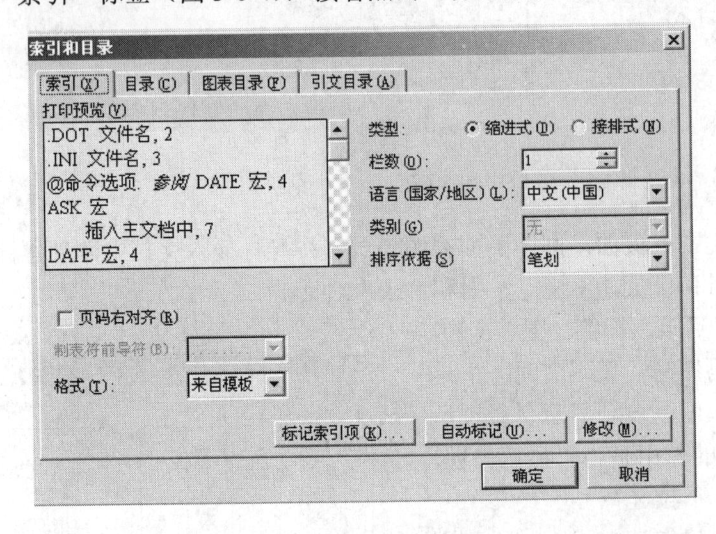

图 3-6-4 “索引”标签

（3）重复（1）、（2）操作，将论文中的每个标题（目录项）都标记成为一个索引项。

（4）将光标插入文档中欲创建目录处，单击插入→引用→索引和目录，出现“索引和目录”对话框，单击“索引”标签。

（5）将“栏数”数值改为“1”，在“页码右对齐”前面打上“√”，将“制表符前导符”下拉为点线，“格式”选用默认的“来自模板”，如图 3-6-6 所示。单击“确定”，目录自动

生成，如图 3-6-7 所示。

三、在论文中应用分隔符

我们在进行论文的编辑过程中，会遇到很多问题，比如，多页面的文章，封面是没有页眉和页码的，目录开始第一页，正文又开始用第一页；另外，论文中含有图表或表格的页面需横向的排版，其他文字页面是纵向排版，等等，这些问题的处理时就用到了分隔符的功能，这一步骤中，应深入了解分隔符的类型以及详细应用。分页符，是插入文档中的表明一页结束而另一页开始的格式符号；分栏符，分栏是一种文档的页面格式，将文字分栏排列；换行符，在插入点位置可强制断行的标记；分节符，为在一节中设置相对独立的格式页插入的标记。

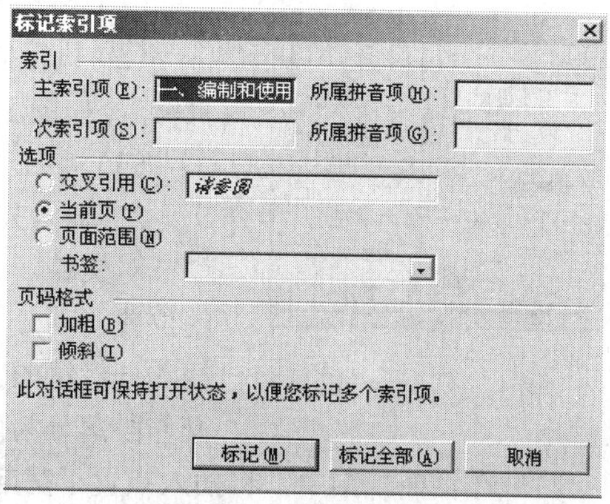

图 3-6-5　标记索引项

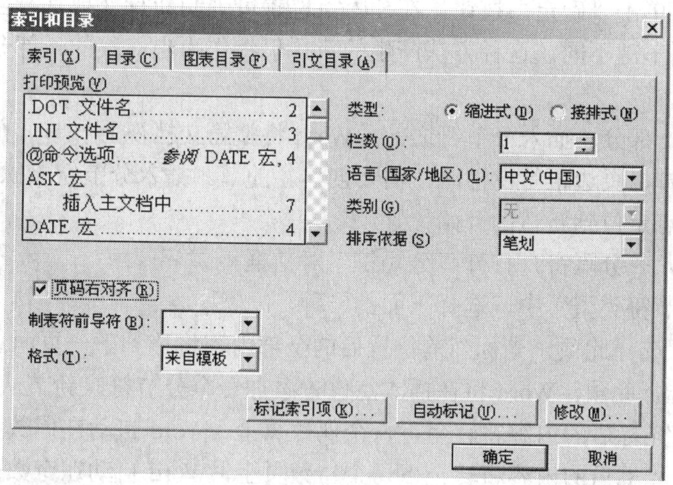

图 3-6-6　索引和目录

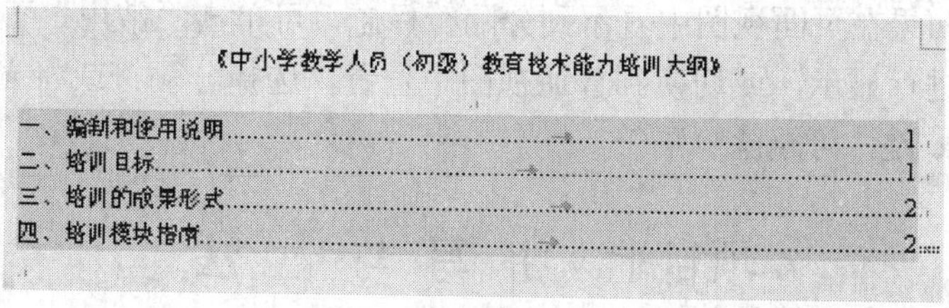

图 3-6-7　目录自动生成

1. 插入分页符

当文本或图形等内容填满一页时，Word 会插入一个自动分页符并开始新的一页。如果要在某个特定位置强制分页，可插入“手动”分页符，这样可以确保章节标题总在新的一页开始。

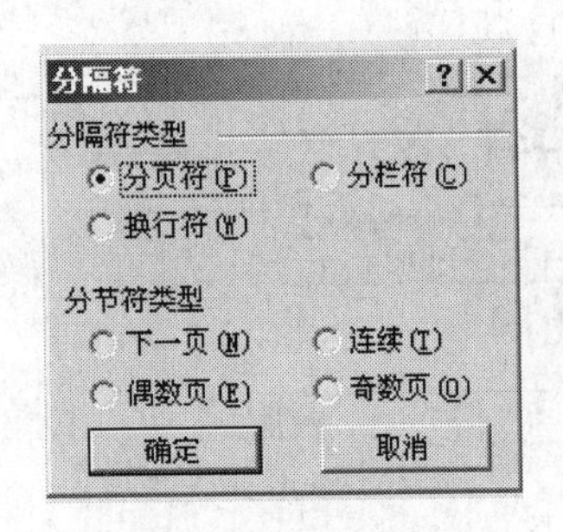

图 3-6-8　分页符

（1）将插入点置于要插入分页符的位置。

（2）执行插入→分隔符，打开“分隔符”对话框，单击“分页符”，如图 3-6-8 所示。

（3）单击“确定”按钮。

2. 插入分栏符

对文档（或某些段落）进行分栏后，Word 文档会在适当的位置自动分栏，若希望某一内容出现在下栏的顶部，则可用插入分栏符的方法实现，具体步骤为（为呈现效果，特先将被操作段落分为两栏）：

（1）在页面视图中，将插入点置于另起新栏的位置。

（2）执行插入→分隔符，打开“分隔符”对话框，单击“分栏符”。

（3）单击“确定”按钮。

3. 插入换行符

通常情况下，文本到达文档页面右边距时，Word 将自动换行。在“分隔符”对话框中选择“换行符”，单击“确定”按钮，在插入点位置可强制断行（换行符显示为灰色“↓”形）。与直接按回车键不同，这种方法产生的新行仍将作为当前段的一部分。

4. 插入分节符

节是文档的一部分。插入分节符之前，Word 将整篇文档视为一节。在需要改变行号、分栏数或页面页脚、页边距等特性时，需要创建新的节。插入分节符步骤如下。

（1）将插入点定位到新节的开始位置。

（2）执行插入→分隔符，打开“分隔符”对话框。

（3）在“分节符类型”中，选择下面的一种。

1）下一页。选择此项，光标当前位置后的全部内容将移到下一页面上。

2）连续。选择此项，Word 将在插入点位置添加一个分节符，新节从当前页开始。

3）偶数页。光标后的内容将转至下一个偶数页上，Word 自动在偶数页之间空出一页。

4）奇数页。光标后的内容将转至下一个奇数页上，Word 自动在奇数页之间空出一页。

（4）单击“确定”按钮。

[特别提示] 如果在页面视图中看不到分隔符标志，可单击“常用”工具栏上的“显示/隐藏编辑标记”进行显示，或切换到普通视图中查看，选择分隔符或将光标置于分隔符前面，然后按 Delete 键，可删除分隔符。

项目七　拼 写 与 语 法

【任务描述】

在输入文本时，很难保证输入文本的拼写、语法都完全正确。因此，输入后不得不花很大的精力去核对文本、查找并改正错误。Word 2003 为用户提供了一个很好的拼写和语法检查功能，可以在输入文本的同时检查错误，实时校对。为提高输入的正确性提供了很好的帮助。

以往版本只是对英文的拼写和语法提供了足够的拼写和语法检查，对中文的支持不是很令人满意。在 Word 2003 中，已经对中文提供了足够的支持，因为 Word 2003 可以根据用户定义的词典来检查输入的词组是否正确。

【任务分析】

（1）键入时自动检查拼写和语法错误。

（2）设置拼写和语法检查选项。

（3）自动测定语言。

（4）对已存在的文档进行拼写和语法检查。

【操作步骤】

1. 键入时自动检查拼写和语法错误

Word 2003 提供了自动拼写检查和自动语法检查的功能，当文档中无意之中输入了错误的或者不可识别的单词时，Word 2003 会在该单词下用红色波浪线进行标记，如果是出现了语法错误，则在出现错误的部分用绿色波浪线标记。这时，在带有波浪线的文字上单击鼠标右键，会弹出一个快捷菜单，其中列出了修改建议。

只要在快捷菜单中单击想要替换的单词，就可以将错误的单词替换为选取的单词。

选择“全部忽略”选项，忽略文档中所有该单词的拼写错误。

选择“添加”选项，将该单词添加到字典中，Word 以后便不再将该单词编辑为错误。

选择“语言”选项，可以选择一门语言。

选择“拼写”选项，将显示“拼写”对话框，以便指定附加的拼写选项。

要对文档自动进行语法和拼写的检查，首先需要进行“拼写和语法”选项设置。操作步骤如下。

（1）单击“工具”菜单中的“选项”菜单项，在弹出的“选择”对话框中选择“拼写和语法”选项卡。

（2）在“拼写”选项组中选中“键入时检查拼写”复选框，在“语法”选项组中选中“键入时检查语法”。

（3）清除“拼写”选项组中的“隐藏文档中的拼写错误”复选框和“语法”选项组中的“隐藏文档中的语法错误”复选框。

（4）单击“确定”按钮。

2. 设置拼写和语法检查选项

为了提高拼写和语法检查的速度和精度，可以自定义拼写和语法检查。如果要自定义拼写和语法检查，可打开所示的选项卡，其中，“拼写”选项组用于自定义拼写检查，“语法”选项组用于自定义语法检查。它们具体功能如下。

键入时检查拼写：在输入的同时自动检查拼写错误并标出。

隐藏文档中的拼写错误：隐藏文档中的拼写错误下面的红色波浪线，可以不妨碍用户工作。

总提出更正建议：在拼写检查期间自动显示用于误拼单词的拼写建议列表。

仅根据主词典提供建议：根据主词典而不是其他打开的自定义词典来提供更正拼写

建议。

忽略所有字母都大写的单词：在拼写检查期间，不检查全部大写的单词。

忽略带数字的单词：在拼写检查期间，不检查带数字的单词。

忽略 Internet 和文件地址：在拼写检查期间，忽略 Internet 地址和电子邮件地址之类的单词。

键入时检查语法：在键入文本的同时自动进行语法检查。

隐藏文档中的语法错误：隐藏标明语法错误位置的绿色波浪型。

随拼写检查语法：表示在检查拼写错误的同时检查语法错误。

显示可读性统计信息：表示当检查结束后显示可读性统计信息，可读性统计信息是基于每个句子的平均单词数和每个平均音节数计算出来的。

检查后的统计信息。

重新检查文档：使用户在更改了拼写和语法选项、打开自定义或特殊词典后再检查一次拼写和语法。单击“重新检查文档”按钮后，Word 还会重设内部的“全部忽略”列表。

3. 自动测定语言

在 Word 2003 中，允许在一篇文档中同时输入中文、英文、日文或其他语言的文字。如果文档中使用了多种语言，那么 Word 2003 还会自动检测所使用的语言，并启动不同语言的拼写检查功能。

要使用自动测定语言功能，可以选择“工具”菜单中的“语言”菜单项，并从其级联菜单中选择“设置语言”命令，弹出所示的“语言”对话框，选中“自动测定语言”复选框即可。

4. 对已存在的文档进行拼写和语法检查

当完成文档的输入和编辑后，要对文档进行拼写检查和语法检查。首先打开要检查的文档，然后选择“工具”菜单中的“拼写和语法”菜单项或直接按 F7 键，Word 将启动拼写和语法检查。当遇到拼写错误的单词时，Word 将此单词放入文本框并打开“拼写和语法”对话框。

项目八　邮　件　合　并

【任务描述】

通过邮局寄信需要在信封上填写收信人的邮编、地址、姓名，以及寄信人的地址、姓名、邮编等信息，如果需要发出去的信件很多，手工填写是一件繁琐的事。其实，用 Word 2003 的“中文信封向导”不仅可以批量生成漂亮的信封，而且可以批量填写信封上的各项内容，实现信封批处理。

【任务分析】

（1）利用“信封制作向导”来创建信封。

（2）根据数据（表 3-8-1）创建数据源。

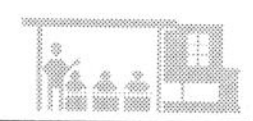

表 3-8-1　　本项目中的数据实例

邮　编	地　址	电　话	姓　名	职　务
100086	北京	63254161	张三	科长
100093	北京	65321561	李四	主任

（3）有了数据源和信封，下面我们合并生成信封。

（4）打印信封。

【操作步骤】

1. 制作信封模板

运行 Word 2003，单击“工具→信函与邮件→中文信封向导”，如图 3-8-1 所示，系统会启动“信封制作向导”，如图 3-8-2 所示。

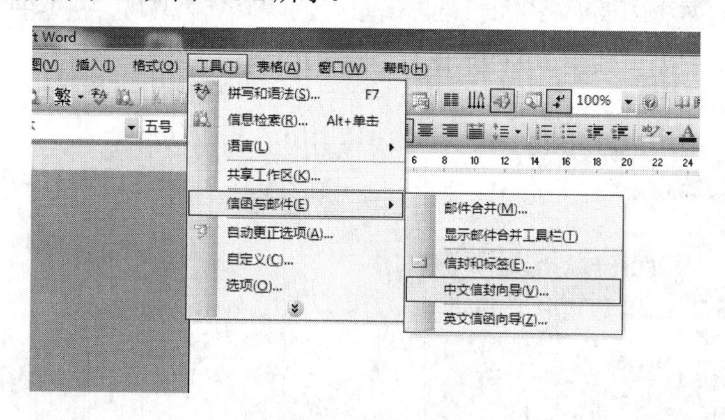

图 3-8-1　中文信封向导

在“向导”的带领下，首先按实际需要选择信封规格，如图 3-8-3 所示。

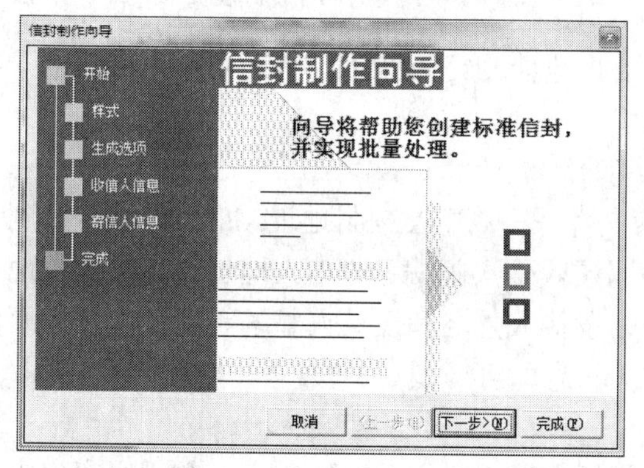

图 3-8-2　信封制作向导

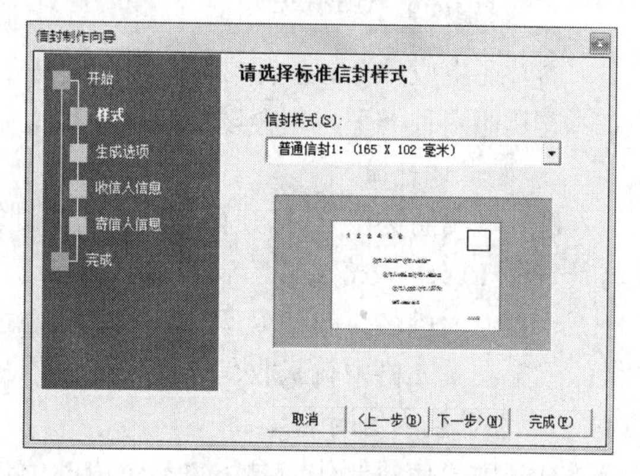

图 3-8-3　信封样式

然后单击“下一步”，进入图 3-8-4 所示界面。

在“生成选项”窗口中选中“打印邮政编码边框”和“以此信封为模板，生成多个信封”，并在“使用预定义的地址簿”一项的下拉列表中根据自己的喜好选择地址簿文件类型（这里有 3 个选项可选，分别是 Microsoft Word、Microsoft Excel 和 Microsoft Access，本文以选择 Microsoft Excel 为例），如图 3-8-5 所示。

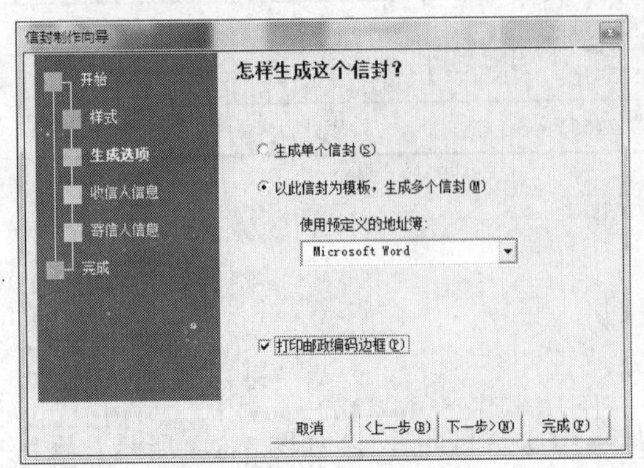

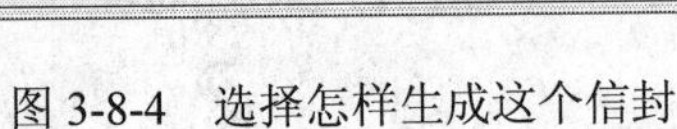
图 3-8-4　选择怎样生成这个信封

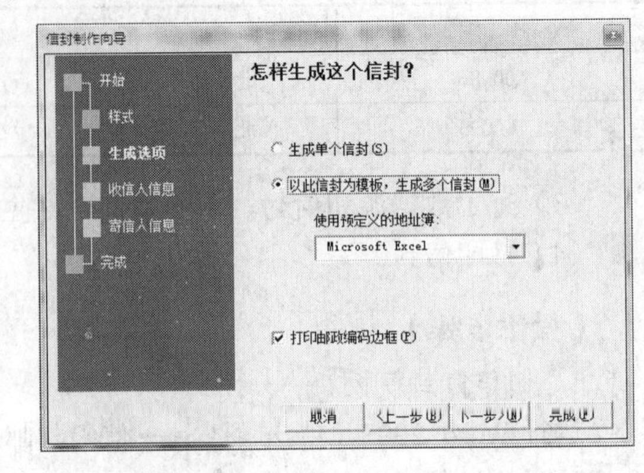

图 3-8-5　选择“Microsoft Excel”

最后单击“完成”，如图 3-8-6 所示。

向导将自动生成信封模板，如图 3-8-7 所示。

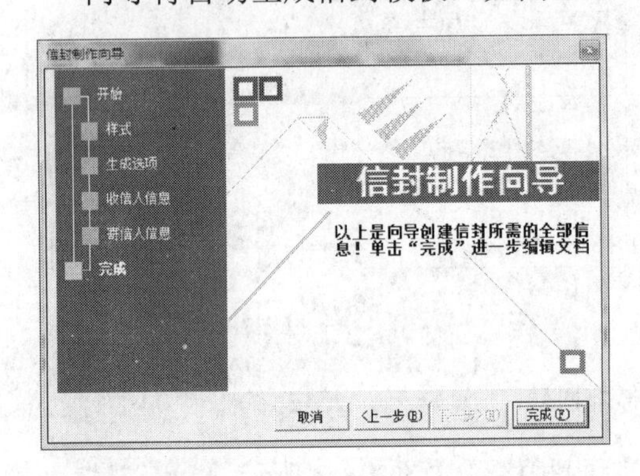

图 3-8-6　点击“完成”

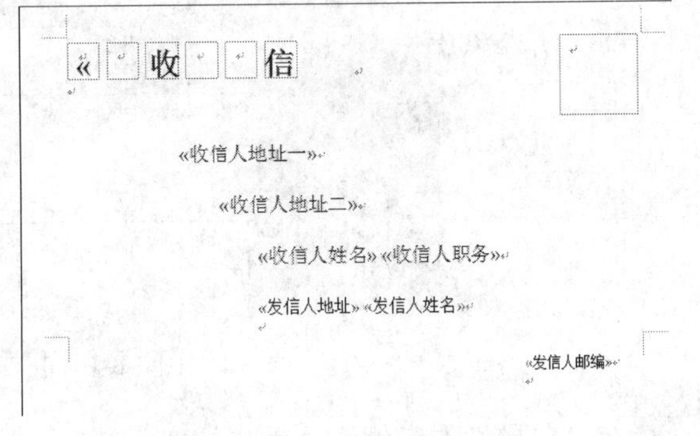

图 3-8-7　生成的信封模板

同时还生成一个地址簿文件，并以“中文信封地址.xls”为文件名保存在“我的文档”中，选其他两种类型，也会以相应文件类型创建。

2. 编辑地址簿

进入“我的文档”，打开自动生成的地址簿文件——“中文信封地址.xls”，大家会看到这是一个 Excel 表格文件，表头中已经自动填写了收信人邮编、收信人地址一、收信人地址二、收信人姓名、收信人职务、发信人地址、发信人姓名和发信人邮编等项目，我们要做的就是在单元格中输入收信人和发信人的相关信息即可（图 3-8-8）。

3. 批量生成信封

打开由“信封制作向导”自动生成的信封模板文档，我们会发现 Word 的程序窗口中多了一个“邮件合并”工具栏，点击“邮件合并”工具栏上的“合并至新文档”按钮（图 3-8-9），系统会根据模板的样式和“中文信封地址.xls”文件中的信息，批量生成信封，并在新文档中一一列出，剩下的工作，只要联上打印机打印就大功告成了。

小提示：如果你对生成的信封不满意，可以在模板中对信封上文字的字体、字型、字号、颜色和位置进行调整，然后再点击“邮件合并”工具栏上的“合并至新文档”按钮，系统会根据调整后的模板样式再次批量生成信封。

	A	B	C	D	E
1	收信人邮编	收信人地址一	收信人地址二	收信人姓名	收信人职务
2	100086	北京	63254161	张三	科长
3	100093	北京	65321561	李四	主任

图 3-8-8　输入收信人和发信人的信息

Word 邮件合并打印 Excel 数据制作大量奖证、奖状、准考证、成绩单、明信片、信封等个人报表。

图 3-8-9　合并到新文档

在学校工作，难免会遇到各种证书打印。有很多证书是同类的，比如运动会的奖状，"三好学生"证等等。这要是写或者人工排版，需要好长时间，对我这样的懒人来说宁肯花一天时间来研究一下偷懒的办法来完成半天的工作的，好在这次花的时间并没那么久，欣喜之余拿出来分享一下！

设计思路：建立两个文件一个 Excel 电子表格存放姓名和获奖等次等信息，一个 Word 文件作为证书样版调用电子表格中的姓名和获奖信息，保持打印的格式一致。

采用的方法：Word 的邮件合并功能。

实施步骤：

(1) 创建电子表格，因为我的电子表格是从长阳教育网下载的结果公示，已包含了获奖者的姓名、论文题目以及获奖等次等信息，因为要调用，标题以及不规范的非获奖记录行都要删除整理一下，如图 3-8-10 所示。

	A	B	C	D	E
1	编号	题目	姓名	单位	获奖等级
2	1	班级分组管理模式探究	陈北平	职教中心	二等奖
3	11	民族传统体育教学	杨洲	职教中心	二等奖
4	12	浅议中职生的心理健康教育	张俊芳	职教中心	二等奖
5	13	如何培养中学生的英语阅读能力	王元平	职教中心	二等奖
6	20	政治活动课	杨明金	职教中心	二等奖
7	33	浅谈中学民族传统体育(陀螺)教学	李小东	民高	二等奖
8	5	关于职业教育师资队伍建设的几点看法	喻玲艳	职教中心	二等奖

图 3-8-10　下载好的数据信息

以上只列出了 Sheet 1 工作表部分名单，在整理过程中要删除空白行或无意义的行，以免出错！以上文件整理好以后以 Book 1 为名保存到桌面备用。

（2）打开 Word 2003 文字处理软件（图 3-8-11），在“工具”菜单中选择→“信函与邮件”（图 3-8-12）菜单→“邮件合并”

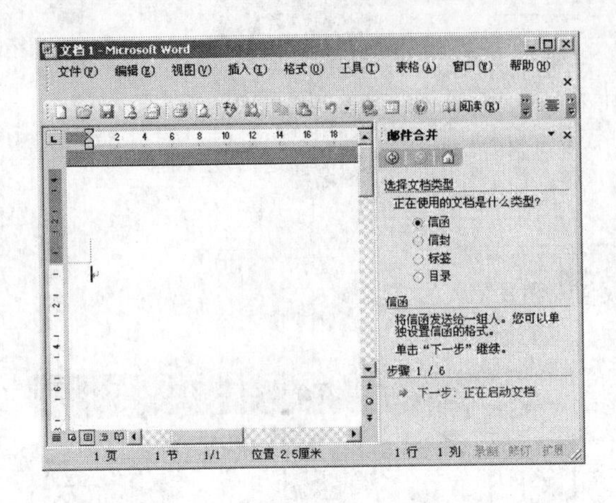

图 3-8-11　打开“Word”

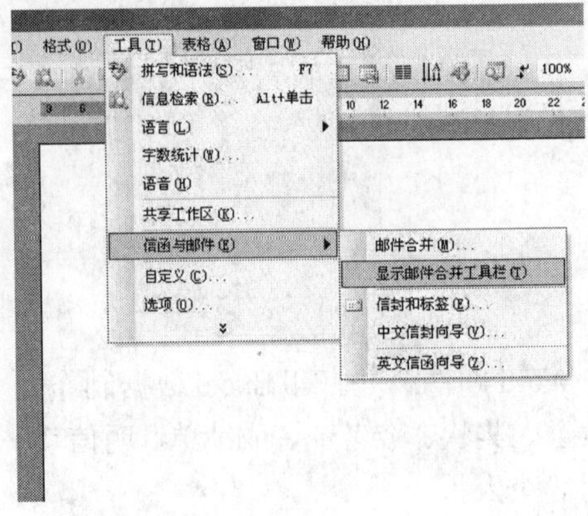

图 3-8-12　“信函与邮件”选项

（3）出现邮件合并向导。选择右边向导中的“信函”复选框，下一步“正在启动文档”→默认的“当前文档”→下一步“选取收件人”→默认“使用现有列表”→下一步：“撰写信函”，到这里一直是下一步，到了这里，要选取数据源了，出来一个浏览窗口，如图 3-8-13 所示。

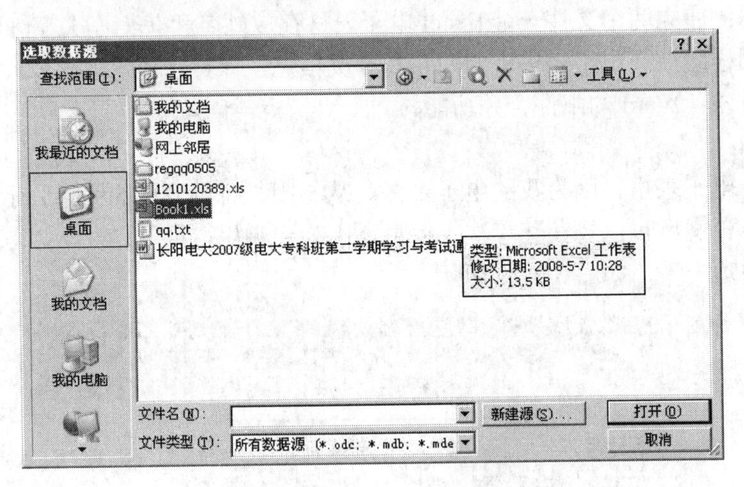

图 3-8-13　浏览窗口

找到桌面上这个备用的电子表格文件，点击“打开”，进入图 3-8-14 所示的界面。

因为我们整理的数据在 Sheet 1 中，所以就选择第一个表，进入图 3-8-15 所示的界面。

选择 Sheet 1 所示，我们要打印的数据出来了，“全选”后确定。这个数据表就可以使用了，下面接着讲如何安排这些数据到 Word 中。

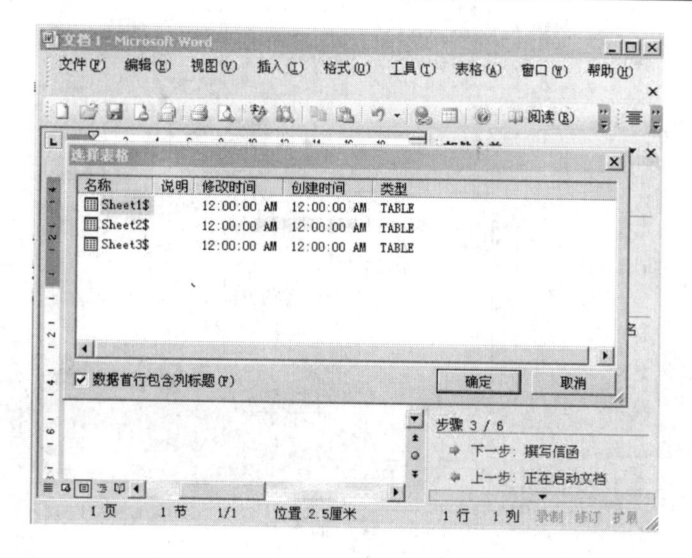

图 3-8-14　打开“Book 1”的数据源

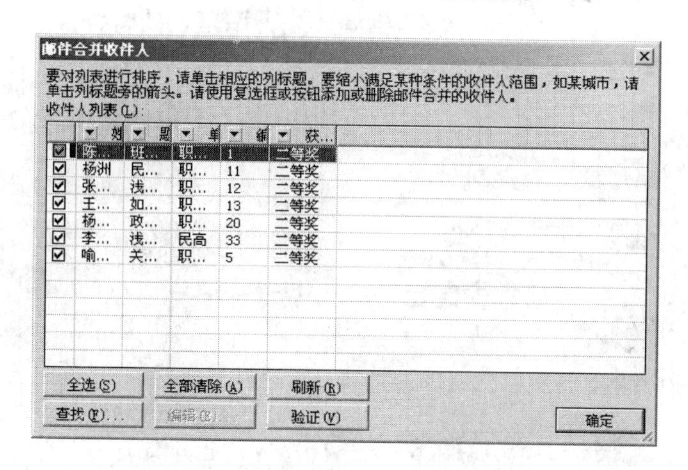

图 3-8-15　“Sheet 1”的数据源

（4）设计 Word 中的格式。接上面，点选数据源以后，继续下一步“撰写信函”（图 3-8-16），这时是在 Word 中编辑，有的文字是固定的，我们可以直接打上去，有的是变化的，比如姓名和论文题目，是要打一张变一个的，就要用到右边的“其他项目”插进去。

点击其他项目插入姓名、论文题目和获奖等次变量，如图 3-8-17 所示。

选择姓名，点插入，文中就出现了一个带符号的«姓名»，“获奖证书”这几个字是固定的，就直接打上去，继续插入«题目»、«获奖等级»和中间固定的串词，如图 3-8-18 所示。

下一步，预览信件，证书上的字体和大小也可以先调整一下，如果合适就可以打印一张出来比对一下位置，如图 3-8-19 所示。

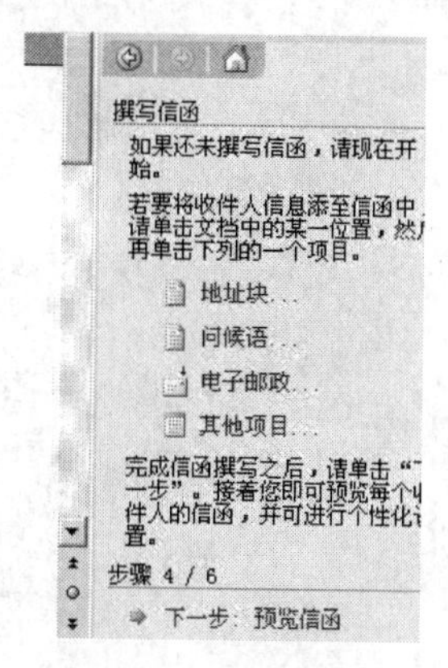

图 3-8-16　撰写信函

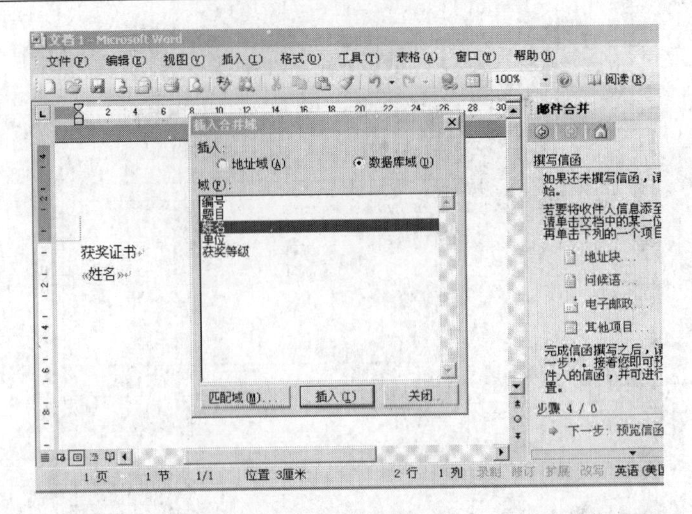

图 3-8-17　插入变量

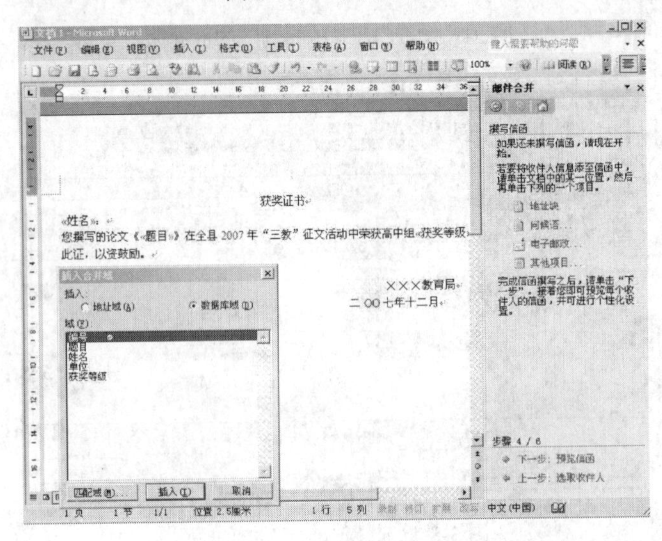

图 3-8-18　插入其他变量

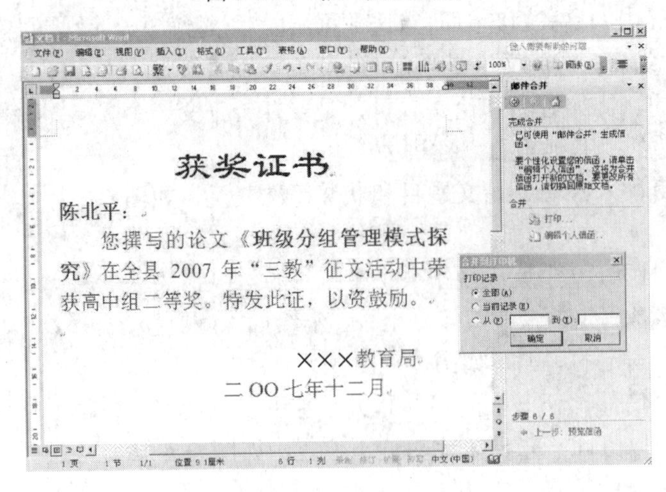

图 3-8-19　打印

（5）后续调整。因为证书不是标准的 A4 大小，在纸张设置上进一步调整，有的证书上面有固定文字的，还要进一步设计填空的位置和大小。等一张做成熟之后，点击“完成合并”这时直接打印 Word 还是只能打印一份的，如果全顺次打印出来，还要点选右边的合并项中“打印…”或者“编辑个人信函”前面是直接合并到打印机，一个一个打印出来，如图 3-8-19 所示，后面一个是把电子表格中的所有记录生成一个 Word 文件，可以生成后在 Word 中按常规方法打印。

项目九　长文档编辑方案

【任务描述】

编辑长文档。

【任务分析】

Word 是目前应用广泛的文字处理软件，功能十分强大。在编辑比较长的文档——报告分析、毕业论文、自编教材等，我们一般的重要操作流程是：页面设置，文件结构大纲，图片、表格格式设定，样式设置，分节设置，页眉页脚，目录生成，双面打印等。

【操作步骤】

1. 页面设置

写文章前，不要上来就急于动笔，先要找好合适大小的“纸”，这个“纸”就是 Word 中的页面设置。这是编辑 Word 文档最初操作，操作流程是：文件→页面设置，在各选项卡里可分别设置页边距、纸张大小、版式→页眉页脚→奇偶页不同，页面设置的必要性是建立文件之初，就确定将来出稿时的纸张类型和相关页面设置，避免将来出稿时，因纸张型号问题，重新设定纸张类型等，导致的文件内容如：图表等位置串位横飞，并可在此一次性设置好页眉奇偶页的不同格式。

2. 段落缩进 2 字符

格式→段落→缩进和间距→缩进→特殊格式→首行缩进→2 字符。可避免手动进行段首缩进空格方式增加的文件字节量，也为文档编辑提供方便，也可以在文档编辑完成后设置这一步，进行首行缩进量的设定，提高工作效率和质量。

3. 用大纲视图使文档层次结构清晰化

在 Word 2003 中，用大纲视图来编辑和管理文档，可使文档具有向文件菜单一样能逐层展开的清晰结构，能使阅读者很快对文档的层次和内容有一个从浅到深的了解，从而能快速查找并切换到特定的内容。具体操作步骤如下。

首先，新建一个文档，并单击“视图”菜单中的“大纲视图”选项或按文档左下方工具条上的“大纲视图”按钮来切换到大纲视图。分别输入各级标题的名称（在每个标题前都有一个“□”记号）。

其次，分别向左或向右拖动“□”记号可使对应的标题升级或降级（也可选中某一标题后，点击大纲工具条上的“升级”或“降级”按钮）。经升/降级后，各标题之间的关系就像一般文件夹那样逐层相套。若某标题以“＋”标示，则表示该标题下是有内容的（即是可以展开的）；若某标题以“□”标示，则表示该标题下是没有内容的（即不可以展开）。另外，可用大纲工具条上的按钮对各标题进行上移、下移、展开和折叠。

最后，在某个标题按回车，将光标移至下一空行的开头，用“复制”、“粘贴”的方法将特定的内容插入到文档中。在选定标题下插入内容的前提下，按下大纲工具条上的“降级为正文”按钮，可将其转换成正文内容（即非标题）。如此类似地插入其他各标题的论述内容，进行整理、编辑后存盘即可。此项设置还可在完成文档编辑后，自动创建目录，免去手功设置各级标题样式的麻烦。

4. 设置样式

每一级标题的格式：字体、字号、字形、效果、颜色、对齐方式、段落格式等的设置可通过生成样式定义，对其他同级标题可通过格式刷分别完成设定，以提高工作效率。格式刷单击可用一次，如果双击可重复使用设定功能。

从菜单选择“格式”→“样式和格式”命令，在右侧的任务窗格中即可设置或应用格式或样式。要注意任务窗格底端的“显示”中的内容，“显示”为“有效格式”，则其中的内容即有格式，又有样式。如果在“显示”下拉列表中选择“有效样式”，将只会显示文档中正在使用及默认的样式。如果样式不符合自己的要求，可右键单击预选样式→修改样式。此项功能的设置可完成目录的自动生成，此步至关重要。

5. 分节设置

文章的不同部分通常会另起一页开始，很多人习惯用加入多个空行的方法使新的部分另起一页，这是一种错误的做法，会导致修改时的重复排版，降低工作效率。另一种做法是插入分页符分页，为实现每章节格式的不同，如各章页眉的不同、目录与正文页码编号的不同、分栏的不同，正确的做法是插入分节符，将不同的部分分成不同的节，这样就能分别针对不同的节进行设置。

对于封面和目录，同样可以用分节的方式将它们设在不同的节。在文章的最前面输入文章的大标题和“目录”文字，然后分别在“目录”文字前和大标题文字前插入分节符。

具体操作：插入→分隔符→分节符类型→下一页。如果要删除不理想的节划分，可采用普通视图：视图→普通或点击 Word 窗口左下角的第一个按钮——普通视图按钮实现视图的切换，即可看到分节符标志，把光标定位到分节符上，点 Delete 键删除。

6. 为不同的节设置页眉

利用“页眉和页脚”设置可以为文章添加页眉。通常文章的封面和目录不需要添加页眉，只有正文开始时才需要添加页眉，因为前面已经对文章进行分节，所以很容易实现这个功能。

设置页眉和页脚时，最好从文章最前面开始，这样不容易混乱。按 Ctrl+Home 快捷键快速定位到文档开始处，从菜单选择“视图”|“页眉和页脚”命令，进入“页眉和页脚”编辑状态。

注意在页眉的左上角显示有“页眉 – 第 1 节 –”的提示文字，表明当前是对第 1 节设置页眉。由于第 1 节是封面，不需要设置页眉，因此可在“页眉和页脚”工具栏中单击“显示下一项”按钮，显示并设置下一节的页眉。

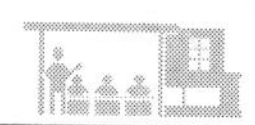

第 2 节是目录的页眉，同样不需要填写任何内容，因此继续单击“显示下一项”按钮。

第 3 节的页眉，注意页眉的右上角显示有“与上一节相同”提示，表示第 3 节的页眉与第 2 节一样。如果现在在页眉区域输入文字，则此文字将会出现在所有节的页眉中，因此不要急于设置。

在“页眉和页脚”工具栏中有一个“同前”按钮，默认情况下它处于按下状态，单击此按钮，取消“同前”设置，这时页眉右上角的“与上一节相同”提示消失，表明当前节的页眉与前一节不同。

此时再在页眉中输入文字，例如可用整篇文档的大标题作为页眉。后面的其他节无需再设置页眉，因为后面节的页眉默认为“同前”，即与第 3 节相同。

如果在文件→页面设置→版式→页眉页脚→奇偶页不同进行了设置，则此时奇数页和偶数页的页眉内容就可分两次分别进行输入。

在“页眉和页脚”工具栏中单击“关闭”按钮，退出页眉编辑状态。

7. 目录的生成

经过以上设置，目录的生成就变得简单易行了，具体操作如下。

插入→引用→索引和目录→目录→确定，无须设置即可生成理想目录，当然，如果需要对显示的目录层次级别进行设置，可在确定前，在目录窗口里进行调整。

友情提示：目录页码应该与正文页码编码不同。

把光标定位在目录页末，执行“插入/分隔符/下一页/确定”操作，在目录与正文之间插入分页符；

执行“视图/页眉和页脚”命令，把光标定位到正文首页的页脚处，单击“页眉和页脚”工具栏上的“链接到前一个”按钮，以断开正文页脚与目录页脚的链接；

执行“插入/页码”命令，在“格式”中选择页码格式、选中“起始页码”为“1”，单击“确定”。至此完成正文的页码插入。

目录如果是多页，插入页码时可以选择与正文页码不同的页码格式。当然，如果目录只有一页，没有必要插入页码。

8. 双面打印

文稿编辑最终完毕，需要打印输入，一般来讲，我们可采用双面打印，即可节约纸张，也可达到书籍的版面效果。具体做法如下。

文件→打印→左下角的“打印”→奇数页/偶数页，我个人的工作经验感觉，在此先选择偶数页进行打印，打印出来的稿件，只需要一次手动倒换页码顺序，之后再选择奇数页打印，出来的稿件顺序就不用再调整了，否则会增添一次倒换页面序号排列的麻烦。其中“文件→打印→手动双面打印”此项功能并不便利。

项目十　Word 应用技巧总结

经历多年的 Office 办公软件教学和办公专家认证培训，学员和一般用户应用操作中，经常遇到的问题及解决办法总结如下。

（1）给跨页的表格自动添加表头。如果表格有多页，希望每页都有相同的表头，可按

以下步骤操作：选定第一页的表头（表头有多行时，要选定多行），单击“表格”→“标题行重复”。

（2）修改 Word 文档默认自动保存文件的时间间隔。工具→选项→保存→自动保存时间间隔→设定时间长度。

（3）设定文件安全性：即给文件设定打开密码和修改密码。工具→选项→安全性，在出现在的环境下分别设置打开文件密码和修改文件密码。

（4）修改文件默认保存路径。文件默认保存路径是 C：My Docments 文件夹，修改默认保存路径可执行以下操作流程：工具→选项→文件位置→文件类型→文档→更改按钮，设定自己所需要的保存路径即可，以免 C 盘系统损坏导致文件丢失。

（5）去掉页眉下面的那条横线。去掉页眉下面的那条横线可以采用以下 4 种方法：一是在格式菜单→边框和底纹→颜色里，可以将横线颜色设置成“白色”；二是在进入页眉和页脚时，设置表格和边框为“无”；三是进入页眉编辑，选中段落标记并删除它；四是在“样式”图标栏里的“页眉”换成“正文”。

（6）将光标快速返回到文档上次编辑点：shift+F5 组合键。

（7）取消文本录入过程中的自动编号。工具→自动更正→键入时自动套用格式→键入时自动应用→取消“自动编号列表”复选标志→确定。

（8）设置上标、下标。

上标：Ctrl+Shift+“+”　　如：A2，再按一下恢复到原始状态。

下标：Ctrl+“+”　　如：B2，再按一下恢复到原始状态。

（9）在文档中插入工具按钮图标。操作步骤如下：工具→自定义，在打开此对话框的前提下，在工具栏图标上单击右键，选择“复制按钮图像”，关闭自定义对话框，在文档中插入点处右单击鼠标→粘贴，就粘进来了，可以拖动控制点来改变它的大小，也可以双击进行其他格式敲定。

（10）在表格中插入行和列技巧。

1）将光标移到表格右侧换行符前按回车键在下一行插入一行。

2）选定多行/列后，再执行：表格→插入→行/列，可一次插入多行/列。

（11）紧急抢救文件。在使用 Word 工作时，如果还没有来得及存盘，却突然掉电，可以通过以下设置，开机后把文件“抢救回来”。

工具→选项→文件位置→自动恢复文件→更改按钮→设定。

（12）更改文字大小写。选择想要更改大小写的文字并按 Shift+F3，每按下 F3 键时，文字格式将在全部大写、首字大写和全部小写之间切换。

（13）使用 Word 制作优美印章。

1）用艺术字编辑印章文字。

2）通过艺术字工具栏→艺术字形状→圆形。

3）绘图工具栏→椭圆→设定线宽和颜色。

4）绘图工具栏→自选图形→星与旗帜→五角星→添充红色。

5）设定层次，组合出优美的印章，附言，刻章一般也是用电脑做完效果，贴到橡胶模料上显影后，再用刻刻出效果的，效果图见图 3-10-1。

（14）首行缩进 2 个汉字。编辑文本的时候，只需把文字录入，不必在段落开始位置手动打出两个汉字的空格位置，整体编辑完毕，打开格式→段落→特殊格式→首行缩进→2 字符即可，且缩进字符量不参与文本字符总数统计。

（15）增减文字大小。可通过格式工具栏的字号选择来改变字号大小，或直接输入字号大小的数值标称值，也可通过快捷键操作：

增加字号：按下 Ctrl+Shift+>组合键或 Ctrl+]组合键。

减小字号：按下 Ctrl+Shift+<组合键或 Ctrl+[组合键。

（16）输入日期和时间的快捷键。

当前日期：Alt+Shift+D

当前时间：Alt+Shift+T

图 3-10-1　印章效果图

（17）批量转换全角字符为半角字符。选择要处理的字符，然后：格式→更改大小写→半角→确定即可。

（18）格式刷：快速把选定字符格式复制给目标字符，具体操作如下。

1）设定好样式文本的格式。

2）将光标放在样式文本处，或选定样式文本。

3）单击格式刷按钮。

4）选定要设定的目标文本，完成格式的复制设定。若在第 3 步中单击改为双击，格式刷可以无限次使用，直到再次单击格式刷或按 Esc 键为止。

（19）删除网上下载资料的换行符↓。在查找框内输入半角^l（是英文状态下的小写 L），在替换框内不输任何内容，单击全部替换，就把大量换行符删掉。

（20）让表格快速一分为二。将光标定位在表格要拆分的位置处，按下"Ctrl+Shift+Enter"组合键，或以如下菜单操作：表格→拆分表格，即可将表格从光标所在表格位置分开，此操作可应用于新建文档，直接建立表格无法输入标题情况下使用。

（21）标点符号的全角/半角转换：Ctrl+.。

（22）数字字母的全角/半角转换：Shift+空格。

（23）让 Word 只粘贴网页中的文字而自动去除图形和版式。

1）选中需要的网页内容并按 Ctrl+C 键复制，打开 Word，选择菜单：编辑→选择性粘贴→无格式文本。

2）选中需要的网页内容并按 Ctrl+C 键复制，打开记事本纯文本编辑工具，按 Ctrl+V 键将内容粘贴到这文本编辑器中，然后再复制并粘贴到 Word 中。

（24）输入脚注：Ctrl+Alt+F，这对编辑教科书是有益的。

（25）双面打印技巧。我们一般常的操作方法是选择：文件→打印→对话框底部的打印的→奇数页或偶数页来实现双面打印文件，如果我们先打印奇数页，等打印完成后，将已打好的纸反过来重新放到打印机上，选择偶数页再打即可完成双面打印。另外，在打印设置对话框中，选中"人工双面打印"，确定后就会出现一个"请将出纸器中已打好一面的纸取出并将其放回到送纸器中，然后"确定"按键，继续打印"的对话框，并开始打印奇数页，打完后将原先已打印好的纸反过来重新放到打印机上，然后按下该对话框架的“确定”按键，Word 就会自动再打印偶数页。

（26）使用 Word 自动生成文章目录。假如所编辑的文章中章、节、节标题题格式为标题 1、标题 2、标题 3 三个格式级别，自动生成文章目录的操作如下。

1）设置标题格式。

a．选中文章中的所有一级标题。

b．在“格式”工具栏的左端，“样式”“列表中单击“标题 1”。

c．仿照步骤 a、b 设置二、三级标题格式为标题 2、标题 3。

2）自动生成目录。

a．把光标定位到文章第 1 页的首行第 1 个字符左侧（目录应在文章的前面）。

b．执行菜单命令“插入/引用/索引和目录”打开“索引的目录”对话框。

c．在对话框中单击“目录”选项卡，进行相关设置后，单击“确定”按钮，文章的目录自动生成完成。

友情提示：目录页码应该与正文页码编码不同。

（27）正文页码的插入。把光标定位在目录页末，执行“插入/分隔符/下一页/确定”操作，在目录与正文之间插入分页符；执行“视图/页眉和页脚”命令，把光标定位到正文首页的页脚处，单击“页眉和页”"工具栏上的“链接到前一个”按钮，以断开正文页脚与目录页脚的链接；执行“插入/页码”命令，在“格式”中选择页码格式、选中“起始页码”为“1”，单击“确定”。至此完成正文的页码插入。

目录如果是多页，插入页码时可以选择与正文页码不同的页码格式。当然，如果目录只有一页，没有必要插入页码。

以上总结，期望读者受益，提高操作水平和办公效率，圆满完成办公需要。

思考与练习

一、填空题

1．当启动 Word 2003 时，系统会打开一个暂时命名为____________的空文档让用户输入文本。

2．在 Word 2003 中，可用快捷键__________选定整个文档，按__________键，可将选定的文本块删除。

3．用户在编辑修改文档时，难免会出错。为了恢复操作之前的内容，可以方便地单击工具栏的____________按钮，就撤销了____________操作。

4．__________、__________滑块位于水平标尺的下边线上，__________滑块位于水平标尺的上边线上。

5．段落对齐方式可以有__________、__________、__________和__________4 种方式，在__________上有这 4 个按钮。

6．在编辑文档中，不宜用按回车键增加空行的办法来加大段落间距，而应当使用__________菜单的__________命令的__________选项卡来设置。

7. 页码是作为________的一部分插入到文档中的，通过________菜单的________选项，既可以设置页码在页面上的位置，又可以设置页码的对齐方式。

8. 在表格中输入数据时，按________键，插入点移到右边的单元格内，按________键，插入点移左边的单元格内。

9. 在 Word 2003 文档中，短距离移动与复制文本最简单、最快捷的方法是________。

10. 使用首字下沉的命令是________。

11. 执行“文件”菜单中的________命令项会显示文档在纸上的打印效果。

12. Word 2003 提供了“查找”和“替换”功能，“查找”可用快捷键________打开，替换可用快捷键________打开。

13. 在 Office 2003 系统中，当你按下________键时，在屏幕上会出现 Office 帮助手对话框。

14. 在 Word 2003 中，可用快捷键________将选定的内容复制到剪贴板上；用快捷键________将选定的内容复制到剪贴板上，并将文档中的选定的内容删除；用快捷键________将剪贴板中的内容，粘贴到文档中指定位置。

15. 在编辑 Word 2003 文档时，可选择________菜单中的________命令在文档中所需的位置插入分页符。

16. 在 Word 2003 文档中，利用工具栏________按钮，可以复制文档的格式信息。

17. Word 2003 可以在________菜单的________命令对话框中改变打印机的名称或属性。

18. 在编辑 Word 2003 文档时，可选取________菜单中的________命令的级联菜单中的“艺术字”命令在文档中插入艺术字。

19. Word 2003“格式”菜单的“项目符号或编号”命令的对话框中有________、________、________等选项卡。

20. 要切换到页面视图，可以从________菜单中选择________命令或者采用________快捷键。

21. 在 Word 2003 中我们可以用________菜单下的________选项轻松地统计出当前文档的字数、段数、页数等信息。

22. “表格”菜单的________命令用于在光标位置插入表格，用户可以通过表格单元格的列字母和行编号组合指定一个特定单元格，如第 2 行的第 3 个单元格叫做________。

23. 文档在________和________视图方式下，屏幕显示可与打印结果完全相同，即可看到页面上多栏版面，页眉页脚，脚注，尾注等。

24. 使用 Word 2003 中的________技术，可以在两个窗口中同时查看一个长文档的不同部分。

25. 在 Word 2003 的编辑状态，要取消 Word 2003 主窗口显示的“常用工具栏”，应使用________________菜单中的“工具栏”下的________________命令。

二、选择题

1. 在 Word 2003 编辑状态中有一行被选中，当按下 Delete 键时，将（　　）。

   A　删除所有内容　　　　　　B　删除所选行
   C　删除所选行及其后面的内容　　D　以上都不对

2. Word 2003 属于（　　）软件。

   A　系统　　B　应用　　C　绘图　　D　工具

3. 在 Word 2003 文档编辑过程中，可以按快捷键（　　）保存文件。

   A　Shift+S　　B　Alt+S　　C　CtrL+S　　D　Shin+Ctrl+S

4. 打开 Word 2003 文件的快捷键是（　　）。

   A　Ctrl+N　　B　Ctrl+S　　C　Ctrl+O　　D　Ctrl+V

5. 在 Word 2003 中使用标尺不能在排版过程中设置的是改变（　　）。

   A　左缩进标志　　B　右缩进标志　　C　行缩进标志　　D　字体

6. Word 2003 文档文件的扩展名是（　　）。

   A　txt　　B　doc　　C　wps　　D　bmp

7. Word 2003 具有分栏功能，下列关于分栏的说法中，正确的是（　　）。

   A　最多可以设 4 栏　　　　B　各栏的宽度必须相同
   C　各栏的宽度可以不同　　D　各栏之间的间距是固定的

8. 下列操作中，不能关闭 Word 2003 的是（　　）。

   A　双击标题栏左边的“W”　　　B　单击标题栏右边的“X”
   C　单击文件菜单中的“关闭”　　D　单击文件菜单中的“退出”

9. 下列菜单中，含有设定字体命令的菜单是（　　）。

   A　编辑菜单　　B　格式菜单　　C　工具菜单　　D　视图菜单

10. 重复操作实际上是重复上一步的操作，可以用快捷键（　　）。

    A　Ctrl+C　　B　Ctrl+V　　C　Ctrl+X　　D　Ctrl+Y

11. 若 Word 2003 正处于打印预览状态，要打印文件，则（　　）。

    A　只能在打印预览状态打印　　B　在打印预览状态也可以直接打印
    C　在打印预览状态不能打印　　D　必须退出打印预览状态后才可以打印

12. 在 Word 2003 中，可以将编辑的文本以多种格式保存下来。下列选项中，Word 2003 支持的保存格式是（　　）。

    A　文本文件、wps 文件、位图文件　　B　doc 文件、txt 文件、RTF 文件
    C　pic 文件、txt 文件、书写器文件　　D　wri 文件、bmp 文件、doc 文件

13. 在 Word 2003 中状态栏的左边有 5 个视图按钮，从左到右依次是（　　）。

    A　普通视图、页面视图、大纲视图　　B　普通视图、大纲视图、页面视图
    C　大纲视图、普通视图、页面视图　　D　页面视图、大纲视图、普通视图

14. 当鼠标指针通过 Word 2003 工作区文档窗口时的形状为（　　）。

    A　I 型　　B　沙漏型　　C　箭头　　D　手型

15. 在 Word 2003 中，替换对话框设定了搜索范围为向下搜索并按“全部替换”按钮，则

（　　）。

A　对整篇文档查找并替换匹配的内容

B　从插入点开始向下查找并替换当前找到的内容

C　从插入点开始向下查找并全部替换匹配的内容

D　从插入点开始向上查找并替换匹配的内容

16．在 Word 2003 中，当系统设定了自动替换功能，将 CC 替换为 the，现输入 CC Ccory 被自动替换为（　　）。

A　the ccory　　B　the　theory　　C　the Ccory　　D　the the cory

17．在 Word 2003 中，每个段落（　　）。

A　以句号结束　　B　以用户单击 Enter 键结束

C　以空格结束　　D　由 Word 2003 自动设定结束

18．打开一个已有的文档进行编辑修改后，既可以保留编辑修改前的文档，又可以得到修改后的文档，应使用的操作是（　　）命令。

A　用“文件”菜单中的“保存”　　B　用“文件”菜单中的“全部保存”

C　用“文件”菜单中的“另存为”　　D　用“文件”菜单中的“关闭”

19．在 Word 2003 中，要将 8 行 2 列的表格改为 8 行 4 列，应（　　）。

A　选择要插入列位置右边的一列，单击工具栏上的“插入”按钮

B　单击工具条上的表格按钮，拖动鼠标以选择 8 行 4 列

C　选择要插入列位置左边的一列，单击工具栏上的“插入”按钮

D　选择要插入列位置右边已存在的 2 列，单击工具栏上的“插入”按钮

20．在 Word 2003 主窗口的右上角，可以同时显示的按钮是（　　）。

A　最小化、还原和最大化　　B　还原、最大化和关闭

C　最小化、还原和关闭　　D　还原和最大化

21．在 Word 2003 的编辑状态，为文档设置页码，可以使用（　　）菜单中的命令。

A “工具”　　B “编辑”　　C “格式”　　D “插入”

22．利用 Word 2003 工具栏上的“显示比例”按钮，可以实现（　　）。

A　字符的缩放　　B　字符的缩小　　C　字符的放大　　D　以上都不正确

23．在 Word 2003 中，选择一个矩形文字块时，应按住（　　）键并拖动鼠标左键。

A　Ctrl　　B　Shift　　C　Alt　　D　Tab

24．在 Word 2003 中，表格的拆分指的是（　　）。

A　从某两行之间把原来的表格分为上下两个表格

B　从某两列之间把原来的表格分为左右两个表格

C　从表格的正中把原来的表格分为两个表格，拆分方向由用户指定

D　在表格中由用户任意指定一个区域，将其单独存为另一张表格

25．如果想在 Word 2003 的文档中插入页眉和页脚，应当使用的是（　　）菜单。

A “工具”　　B “插入”　　C “格式”　　D “视图”

26．用 Word 2003 建立表格时，表格单元中可以填入的信息（　　）。

A　只限于文字形式　　B　只限于数字形式

C 为文字、数字和图形等形式 D 只限于文字和数字形式

27. 在 Word 2003 的编辑状态下，按下（ ）键，可以打开“文件”菜单。

A Alt+F B Shift+F C Tab+F D Ins+F

28. 在 Word 2003 中，如果打印文档要选择打印机，应（ ）。

A 执行“文件”菜单中的“打印”命令

B 单击常用工具栏上的“打印”按钮

C 执行“文件”菜单中的“打印预览”命令

D 执行“工具”菜单中的“选项”命令

29. 如果文档中某一段与其前后两段之间要求留有较大间隔，最好的解决方法是（ ）。

A 在每两行之间用按回车键的办法添加空行

B 在每两段之间用按回车键的办法添加空行

C 用段落格式设定来增加段距

D 用字符格式设定来增加间距

30. 以下各项在 Word 2003 的屏幕显示中不可隐藏的是（ ）。

A 常用工具栏和格式工具栏 B 菜单栏和状态栏

C 符号栏和绘图工具栏 D 标尺和滚动条

31. 所有的特殊符号都可以通过（ ）菜单中“符号”命令打开的对话框实现。

A 文件 B 编辑 C 插入 D 格式

32. 进入艺术字体环境是通过单击菜单（ ）来实现的。

A 文件—打开 B 编辑—查找 C 插入—对象 D 工具—选项

33. 想知道某篇文章的字数、行数、段落数、文档编辑所花时间等信息，可通过菜单（ ）。

A 文件—属性 B 文件—另存为

C 工具—选项 D 工具—字数统计

34. 下面的类型中，不是分隔符种类的是（ ）。

A 分页符 B 分栏符 C 分节符 D 分章符

35. 使图片按比例缩放应选用（ ）。

A 拖动图片边框中间的控制柄 B 拖动图片边框线

C 拖动图片四角的控制柄 D 拖动图片边框线的控制柄

三、判断题

1. Office 2003 必须在 Windows 2003 环境下使用。（ ）
2. Word 2003 不仅可以编辑 Word 2003 格式的文档，也可以编辑其他格式的文档。（ ）
3. 在 Word 2003 的编辑状态，打开一个新的文档，则必须关闭一个已打开的旧文档。（ ）
4. 在 Word 2003 中打开多个文档，则只有一个文档是活动文档。（ ）
5. Word 2003 文档的复制、剪切和粘贴操作可以通过菜单、工具栏和快捷键来实现。（ ）
6. 文本块的一般删除方法是先选定欲删除的文本块，再按任意键即可。（ ）
7. 用“剪切”命令同样可起到删除文本块的作用。（ ）
8. 可将一个 Word 2003 文档分成一至多栏，但每栏的宽度、间距必须相等。（ ）
9. Word 2003 只能在水平位置上将表格内容居于单元格的中间，而不能在垂直方向上将表

格内容居于单元格的中间。（　　）

10．Word 2003 表格中的数据，不可以按“升序”或“降序”重新排序。（　　）

11．可以对 Word 2003 表格中的数据进行求和、求平均值、加、减、乘、除等运算。（　　）

12．在 Word 2003 中，输入文本时可以自动创建项目符号或编号列表。（　　）

13．Word 2003 文档的扩展名为.doc，Word 2003 模板的扩展名也为.doc。（　　）

14．选定表格后，直接按键盘上的 Delete，可删除表格。（　　）

15．执行“替换”命令时，只指定“查找内容”，但在“替换为”框内未输入任何内容，此时单击“全部替换”，将不能执行。（　　）

16．双击格式刷可将被选中的文本或段落格式重复应用多次。（　　）

17．手动制表时只能绘制横线和竖线，不能绘制斜线。（　　）

18．设置自动保存功能后，就不用手动保存了。（　　）

19．项目符号不会像项目编号一样自动增减号码。（　　）

20．页面的分栏功能最多只能分为四栏。（　　）

第四章　Excel 2003 电子表格应用

Excel 2003 是微软公司开发的办公软件 Office 2003 中的重要成员之一，它是一个功能强大的电子表格处理软件。用户利用 Excel 2003 不仅可以制作各种精美的表格，分析处理数据，绘制图表，还可建立简易的数据库，提供查询、排序等功能。Excel 2003 被人们广泛应用于财务、统计、办公自动化等领域。

本章主要介绍 Excel 2003 的基本知识和操作技能，帮助用户掌握其使用方法，达到熟练制作各种应用表格的目的。

项目一　认 识 Excel 2003

任务一　Excel 2003 启动、退出

【任务描述】

今天开始学习功能强大的电子表格处理软件 Excel 2003。首先要解决的第一个问题就是如何启动和退出 Excel 2003。

【任务分析】

启动和退出 Excel 2003 与 Word 2003 的方法类似，可以分解如下。

（1）启动 Excel 2003。

（2）退出 Excel 2003。

【操作步骤】

（1）单击“开始”菜单→程序→Microsoft Office→Microsoft Office Excel 2003，如图 4-1-1 所示。也可以直接用鼠标双击 Excel 文档图标，即可启动 Excel 2003。

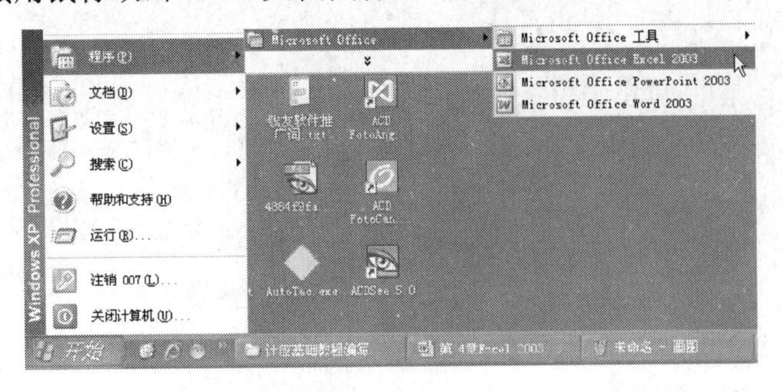

图 4-1-1　启动 Excel 2003

（2）单击 Excel 2003 主窗口右上角的“关闭”按钮；选择“文件”菜单→退出；利用组合键 Alt+F4。这 3 种方法都可以退出 Excel 2003。

（3）快速启动 Excel。如果想在启动系统自动运行 Excel，可以这样操作：①双击“我的电脑”图标，进入 Windows 目录，依次打开“Start Menu\Programs\启动”文件夹；②打开 Excel 所在的文件夹，用鼠标将 Excel 图标拖到“启动”文件夹，这时 Excel 的快捷方式就被复制到“启动”文件夹中，下次启动 Windows 就可快速启动 Excel 了。如果 Windows 系统已启动，你可用以下方法快速启动 Excel：①单击“开始→文档”命令里的任一 Excel 工作簿即可；②用鼠标从“我的电脑”中将 Excel 应用程序拖到桌面上，然后从快捷菜单中选择“在当前位置创建快捷方式”，以后启动时只需双击快捷方式即可。

任务二 Excel 2003 界面及操作

【任务描述】

学会了 Excel 2003 的启动和退出，马上进入软件界面来进一步了解这个功能强大的软件。

【任务分析】

Excel 2003 的主窗口界面分为工作簿、工作表、单元格、行号、列号、标题栏、菜单栏、工具栏和状态栏，如图 4-1-2 所示。

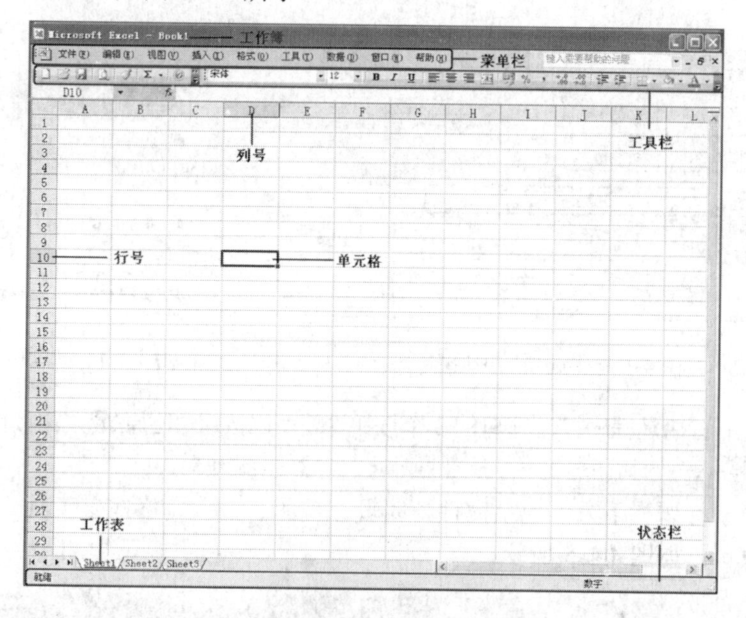

图 4-1-2 Excel 2003 主窗口

1. 工作簿

启动 Excel 2003 之后，系统会自动创建一个默认名为 Book1.xls 的空文档，即为工作簿，一个工作簿可以包含多张工作表。

2. 工作表

工作表为 Excel 2003 窗口的主体，由单元格组成，每个单元格由行号和列号来定位，其中行号位于工作表的左端，顺序为数字 1、2、3 等，列号位于工作表的上端，顺序为字母 A、B、C 等。一个工作簿默认在左下方建立 3 张工作表，分别为 Sheet1、Sheet2、Sheet3，可以用鼠标左键双击更改工作表的名字。

可以更改默认工作表数目，方法为单击“菜单栏”的“工具”菜单→“选项”→“常规”，即可修改。同时也可以修改默认文档保存的位置，如图 4-1-3 所示。

一个工作簿最多可以包含 255 张工作表，每个工作表最多可以包含 256 列和 65 536 行。

3. 单元格

行与列相交的区域形成一个单元格，单元格是工作表的基本组成单位。被选中的单元格的四周显示黑色边框，称为活动单元格。

4. 标题栏

窗口的最上端是标题栏，显示的标题是“Microsoft Excel-Book1”，其中“Microsoft Excel”是 Excel 应用程序窗口的标题，“Book1”是工作簿文档窗口的标题。文档窗口最大化后其标题并入了应用程序窗口。

标题栏的最左端是程序控制菜单图标，它的下方有一个文档控制菜单图标，如图 4-1-4 所示。

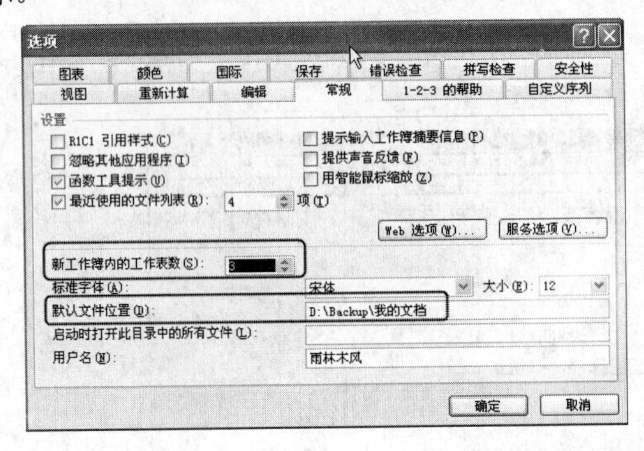

图 4-1-3 “选项”对话框

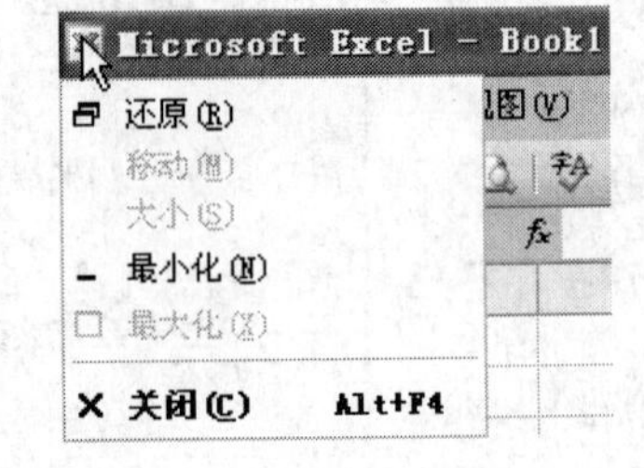

图 4-1-4 标题栏控制菜单

标题栏的最右端是程序控制窗口的 3 个按钮（最小化按钮、还原/最大化按钮、关闭按钮）。

5. 菜单栏

菜单栏位于标题栏下方，包括文件、编辑、视图、插入、格式、工具、数据、窗口和帮助等 9 个菜单，如图 4-1-5 所示。

图 4-1-5 菜单栏

6. 工具栏

工具栏位于菜单栏的下方，其实是 Excel 将一些常用功能做成按钮形式，并将功能相近的组合在一起形成工具栏，如图 4-1-6 所示。默认情况下，Excel 窗口中将出现“常用”

工具栏和“格式”工具栏。

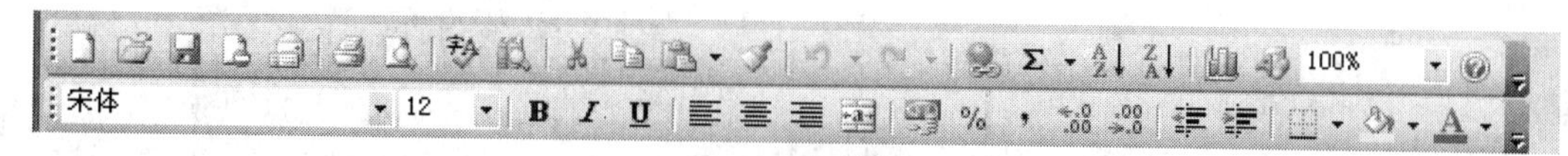

图 4-1-6　工具栏

7. 状态栏

状态栏位于 Excel 主窗口的最下方，状态栏显示有关用户选择在状态栏上出现的选项的状态。默认情况下会选择很多选项，如打开文件、保存、就绪、输入等。

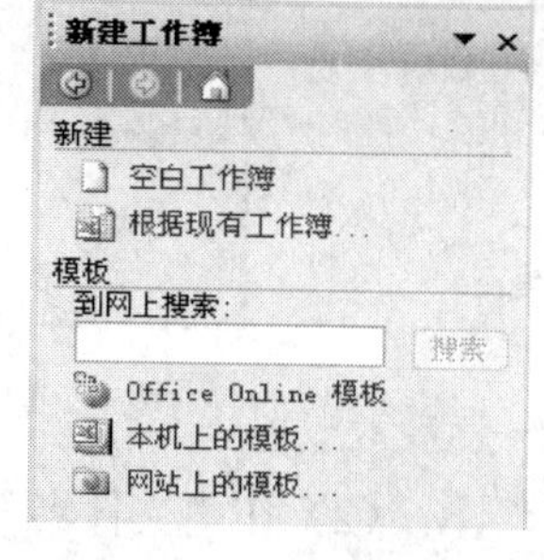

图 4 -1-7　创建工作

【操作步骤】

1. 创建工作簿

Excel 2003 启动后，将会自动建立一个名为 Book1 的工作簿。如果用户想再创建一个新的工作簿，可以进行以下操作。

（1）选择“文件”→“新建”命令，打开“新建工作簿”任务窗格，如图 4-1-7 所示。

（2）单击“空白工作簿”，新建一个名为 Book2 的空白工作簿。

2. 打开工作簿

打开之前的工作簿文件，可以进一步编辑表格。打开工作簿的操作过程如下。

（1）选择“文件”→“打开”命令，弹出“打开”对话框，如图 4-1-8 所示。

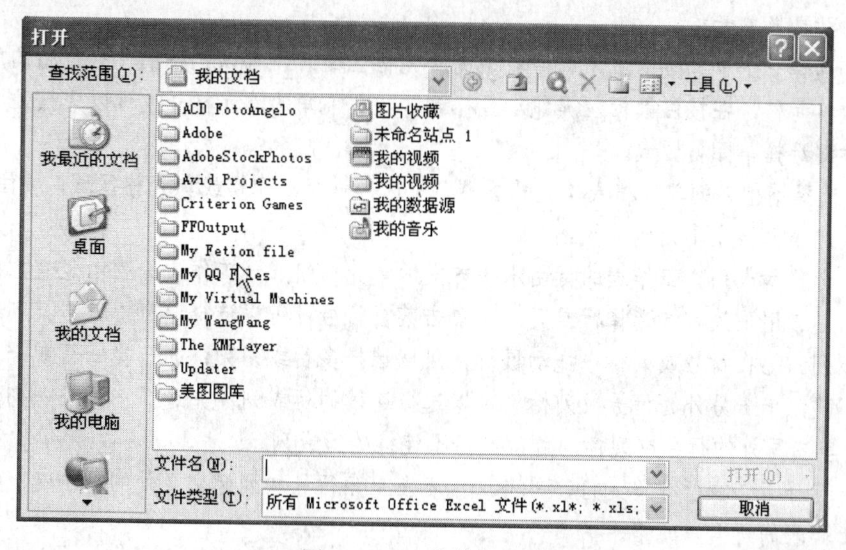

图 4-1-8　工作簿的打开

（2）通过“查找范围”下拉列表框，选择文件保存的位置，然后选中文档，单击“打开”按钮即可。

3. 保存工作簿

保存工作簿就是把编辑好的表格保存在硬盘上。保存工作簿的操作过程如下。

（1）选择“文件”→“保存”命令，弹出“另存为”对话框，如图 4-1-9 所示。

图 4-1-9 “另存为”对话框

（2）在“文件名”文本框中输入文件名，选择保存位置，单击“保存”按钮即可。

☆小知识：选择单元格操作：

（1）选择一个单元格。当鼠标指针变成白色空心十字形状时，单击某个单元格，可以选择该单元格。活动单元格边框将变为粗黑线。按光标键、Tab 键、Home 键、PageUp 键、PageDown 键、可移动选择单元格。

（2）选择一个单元格区域。选择较小的单元格区域时，可以先将鼠标指针指向所选区域左上角的单元格，在按住鼠标左键拖动鼠标到区域右下角的单元格。也可以先按住 Shift 键，再按光标键选择单元格区域。

（3）选择不相邻的单元格或单元格区域。先选择一个单元格或单元格区域，按住 Ctrl 键，再选择其他单元格或单元格区域。

（4）选择行或列。工作表的行由水平方向的单元格组成，工作表的列由竖直方向的单元格组成。通常用下列方法选择行或列：①单击某行行号，可以选择该行。单击某列列标，可以选择该列。②在行号或列标中拖动鼠标，可以选择多行或多列；先选择一行或一列，再按住 Shift 键，单击另外的行号或列标，可以选择连续的行或列；先选择一行或一列，再按住 Ctrl 键，单击另外的行号或列标，可以选择不连续的行或列。

（5）选择工作表所有单元格。单击工作表左上角行号和列标交叉处的“全选”按钮，可以选择工作表的所有单元格。

（6）快速删除选定区域数据。如果用鼠标右键向上或向左（反向）拖动选定单元格区域的填充柄时，没有将其拖出选定区域即释放了鼠标右键，则将删除选定区域中的部分或全部数据（即拖动过程中变成灰色模糊的单元格区域，在释放了鼠标右键后其内容将被删除）。

（7）给单元格重新命名。Excel 给每个单元格都有一个默认的名字，其命名规则是列标加横标，例如 D3 表示第四列、第三行的单元格。如果要将某单元格重新命名，可以采用下面

两种方法：①只要用鼠标单击某单元格，在表的左上角就会看到它当前的名字，再用鼠标选中名字，就可以输入一个新的名字了。②选中要命名的单元格，单击“插入→名称→定义”命令，显示“定义名称”对话框，在“在当前工作簿中的名称”框里输入名字，单击“确定”按钮即可。注意：在给单元格命名时需注意名称的第一个字符必须是字母或汉字，它最多可包含 255 个字符，可以包含大、小写字符，但是名称中不能有空格且不能与单元格引用相同。

（8）在 Excel 中选择整个单元格范围。在 Excel 中，如果想要快速选择正在处理的整个单元格范围，按下“Ctrl+Shift+ *”。注意:该命令将选择整个列和列标题，而不是该列表周围的空白单元格——你将得到所需的单元格。这一技巧不同于全选命令，全选命令将选择工作表中的全部单元格，包括那些你不打算使用的单元格。

（9）快速移动/复制单元格。先选定单元格，然后移动鼠标指针到单元格边框上，按下鼠标左键并拖动到新位置，然后释放按键即可移动。若要复制单元格，则在释放鼠标之前按下 Ctrl 即可。

（10）快速修改单元格式次序。在拖放选定的一个或多个单元格至新位置的同时，按住 Shift 键可以快速修改单元格内容的次序。方法为:选定单元格，按下 Shift 键，移动鼠标指针至单元格边缘，直至出现拖放指针箭头，然后进行拖放操作。上下拖拉时鼠标在单元格间边界处会变成一个水平“工”状标志，左右拖拉时会变成垂直“工”状标志，释放鼠标按钮完成操作后，单元格间的次序即发生了变化。

（11）彻底清除单元格内容。先选定单元格，然后按 Delete 键，这时仅删除了单元格内容，它的格式和批注还保留着。要彻底清除单元格，可用以下方法:选定想要清除的单元格或单元格范围，单击“编辑→清除”命令，这时显示“清除”菜单，选择“全部”命令即可，当然你也可以选择删除“格式”、“内容”或“批注”中的任一个。

（12）选择单元格。选择一个单元格，将鼠标指向它单击鼠标左键即可；选择一个单元格区域，可选中左上角的单元格，然后按住鼠标左键向右拖曳，直到需要的位置松开鼠标左键即可；若要选择两个或多个不相邻的单元格区域，在选择一个单元格区域后，可按住 Ctrl 键，然后再选另一个区域即可；若要选择整行或整列，只需单击行号或列标，这时该行或该列第一个单元格将成为活动的单元格；若单击左上角行号与列标交叉处的按钮，即可选定整个工作表。

（13）为工作表命名。为了便于记忆和查找，可以将 Excel 的 sheet1、sheet2、sheet3 工作命名为容易记忆的名字，有两种方法：①选择要改名的工作表，单击“格式→工作表→重命名”命令，这时工作表的标签上名字将被反白显示，然后在标签上输入新的表名即可。②双击当前工作表下部的名称，如“Sheet1”，再输入新的名称。

（14）一次性打开多个工作簿。利用下面的方法可以快速打开多个工作簿：①打开工作簿（*.xls）所在的文件夹，按住 Shift 键或 Ctrl 键，并用鼠标选择彼此相邻或不相邻的多个工作簿，将它们全部选中，然后按右键单击，选择“打开”命令，系统则启动 Excel 2003，并将上述选中的工作簿全部打开。②将需要一次打开的多个工作簿文件复制到 C:\Windows\Application Data\Microsoft\ Excel\xlsTART 文件夹中，以后启动 Excel 2003 时，上述工作簿也同时被全部打开。③启动 Excel 2003，单击“工具→选项”命令，打开“选项”

对话框，点击“常规”标签，在“启动时打开此项中的所有文件”后面的方框中输入一个文件夹的完整路径（如 D:\Excel），单击“确定”退出。然后将需要同时打开的工作簿复制到上述文件夹中，以后当启动 Excel 2003 时，上述文件夹中的所有文件（包括非 Excel 格式的文档）被全部打开。④在 Excel 2003 中，单击“文件→打开”命令，按住 Shift 键或 Ctrl 键，在弹出的对话框文件列表中选择彼此相邻或不相邻的多个工作簿，然后按“打开”按钮，就可以一次打开多个工作簿。⑤用上述方法，将需要同时打开的多个工作簿全部打开，再单击“文件→保存工作区”命令，打开“保存工作区”对话框，取名保存。以后只要用 Excel 2003 打开该工作区文件，则包含在该工作区中的所有工作簿即被同时打开。

（15）快速切换工作簿。对于少量的工作簿切换，单击工作簿所在窗口即可。要对多个窗口下的多个工作簿进行切换，可以使用“窗口”菜单。“窗口”菜单的底部列出了已打开工作簿的名字，要直接切换到一个工作簿，可以从“窗口”菜单选择它的名字。“窗口”菜单最多能列出 9 个工作簿，若多于 9 个，“窗口”菜单则包含一个名为“其他窗口”的命令，选用该命令，则出现一个按字母顺序列出所有已打开的工作簿名字的对话框，只需单击其中需要的名字即可。

（16）快速查找。在执行查找操作之前，可以将查找区域确定在某个单元格区域、整个工作表（可选定此工作表内的任意一个单元格）或者工作簿里的多个工作表范围内。在输入查找内容时，可以使用问号（？）和星号（*）作为通配符，以方便查找操作。问号（？）代表一个字符，星号（*）代表一个或多个字符。需要注意的问题是，既然问号（？）和星号（*）作为通配符使用，那么如何查找问号（？）和星号（*）呢？只要在这两个字符前加上波浪号（~）就可以了。

（17）修改默认文件保存路径。启动 Excel 2003，单击“工具→选项”命令，打开“选项”对话框，在“常规”标签中，将“默认文件位置”方框中的内容修改为你需要定位的文件夹完整路径。以后新建 Excel 工作簿，进行“保存”操作时，系统打开“另存为”对话框后直接定位到你指定的文件夹中。

（18）指定打开的文件夹。我们可以指定打开文件的文件夹，方法如下：单击“开始→运行”，输入 regedit 命令，打开“注册表编辑器”，展开 HKEY_CURRENT_USER\Software\Microsoft\Office\10.0\Common\Open Find\Places\UserDefinedPlaces，在下面新建主键，名称为“mydoc”，然后在该主键中新建两个“字符串值”，名称分别是“Name”和“Path”，值分别为“我的文件”（可以随意命名）和“D:\mypath”（定位文件夹的完整路径），关闭“注册表编辑器”，重启电脑。以后在 Excel 2003 中进行“打开”操作时，打开对话框左侧新添了“我的文件”这一项目，点击该项目，即可进入“D:\mypath”文件夹。

（19）在多个 Excel 工作簿间快速切换。按下“Ctrl+Tab”可在打开的工作簿间切换。

对于工具栏或屏幕区，按组合键“Shift + F1”，鼠标变成带问号的箭头，用单击工具栏按钮或屏幕区，它就弹出一个帮助窗口会显示该元素的详细帮助信息。

（20）创建帮助文件的快捷方式。Excel 帮助文件是编译的 HTML 帮助文件 Xlmain10.chm，存放在安装目录\Office10\2052 目录中，单击并拖拉此文件到 Windows 快速启动工具栏上。此后，不管 Excel 是否在运行，而且也不用调用 Office 助手，单击 Windows 快速启动工具栏

上的这个图标将引出 Excel 帮助。

（21）双击单元格某边移动选定单元格。在工作表内移动选定单元格有一种快捷方法：将鼠标指针放置于选定单元格的一边，注意要选择与移动方向相关的一边，即要向下移动，就将鼠标指针放置于单元格的底部;如果要向右移动，就将鼠标指针放置于单元格的右边;依此类推。这时鼠标指针变为白色箭头的形状，双击选择单元格的某边，鼠标指针将沿选定的方向移动到特定的单元格中。如果此方向相邻单元格为空白单元格，则将移动到连续最远的空白单元格中;如果此方向相邻单元格为非空白单元格，则将移动到连续最远的非空白单元格中。

（22）双击单元格某边选取单元格区域。与上一技巧类似，如果在双击单元格边框的同时按下 Shift 键，根据此方向相邻单元格为空白单元格或非空白单元格选取从这个单元格到最远空白单元格或非空白单元格的区域。

（23）快速选定不连续单元格。按下组合键“Shift+F8”，激活“添加选定”模式，此时工作簿下方的状态栏中会显示出“添加”字样，以后分别单击不连续的单元格或单元格区域即可选定，而不必按住 Ctrl 键不放。

项目二　创建学生信息表

任务一　数据输入及类型

【任务描述】

2010 级新生入学，班主任需要统计本班的学生信息情况，要求班长用 Excel 2003 制作一张学生信息表，如图 4-2-1 所示。

	A	B	C	D	E	F	G	H
1	学生信息登记表							
2	学号	姓名	性别	出生日期	身份证号	联系电话	通信地址	邮编
3	64060220001	朱佳松	男	1989-1-2	4113221989	0377-	河南省南阳市方城县柳河乡	473267
4	64060220002	王少博	男	1989-11-9	4127221989	0371-	河南省郑州市管城区航海路宝景花园	450009
5	64060220003	陈超朋	男	1989-3-15	4101821989	0371-	河南省新密市刘寨镇王嘴村	452376
6	64060220004	祁小洋	男	1989-11-9	4105261989	0372-	河南省安阳市滑县道口教育路	456400
7	64060220005	耿守强	男	1987-2-20	4127271987	13692	河南省新密市郑煤集团	452385
8	64060220006	刘娟	女	1988-8-21	4114251988	13503	河南省新密市郑煤集团	452394
9	64060220007	黄卫霞	女	1990-10-22	4127021990	13373	河南省新密市郑煤集团	452394
10	64060220008	刘英	女	1989-8-19	4101031989	0371-	河南省郑州市二七区永安街	450000
11	64060220009	郜锐	女	1987-8-7	4110811987	0371-	河南省禹州市机电公司家属楼	461674
12	64060220010	张晓莉	女	1987-10-22	4101851987	13838	河南省登封市大冶镇	452473
13	64060220011	郑庆龙	男	1988-6-13	4106211988	0392-	河南省鹤壁市浚县黎阳镇	456250
14	64060220012	贾朋辉	男	1988-10-9	4101841988	0371-	河南省新郑市辛店镇贾岗村	451184
15	64060220013	侯祖来	男	1989-1-8	4113291989	0377-	南阳市社旗县大冯营乡	473302
16	64060220014	王松杰	男	1989-5-5	4101831989	13549	河南省荥阳市广武镇东苏村	450103
17	64060220015	陈晗	男	1989-2-12	4101821989	13853	河南省新密市尖山乡米村镇	452394
18	64060220016	任传兵	男	1988-12-25	4101811988	13683	河南省巩义市鲁庄镇东侯村	451200
19	64060220017	关振怀	男	1989-8-23	4110811989	0374-	河南省禹州市古城镇关庄	461670
20	64060220018	郭增	男	1989-6-10	4110811989	13882	河南省禹州市鸠山乡唐庄村	461685

图 4-2-1　学生信息登记表

【任务分析】

要完成上述学生信息登记表表格的输入，需要注意学号、出生日期、身份证号、联系电话以及邮编的输入。

【操作步骤】

（1）打开 Excel 2003，新建一个文档。

（2）按住鼠标左键选中第一行 A1：H 1 单元格区域，然后单击格式工具栏“合并及居中”按钮，输入“学生信息登记表”，如图 4-2-2 所示。

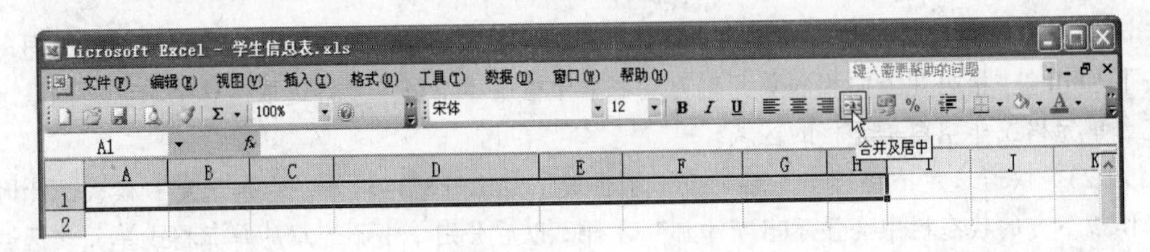

图 4-2-2　合并单元格

（3）学号、身份证号、邮编属于文本型，需要输入英文状态下的单引号“'”，如图 4-2-3 所示。

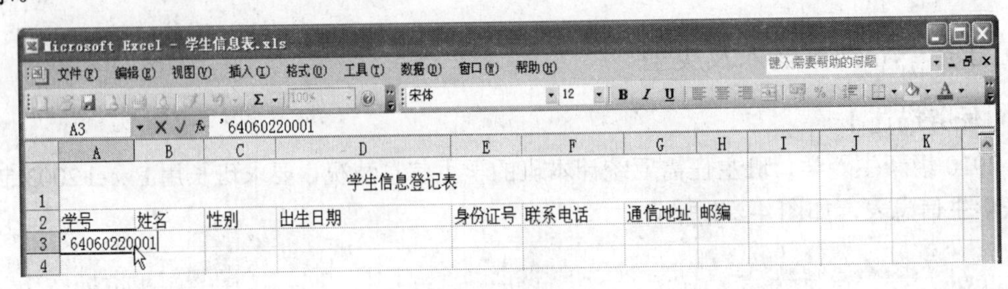

图 4-2-3　输入文本

（4）对于输入信息比较多时，用上述方法显得比较麻烦，请看图 4-2-4 所示的快捷方法。

（5）设置完成后，直接在单元格中输入学号即可。

其他字段单元格的信息输入由读者自行完成。

【知识拓展】

（1）Excel 内置了一些日期时间的格式，当输入数据与这些格式相匹配时，Excel 将识别它们。Excel 常见日期时间格式为“mm/dd/yy”、“dd-mm-yy”、“hh:mm（am/pm）”。

AM/PM 与分钟之间应有空格，如 7:20 PM，缺少空格将当做字符数据处理。

当前日期输入按组合键“Ctrl＋;”，当天时间输入则按“Ctrl＋Shift＋;”。

如果要以 12 小时制显示时间，在输入时间后加一个空格并输入“AM”（上午）或“PM”（下午）（也可以仅输入“A”或“P”），否则按照 24 小时制显示时间。

（2）复制或移动单元格。把单元格从一个位置复制或移到另一个位置，其方法为:选择

源单元格，单击“编辑”菜单中的“剪切”或“复制”命令，选定目标单元格，从“编辑”菜单中选择“粘贴”命令，则源单元格便被移动或复制到目标单元格中了。

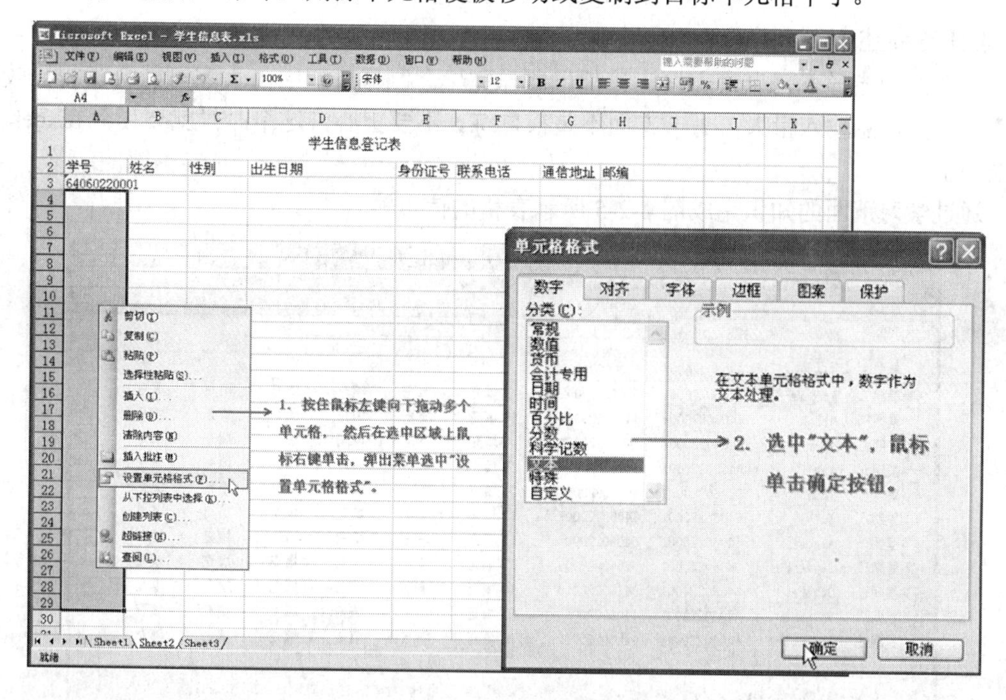

图 4-2-4　文本类型设置

（3）完全删除 Excel 中的单元格。想将某单元格（包括该单元格的格式和注释）从工作表中完全删除吗？只要选择需要删除的单元格，然后按下“Ctrl+ -（减号）”，在弹出的对话框中选择单元格移动的方式，周围的单元格将移过来填充删除后留下的空间。

（4）快速删除空行。有时为了删除 Excel 工作簿中的空行，你可能会将空行一一找出然后删除，这样做非常不方便。你可以利用自动筛选功能来实现，方法是:先在表中插入新的一行（全空），然后选择表中所有的行，单击“数据→筛选→自动筛选”命令，在每一列的顶部，从下拉列表中选择“空白”。在所有数据都被选中的情况下，单击“编辑→删除行”，然后按“确定”，所有的空行将被删去。注意：插入一个空行是为了避免删除第一行数据。

（5）回车键的粘贴功能。回车键也有粘贴功能，当复制的区域还有闪动的复制边框标记时（虚线框），按下回车键可以实现粘贴功能。注意不要在有闪动的复制边框标记时使用回车键在选定区域内的单元格间进行切换，此时你应该使用 Tab 键或方向键进行单元格切换。

（6）快速关闭多个文件。按住 Shift 键，打开“文件”菜单，单击“全部关闭”命令，可将当前打开的所有文件快速关闭。

（7）快速选择单元格。在选择单元格（行，列）时，同时按住 Shift 键可以选中连续的单元格（行、列）。在选择单元格（行、列）时，同时按住 Ctrl 键可以选中不连续的单元格（行、列）。

任务二　数据自动填充

【任务描述】

在老师的指导下，上述表格应该都已制作完毕。制作过程中，大家可能会觉得比较麻烦，一方面信息输入量大，另一方面不是很熟练。不要担心，这个时候就要用到 Excel 中的技巧了。

通过学习下面的知识完成图 4-2-5 所示表格的信息输入。

	A	B	C	D	E	F	G	H	I	J	K
1	星期一	January	64060220001	64060220001	1	3	5	7	9	11	13
2	星期二	February	64060220001	64060220002	3	填充	填充	填充	填充	填充	填充
3	星期三	March	64060220001	64060220003	5	填充	填充	填充	填充	填充	填充
4	星期四	April	64060220001	64060220004	7	填充	填充	填充	填充	填充	填充
5	星期五	May	64060220001	64060220005	9	填充	填充	填充	填充	填充	填充
6	星期六	June	64060220001	64060220006	11	填充	填充	填充	填充	填充	填充
7	星期日	July	64060220001	64060220007	13	填充	填充	填充	填充	填充	填充
8	星期一	August	64060220001	64060220008	15	填充	填充	填充	填充	填充	填充
9	星期二	September	64060220001	64060220009	17	填充	填充	填充	填充	填充	填充
10	星期三	October	64060220001	64060220010	19	填充	填充	填充	填充	填充	填充
11	星期四	November	64060220001	64060220011	21	填充	填充	填充	填充	填充	填充
12	星期五	December	64060220001	64060220012	23	填充	填充	填充	填充	填充	填充
13											

图 4-2-5　学生信息表

【任务分析】

上述表格中的某些行、列或区域的数据是相同或有规律变化的，这时我们就可以使用填充输入法，快速、高效地输入数据。填充的方法有复制填充、区域填充、菜单填充、自动填充和序列填充等 5 种。

1. 复制填充

如果工作表中某行或某列区域中数据相同时，可使用复制填充法。典型的操作方法是拖放填充。按住鼠标左键拖动被复制单元格右下角的填充柄，这样鼠标拖放过的单元格都会被填充为相同的数据，如图 4-2-6 所示。

如果填充的数据是文本型数字、日期或时间，复制填充时需要同时按住 Ctrl 键，否则为自动填充。

2. 区域填充

按住鼠标左键拖动选定一部分区域，输入数据，然后按 Ctrl+Enter 填充，如图 4-2-7 所示。

3. 菜单填充

该方法只使用在单行或单列填充数据中。先用鼠标选中被填充数据的单元格，然后向需要填充的方向拖放鼠标，最后单击菜单“编辑”→“填充”，选择填充方向，如图 4-2-8 所示。

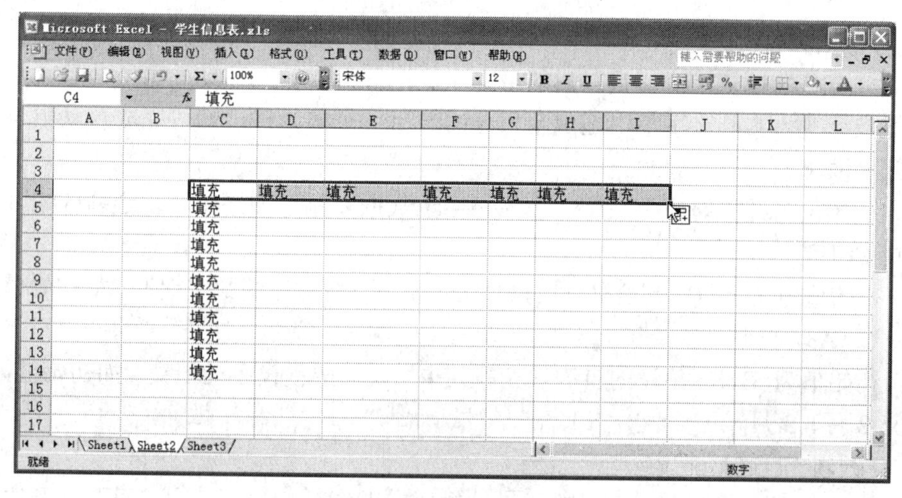

图 4-2-6　复制填充

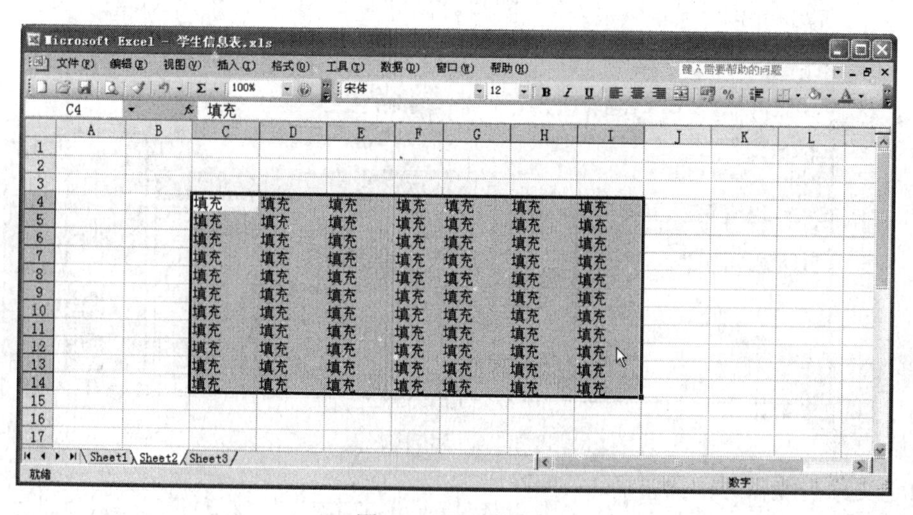

图 4-2-7　区域填充

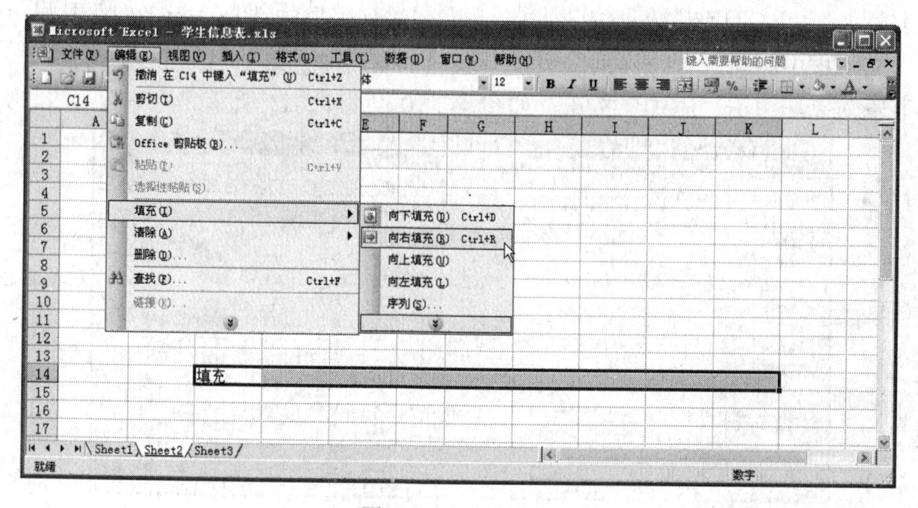

图 4-2-8　菜单填充

4. 自动填充

自动填充是根据初始值决定以后的填充项。用鼠标左键按住初始值所在单元格的右下角，鼠标指针变为实心十字形，拖曳至填充的最后一个单元格，即可完成自动填充。填充分以下几种情况。

（1）初始值为纯字符或纯数字，填充相当于数据复制。如果想实现递增或递减填充，需要按住 Ctrl 键。

（2）初始值为文字数字混合体，填充时文字不变，最右边的数字递增。如初始值为 A1、填充为 A2、A3，…

（3）初始值为 Excel 预设的自动填充序列中一员，按预设序列填充。如初始值为 1 月，自动填充 2 月、3 月、…

5. 序列填充

自动填充可以完成简单序列的输入，如果要实现复杂的序列填充，可以打开序列功能菜单，进行设置，如图 4-2-9 所示。

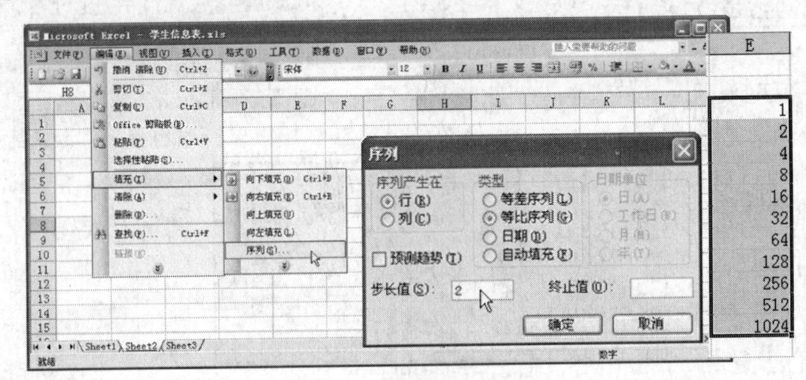

图 4-2-9　序列填充

自定义序列操作方法如下。

（1）选择“工具”菜单的“选项”命令，弹出“自定义序列”对话框。

（2）单击“自定义序列”标签，在自定义序列的列表框中选择“新序列”选项，在“输入序列”文本框中每输入一个序列成员按一次回车键，如“第一名”、“第二名”、……

（3）输入完毕单击“添加”按钮，如图 4-2-10、图 4-2-11 所示。

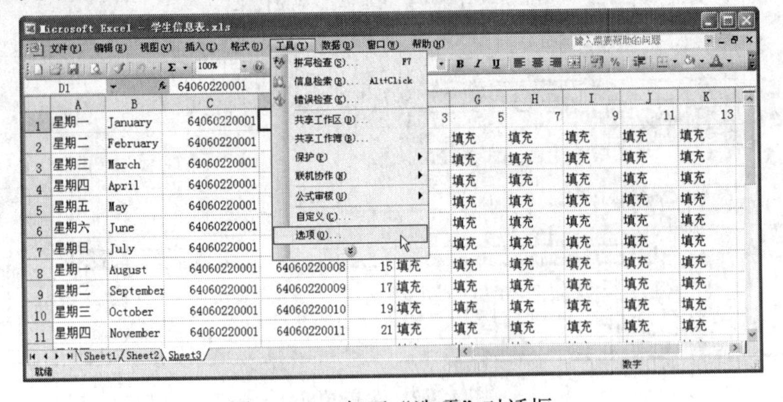

图 4-2-10　打开“选项”对话框

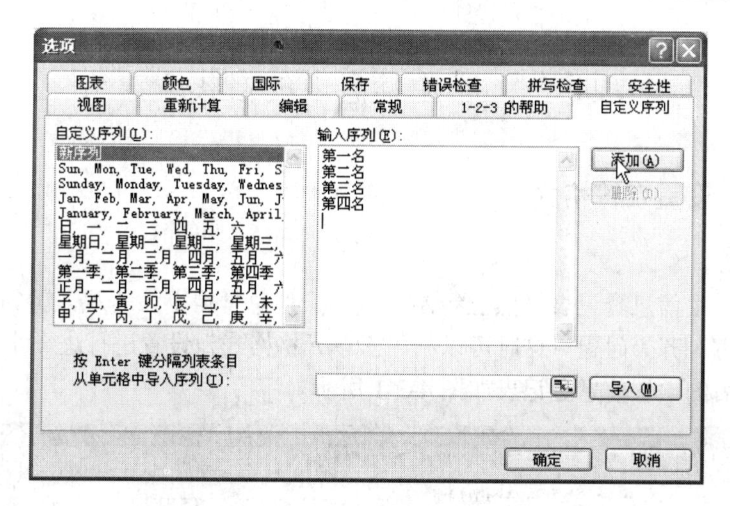

图 4-2-11　输入序列

☆小知识：如果工作表输入的数据限定在一个区域内，采用以下方法，可以避免使用鼠标进行单元格切换：用鼠标选中要输入数据的区域，敲击键盘即可在区域左上角开始输入数据，完成后按 Tab 键光标右移，到达区域右边界以后自动折入所选区域的第二行。如果您需要光标向左移动，按 Shift +Tab 就可以了。

【知识拓展】

（1）绘制斜线表头。一般情况下在 Excel 中制作表头，都把表格的第一行作为表头，然后输入文字。不过，这样的表头比较简单，更谈不上斜线表头了。能不能在 Excel 中可以实现斜线表头，下面就是具体的方法：由于作为斜线表头的单元格都要比其他单元格大，所以首先将表格中第一个单元大小调整好。然后单击选中单元格，单击“格式→单元格”命令，弹出“单元格格式”窗口，选择“对齐”标签，将垂直对齐的方式选择为“靠上”，将“文本控制”下面的“自动换行”复选框选中，再选择“边框”标签，按下“外边框”按钮，使表头外框有线，接着再按下面的“斜线”按钮，为此单元格添加一格对角线，设置好后，单击“确定”按钮，这时 Excel 的第一个单元格中将多出一条对角线。现在双击第一单元格，进入编辑状态，并输入文字，如“项目”、“月份”，接着将光标放在“项”字前面，连续按空格键，使这 4 个字向后移动（因为我们在单元格属性中已经将文本控制设置为“自动换行”，所以当“月份”两字超过单元格时，将自动换到下一行）。现在单击表格中任何一处，退出第一单元格看看，一个漂亮的斜线表头就完成了。

（2）绘制斜线单元格。利用 Excel“边框”选项卡的两个斜线按钮，可以在单元格中画左、右斜线。如果想在单元格中画多条斜线，就必须利用“绘图”工具，方法是：打开 Excel 的“绘图”工具，单击“直线”按钮，待光标变成小十字后拖动光标，即可画出需要的多条斜线。只要画法正确，斜线可随单元格自动伸长或缩短。至于斜线单元格的其他表格线，仍然按上面介绍的方法添加。当然，斜线单元格的数据输入要麻烦一些，通常的做法是让数据在单元格内换行（按“Alt+回车”键），再添加空格即可将数据放到合适位置。

项目三　学生信息表的格式编辑

任务一　设置字符格式

【任务描述】

项目二的学生信息登记表虽然已经制作完毕，但总觉得不太美观，譬如字体不合适、字号太小、没有对齐等问题，这时可以利用“单元格格式”设置进行进一步的美化。

经过美化后的学生信息登记表如图 4-3-1 所示。

学生信息登记表

学 号	姓 名	性别	出生日期	身份证号	联系电话	通信地址	邮 编
64060220001	朱佳松	男	1989-1-2	411322198901021617	0377-67328875	河南省南阳市方城县柳河乡	473267
64060220002	王少博	男	1989-11-3	412722198911092032	0371-66829286	河南省郑州市管城区航海路宝景花园	450009
64060220003	陈超朋	男	1989-3-15	410182198903152914	0371-63123321	河南省新密市刘寨镇王嘴村	452376
64060220004	祁小洋	男	1989-11-9	41052619891109003X	0372-8163816	河南省安阳市滑县道口教育路	456400
64060220005	耿守强	男	1987-2-20	412727198702204036	13692405890	河南省新密市郑煤集团	452385
64060220006	刘娟	女	1988-8-21	41142519880821032X	13503840956	河南省新密市郑煤集团	452394
64060220007	黄卫霞	女	1990-10-22	412702199010222740	13373777518	河南省新密市郑煤集团	452394
64060220008	刘英	女	1989-8-19	410103198908190084	0371-68734945	河南省郑州市二七区永安街	450000
64060220009	郜锐	女	1987-8-7	411081198708079044	0371-61538164	河南省禹州市机电公司家属楼	461674
64060220010	张晓莉	女	1987-10-22	410185198710222049	13838203250	河南省登封市大冶镇	452473
64060220011	郑庆龙	男	1988-6-13	410621198806130531	0392-5587598	河南省鹤壁市浚县黎阳镇	456250
64060220012	贾朋辉	男	1988-10-9	410184198810097672	0371-61571776	河南省新郑市辛店镇贾岗村	451184
64060220013	侯祖来	男	1989-1-8	411329198901081315	0377-67832532	南阳市社旗县大冯营乡	473302
64060220014	王松杰	男	1989-5-5	410183198905052016	13549101057	河南省荥阳市广武镇东苏村	450103
64060220015	陈晗	男	1989-2-12	410182198902120312	13853808216	河南省新密市尖山乡米村镇	452394
64060220016	任传兵	男	1988-12-25	410181198812257538	13683423034	河南省巩义市鲁庄镇东侯村	451200
64060220017	关振怀	男	1989-8-23	411081198908234977	0374-8625963	河南省禹州市古城镇关庄	461670
64060220018	郭增	男	1989-6-10	411081198906106357	13882350108	河南省禹州市鸠山乡唐庄村	461685

图 4-3-1　学生信息登记表

【任务分析】

在上述表格中，除了要正确地输入文字外，还需要进行字符格式设置，如对齐方式、字体设置等。

【操作步骤】

（1）打开做好的学生信息登记表，也可以重新建立一个工作表，按照图 4-3-1 输入数据。

（2）选中标题“学生信息登记表”，在格式工具栏里选择“宋体”，字号 24，加粗，居中，如图 4-3-2 所示。

（3）选中需要设置字符格式的区域，鼠标右键单击，在弹出的菜单中选择“设置单元格格式”选项，打开“单元格格式”对话框，如图 4-3-3 所示。

（4）选择“对齐”选项卡，在“文本对齐方式”选项组中选择“居中”，如图 4-3-4 所示。

图 4-3-2　设置标题

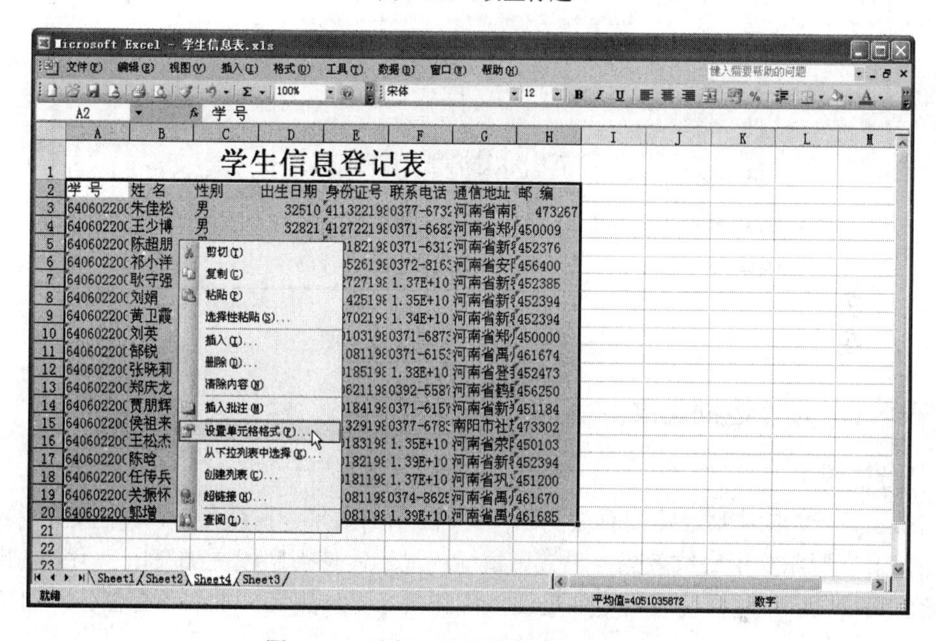

图 4-3-3　选择“设置单元格格式”选项

（5）选择“字体”选项卡，依次在“字体”、“字形”和“字号”中选择“宋体”、“常规”和“12”，然后单击“确定”按钮，如图 4-3-5 所示。

注意：这里与在“格式”工具栏中设置“字体”、“字形”和“字号”效果相同。

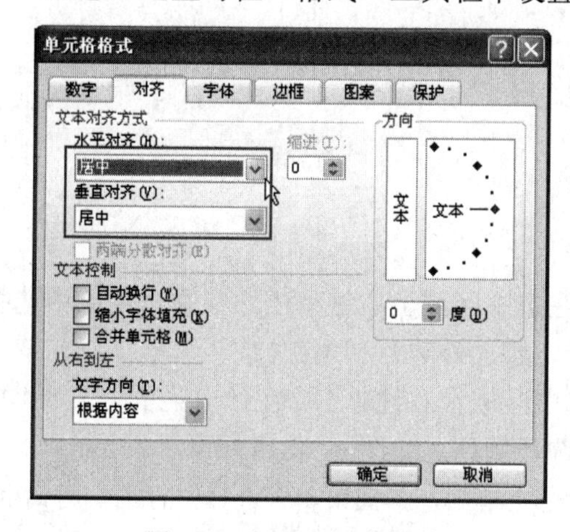

图 4-3-4　“对齐”选项卡

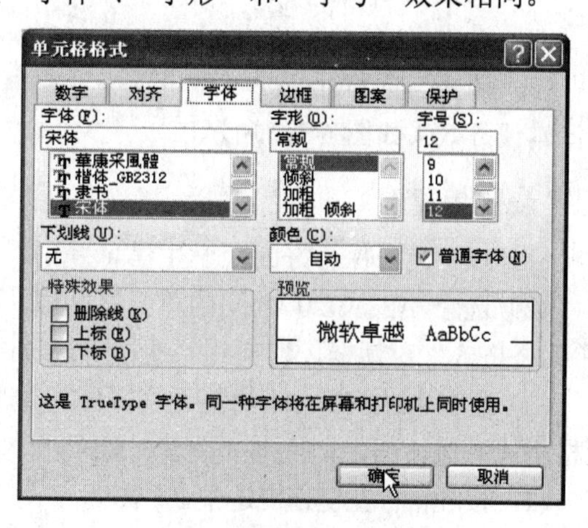

图 4-3-5　“字体”选项

经过上述几步设置后效果如图 4-3-6 所示。

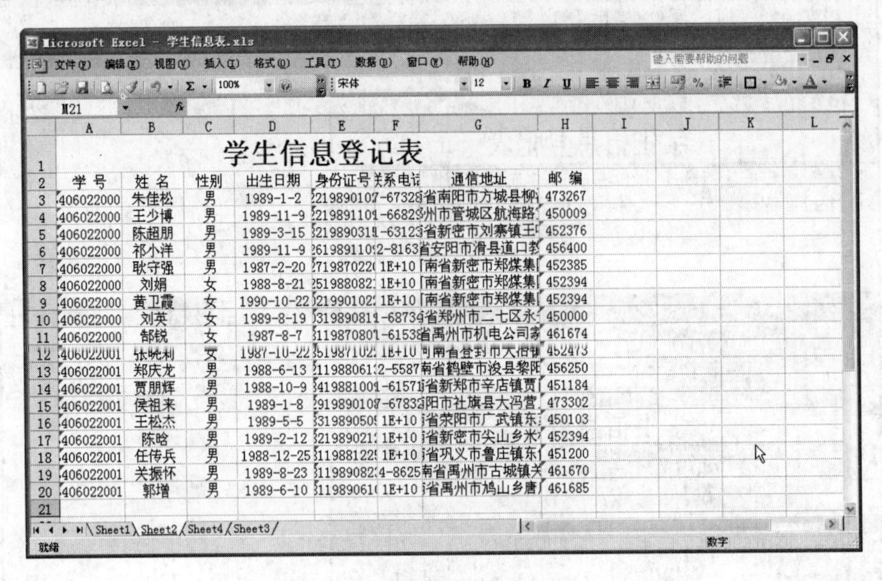

图 4-3-6 “字符格式”效果图

任务二 设置边框底纹

【任务描述】

完成任务一的操作后，仍没有达到图 4-3-1 显示的效果。在图 4-3-1 中，设置了表格边框，还把第 2 行添加了底纹效果，设置了浅绿色显示，使得字段更加突出；另外，出生日期用紫色底纹显示，这样使表格更加美观，特殊内容更加醒目。本任务是任务一的延续。

【任务分析】

设置边框和底纹，可以利用“单元格格式”命令，也可以使用“格式”工具栏上的一些快捷按钮。本任务操作分解为以下过程。

（1）设置边框。

（2）设置底纹。

（3）调整列宽和行高。

本任务效果如图 4-3-7 所示。

【操作步骤】

（1）打开之前保存好的“学生信息登记表”。

（2）选中 A2：H20 之间的单元格区域，在选中区域上右键单击，在弹出菜单中选择“单元格格式”对话框，切换到“边框”选项卡，添加外边框和内部。

（3）选中 A2：H2 之间的单元格区域，在选中区域上右键单击，在弹出菜单中选择“单元格格式”对话框，切换到“图案”选项卡，选择颜色，如图 4-3-8 和图 4-3-9 所示。

（4）按住鼠标左键拖曳选中 2～20 行，在行号上单击，弹出菜单并选择“行高”对话框，输入“25”，也可以根据时间情况输入合适的数字，单击“确定”按钮，如图 4-3-10 所示。

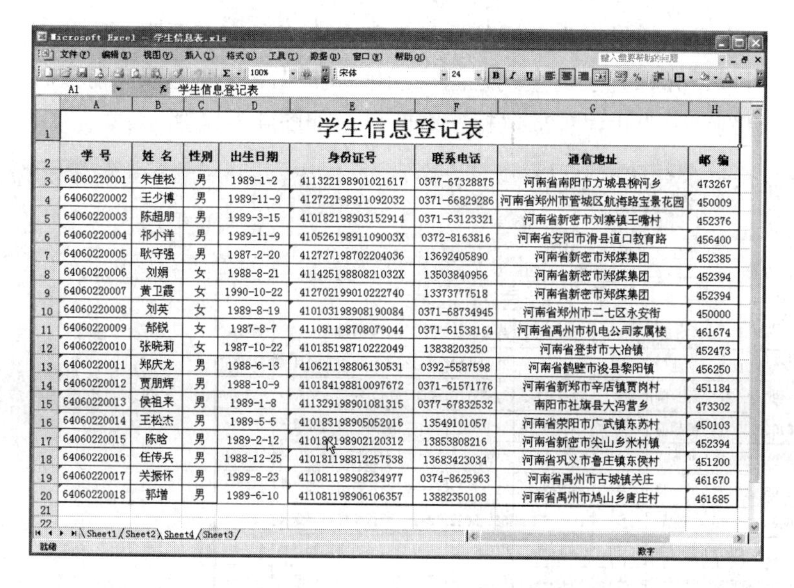

图 4-3-7 “边框底纹”效果图

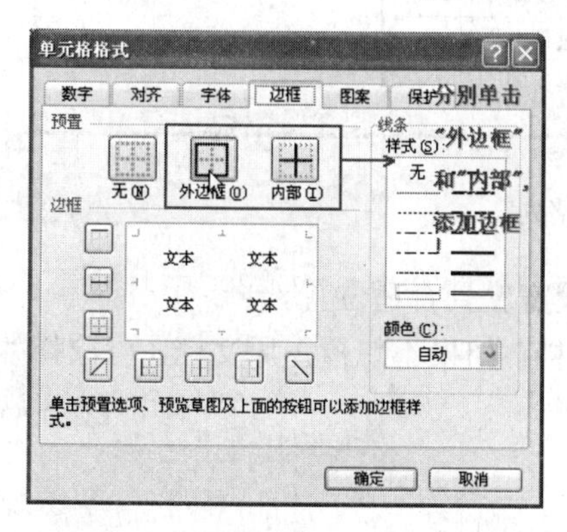

图 4-3-8 “边框”选项卡

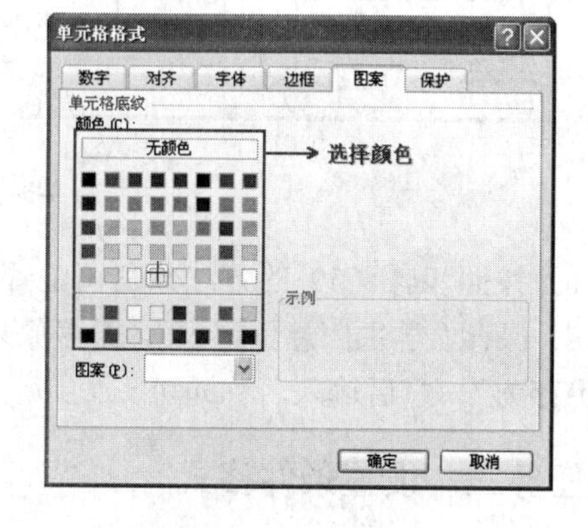

图 4-3-9 “图案”选项卡

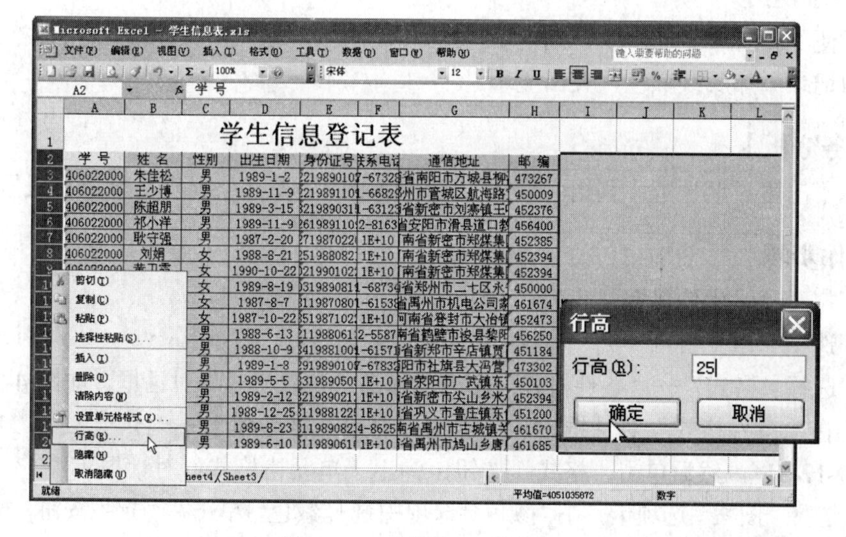

图 4-3-10 “行高”对话框

（5）由于“学号”、“姓名”、“通信地址”等各个字段宽度不同，因此不能用上面的方法统一修改，可以把光标置于两个列之间，当鼠标指针形状变为双向箭头时，按住左键拖曳改变列宽，直到合适为止，释放鼠标左键即可，如图 4-3-11 所示。

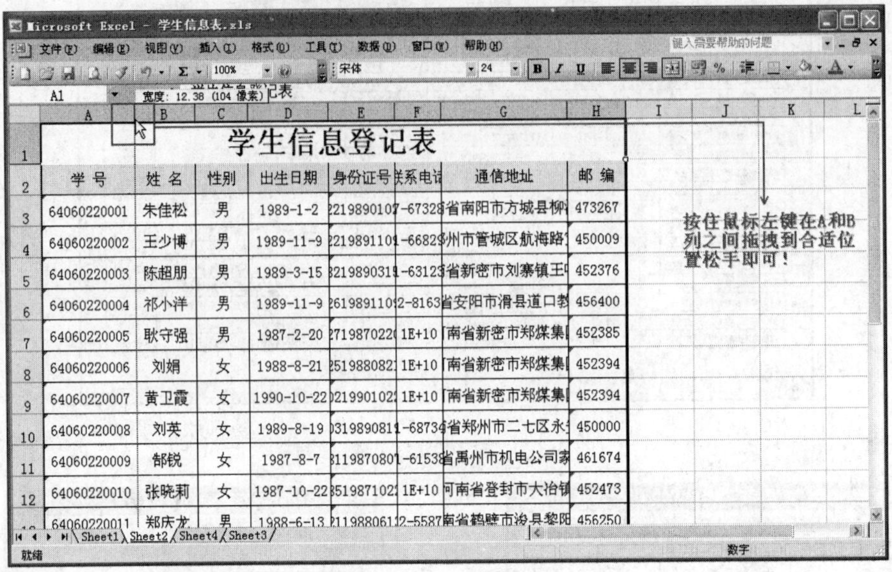

学生信息登记表

学 号	姓 名	性别	出生日期	身份证号	关系电话	通信地址	邮 编
64060220001	朱佳松	男	1989-1-2	219890107	-67328	省南阳市方城县柳	473267
64060220002	王少博	男	1989-11-9	219891101	-66829	州市管城区航海路	450009
64060220003	陈超朋	男	1989-3-15	219890315	-63123	省新密市刘寨镇王	452376
64060220004	祁小洋	男	1989-11-9	619891109	2-8163	省安阳市滑县道口教	456400
64060220005	耿守强	男	1987-2-20	719870220	1E+10	南省新密市郑煤集	452385
64060220006	刘娟	女	1988-8-21	519880821	1E+10	南省新密市郑煤集	452394
64060220007	黄卫霞	女	1990-10-22	219901022	1E+10	南省新密市郑煤集	452394
64060220008	刘英	女	1989-8-19	319890819	-68734	省郑州市二七区永	450000
64060220009	郜锐	女	1987-8-7	119870807	-61538	省禹州市机电公司家	461674
64060220010	张晓莉	女	1987-10-22	519871022	1E+10	河南省登封市大冶镇	452473
64060220011	郑庆龙	男	1988-6-13	119880613	2-5587	南省鹤壁市浚县黎阳	456250

按住鼠标左键在A和B列之间拖拽到合适位置松手即可！

图 4-3-11　调整列宽

（6）按照步骤（5）的方法分别调整各个字段宽度到合适位置。

（7）保存“学生信息登记表”，覆盖原来的文档。如果不想覆盖原文档，可选择“文件”→“另存为”，之后输入名称即可。

任务三　设置条件格式

【任务描述】

为了便于查看学生的出生日期，如 1989 年出生的学生记录，设置“条件格式”，将满足条件的记录添加底纹颜色，突出显示。

【任务分析】

选中“出生日期”列，利用“格式”菜单项中的“条件格式”命令进行设置。

【操作步骤】

（1）打开“学生信息登记表”。

（2）选中“出生日期”列。

（3）选择“格式”→“条件格式”命令，弹出“条件格式”对话框，如图 4-3-12 所示。

（4）在“条件格式”对话框中，依次选择“单元格数值”→“介于”→“1989-1-1”→“1989-12-31”，然后单击“格式”按钮，弹出“单元格格式”对话框。

（5）选择“图案”选项卡，在“颜色”选项中选择紫色，单击“确定”按钮，如图 4-3-13 所示。

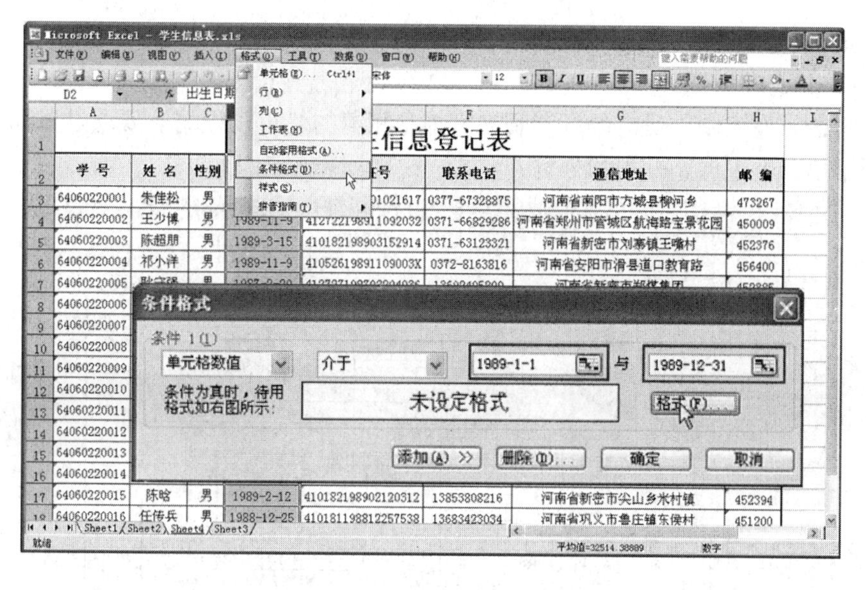

图 4-3-12　“条件格式”对话框

（6）保存“学生信息登记表”，效果如图 4-3-14 所示。

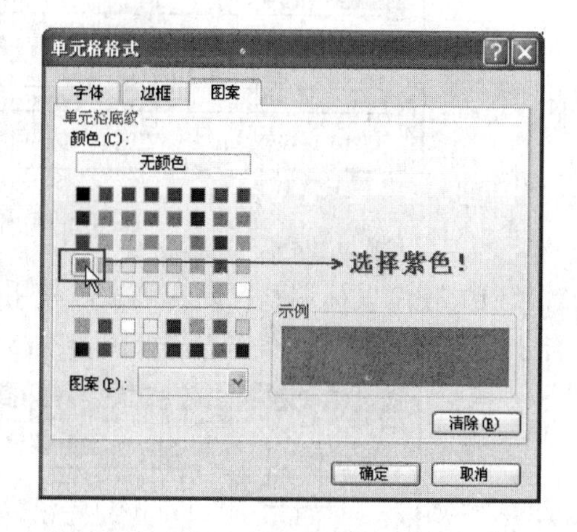

图 4-3-13　“图案”选项

【知识拓展】

1. 删除、清除单元格操作

在 Excel 中，删除单元格和清除单元格是不同的操作，删除单元格是将单元格和单元格的内容一起删除，而清除单元格则是将单元格的内容或格式删除，保留空白单元格。注：选中单元格，按 Del 键只能清除单元格的内容。

2. 根据条件选择单元格

单击“编辑→定位”命令，在打开的“定位”对话框中单击“定位条件”按钮，根据你要选中区域的类型，在“定位条件”对话框中选择需要选中的单元格类型，例如“常量”、“公式”等，此时还可以复选“数字”、“文本”等项目，单击“确定”按钮后符合条件的所有单元格将被选中。

任务四　行、列操作

【任务描述】

在前面的“学生信息登记表”制作过程中，有时候默认宽度无法显示完整信息，“通信地址”列内容太多，需要调整列宽。

【任务分析】

本任务主要包括调整行高和列宽，行、例的插入，行、例的删除等 3 个方面。

【操作步骤】

1. 调整行高和列宽

在新建的工作表中，所有的行高和列宽都是相等的。可以根据需要通过鼠标拖曳，也可以使用菜单命令来调整行高和列宽。

学生信息登记表

学 号	姓 名	性别	出生日期	身份证号	联系电话	通信地址	邮 编
64060220001	朱佳松	男	1989-1-2	411322198901021617	0377-67328875	河南省南阳市方城县柳河乡	473267
64060220002	王少博	男	1989-11-9	412722198911092032	0371-66829286	河南省郑州市管城区航海路宝景花园	450009
64060220003	陈超朋	男	1989-3-15	410182198903152914	0371-63123321	河南省新密市刘寨镇王嘴村	452376
64060220004	祁小洋	男	1989-11-9	41052619891109003X	0372-8163816	河南省安阳市滑县道口教育路	456400
64060220005	耿守强	男	1987-2-20	412727198702204036	13692405890	河南省新密市郑煤集团	452385
64060220006	刘娟	女	1988-8-21	41142519880821032X	13503840956	河南省新密市郑煤集团	452394
64060220007	黄卫霞	女	1990-10-22	412702199010222740	13373777518	河南省新密市郑煤集团	452394
64060220008	刘英	女	1989-8-19	410103198908190084	0371-68734945	河南省郑州市二七区永安街	450000
64060220009	郜锐	女	1987-8-7	411081198708079044	0371-61538164	河南省禹州市机电公司家属楼	461674
64060220010	张晓莉	女	1987-10-22	410185198710222049	13838203250	河南省登封市大冶镇	452473
64060220011	郑庆龙	男	1988-6-13	410621198806130531	0392-5587598	河南省鹤壁市浚县黎阳镇	456250
64060220012	贾朋辉	男	1988-10-9	410184198810097672	0371-61571776	河南省新郑市辛店镇贾岗村	451184
64060220013	侯祖来	男	1989-1-8	411329198901081315	0377-67832532	南阳市社旗县大冯营乡	473302
64060220014	王松杰	男	1989-5-5	410183198905052016	13549101057	河南省荥阳市广武镇东苏村	450103
64060220015	陈晗	男	1989-2-12	410182198902120312	13853808216	河南省新密市尖山乡米村镇	452394
64060220016	任传兵	男	1988-12-25	410181198812257538	13683423034	河南省巩义市鲁庄镇东侯村	451200
64060220017	关振怀	男	1989-8-23	411081198908234977	0374-8625963	河南省禹州市古城镇关庄	461670
64060220018	郭增	男	1989-6-10	411081198906106357	13882350108	河南省禹州市鸠山乡唐庄村	461685

图 4-3-14 “条件格式”效果图

（1）使用鼠标调整行高和列宽。使用鼠标可以十分方便、直观地调整行高和列宽，适合于单独调整列宽，操作方法如图 4-3-15 所示。

鼠标指针指向列标号（或行标号）边缘，左右（或上下）拖放，即调整列宽（或行高）。

学 号	姓 名	性别				通信地址	邮 编
64060220001	朱佳松	男	1989-1-2	411322198901021617	0377-67328875	河南省南阳市方城县柳河乡	473267
64060220002	王少博	男	1989-11-9	412722198911092032	0371-66829286	河南省郑州市管城区航海路宝景花园	450009
64060220003	陈超朋	男	1989-3-15	410182198903152914	0371-63123321	河南省新密市刘寨镇王嘴村	452376
64060220004	祁小洋	男	1989-11-9	41052619891109003X	0372-8163816	河南省安阳市滑县道口教育路	456400
64060220005	耿守强	男	1987-2-20	412727198702204036	13692405890	河南省新密市郑煤集团	452385
64060220006	刘娟	女	1988-8-21	41142519880821032X	13503840956	河南省新密市郑煤集团	452394
64060220007	黄卫霞	女	1990-10-22	412702199010222740	13373777518	河南省新密市郑煤集团	452394
64060220008	刘英	女	1989-8-19	410103198908190084	0371-68734945	河南省郑州市二七区永安街	450000
64060220009	郜锐	女	1987-8-7	411081198708079044	0371-61538164	河南省禹州市机电公司家属楼	461674
64060220010	张晓莉	女	1987-10-22	410185198710222049	13838203250	河南省登封市大冶镇	452473
64060220011	郑庆龙	男	1988-6-13	410621198806130531	0392-5587598	河南省鹤壁市浚县黎阳镇	456250
64060220012	贾朋辉	男	1988-10-9	410184198810097672	0371-61571776	河南省新郑市辛店镇贾岗村	451184
64060220013	侯祖来	男	1989-1-8	411329198901081315	0377-67832532	南阳市社旗县大冯营乡	473302
64060220014	王松杰	男	1989-5-5	410183198905052016	13549101057	河南省荥阳市广武镇东苏村	450103
64060220015	陈晗	男	1989-2-12	410182198902120312	13853808216	河南省新密市尖山乡米村镇	452394
64060220016	任传兵	男	1988-12-25	410181198812257538	13683423034	河南省巩义市鲁庄镇东侯村	451200
64060220017	关振怀	男	1989-8-23	411081198908234977	0374-8625963	河南省禹州市古城镇关庄	461670
64060220018	郭增	男	1989-6-10	411081198906106357	13882350108	河南省禹州市鸠山乡唐庄村	461685

图 4-3-15 调整列宽

（2）使用菜单命令调整行高和列宽。相对于鼠标拖曳方式，使用菜单命令可以更加准确地设置工作表的行高和列宽，同时可以选中所有行进行调整，适用于调整行高，操作方法如图 4-3-16 所示。

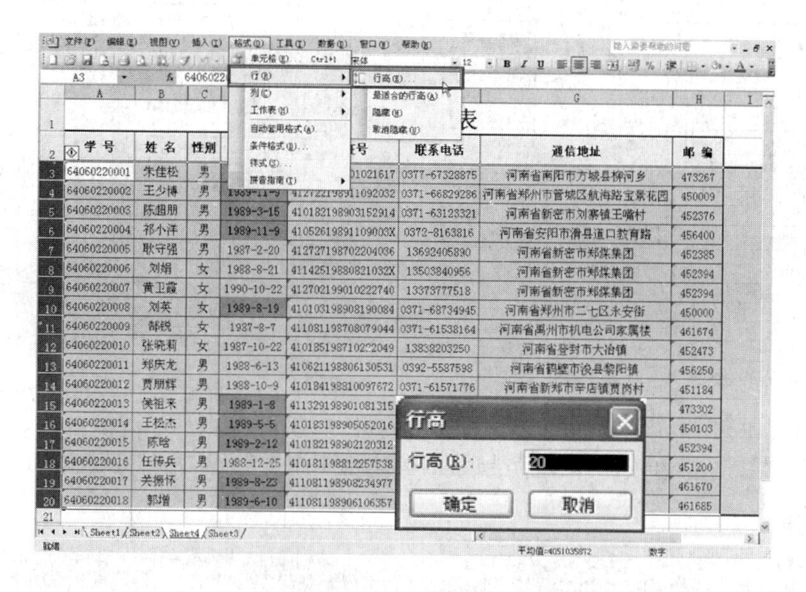

图 4-3-16　设置行高

设置列宽的方法与设置行高的方法类似，此处不再赘述。

2. 行、列的插入

插入行、列的操作同样有弹出菜单操作法和菜单命令操作法两种方法。

（1）弹出菜单操作法。先用鼠标选中需要插入的行和列，之后在选中区域上直接单击鼠标右键，弹出快捷菜单，选中“插入”命令，如图 4-3-17 和图 4-3-18 所示。

注意：选中几行或几列，单击“插入”命令后，就会自动生成几行或几列，并且会添加到选中行或列之前。

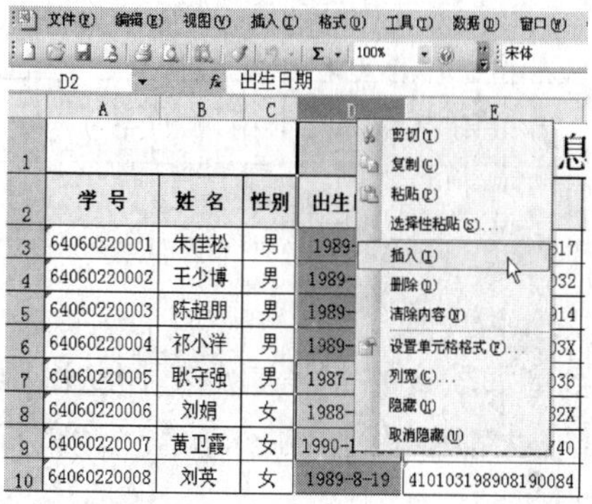

图 4-3-17　“插入”菜单

图 4-3-18　插入列

（2）菜单命令操作法。先用鼠标选中需要插入的行和列，然后单击菜单“插入”→“行”命令，也可产生相同的行或列，和方法（1）效果相同，如图 4-3-19 和图 4-3-20 所示。

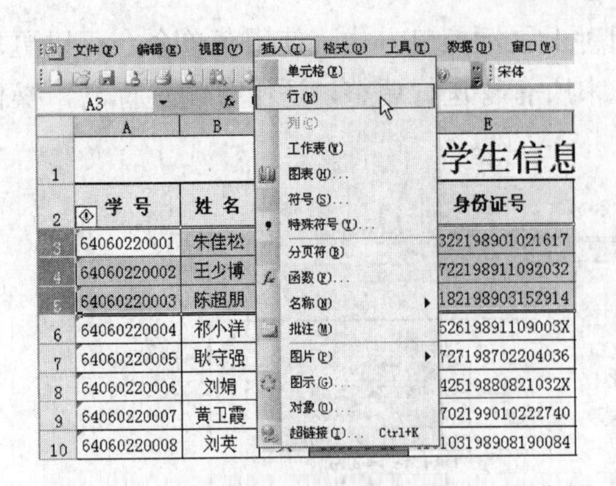

图 4-3-19 “行”菜单

	A	B	C	D	E
1					学生信息
2	学 号	姓 名	性别	出生日期	身份证号
3					
4					
5					
6	64060220001	朱佳松	男	1989-1-2	411322198901021617
7	64060220002	王少博	男	1989-11-9	412722198911092032
8	64060220003	陈超朋	男	1989-3-15	410182198903152914
9	64060220004	祁小洋	男	1989-11-9	41052619891109003X
10	64060220005	耿守强	男	1987-2-20	412727198702204036

图 4-3-20 插入行

3. 行、列的删除

行、列的删除方法也有弹出菜单操作法和菜单命令操作法两种方法，操作方法和行、列的插入方法相同。下面的例子就是删除上例中刚刚添加的 3 行信息，如图 4-3-21 和图 4-3-22 所示。

图 4-3-21 “删除”菜单

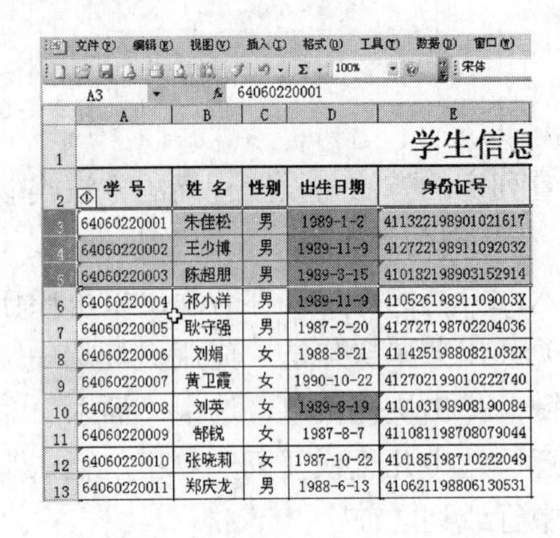

图 4-3-22 删除行

小知识：Excel 中，一行的内容为一条记录，一列的内容为一个字段。

任务五 工作表操作

【任务描述】

在表格的实际制作过程中，用户经常会遇到诸如默认的 3 张工作表不够用，或者要插入、删除、复制一个工作表等操作问题。这些操作大都可以通过工作表左下角的标签实现，也可以通过相应的菜单操作实现。

【任务分析】

本任务包括工作表的切换、重命名，插入和删除工作表，移动和复制工作表几个部分。

【操作步骤】

1. 工作表切换

前面讲过，一个工作簿可以包含一个或多个工作表。在 Excel 窗口中，同一时间内只能有一个工作表显示在前面，称为“当前工作表”或“活动工作表”。在当前工作表单击工作表标签 \Sheet1/Sheet2\Sheet4/Sheet3/，即可实现切换。

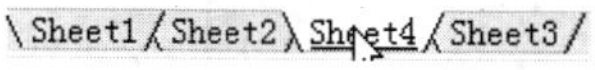

如果单击工作表标签左边的四个按钮 |◀ ◀ ▶ ▶|，可分别显示第一个、上一个、下一个和最后一个工作表。

2. 工作表重命名

在新建的工作簿中，默认的 3 张工作表名字是“Sheet1”、“Sheet2”和“Sheet3”。如果想要对工作表重新命名，方法有两种：双击标签和右击弹出“重命名”命令，如图 4-3-23 和图 4-3-24 所示。

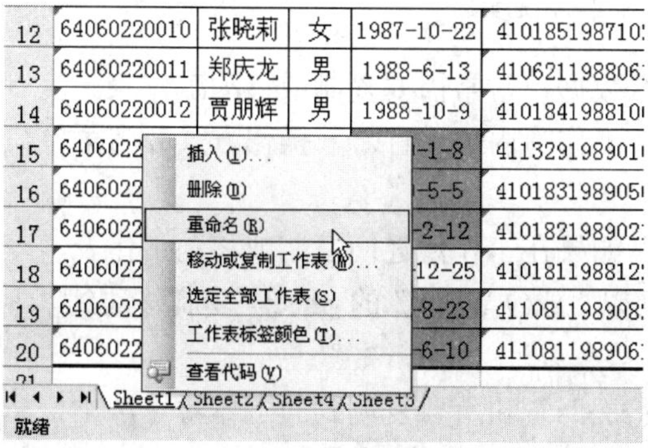

图 4-3-23 “重命名”菜单

图 4-3-24 重命名

3. 插入和删除工作表

默认情况下，新建的工作簿中有 3 张工作表，用户可以根据需要插入新的工作表或删除已有的工作表。

插入工作表的方法有两种：左键单击菜单“插入→工作表”命令（图 4-3-25）；右键单击工作表标签选择“插入”命令，如图 4-3-26 和图 4-3-27 所示。

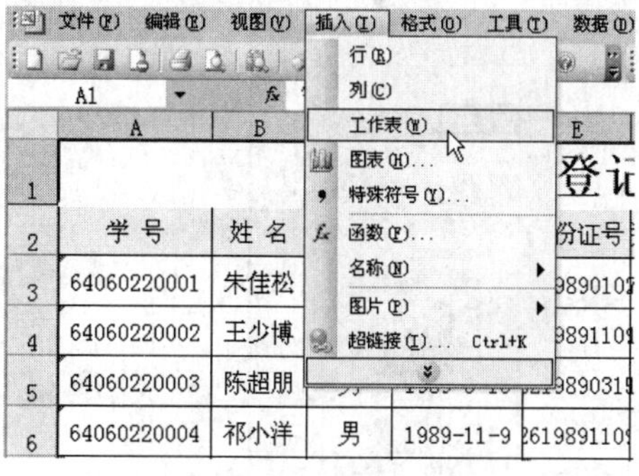

图 4-3-25 “工作表”菜单

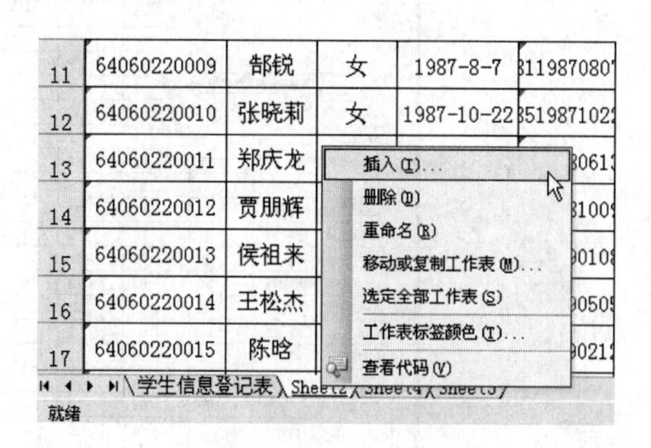

图 4-3-26 “插入”工作表

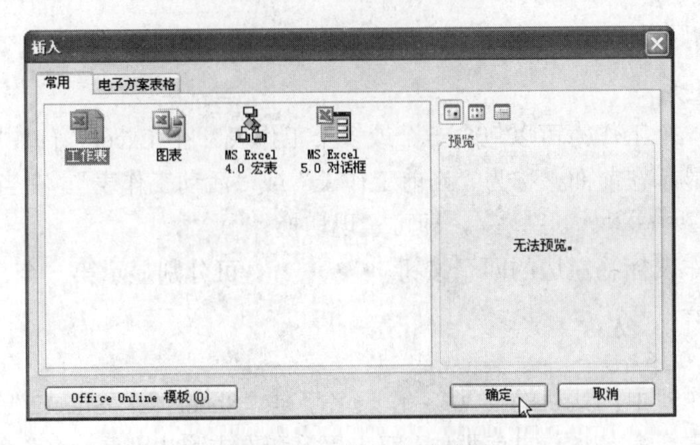

图 4-3-27 “插入”对话框

删除工作表的方法和插入工作的表方法相同，这里不再赘述。

4. 移动和复制工作表

在实际运用中，为了更好地共享和组织数据，常常需要复制或移动工作表。复制、移动既可在各个工作簿之间进行，又可在单个工作簿内部进行。其操作方式分为菜单命令操作和鼠标拖动操作两种。

（1）使用菜单命令复制或移动工作表。如果在工作簿之间复制或移动工作表，使用菜单命令复制或移动工作表的操作步骤如下（以“成绩表.xls”的 Sheet1 复制移动到“学生信息登记表.xls”的 Sheet2 之前为例）。

1）打开源工作表所在的工作簿“成绩表.xls”和所要复制到的工作簿“学生信息登记表.xls”。

2）鼠标左键单击“成绩表.xls”工作表标签 Sheet1。

3）选择“编辑”菜单中的“移动或复制工作表”命令，弹出“移动或复制工作表”对话框，如图 4-3-28 和图 4-3-29 所示。

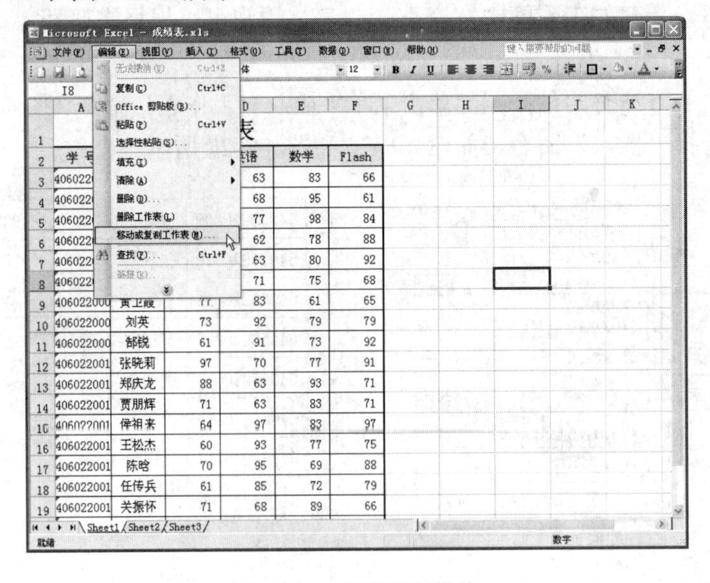

图 4-3-28 “编辑”菜单

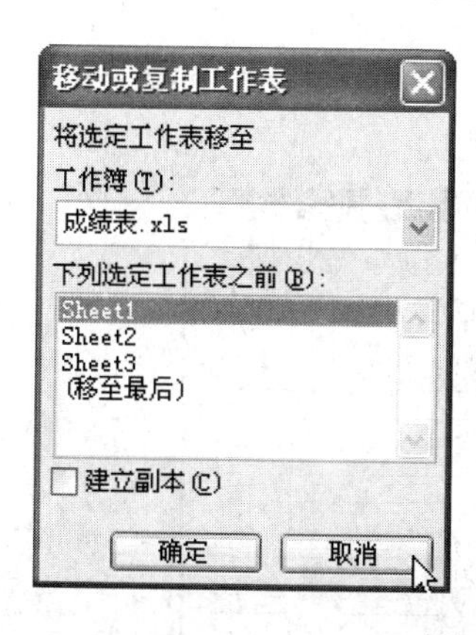

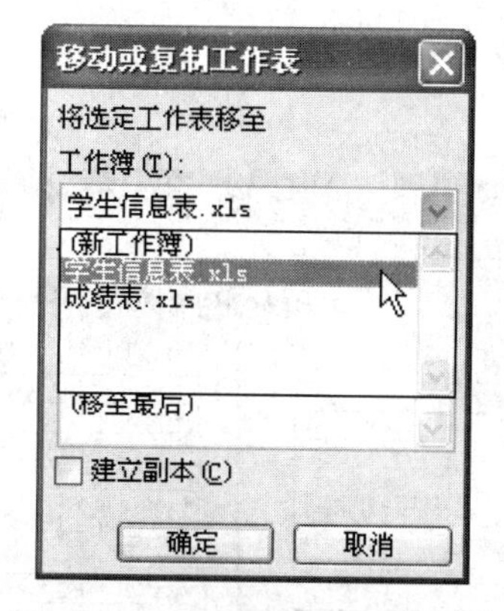

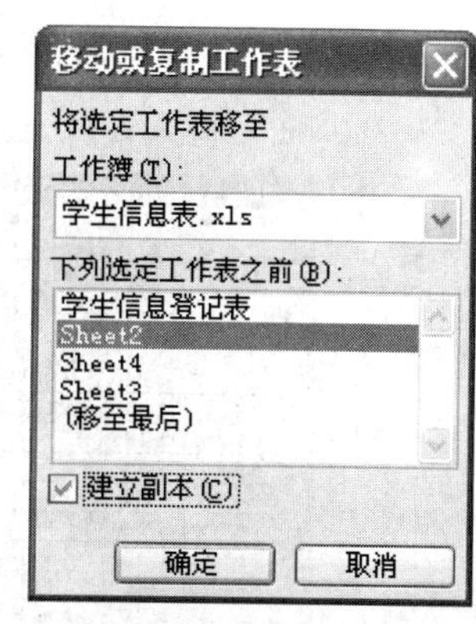

图 4-3-29 “移动或复制工作表”对话框

4）在“工作簿”列表框中选择用户希望复制或移动到的工作簿“学生信息登记表. xls”。

5）在“下列选定工作表之前”列表框中选择希望把工作表插在目标工作簿哪个工作表之前，如放在最后可选择“(移到最后)”，本例选 Sheet2。

6）如果想复制工作表则选中“建立副本”复选框，否则执行的是移动操作，最终效果如图 4-3-30 所示。

Microsoft Excel - 学生信息表.xls

成绩表

学号	姓名	语文	英语	数学	Flash
406022000	朱佳松	71	75	82	76
406022000	王少博	86	97	74	89
406022000	陈超朋	70	65	88	60
406022000	祁小洋	74	87	73	64
406022000	耿守强	95	92	79	84
406022000	刘娟	81	68	63	91
406022000	黄卫霞	86	72	86	64
406022000	刘英	84	66	81	79
406022000	郜锐	79	85	64	72
406022001	张晓莉	67	72	68	73
406022001	郑庆龙	84	89	77	63
406022001	贾朋辉	90	62	79	87
406022001	侯祖来	99	96	98	90
406022001	王松杰	77	68	60	85
406022001	陈晗	96	73	97	70
406022001	任传兵	86	65	72	82
406022001	关振怀	89	62	79	76

学生信息登记表 / Sheet1 / Sheet2 / Sheet4 / Sheet3

图 4-3-30 使用菜单命令复制或移动工作表效果图

工作簿内工作表的复制或移动也可以用上述方法完成，只要在“工作簿”列表框中选择源工作簿即可。

（2）使用鼠标复制或移动工作表。工作簿之间工作表的复制或移动需要在屏幕上同时显示源工作簿和目标工作簿。如果想执行复制操作，可按住 Ctrl 键，鼠标左键单击“成绩表.xls“工作簿里工作表，如 Sheet1，当光标变成一个带加号的小表格时，用鼠标拖曳到“学生信息登记表.xls”里的工作表如 Sheet2 上即可，Sheet1 将复制到 Sheet2 之前。如果想执行移动操作，则不用按 Ctrl 键，直接拖曳即可，此时光标变成一个没有加号的小表格，如图 4-3-31 所示。

学生信息表.xls

成绩表

学号	姓名	语文	英语	数学	Flash
406022000	朱佳松	94	64	84	63
406022000	王少博	74	91	77	95
406022000	陈超朋	75	63	77	76
406022000	祁小洋	81	90	77	68
406022000	耿守强	80	84	66	79
406022000	刘娟	84	72	60	73
406022000	黄卫霞	99	83	61	90
406022000	刘英	71	95	60	86
406022000	郜锐	96	71	63	65
406022001	张晓莉	85	82	80	69
406022001	郑庆龙	93			
406022001	贾朋辉	60			
406022001	侯祖来	87			
406022001	王松杰	96			
406022001	陈晗	63			

1、如果移动直接按住左键拖拽即可；

2、如果复制，按住Ctrl键同时拖动即可。

成绩表.xls

成绩表

学号	姓名	语文	英语	数学	Flash
406022000	朱佳松	74	87	86	64
406022000	王少博	72	96	72	65
406022000	陈超朋	80	70	79	92
406022000	祁小洋	74	84	94	94
406022000	耿守强	92	61	82	63
406022000	刘娟	74	89	86	70
406022000	黄卫霞	90	65	79	[illegible]
406022000	刘英	97	80	91	81
406022000	郜锐	69	75	95	90
406022001	张晓莉	93	69	95	91
406022001	郑庆龙	70	91	67	93
406022001	贾朋辉	85	75	61	97
406022001	侯祖来	78	91	85	97
406022001	王松杰	64	97	71	87
406022001	陈晗	63	63	92	86
406022001	任传兵	73	67	65	96

图 4-3-31　移动或复制工作表效果图

由于工作簿内部工作表的复制或移动用鼠标操作更方便，直接单击标签拖动即可，因此不再细述。

对工作表的操作还可通过快捷菜单来进行。方法是：单击要操作的工作表，右击弹出快捷菜单，选择“移动或复制工作表”命令，之后的操作和菜单命令方法相同。相比之下，此方法比用菜单命令更加快捷。

项目四　学生信息表数据处理

Excel 电子表格软件的功能不仅仅是前面我们学过的数据输入、格式化。在大型数据报表中，计算、统计工作是不可避免的，Excel 的强大功能正是体现在数据计算上，通过在单元格中输入公式和函数，代替手工输入计算完成任务。从而避免用户手工计算的繁杂和易出错，数据修改后，公式的计算结果也自动更新更是手工计算无法企及的。

任务一　公式应用

【任务描述】

利用公式自动计算出“成绩表.xls”中所有学生的“总成绩”和“平均成绩”。

【任务分析】

Excel 中的公式最常用的是数学运算公式，此外它也可以进行一些比较运算、文字连接运算。它的特征是以“=”开头，由常量、单元格引用、函数和运算符组成。

1. 公式运算符

公式中可使用的运算符包括算术运算符、比较运算符、文本运算符和引用运算符。

（1）算术运算符。完成基本的数学运算，如加法、减法和乘法，连接数字和产生数字结果等。

（2）比较运算符。比较两个值时，结果是一个逻辑值 TRUE 或 FALSE。

（3）文本运算符。使用和号（&）加入或连接一个或更多文本字符串以产生一串文本。

（4）引用运算符。将单元格区域合并计算。

各种运算使用的运算符及其含义见表 4-4-1。

表 4-4-1　　运算符及其含义

运算符		含义（示例）
算术运算符	+（加号）	加法运算　（3+3）
	–（减号、负号）	减法运算　（3−1）、负（−1）
	*（星号）	乘法运算　（3*3）
	/（正斜线）	除法运算　（3/3）
	^（插入符号）	乘幂运算　（3^2）
	%（百分号）	百分比　（20%）
比较运算符	=（等号）	等　于　（A1=B1）
	>（大于号）	大　于　（A1>B1）
	<（小于号）	小　于　（A1<B1）
	>=（大于等于号）	大于或等于（A1>=B1）
	<=（小于等于号）	小于或等于（A1<=B1）
	<>（不等号）	不相等　（A1<>B1）
文本运算符	&（和号）	将两个文本值连接或串起来产生一个连续的文本值（“North”&“wind”结果：Northwind）
引用运算符	:（冒号）	区域运算符，产生对包括在两个引用之间的所有单元格的引用（B5:B15）
	,（逗号）	联合运算符，将多个引用合并为一个引用（SUM（B5:B15,D5:D15））
	（空格）	交叉运算符产生对两个引用共有的单元格的引用。（B7:D7 C6:C8）

当多个运算符同时出现在公式中时，Excel 对运算符的优先级作了严格规定，由高到低各运算符的优先级是：引用运算符（冒号、空格、逗号），()，%，^，乘除号（* 、/），加减号（＋、－），&，比较运算符（＝、＞、＜、＞＝、＜＝、＜＞）。如果运算优先级相同，则按从左到右的顺序计算，圆括号内的部分先运算。

2. 公式输入方法

公式一般都可以直接输入，操作方法为：先选取要输入公式的单元格，再输入诸如“＝A2＋A3”的公式。最后按回车键或鼠标单击编辑栏中的“√”按钮。

【操作步骤】

（1）打开“成绩表.xls”。

（2）将光标定位到 G3 单元格。

（3）输入公式“=C3+D3+E3+F3”即“总成绩=语文+英语+数学+Flash”，如图 4-4-1 所示。

（4）按下 Enter 键，G3 单元格内显示“303”，即该生的总成绩。

（5）将光标定位到 H3 单元格。

（6）输入公式“=G3/4”即“平均成绩=总成绩/4”。

（7）按下 Enter 键，H3 单元格内显示“87.5”，即该生的平均成绩。

Microsoft Excel - 学生信息表.xls

=C3+D3+E3+F3

2、按下回车键Enter 或单击✓按钮即可

1、单元格里输入公式

成绩表

学号	姓名	语文	英语	数学	Flash	总成绩	平均成绩
406022000	朱佳松	83	92	79	96	=C3+D3+E3+F3	
406022000	王少博	76	96	76	82		
406022000	陈超朋	94	88	67	77		
406022000	祁小洋	68	70	95	93		
406022000	耿守强	71	95	80	76		
406022000	刘娟	94	60	63	80		
406022000	黄卫霞	99	76	84	85		
406022000	刘英	69	79	60	71		
406022000	郜锐	68	99	84	88		
406022001	张晓莉	93	71	88	70		
406022001	郑庆龙	70	95	90	61		
406022001	贾朋辉	96	81	84	79		
406022001	侯祖来	66	83	78	61		
406022001	王松杰	91	82	97	86		
406022001	陈晗	67	93	65	80		
406022001	任传兵	93	83	87	61		
406022001	关振怀	83	76	86	65		
406022001	郭增	75	99	85	62		

图 4-4-1　计算一个学生的总成绩

（8）按住鼠标左键拖动选中 G3、H3 单元格，将鼠标指向 H3 单元格右下角的填充柄“+”，按住左键，向下拖动，直至 H20 单元格，松开鼠标左键。

（9）公式复制完成，“总成绩”和“平均成绩”列自动填充数据，效果如图 4-4-2 所示。

Microsoft Excel - 学生信息表.xls

G3　=C3+D3+E3+F3

成绩表

学号	姓名	语文	英语	数学	Flash	总成绩	平均成绩
406022000	朱佳松	87	68	66	80	301	75.25
406022000	王少博	61	97	72	80	310	77.5
406022000	陈超朋	75	61	68	90	294	73.5
406022000	祁小洋	80	91	94	66	331	82.75
406022000	耿守强	71	88	98	77	334	83.5
406022000	刘娟	69	88	62	67	286	71.5
406022000	黄卫霞	66	79	67	93	305	76.25
406022000	刘英	99	79	86	88	352	88
406022000	郜锐	97	87	79	78	341	85.25
406022001	张晓莉	78	75	66	65	284	71
406022001	郑庆龙	83	66	72	62	283	70.75
406022001	贾朋辉	94	77	77	73	321	80.25
406022001	侯祖来	63	77	81	60	281	70.25
406022001	王松杰	88	73	83	91	335	83.75
406022001	陈晗	78	72	74	86	310	77.5
406022001	任传兵	79	82	83	81	325	81.25
406022001	关振怀	69	84	67	63	283	70.75
406022001	郭增	64	71	74	85	294	73.5

平均值=193

图 4-4-2　计算出总成绩和平均成绩

【知识拓展】

单元格的引用。

1. 相对引用

当复制公式时，单元格的相对地址（例：A1、B2 等）会随结果单元格位置的改变而发生相应的变化。如在 A2 单元格中输入公式：=B1+C2，将 A2 中公式复制到 C4。这时公式发生变化，变化规律为 A 列到 C 列，增加两列；第 2 行到第 4 行，增加两行。所以，公式中所有的相对地址都应该增加两列和两行。B1 变为 D3，C2 变为 E4，所以 C4 单元格中的公式为：=D3+E4。

2. 绝对引用

当复制公式时，单元格的绝对地址（例：$A$1、$B$2 等）不会随结果单元格位置的改变而发生相应的变化。如在 A2 单元格中输入公式：=B1*$C$2，将 A2 中公式复制到 C4。由于 B1 是相对地址，变化为 D3；而$C$2 采用了绝对地址，所以仍是$C$2，不会发生变化。C4 单元格中的公式为：=D3+$C$2。

3. 混合地址

当复制公式时，单元格的混合地址（例：A$1、$B2 等）的行或列的一项会随结果单元格位置的改变而发生相应的变化。如在 A2 单元格中输入公式:=$B1*C$2，将 A2 中公式复制到 C4。C4 单元格中的公式为:=$B3+E$2。

【实用练习】

家庭理财数据统计，如图 4-4-3 所示。

家庭理财

	项目	一月	二月	三月	四月	五月	六月
财政支出	水费						
	电费						
	煤气费						
	交通费	200.00	180.00	200.00	150.00	170.00	300.00
	餐费	348.00	200.00	300.00	350.00	420.00	280.00
	管理费	20.00	20.00	20.00	20.00	20.00	20.00
	电话费	179.00	190.00	165.00	180.00	150.00	210.00
	购物	1,340.00	2,000.00	1,800.00	2,100.00	1,500.00	1,210.00
	其它	300.00	200.00	210.00	180.00	150.00	280.00
	支出小计						
财政收入	工资收入	3,500.00	3,500.00	3,500.00	3,500.00	4,000.00	4,000.00
	奖金收入	1,200.00	1,200.00	1,800.00	2,000.00	2,000.00	2,000.00
	其它收入	1,000.00	1,000.00	1,200.00	2,000.00	1,100.00	1,500.00
	收入小计						
	当月结余						

使用量记录表

	一月	二月	三月	四月	五月	六月
用水(吨)	8	10	12	10	11	9
用电(度)	70	80	120	70	80	120
煤气(M^3)	10	15	12	10	11	13

单价表

计量单位	单价	
水费	2.20	(元/吨)
电费	0.40	(元/度)
煤气	2.40	(元/M^3)

图 4-4-3　家庭理财数据统计

（1）选中 C3，输入一月水费运算公式：=$J$21*B21，回车确认。

（2）选中 C4，输入一月电费运算公式：=$J$22*B22，回车确认。

（3）选中 C5，输入一月煤气费运算公式：=$J$23*B23，回车确认。

（4）选中一月水费、电费、煤气费三个单元格，向右拖拽右下角的拖动柄到六月，便计算出各月支出费用。

（5）选中 C3：H12，点击常用工具栏上的自动求和按钮∑，完成支出小计运算。

（6）选中 C13：H16，点击常用工具栏上的自动求和按钮∑，完成收入小计运算。

（7）选中 C17，输入一月结余运算公式：=C16－C12，回车确认，单击选中 C17，向右拖拽拖动柄到 H17。

任务二　函数应用

【任务描述】

在上述任务“成绩表.xls”的“总成绩”和“平均成绩”字段里我们通过公式自动完成了数据计算功能，但是如果遇到复杂的情况，我们就无能为力了。例如求最大值、最小值、统计及格人数等。这时我们可以用另外一种更加快捷的方法——使用函数功能。

本任务要求用函数完成所有学生单科成绩的随机输入、总成绩和平均成绩的计算。

【任务分析】

利用函数的功能可以很方便地完成上述任务。

Excel 除了提供四则运算和乘方等计算外，还提供了大量的实用函数。函数是一些预定义的公式，通过使用一些称为参数的特定数值来按特定的顺序或结构执行计算。利用函数可以大大减少使用公式的复杂程度，提高计算效率。

Excel 2003 的函数共有近 200 个，分为“财务”、“日期与时间”、“数学与三角函数”、“统计”、“查找与引用”、“数据库”、“文本”、“逻辑”和“信息”等 9 大类。下面介绍其中的常用函数。

1. SUM 函数

功能：计算所有参数数值的和。

格式：SUM(Number1,Number2,…)

说明：Number1、Number2…代表需要计算的值，可以是具体的数值、引用的单元格（区域）、逻辑值等。

举例：在 D21 单元格中输入公式：=SUM(D3:D20)，确认后即可求出英语的总分。

提醒：如果参数为数组或引用，只有其中的数字将被计算。数组或引用中的空白单元格、逻辑值、文本或错误值将被忽略；如果将上述公式修改为：=SUM(LARGE(D3:D20,{1,2,3,4,5}))，则可以求出前 5 名成绩的和。

2. AVERAGE 函数

功能：求出所有参数的算术平均值。

格式：AVERAGE(Number1,Number2,…)

说明：Number1,Number2,…代表需要求平均值的数值或引用单元格（区域），参数不超过 30 个。

举例：在 B8 单元格中输入公式：=AVERAGE(B7:D7,F7:H7,7,8)，确认后，即可求出 B7 至 D7 区域、F7 至 H7 区域中的数值和 7、8 的平均值。

提醒：如果引用区域中包含“0”值单元格，则计算在内；如果引用区域中包含空白或字符单元格，则不计算在内。

3. COUNTIF 函数

功能：统计某个单元格区域中符合指定条件的单元格数目。

格式：COUNTIF(Range,Criteria)

说明：Range 代表要统计的单元格区域；Criteria 表示指定的条件表达式。

举例：在 C17 单元格中输入公式：=COUNTIF(B1:B13,">=80")，确认后，即可统计出 B1 至 B13 单元格区域中，数值大于等于 80 的单元格数目。

提醒：允许引用的单元格区域中有空白单元格出现。

4. MAX 函数

功能：求出一组数中的最大值。

格式：MAX(number1,number2,…)

说明：number1,number2,…代表需要求最大值的数值或引用单元格（区域），参数不超过 30 个。

举例：输入公式：=MAX(E44:J44,7,8,9,10)，确认后即可显示出 E44 至 J44 单元和区域和数值 7、8、9、10 中的最大值。

提醒：如果参数中有文本或逻辑值，则忽略。

5. MIN 函数

功能：求出一组数中的最小值。

格式：MIN(number1,number2,…)

说明：number1,number2,…代表需要求最小值的数值或引用单元格（区域），参数不超过 30 个。

举例：输入公式：=MIN(E44:J44,7,8,9,10)，确认后即可显示出 E44 至 J44 单元和区域和数值 7、8、9、10 中的最小值。

提醒：如果参数中有文本或逻辑值，则忽略。

6. LEFT 函数

功能：从一个文本字符串的第一个字符开始，截取指定数目的字符。

格式：LEFT(text,num_chars)

说明：text 代表要截字符的字符串；num_chars 代表给定的截取数目。

举例：假定 A38 单元格中保存了“我喜欢 Excel”的字符串，我们在 C38 单元格中输入公式：=LEFT(A38,3)，确认后即显示出“我喜欢”的字符。

提醒：此函数名的英文意思为“左”，即从左边截取，Excel 很多函数都取其英文的意思。

7. RIGHT 函数

功能：从一个文本字符串的最后一个字符开始，截取指定数目的字符。

格式：RIGHT(text,num_chars)

说明：text 代表要截字符的字符串；num_chars 代表给定的截取数目。

举例：假定 A65 单元格中保存了“我喜欢 Excel”的字符串，我们在 C65 单元格中输

入公式：=RIGHT(A65,6)，确认后即显示出“欢 Excel”的字符。

提醒：num_chars 参数必须大于或等于 0，如果忽略，则默认其为 1；如果 num_chars 参数大于文本长度，则函数返回整个文本。

8. MID 函数

功能：从一个文本字符串的指定位置开始，截取指定数目的字符。

格式：MID(text,start_num,num_chars)

说明：text 代表一个文本字符串；start_num 表示指定的起始位置；num_chars 表示要截取的数目。

举例：假定 A47 单元格中保存了“我喜欢 Excel”的字符串，我们在 C47 单元格中输入公式：=MID(A47,4,3)，确认后即显示出“Exc”的字符。

提醒：公式中各参数间，要用英文状态下的逗号“,”隔开。

9. IF 函数

功能：根据对指定条件的逻辑判断的真假结果，返回相对应的内容。

格式：=IF(Logical,Value_if_true,Value_if_false)

说明：Logical 代表逻辑判断表达式；Value_if_true 表示当判断条件为逻辑“真（TRUE）”时的显示内容，如果忽略返回“TRUE”；Value_if_false 表示当判断条件为逻辑“假（FALSE）”时的显示内容，如果忽略返回“FALSE”。

举例：在 C29 单元格中输入公式：=IF(C26>=18,"符合要求","不符合要求")，确信以后，如果 C26 单元格中的数值大于或等于 18，则 C29 单元格显示“符合要求”字样，反之显示“不符合要求”字样。

10. RAND 函数

功能：返回大于等于 0 及小于 1 的均匀分布随机实数，每次计算工作表时都将返回一个新的随机实数。

格式：RAND( )

说明：该函数没有参数。

举例：

（1）生成随机数比较简单，=rand()即可生成 0～1 之间的随机数。

（2）如果要是整数，就用=int(rand())*10，表示 0～9 的整数，以此类推。

（3）如果要生成 a 与 b 之间的随机实数，就用=rand()*(b-a)+a，如果是要整数就用=int(rand()*(b-a))+a；稍微扩充一下，就能产生固定位数的整数了。

提醒：如果要使用函数 rand()生成一随机数，并且使之不随单元格计算而改变，可以在编辑栏中输入“=rand()”，保持编辑状态，然后按 F9 键，将公式永久性地改为随机数。不过，这样只能一个一个地永久性更改，如果数字比较多，也可以全部选择之后，另外选择一个合适的位置粘贴，粘贴的方法是：右击鼠标，选择“选择性粘贴”，然后选择“数值”，即可将之前复制的随机数公式产生的数值（而不是公式）复制下来。

11. INT 函数

功能：将数值向下取整为最接近的整数。

格式：INT(number)

说明：number 表示需要取整的数值或包含数值的引用单元格。

举例：输入公式：=INT(18.89)，确认后显示出 18。

提醒：在取整时，不进行四舍五入；如果输入的公式为=INT(-18.89)，则返回结果为-19。

12. NOW 函数

功能：给出当前系统日期和时间。

格式：NOW( )

说明：该函数不需要参数。

举例：输入公式：=NOW()，确认后即刻显示出当前系统日期和时间。如果系统日期和时间发生了改变，只要按一下 F9 键，即可让其随之改变。

提醒：显示出来的日期和时间格式，可以通过单元格格式进行重新设置。

【操作步骤】

（1）打开“成绩表.xls”。

（2）将光标定位到 C3 单元格。

（3）输入公式“=INT(RAND()*40+60)”即随机生成 60～99 之间成绩，如图 4-4-4 所示。

（4）按下 Enter 键，C3 单元格内显示“92”，这个成绩是随机生成的。

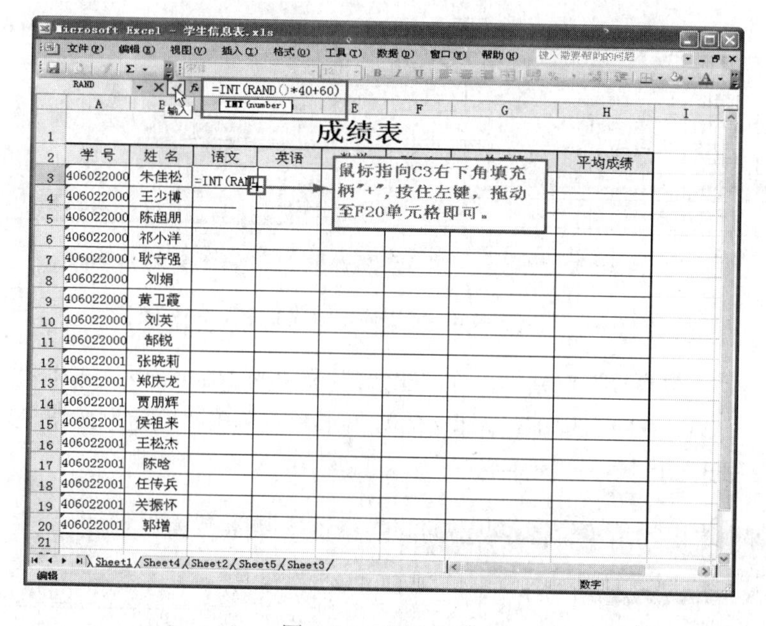

图 4-4-4　输入公式

（5）将光标定位到 C3 单元格。

（6）将鼠标指向 C3 单元格右下角的填充柄“+”，按住左键向右下方拖动，直至 F20 单元格，松开鼠标左键。

（7）公式复制完成，所有学生的“语文”、“英语”、“数学”和“Flash”都会自动填充数据，并且是 60～99 的随机整数。

（8）将光标定位到 G3 单元格，鼠标单击常用工具栏中“求和”按钮，如图 4-4-5 所示。

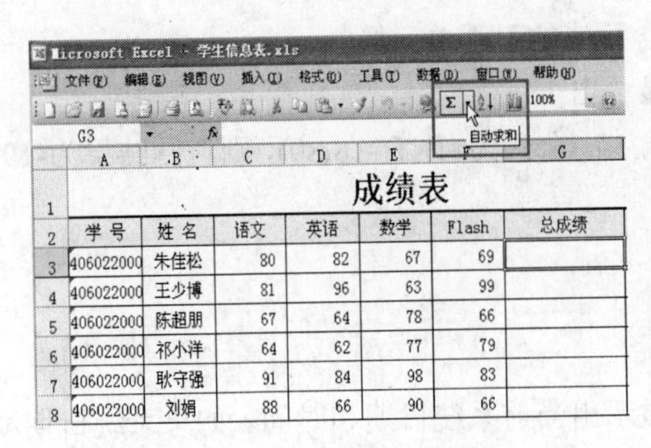

(a) 点击“求和”按钮

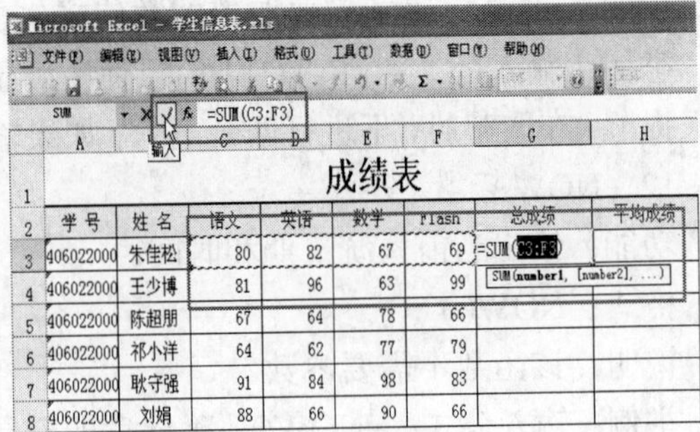

(b) 显示“求和”函数

图 4-4-5 使用“求和”按钮

(9) 也可以用鼠标执行菜单栏的“插入”→“函数”命令，“选择类别”设置为“常用函数”，同时选择 SUM 函数，单击“确定”按钮，如图 4-4-6 所示。

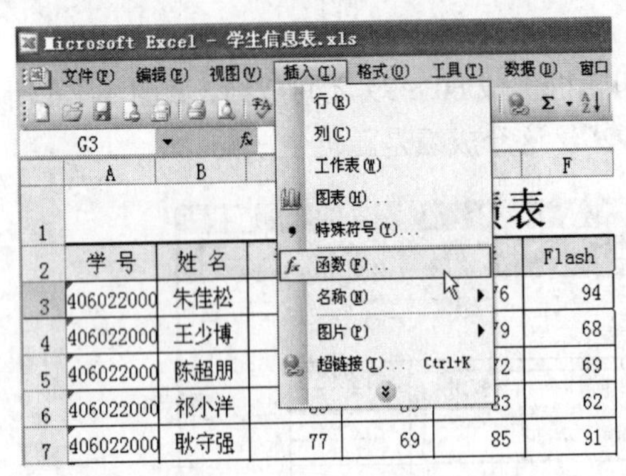

(a) 插入函数

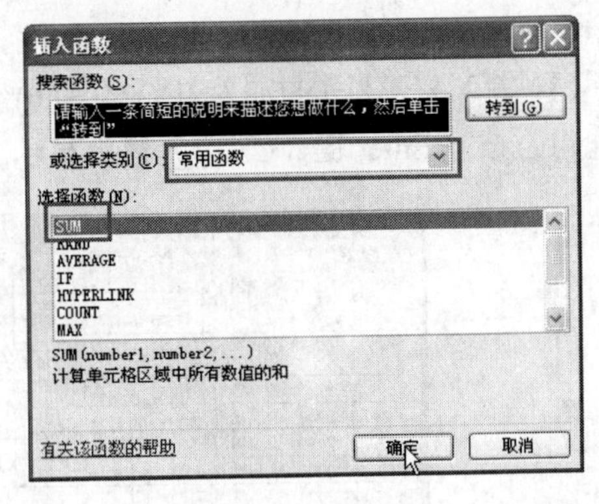

(b) 选择函数

图 4-4-6 使用插入函数命令

(10) 弹出“函数参数”对话框，在“SUM”选项的 Number1 文本框里显示 C3:F3，表示数据区域为 C3、D3、E3、F3 单元格的数值求和，单击“确定”按钮，或者可以鼠标拖动选中 C3 到 F3 的区域，如图 4-4-7 所示。

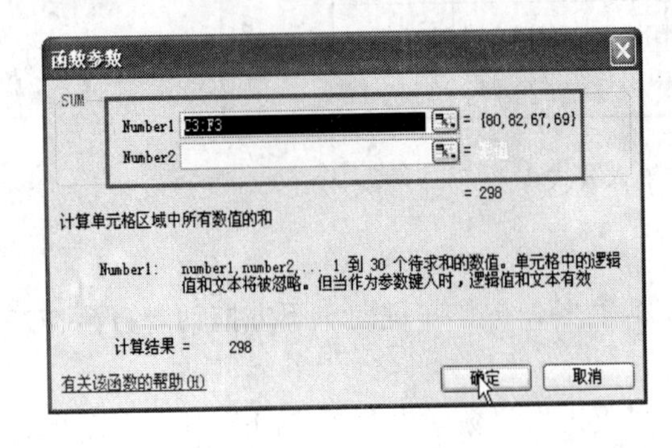

(a) 填写函数参数

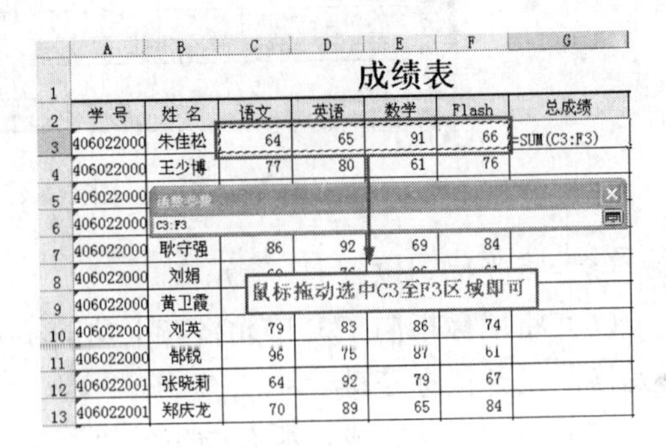

(b) 鼠标拖动表中区域

图 4-4-7 函数参数设置

（11）鼠标指向 G3 单元格右下角填充柄“+”，按住左键向下拖动至 G20 单元格，总成绩一列将自动填充数值，填充结果如图 4-4-8 所示。

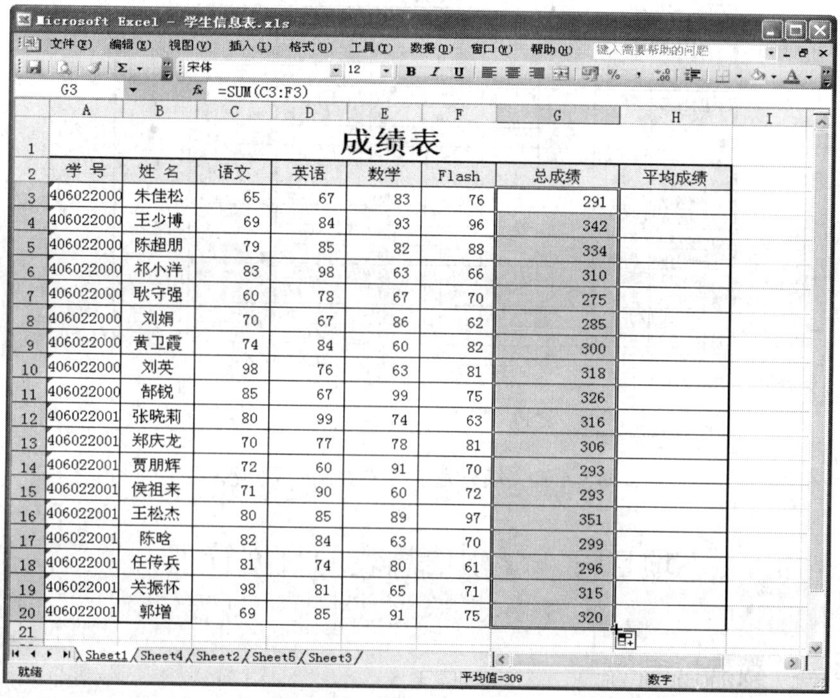

	A	B	C	D	E	F	G	H
1	成绩表							
2	学号	姓名	语文	英语	数学	Flash	总成绩	平均成绩
3	406022000	朱佳松	65	67	83	76	291	
4	406022000	王少博	69	84	93	96	342	
5	406022000	陈超朋	79	85	82	88	334	
6	406022000	祁小洋	83	98	63	66	310	
7	406022000	耿守强	60	78	67	70	275	
8	406022000	刘娟	70	67	86	62	285	
9	406022000	黄卫霞	74	84	60	82	300	
10	406022000	刘英	98	76	63	81	318	
11	406022000	郜锐	85	67	99	75	326	
12	406022001	张晓莉	80	99	74	63	316	
13	406022001	郑庆龙	70	77	78	81	306	
14	406022001	贾朋辉	72	60	91	70	293	
15	406022001	侯祖来	71	90	60	72	293	
16	406022001	王松杰	80	85	89	97	351	
17	406022001	陈晗	82	84	63	70	299	
18	406022001	任传兵	81	74	80	61	296	
19	406022001	关振怀	98	81	65	71	315	
20	406022001	郭增	69	85	91	75	320	

图 4-4-8　填充完总成绩的成绩表

（12）参照步骤（8），鼠标选中 H3 单元格，单击“求和”按钮旁边黑色三角形，弹出菜单选中“平均值”。注意：自动选择区域错误，不应该包含总成绩 G3 单元格，如图 4-4-9 所示。

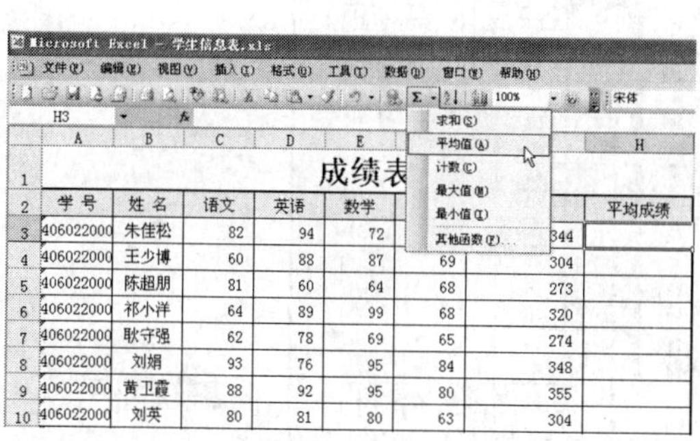

	A	B	C	D	E	F	G	H
1	成绩表							
2	学号	姓名	语文	英语	数学			平均成绩
3	406022000	朱佳松	82	94	72		344	
4	406022000	王少博	60	88	87	69	304	
5	406022000	陈超朋	81	60	64	68	273	
6	406022000	祁小洋	64	89	99	68	320	
7	406022000	耿守强	62	78	69	65	274	
8	406022000	刘娟	93	76	95	84	348	
9	406022000	黄卫霞	88	92	95	80	355	
10	406022000	刘英	80	81	80	63	304	

（a）选择“平均值”函数

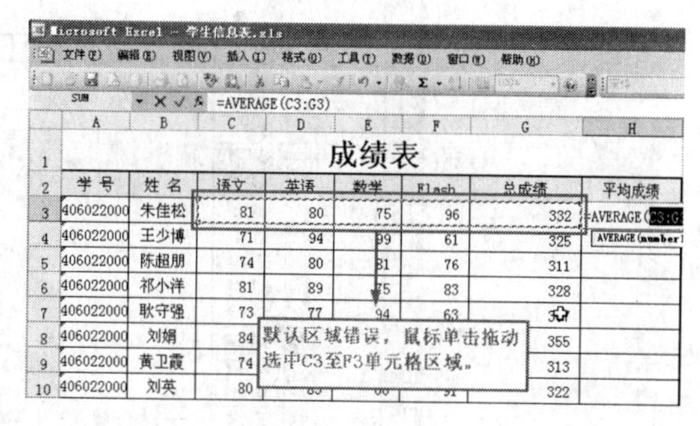

（b）选择计算区域

图 4-4-9　求平均成绩

（13）鼠标指向 H3 单元格右下角填充柄“+”，按住左键向下拖动至 H20 单元格，平均成绩一列也将自动填充数值，效果如图 4-4-10 所示。

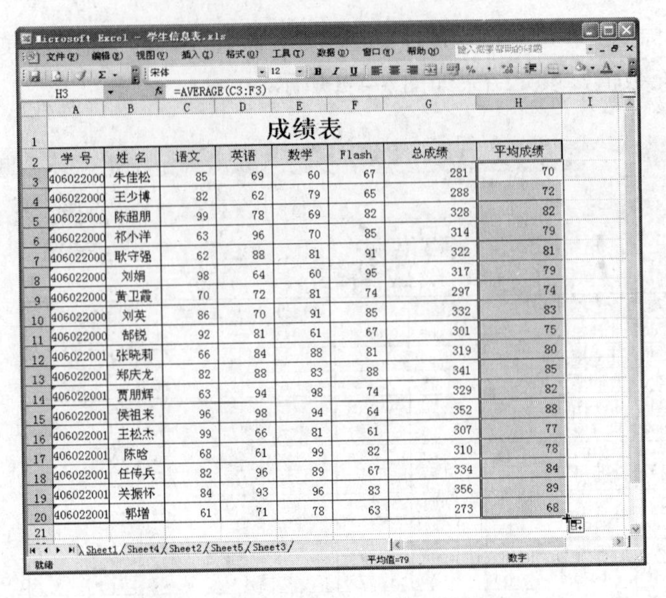

	A	B	C	D	E	F	G	H
1	成绩表							
2	学号	姓名	语文	英语	数学	Flash	总成绩	平均成绩
3	406022000	朱佳松	85	69	60	67	281	70
4	406022000	王少博	82	62	79	65	288	72
5	406022000	陈超朋	99	78	69	82	328	82
6	406022000	祁小洋	63	96	70	85	314	79
7	406022000	耿守强	62	88	81	91	322	81
8	406022000	刘娟	98	64	60	95	317	79
9	406022000	黄卫霞	70	72	81	74	297	74
10	406022000	刘英	86	70	91	85	332	83
11	406022000	郜锐	92	81	61	67	301	75
12	406022001	张晓莉	66	84	88	81	319	80
13	406022001	郑庆龙	82	88	83	88	341	85
14	406022001	贾朋辉	63	94	98	74	329	82
15	406022001	侯祖来	96	98	94	64	352	88
16	406022001	王松杰	99	66	81	61	307	77
17	406022001	陈晗	68	61	99	82	310	78
18	406022001	任传兵	82	96	89	67	334	84
19	406022001	关振怀	84	93	96	83	356	89
20	406022001	郭增	61	71	78	63	273	68

图 4-4-10　填充完平均成绩后的成绩表

项目五　学生信息表的数据管理

任务一　数据排序

【任务描述】

在许多情况下，我们总是希望数据表中的数据能够按照某一种标准排列顺序。比如对于成绩表，用户想按总分从高到低的顺序排列数据，如图 4-5-1 所示。如果班主任想查看

	A	B	C	D	E	F	G	H
1	成绩表							
2	学号	姓名	语文	英语	数学	Flash	总成绩	平均成绩
3	64060220003	陈超朋	97	97	99	95	388	97
4	64060220012	贾朋辉	88	95	80	94	357	89
5	64060220016	任传兵	87	92	93	85	357	89
6	64060220004	祁小洋	86	91	99	80	356	89
7	64060220010	张晓莉	89	97	72	92	350	88
8	64060220009	郜锐	89	99	90	72	350	88
9	64060220015	陈晗	98	82	75	92	347	87
10	64060220002	王少博	98	67	81	99	345	86
11	64060220005	耿守强	92	68	88	93	341	85
12	64060220011	郑庆龙	82	97	80	75	334	84
13	64060220013	侯祖来	98	87	74	74	333	83
14	64060220007	黄卫霞	72	88	88	84	332	83
15	64060220006	刘娟	98	77	71	69	315	79
16	64060220014	王松杰	63	90	84	68	305	76
17	64060220008	刘英	64	65	92	76	297	74
18	64060220018	郭增	74	[illegible]	[illegible]	[illegible]	[illegible]	73
19	64060220001	朱佳松	73	62	62	82	279	70
20	64060220017	关振怀	66	64	69	60	259	65

总成绩按照降序排列结果！

图 4-5-1　总成绩降序排列图

单科成绩，由高到低排列，利用排序功能可达到如图 4-5-2 所示的效果。假如班主任想查看全班学生的平均成绩，由高到低排序，也可以利用排序功能完成任务。

成绩表

学 号	姓 名	语文	英语	数学	Flash	总成绩	平均成绩
64060220002	王少博	98	67	81	99	345	86
64060220003	陈超朋	97	97	99	95	388	97
64060220012	贾朋辉	88	95	80	94	357	89
64060220005	耿守强	92	68	88	93	341	85
64060220010	张晓莉	89	97	72	92	350	88
64060220015	陈晗	98	82	75	92	347	87
64060220016	任传兵	87	92	93	85	357	89
64060220007	黄卫霞	72	88	88	84	332	83
64060220001	朱佳松	73	62	62	82	279	70
64060220004	祁小洋	86	91	99	80	356	89
64060220008	刘英	64	65	92	76	297	74
64060220011	郑庆龙	82	97	80	75	334	84
64060220013	侯祖来	98	87	74	74	333	83
64060220009	郜锐	89	99	90	72	350	88
64060220006	刘娟	98	77	71	69	315	79
64060220014	王松杰	63	90	84	68	305	76
64060220018	郭增	74	97	60	61	292	73
64060220017	关振怀	66	64	69	60	259	65

Flash成绩降序排列结果！

图 4-5-2　Flash 成绩降序排列

【任务分析】

Excel 为我们提供了两种自动排序的功能。

【操作步骤】

1. 简单排序

Excel 在常用工具栏上设置了两个排序按钮：升序按钮和降序按钮。一般情况下我们可以利用它们对数据表进行排序，如图 4-5-3 和图 4-5-4 所示。

成绩表

学 号	姓 名	语文	英语	数学	Flash	总成绩
64060220003	陈超朋	97	97	99	95	388
64060220012	贾朋辉	88	95	80	94	357
64060220016	任传兵	87	92	93	85	357
64060220004	祁小洋	86	91	99	80	356
64060220009	郜锐	89	99	90	72	350
64060220010	张晓莉	89	97	72	92	350
64060220015	陈晗	98	82	75	92	347
64060220002	王少博	98	67	81	99	345
64060220005	耿守强	92	68	88	93	341

图 4-5-3　升序排序工具栏

成绩表

学 号	姓 名	语文	英语	数学	Flash	总成绩
64060220003	陈超朋	97	97	99	95	388
64060220012	贾朋辉	88	95	80	94	357
64060220016	任传兵	87	92	93	85	357
64060220004	祁小洋	86	91	99	80	356
64060220009	郜锐	89	99	90	72	350
64060220010	张晓莉	89	97	72	92	350
64060220015	陈晗	98	82	75	92	347
64060220002	王少博	98	67	81	99	345
64060220005	耿守强	92	68	88	93	341

图 4-5-4　降序排序工具栏

鼠标左键单击升序按钮 A↓ 是对光标所在列的数据值按照从低到高的顺序排列；鼠标左键单击降序按钮 Z↓ 是对光标所在列的数据值按照从高到低的顺序排列。

2. 复杂排序

如果要对数据进行较高要求的排列，则必须使用复杂排序功能。所谓复杂排序，就是利用“排序”对话框进行的排序。

细心的读者会发现，“成绩表.xls”里“平均成绩”列中有相同的成绩，因此，我们就需要进行二次排序，如图 4-5-5 所示。

Microsoft Excel - 学生信息表.xls

H3 =AVERAGE(C3:F3)

成绩表

学号	姓名	语文	英语	数学	Flash	总成绩	平均成绩
64060220003	陈超朋	97	97	99	95	388	97
64060220012	贾朋辉	88	95	80	94	357	89
64060220016	任传兵	87	92	93	85	357	89
64060220004	祁小洋	86	91	99	80	356	89
64060220009	郜锐	89	99	90	72	350	88
64060220010	张晓莉	89	97	72	92	350	88
64060220015	陈晗	98	82	75	92	347	87
64060220002	王少博	98	67	81	99	345	86
64060220005	耿守强	92	68	88	93	341	85
64060220011	郑庆龙	82	97	80	75	334	84
64060220013	侯祖来	98	87	74	74	333	83
64060220007	黄卫霞	72	88	88	84	332	83
64060220006	刘娟	98	77	71	69	315	79
64060220014	王松杰	63	90	84	68	305	76
64060220008	刘英	64	65	92	76	297	74
64060220018	郭增	74	97	60	61	292	73
64060220001	朱佳松	73	62	62	82	279	70
64060220017	关振怀	66	64	69	60	259	65

平均成绩相同

图 4-5-5 平均成绩相同

在“排序”对话框中，有“主要关键字”、“次要关键字”和“第三关键字”选项，其意义是：首先按照“主要关键字”排序，如果内容相同，再按照“次要关键字”排序，如果内容仍相同，则按照“第三关键字”排序，如图 4-5-6 所示。

排序规则：数值型排序按照数值大小；文本型排序按照字母（汉字按拼音）排序；空格始终排在最后。

【操作步骤】

（1）鼠标光标定位到“总成绩”列中的任意单元格，单击选中。

（2）单击常用工具栏降序按钮 Z↓，则“总成绩”栏按照成绩由高到低的顺序排序。

（3）鼠标光标定位到“Fash”列中任意单元格，单击选中。

（4）单击常用工具栏降序按钮 Z↓，则“Fash”栏按照成绩由高到低的顺序排序。

（5）鼠标光标定位到“平均成绩”列中任意单元格，单击选中。

（6）单击菜单栏“数据”→“排序”命令，弹出“排序”对话框。

（7）在“主要关键字”栏里选择“平均成绩”和“降序”选项，“次要关键字”栏里选择“学号”和“降序”选项，单击“确定”按钮。

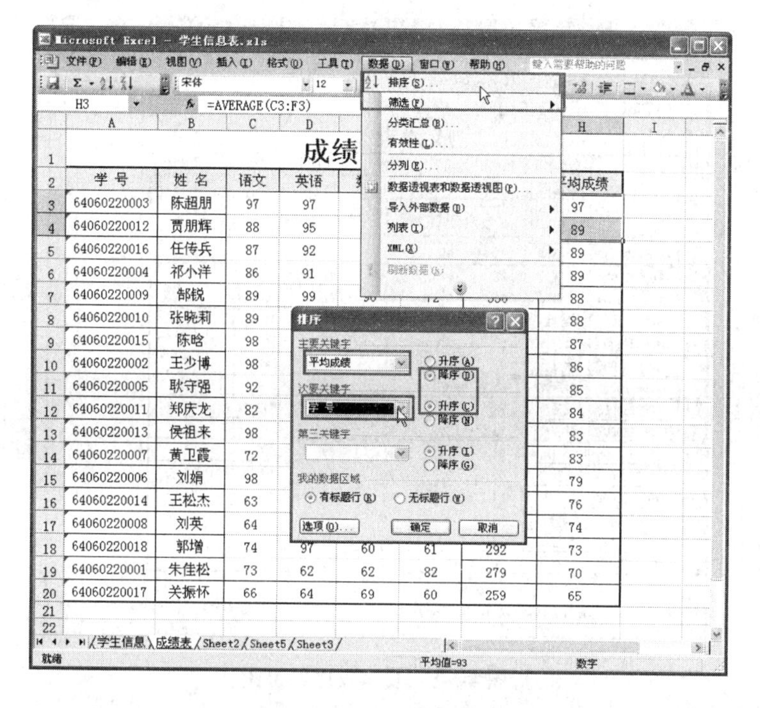

图 4-5-6　复杂排序

（8）弹出“排序警告”对话框，原因是“学号”字段为文本类型，需要选择排序方法，如图 4-5-7 所示。

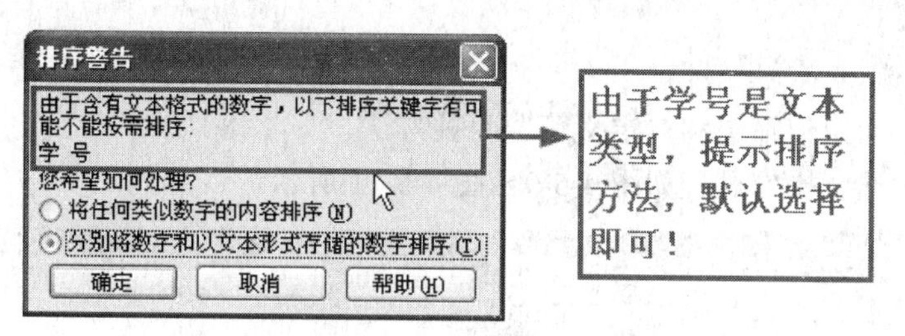

图 4-5-7　排序警告

（9）最后结果是“平均成绩”按照由高到低的顺序排列，如果遇到相同的分数则按照“学号”由大到小排序，效果如图 4-5-8 所示。

任务二　数据筛选

【任务描述】

如果表格中的数据记录比较少，则用户可以直接查看表中的所有数据。当数据记录非常多，用户如果只对其中一部分数据感兴趣时，可以使用 Excel 的数据筛选功能，将不感兴趣的记录暂时隐藏起来，只显示用户感兴趣的数据。

假如“学生信息登记表”中有上千条记录，这时就可以用筛选功能，自动过滤我们需要的数据。

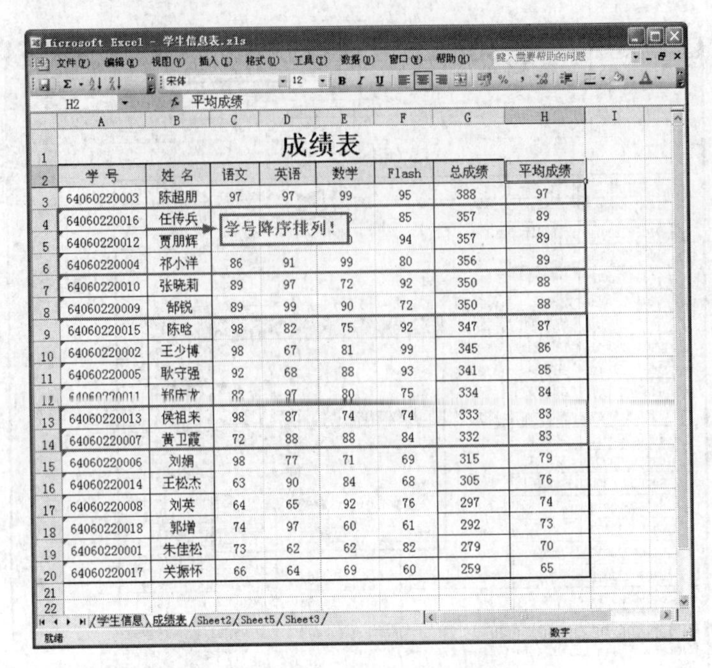

图 4-5-8　复杂排序结果图

【任务分析】

Excel 中的数据筛选分两种：自动筛选和高级筛选。

【操作步骤】

1. 自动筛选

自动筛选分为定值筛选和自定义筛选两种方法。

（1）定值筛选。操作过程如图 4-5-9～图 4-5-11 所示。

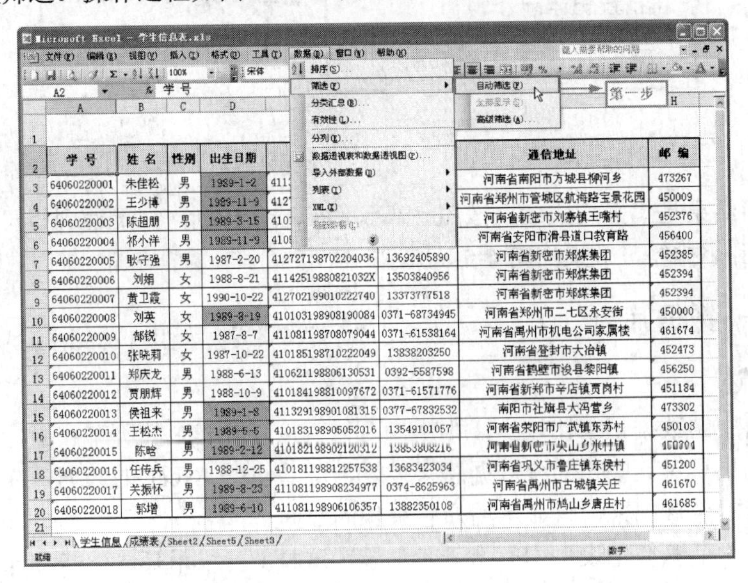

图 4-5-9　打开“筛选”菜单

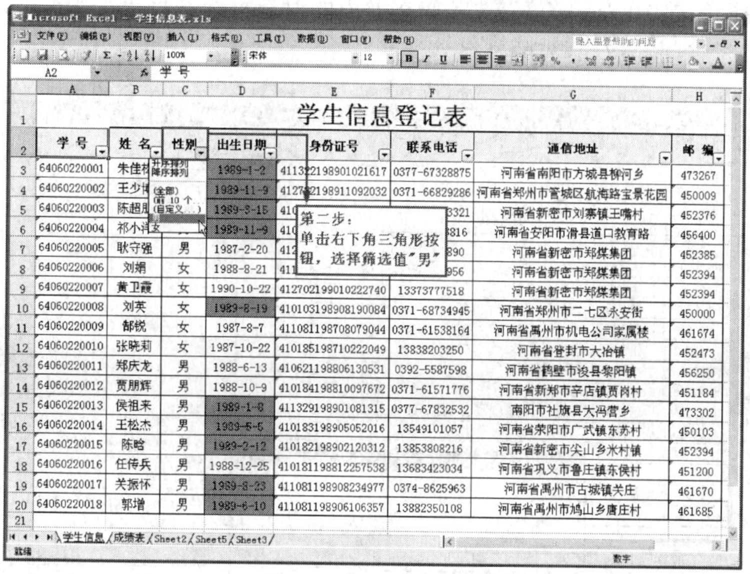

Microsoft Excel - 学生信息表.xls

学生信息登记表

	学 号	姓 名	性别	出生日期	身份证号	联系电话	通信地址	邮 编
3	64060220001	朱佳		1989-1-2	411322198901021617	0377-67328875	河南省南阳市方城县柳河乡	473267
4	64060220002	王少		1989-11-9	412722198911092032	0371-66829286	河南省郑州市管城区航海路宝景花园	450009
5	64060220003	陈超		1989-3-15	410	3321	河南省新密市刘寨镇王嘴村	452376
6	64060220004	祁小		1989-11-9	410	816	河南省安阳市滑县道口教育路	456400
7	64060220005	耿守强	男	1987-2-20	412	890	河南省新密市郑煤集团	452385
8	64060220006	刘娟	女	1988-8-21	411	956	河南省新密市郑煤集团	452394
9	64060220007	黄卫霞	女	1990-10-22	412702199010222740	13373777518	河南省新密市郑煤集团	452394
10	64060220008	刘英	女	1989-8-19	410103198908190084	0371-68734945	河南省郑州市二七区永安街	450000
11	64060220009	郜锐	女	1987-8-7	411081198708079044	0371-61538164	河南省禹州市机电公司家属楼	461674
12	64060220010	张晓莉	女	1987-10-22	410185198710222049	13838203250	河南省登封市大冶镇	452473
13	64060220011	郑庆龙	男	1988-6-13	410621198806130531	0392-5587598	河南省鹤壁市浚县黎阳镇	456250
14	64060220012	贾朋辉	男	1988-10-9	410184198810097672	0371-61571776	河南省新郑市辛店镇贾岗村	451184
15	64060220013	侯祖来	男	1989-1-8	411329198901081315	0377-67832532	南阳市社旗县大冯营乡	473302
16	64060220014	王松杰	男	1989-5-5	410183198905052016	13549101057	河南省荥阳市广武镇东苏村	450103
17	64060220015	陈晗	男	1989-2-12	410182198902120312	13853808216	河南省新密市尖山乡米村镇	452394
18	64060220016	任传兵	男	1988-12-25	410181198812257538	13683423034	河南省巩义市鲁庄镇东侯村	451200
19	64060220017	关振怀	男	1989-8-23	411081198908234977	0374-8625963	河南省禹州市古城镇关庄	461670
20	64060220018	郭增	男	1989-6-10	411081198906106357	13882350108	河南省禹州市鸠山乡唐庄村	461685

升序排列
降序排列
(全部)
(前 10 个...)
(自定义...)
女

第二步：
单击右下角三角形按钮，选择筛选值"男"

学生信息 / 成绩表 / Sheet2 / Sheet5 / Sheet3
就绪　数字

图 4-5-10　性别筛选

Microsoft Excel - 学生信息表.xls

学生信息登记表

	学 号	姓 名	性别	出生日期	身份证号	联系电话	通信地址	邮 编
3	64060220001	朱佳松	男	1989-1-2	411322198901021617	0377-67328875	河南省南阳市方城县柳河乡	473267
4	64060220002	王少博	男	1989-11-9	412722198911092032	0371-66829286	河南省郑州市管城区航海路宝景花园	450009
5	64060220003	陈超朋	男	1989-3-15	410182198903152914	0371-63123321	河南省新密市刘寨镇王嘴村	452376
6	64060220004	祁小洋	男	1989-11-9	41052619891109003X	0372-8163816	河南省安阳市滑县道口教育路	456400
7	64060220005	耿守强	男	1987-2-20	412727198702204036	13692405890	河南省新密市郑煤集团	452385
13	64060220011	郑庆龙	男	1988-6-13	410621198806130531	0392-5587598	河南省鹤壁市浚县黎阳镇	456250
14	64060220012	贾朋辉	男	1988-10-9	410184198810097672	0371-61571776	河南省新郑市辛店镇贾岗村	451184
15	64060220013	侯祖来	男	1989-1-8	411329198901081315	0377-67832532	南阳市社旗县大冯营乡	473302
16	64060220014	王松杰	男	1989-5-5	410183198905052016	13549101057	河南省荥阳市广武镇东苏村	450103
17	64060220015	陈晗	男	1989-2-12	410182198902120312	13853808216	河南省新密市尖山乡米村镇	452394
18	64060220016	任传兵	男	1988-12-25	410181198812257538	13683423034	河南省巩义市鲁庄镇东侯村	451200
19	64060220017	关振怀	男	1989-8-23	411081198908234977	0374-8625963	河南省禹州市古城镇关庄	461670
20	64060220018	郭增	男	1989-6-10	411081198906106357	13882350108	河南省禹州市鸠山乡唐庄村	461685

结果所有男生显示，女生信息被隐藏

学生信息 / 成绩表 / Sheet2 / Sheet5 / Sheet3
在 18 条记录中找到 13 个　数字

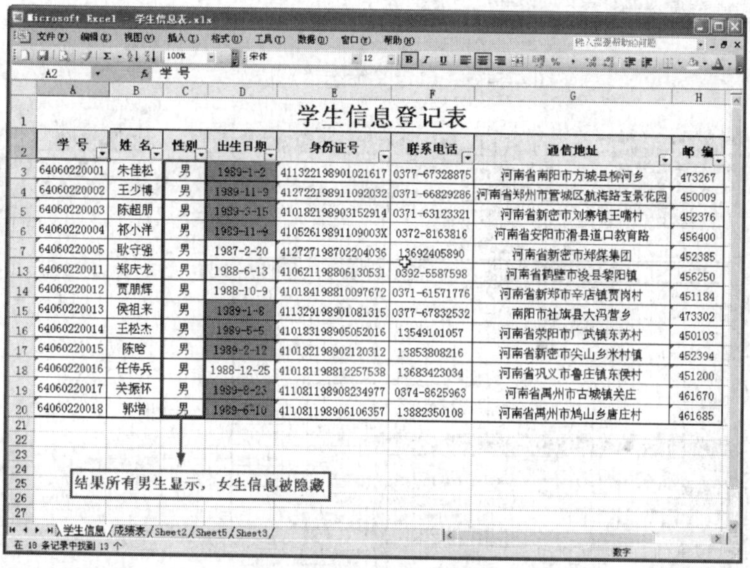

图 4-5-11　男生信息筛选结果

注意：筛选并不意味着删除不满足条件的记录，只是暂时隐藏。如果用户想恢复被隐藏的记录，只需在筛选列的下拉菜单中选择“全部”即可。

（2）自定义筛选。如果筛选条件比较复杂，用户想查看“成绩表.xls”中“总成绩”在 300～380 之间，并且“语文”成绩不低于 90 的记录。操作过程如图 4-5-12～图 4-5-14 所示。

前面我们曾介绍过数据的排序，可对所有数据进行排序。如果班主任只想看到总成绩居于前 5 名的同学，则可利用“自动筛选前 10 个”的功能，操作时在“总成绩”列的筛选下拉菜单中选择“(前 10 个……)”选项，在弹出的对话框中选择“最大”选项，数字框中输入 5 即可显示“总成绩”最高的 5 条记录。

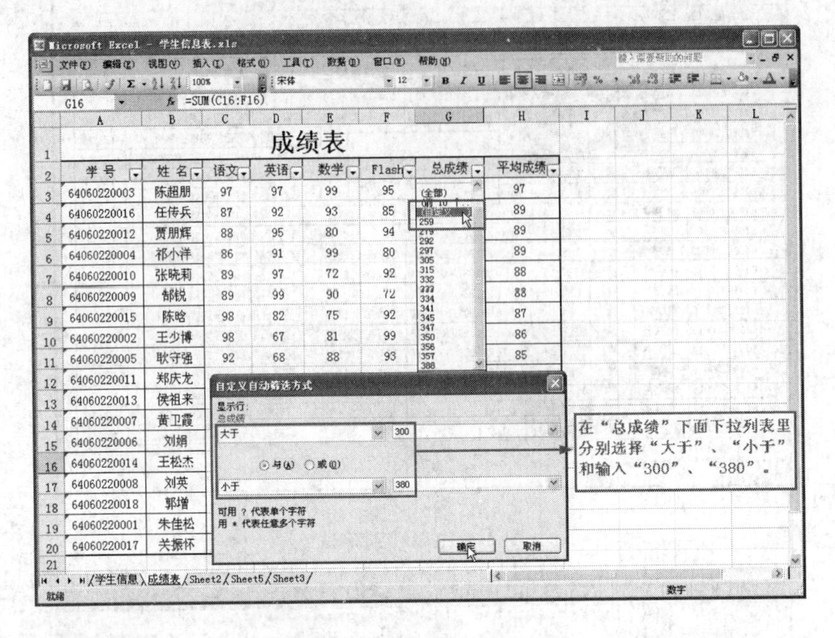

图 4-5-12　自定义筛选“总成绩”

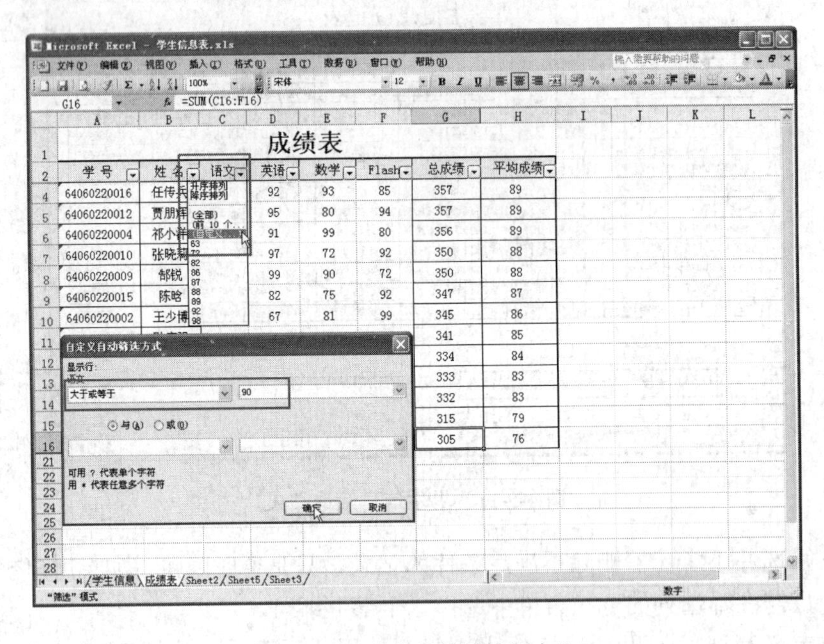

图 4-5-13　自定义筛选“语文”

如果想取消自动筛选功能，可选择菜单“数据”→“筛选”命令，在级联菜单中选择“自动筛选”命令，则所有列标题旁的筛选箭头消失，所有数据恢复显示。如选择级联菜单的“全部显示”，则数据恢复显示，但筛选箭头并不消失。

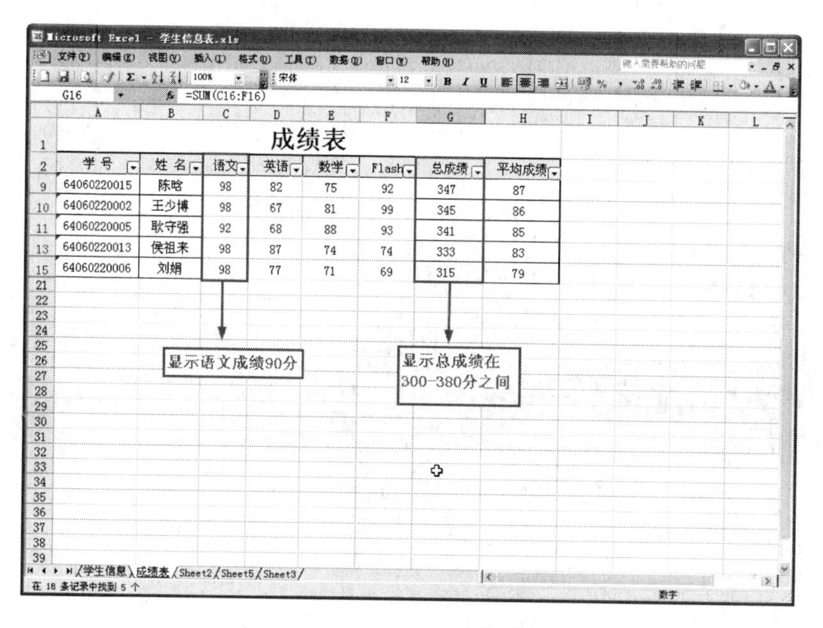

图 4-5-14　自定义筛选结果图

2. 高级筛选

“高级筛选”命令可像“自动筛选”命令一样筛选区域，但不显示列的下拉列表，而是在区域上方单独的条件区域中键入筛选条件。条件区域允许根据复杂的条件进行筛选。

使用高级筛选方式既可以对单个列应用多个条件，也可以对多个列应用多个条件。筛选条件的设置应遵循如下规则。

（1）条件区域放在数据表的空白处，第一行为字段名，下方为筛选条件值。

（2）多个列应用多个筛选条件时，填写在同一行之间的条件的逻辑关系为“与”，也就是两个条件同时满足。例如，筛选语文大于 80 并且数学大于 90 的记录，结果如图 4-5-15 所示。

（3）多个应用多个筛选条件时，填写在同一行之间的条件的逻辑关系为“或”，也就是两个条件满足其一即可。例如，筛选语文大于 80 或者数学大于 90 的记录，结果如图 4-5-16 所示。

语文	数学
>80	>90

图 4-5-15　筛选条件“与”关系

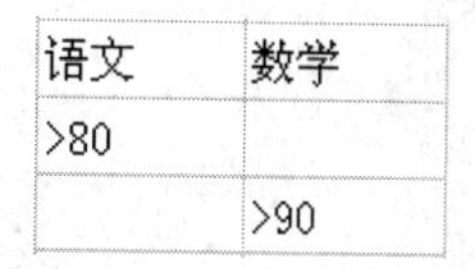

语文	数学
>80	
	>90

图 4-5-16　筛选条件“或”关系

【实用练习】

利用高级筛选功能筛选出“语文”大于 80 并且“数学”大于 90 的记录，并且复制到当前工作表的其他空白地方。

（1）打开“成绩表.xls”，在空白处输入筛选条件：语文大于 80，数学大于 90。

（2）鼠标左键单击菜单栏“数据”→“筛选”→“高级筛选”命令。

（3）弹出“高级筛选”对话框，如图 4-5-17 所示。

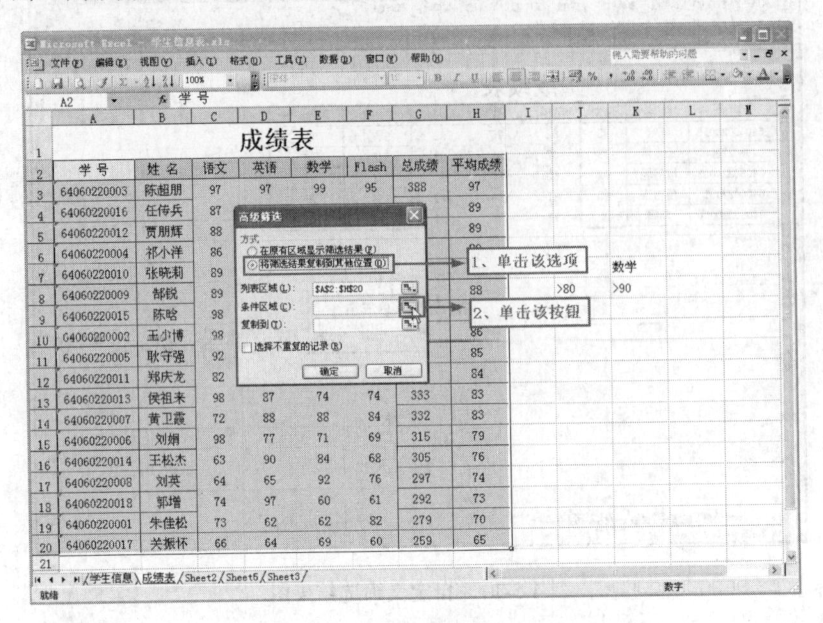

图 4-5-17 “高级筛选”对话框

（4）鼠标左键单击“条件区域”按钮，选中空白区域中的语文和数学区域，如图 4-78 所示。

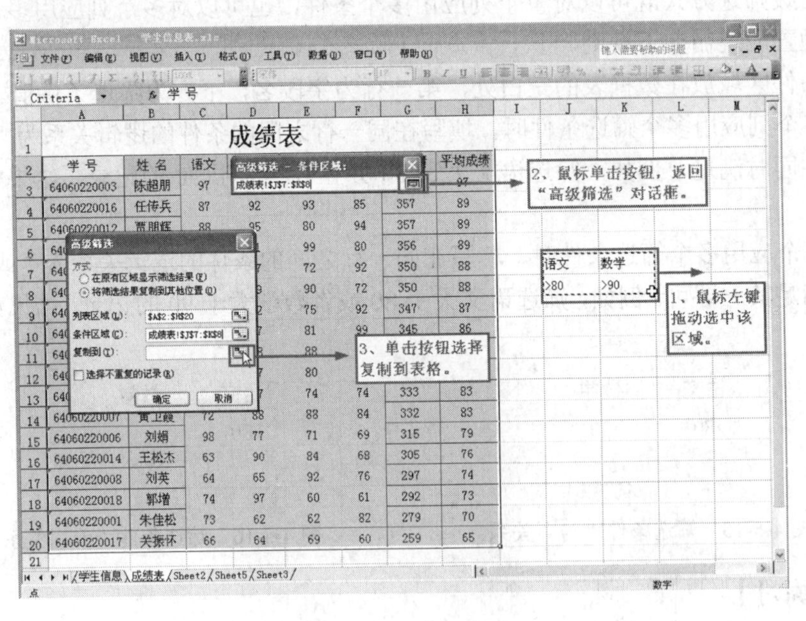

图 4-5-18 设置条件区域

（5）弹出“高级筛选-复制到”对话框，单击表中任意单元格，最后单击“确定”按钮即可（图 4-5-19）。

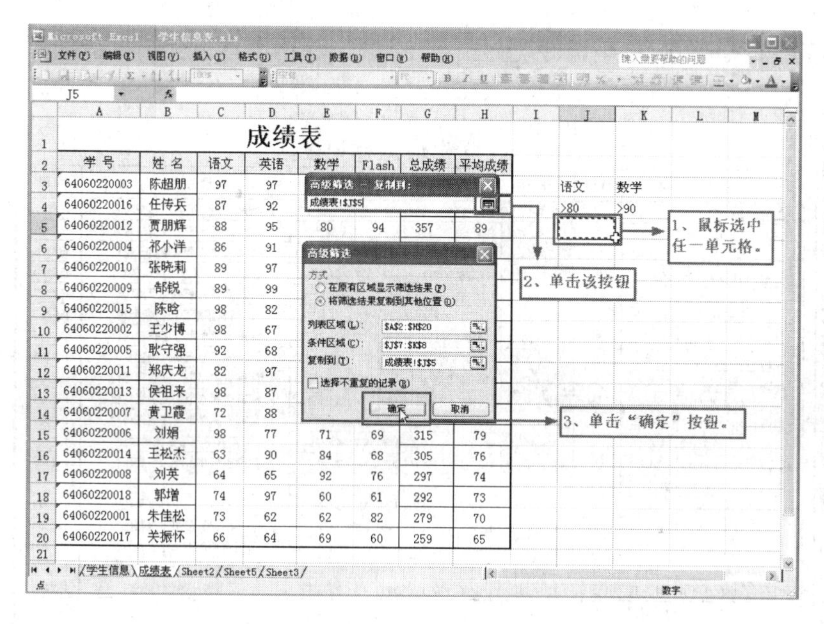

图 4-5-19　设置目标区域

最后效果如图 4-5-20 所示。

	E	F	G	H	I	J	K	L	M	N	O	P	Q
1	表												
2	数学	Flash	总成绩	平均成绩									
3	99	95	388	97		语文	数学						
4	93	85	357	89		>80	>90						
5	80	94	357	89		学号	姓名	语文	英语	数学	Flash	总成绩	平均成绩
6	99	80	356	89		6406022000	陈超朋	97	97	99	95	388	97
7	72	92	350	88		6406022001	任传兵	87	92	93	85	357	89
8	90	72	350	88		6406022001	贾朋辉	88	95	80	94	357	89
9	75	92	347	87									
10	81	99	345	86									
11	88	93	341	85									
12	80	75	334	84									
13	74	74	333	83									
14	88	84	332	83									
15	71	69	315	79									
16	84	68	305	76									
17	92	76	297	74									
18	60	61	292	73									
19	62	82	279	70									
20	69	60	259	65									

图 4-5-20　高级筛选结果图

任务三　数据分类汇总

【任务描述】

通过前面的学习，我们虽然学会了排序、筛选功能，但仍不能满足日常需求，譬如要统计男女生的人数。本任务要求按照性别分类汇总并统计出男女生的人数，效果如图 4-5-21 所示。

学生信息登记表

学 号	姓 名	性别	出生日期	身份证号	联系电话	通信地址	邮 编
64060220001	朱佳松	男	1989-1-2	411322198901021617	0377-67328875	河南省南阳市方城县柳河乡	473267
64060220002	王少博	男	1989-11-9	412722198911092032	0371-66829286	河南省郑州市管城区航海路宝景花园	450009
64060220003	陈超朋	男	1989-3-15	410182198903152914	0371-63123321	河南省新密市刘寨镇王嘴村	452376
64060220004	祁小洋	男	1989-11-9	41052619891109003X	0372-8163816	河南省安阳市滑县道口教育路	456400
64060220005	耿守强	男	1987-2-20	412727198702204036	13692405890	河南省新密市郑煤集团	452385
64060220011	郑庆龙	男	1988-6-13	410621198806130531	0392-5587598	河南省鹤壁市浚县黎阳镇	456250
64060220012	贾朋辉	男	1988-10-9	410184198810097672	0371-61571776	河南省新郑市辛店镇贾岗村	451184
64060220013	侯祖来	男	1989-1-8	411329198901081315	0377-67832532	南阳市社旗县大冯营乡	473302
64060220014	王松杰	男	1989-5-5	410183198905052016	13549101057	河南省荥阳市广武镇东苏村	450103
64060220015	陈晗	男	1989-2-12	410182198902120312	13853808216	河南省新密市尖山乡米村镇	452394
64060220016	任传兵	男	1988-12-25	410181198812257538	13683423034	河南省巩义市鲁庄镇东侯村	451200
64060220017	关振怀	男	1989-8-23	411081198908234977	0374-8625963	河南省禹州市古城镇关庄	461670
64060220018	郭增	男	1989-6-10	411081198906106357	13882350108	河南省禹州市鸠山乡唐庄村	461685
	男 计数	13					
64060220006	刘娟	女	1988-8-21	41142519880821032X	13503840956	河南省新密市郑煤集团	452394
64060220007	黄卫霞	女	1990-10-22	412702199010222740	13373777518	河南省新密市郑煤集团	452394
64060220008	刘英	女	1989-8-19	410103198908190084	0371-68734945	河南省郑州市二七区永安街	450000
64060220009	郜锐	女	1987-8-7	411081198708079044	0371-61538164	河南省禹州市机电公司家属楼	461674
64060220010	张晓莉	女	1987-10-22	410185198710222049	13838203250	河南省登封市大冶镇	452473
	女 计数	5					
	总计数	18					

图 4-5-21　分类汇总效果图

【任务分析】

在实际应用中，经常要用到分类汇总，比如仓库的库存管理， 经常要统计各类产品的库存总量，商店的销售管理员，经常要统计各类商品的售出总量，它们的共同特点是首先要进行分类，将同类别数据放在一起，然后再进行数量求和之类的汇总运算。Excel 具有分类汇总功能，但并不局限于求和，也可以进行计数、求平均等其他运算。

注意：进行分类汇总数据之前，一般先按照分类的列排序，然后再按该列的数据值做分类依据进行分类汇总。

在进行分类汇总时，Excel 会自动对列表中数据进行分级显示，在工作表窗口左边会出现分级显示区，列出一些分级显示符号，允许用户对数据的显示进行控制。

在默认的情况下，数据会分三级显示，可以通过单击分级显示区上方的“123”三个按钮进行控制。单击“1”按钮，只显示列表中的列标题和总计结果；单击“2”按钮显示各个分类汇总结果和总计结果；单击“3”按钮显示所有的详细数据，如图 4-5-22 和图 4-5-23 所示。

“1”为最高级，“3”为最低级，分级显示区中有“＋”、“－”等分级显示符号。“＋”表示高一级向低一级展开数据，“－”表示低一级折叠为高一级数据，如“2”按钮下的“＋”可展开该分类汇总结果所对应的各明细数据。“2”按钮下的“－”则将“2”按钮显示内容折叠为只显示总计结果。当分类汇总方式不止一种时，按钮会多于 3 个。

数据分级显示可以设置、选择“数据”菜单的“组及分级显示”命令，在级联菜单中选择“可以清除分级显示区域”清除分级显示，选择“自动建立分级显示”则显示分级显示区域。

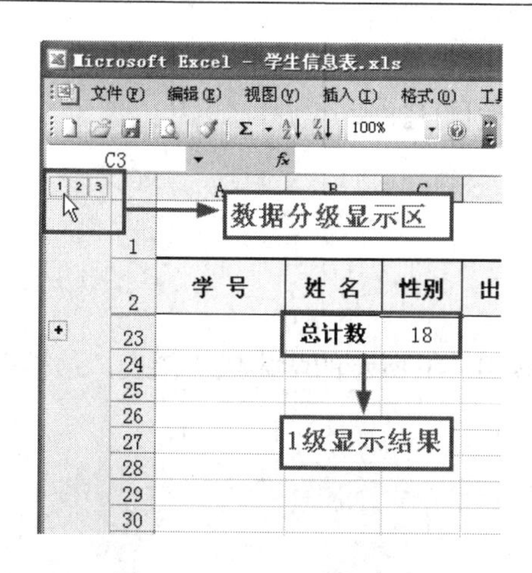

图 4-5-22　1 级显示结果

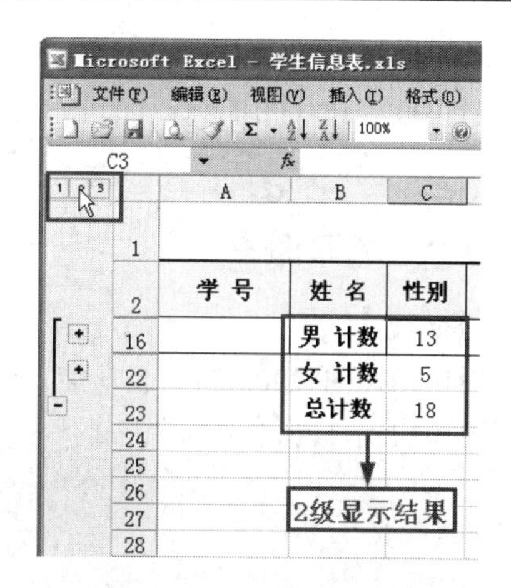

图 4-5-23　2 级显示结果

取消分类汇总可选择“数据”菜单的“分类汇总”命令，在弹出的“分类汇总”对话框中单击“全部删除”按钮。

【操作步骤】

（1）选中“性别”列中任一单元格，然后单击常用工具栏中的升序按钮或降序按钮。

（2）单击菜单栏“数据”→“分类汇总”，弹出“分类汇总”窗口，如图 4-5-24 所示。

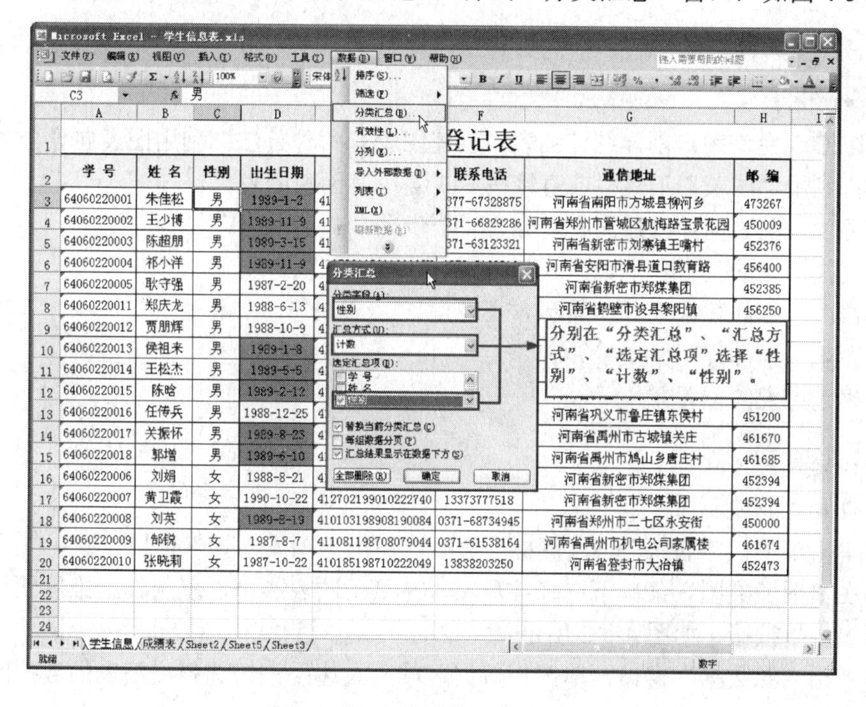

图 4-5-24　“分类汇总”对话框

（3）单击“确定”按钮，效果如图 4-5-24 所示。

项目六　学生信息表的图表应用

任务一　建立图表

【任务描述】

我们利用 Excel 2003 的图表功能，建立如图 4-6-1 所示的学生成绩图表，这样可以更加形象直观地展示数据。

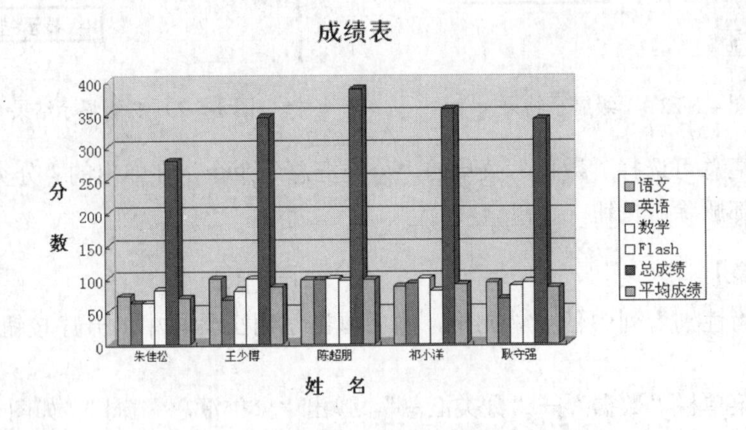

图 4-6-1“成绩表”图表

【任务分析】

Excel 2003 允许用户创建统计图表。创建图表有两种方法：利用图表向导分 4 个步骤创建图表；利用“图表”工具栏或直接按 F11 键快速创建图表。

本任务使用图表向导创建图表，分为 4 个步骤。

（1）选择图表的类型和子类型。

（2）修改选择的数据区域和显示方式。

（3）图表上添加说明性文字。

（4）确定图表的位置。

【操作步骤】

（1）打开“成绩表”。

（2）单击菜单栏“插入”→“图标”命令，弹出“图表向导”窗口。

（3）在“图表类型”菜单下选择柱形图，在“子图表类型”里选择三维簇状柱形图，单击“下一步”按钮，如图 4-6-2 所示。

（4）弹出“源数据”窗口，单击“数据区域”右边的按钮选择成绩表的数据区域，如图 4-6-3 所示。

（5）由于学生太多，先选取前 5 名学生的成绩作为数据源区域，如图 4-6-4 所示。

（6）在“系列产生在”中选择“列”选项，单击“下一步”按钮，如图 4-6-5 所示。

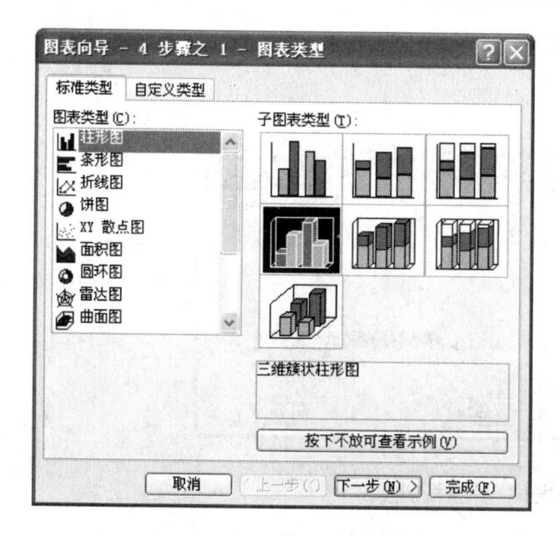

图 4-6-2 “图表类型”对话框

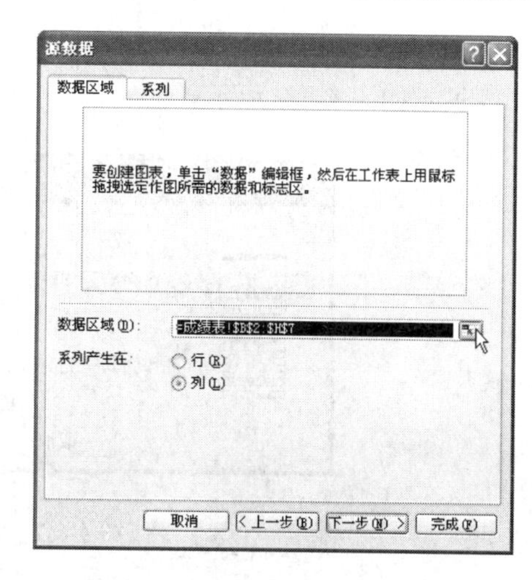

图 4-6-3 “源数据”对话框

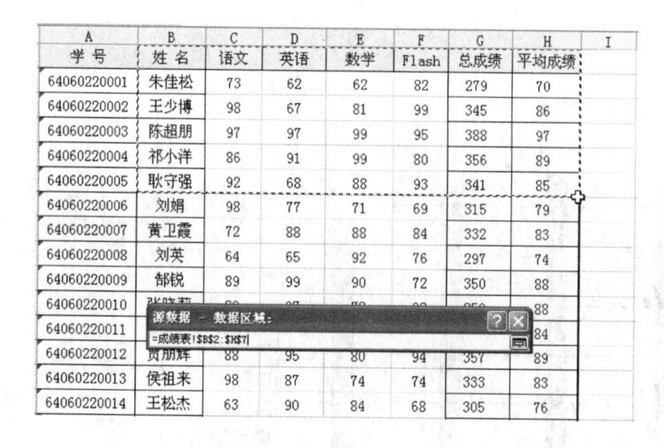

A	B	C	D	E	F	G	H	I
学 号	姓 名	语文	英语	数学	Flash	总成绩	平均成绩	
64060220001	朱佳松	73	62	62	82	279	70	
64060220002	王少博	98	67	81	99	345	86	
64060220003	陈超朋	97	97	99	95	388	97	
64060220004	祁小洋	86	91	99	80	356	89	
64060220005	耿守强	92	68	88	93	341	85	
64060220006	刘娟	98	77	71	69	315	79	
64060220007	黄卫霞	72	88	88	84	332	83	
64060220008	刘英	64	65	92	76	297	74	
64060220009	郜锐	89	99	90	72	350	88	
64060220010	[illegible]	[illegible]	[illegible]	[illegible]	[illegible]	[illegible]	88	
64060220011	[illegible]	[illegible]	[illegible]	[illegible]	[illegible]	[illegible]	84	
64060220012	[illegible]	88	95	80	94	357	89	
64060220013	侯祖来	98	87	74	74	333	83	
64060220014	王松杰	63	90	84	68	305	76	

图 4-6-4　选取数据区域

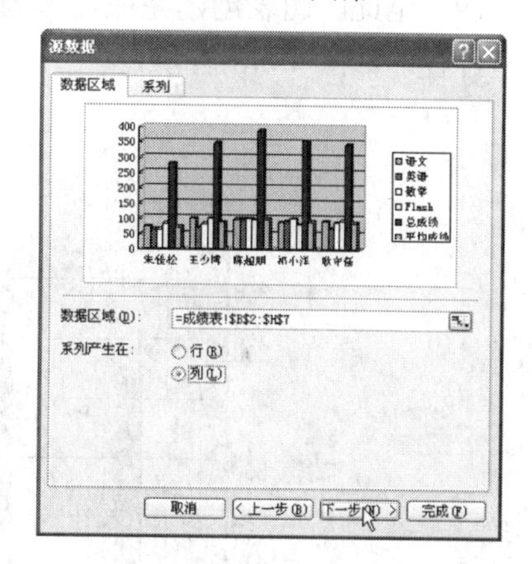

图 4-6-5 “源数据”对话框

（7）打开“图表选项”对话框，在“图标标题”文本框中输入“成绩表”；在“分类（X）轴”文本框中输入“姓名”；在“数值（Z）轴”文本框中输入“成绩”，单击“下一步”按钮，如图 4-6-6 所示。

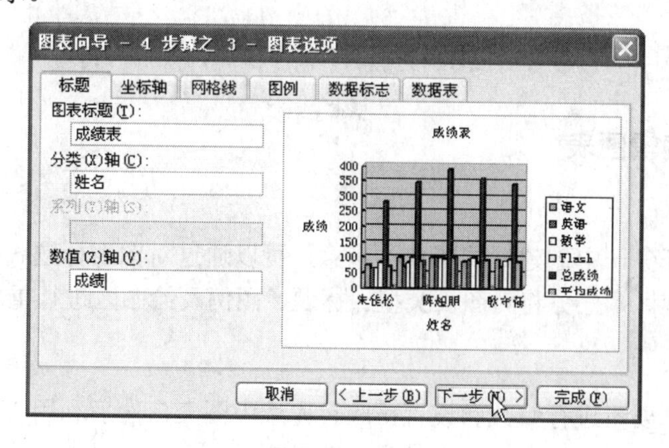

图 4-6-6 “图表选项”对话框

（8）打开“图表位置”对话框，选中“作为其中的对象插入”选项，图表即可插入到成绩表里，如图 4-6-7 所示。

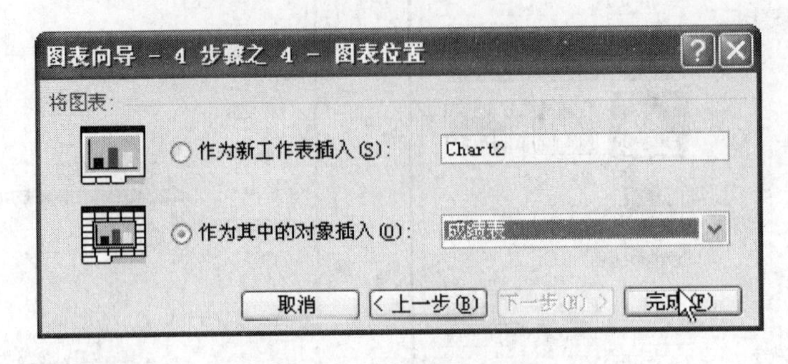

图 4-6-7 “图表位置”对话框

（9）至此，图表创建完成，作为对象嵌入到当前工作表里，按住鼠标左键可以拖动到合适位置，如图 4-6-8 所示。

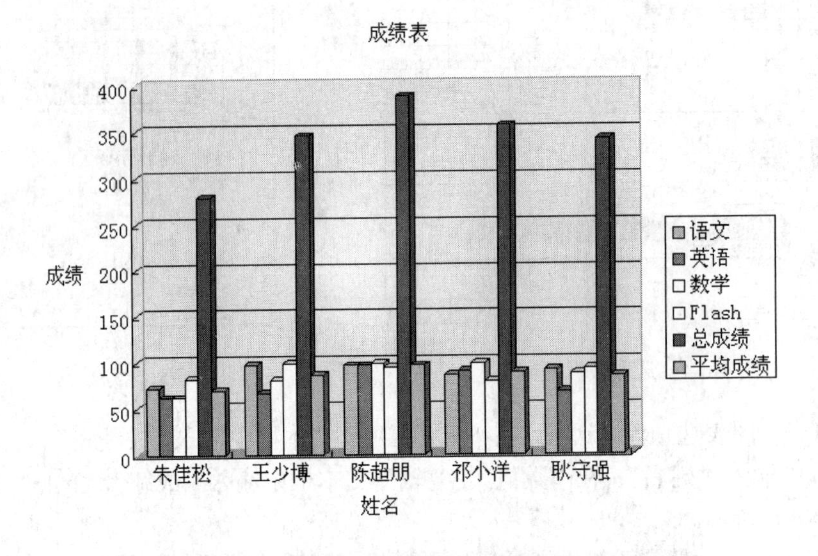

图 4-6-8 “成绩表”图表

任务二　编辑图表

【任务描述】

如果用户对任务一中创建好的图表不满意，可以通过对图表标题、坐标轴标题格式化等美化图表的外观。本任务将对图表类型、标题、图例及绘图区进行重新设置。

【任务分析】

对图表的各个要素进行修改和设置，应首先选中图表，然后利用“图表”菜单项中的命令或“图表”工具栏中的有关命令对图表进行编辑。

【操作步骤】

（1）选中前面已做好的“成绩表”图表。

（2）在图表上单击弹出菜单，选择“图表类型”选项，如图 4-6-9 所示。

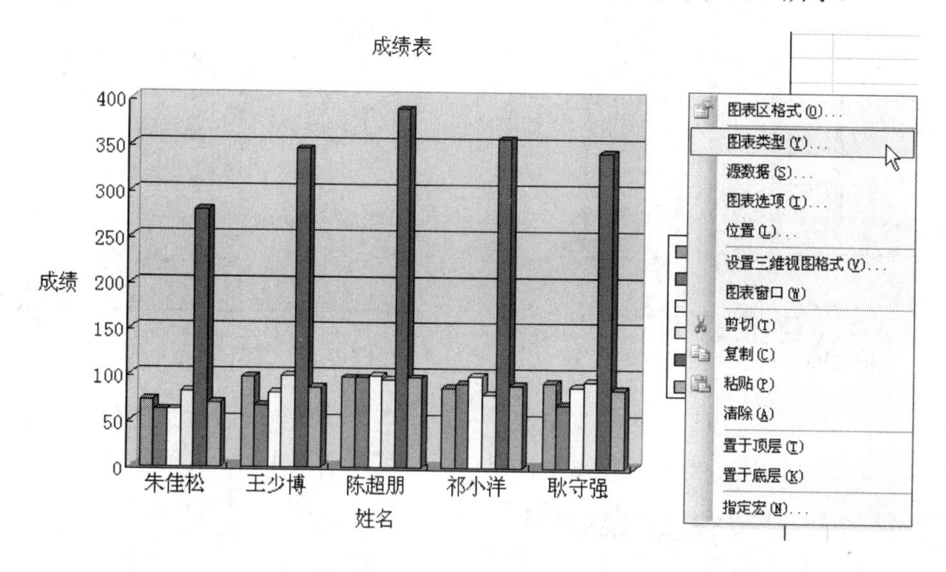

图 4-6-9　设置“图表类型”

（3）弹出“图表类型”对话框，在“图表类型”菜单下选择圆柱图，在“子图表类型”里选择柱形圆柱图，单击“确定”按钮，如图 4-6-10 所示。

图 4-6-10　“图表类型”对话框

（4）选中标题“成绩表”，鼠标右键单击，选中“图表标题格式”选项，弹出“图表标

题格式”对话框。如图 4-6-11、图 4-6-12 所示。

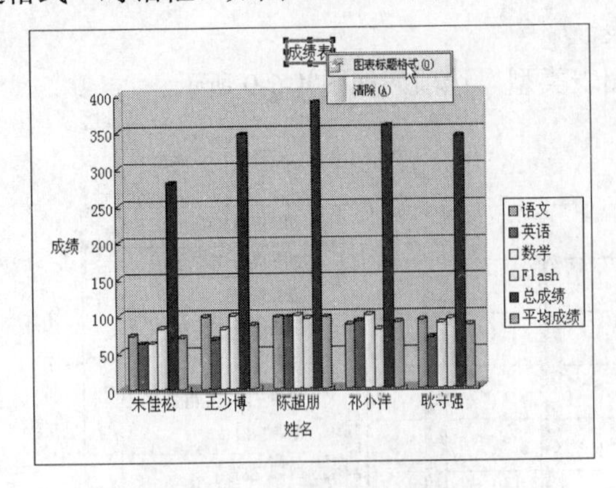

图 4-6-11　选中“图表标题格式”

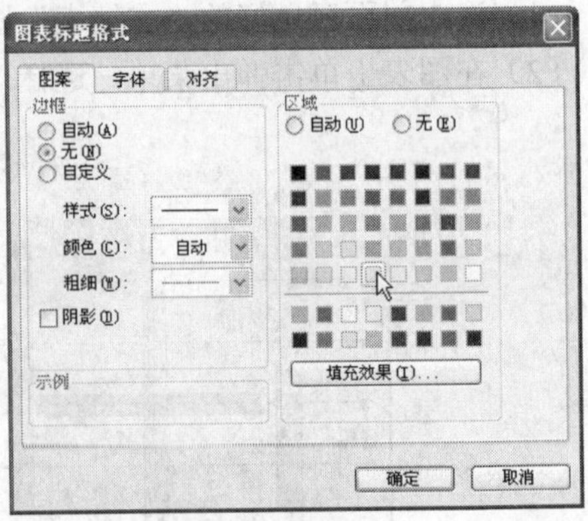

图 4-6-12　“图表标题格式”对话框

（5）在“图案”选项卡“区域”里选中一种颜色，切换到“字体”选项卡，分别选中“楷体”、“加粗”、“20”，单击“确定”按钮。如图 4-6-13、图 4-6-14 所示。

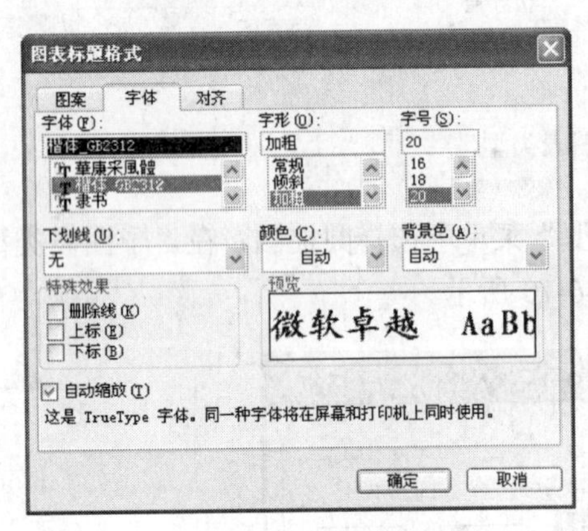

图 4-6-13　设置字体

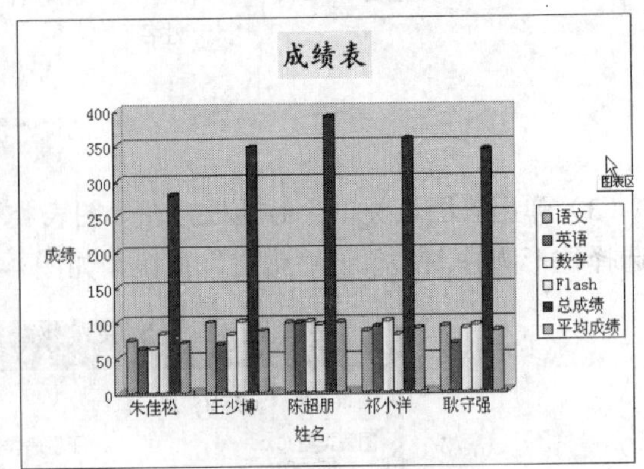

图 4-6-14　图表标题效果

（6）按照相同方法，设置 X 轴和 Y 轴标题格式，如图 4-6-15 所示。

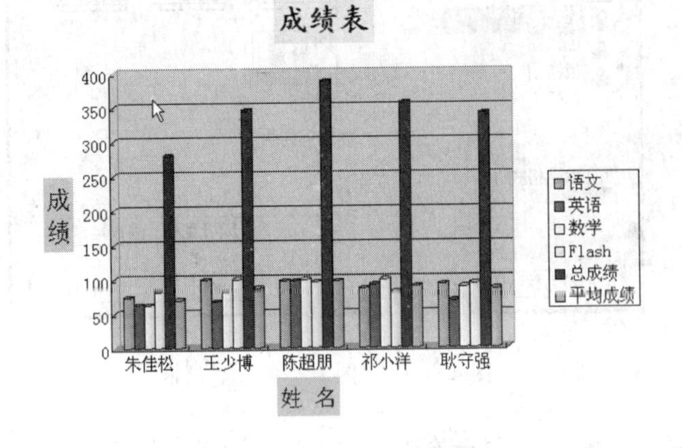

图 4-6-15　“成绩表”图表效果图

项目七　打印和预览工作表

任务一　如何设置打印工作表

【任务描述】

用 Excel 制作出来的表格，有时需要打印部分或全部内容，多页打印时还需要标明页码、页眉、页脚等，图 4-7-1 为打印预览工作表，现在来我们学习工作表的打印设置。

【任务分析】

工作表的打印设置就是对工作表的页面、页边距、页眉、页脚等进行设置。

【操作步骤】

（1）执行“文件”→“页面设置”命令，打开“页面设置”对话框，在“页面”选项卡中设置打印方向为“纵向”，纸张大小为“A4”，如图 4-7-2 所示。

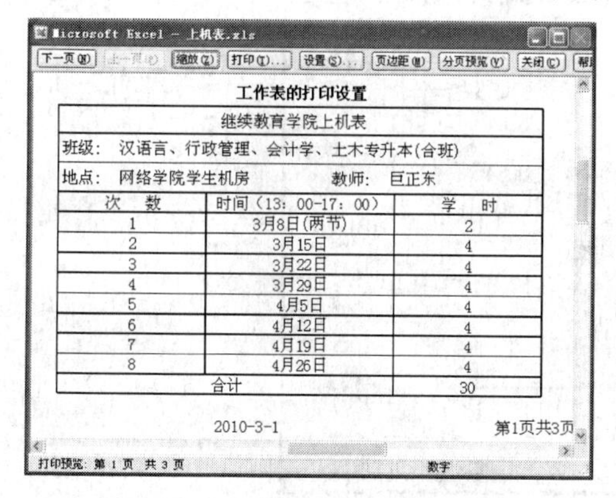

工作表的打印设置

继续教育学院上机表		
班级：汉语言、行政管理、会计学、土木专升本(合班)		
地点：网络学院学生机房　教师：巨正东		
次　数	时间（13：00-17：00）	学　时
1	3月8日(两节)	2
2	3月15日	4
3	3月22日	4
4	3月29日	4
5	4月5日	4
6	4月12日	4
7	4月19日	4
8	4月26日	4
合计		30

2010-3-1　第1页共3页

图 4-7-1　打印预览工作表

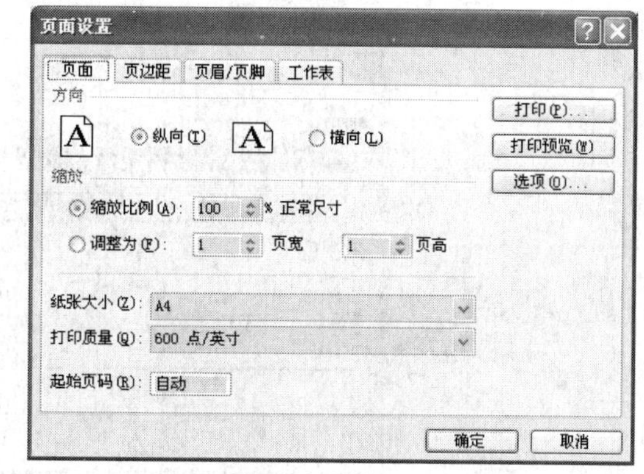

图 4-7-2　页面设置

（2）在“页边距”选项卡中，设置“上”、“下”边距为“3”，“左”、“右”边距为 2.5，居中方式“水平”和“垂直”复选框前打“√”，如图 4-7-3 所示。

（3）单击“页眉/页脚”选项卡，如图 4-7-4 所示。

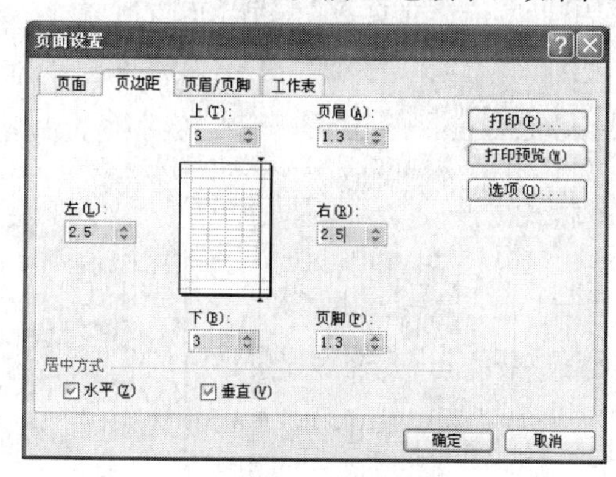

图 4-7-3　页边距设置

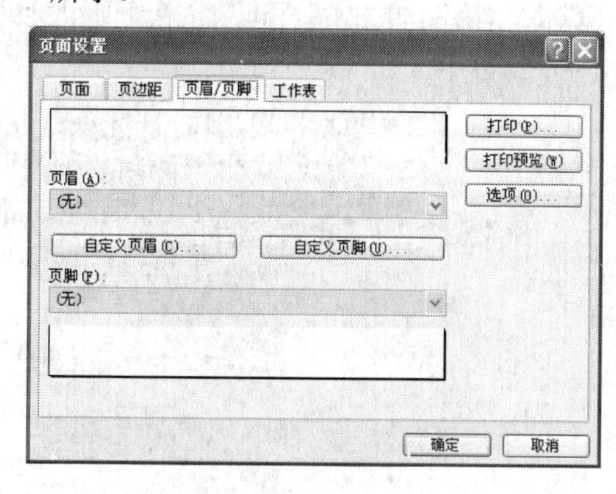

图 4-7-4　页眉/页脚设置

（4）单击“自定义页眉”按钮，在“中”的位置框里，输入“工作表的打印设置”，单击“字体”按钮，设置为“楷体”、“加粗”、“16”号，如图 4-7-5 所示，单击“确定”按钮返回“页面设置”对话框，如图 4-7-6 所示。

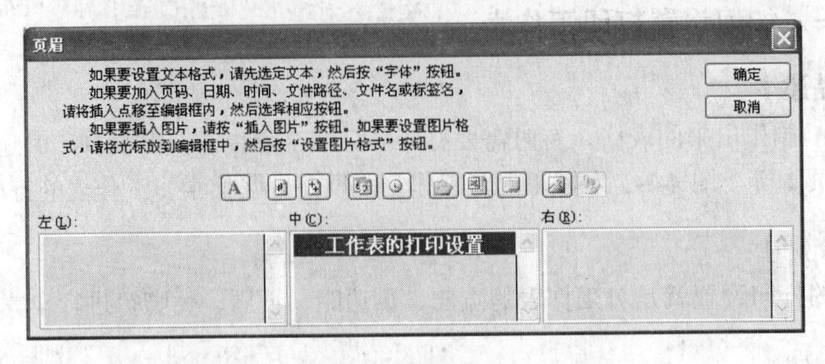

图 4-7-5　添加页眉

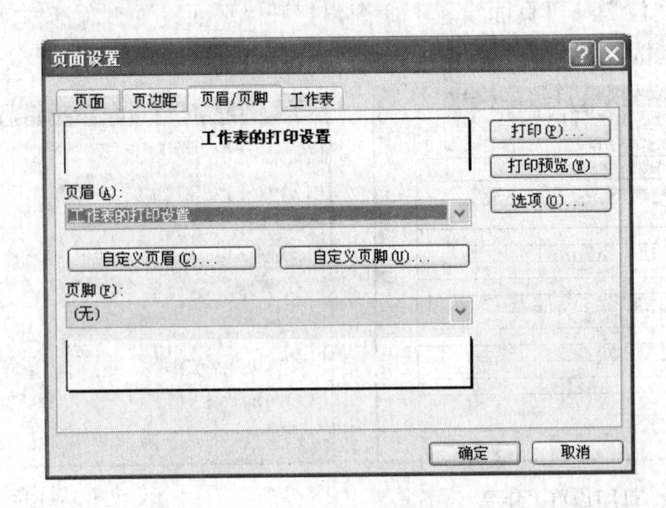

图 4-7-6　页眉设置完毕

（5）单击“自定义页脚”按钮，打开“页脚”对话框，在对话框“中”位置输入“2010-3-1”，设置字体为“Arial”、“加粗”、字号为“12”，单击“确定”。鼠标定位在对话框“右”的位置，输入“第”，单击“页码”按钮，输入“页共”，单击“总页数”按钮，输入“页”，如图 4-7-7 所示。

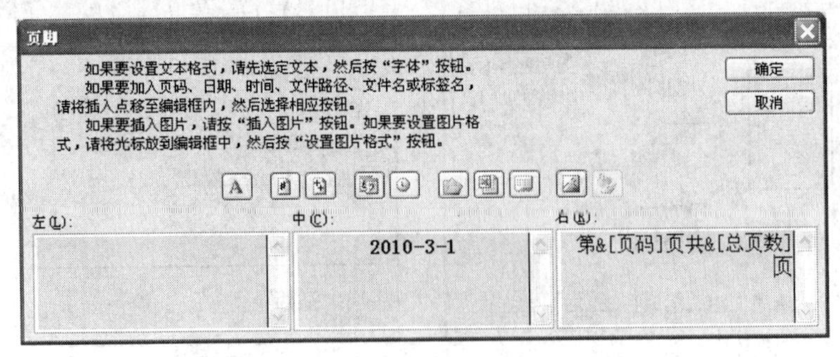

图 4-7-7　页脚设置

（6）单击“确定”按钮返回“页眉/页脚”选项卡，如图 4-7-8 所示。

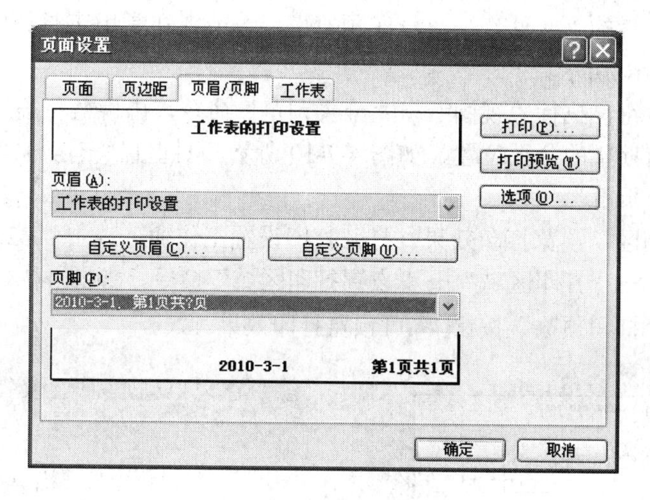

图 4-7-8　页脚设置完毕

（7）单击“工作表”选项卡，设置“顶端标题行”为“$2:$2”，如图 4-7-9 所示。

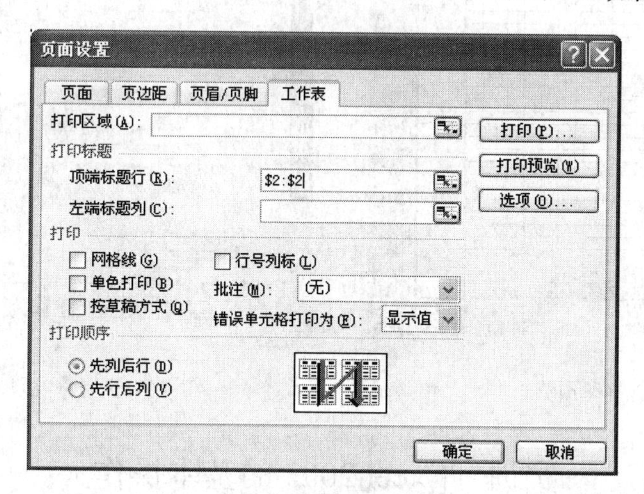

图 4-7-9　打印标题设置

（8）在“页面设置”对话框中单击“确定”按钮，完成页面设置。

任务二　如何预览打印工作表

【任务描述】

在 Excel 中打印工作表的操作流程与在 Word 中打印文档的操作流程相同，打印工作表之前先预览工作表，如果在屏幕上观察打印效果发现不满意之处，则返回进行修改，直到对工作表满意后才使用打印机输出工作表。

【任务分析】

预览打印工作表就是创建分页符分页预览、设置打印区域、预览打印效果等。

【操作步骤】

（1）执行菜单栏的“文件”→“打印预览”命令或者在常用工具栏中单击“预览”按钮，效果如图 4-7-10 所示。

（2）创建分页符，执行“视图”→“分页预览”命令，出现蓝色虚线（自动分页符），将这条线拖动到所期望的分页位置，如图 4-7-10 所示。要重置所有分页符，请右击，然后单击“重置所有分页符”。

（3）设置打印区，预览打印效果。打开打印设置工作簿，选中“B2:P15”区域，执行菜单栏的“文件”→“打印区域”→“设置打印区域”命令，如图 4-7-11 所示。单击“常用”工具栏上的“打印预览”按钮可预览打印效果。

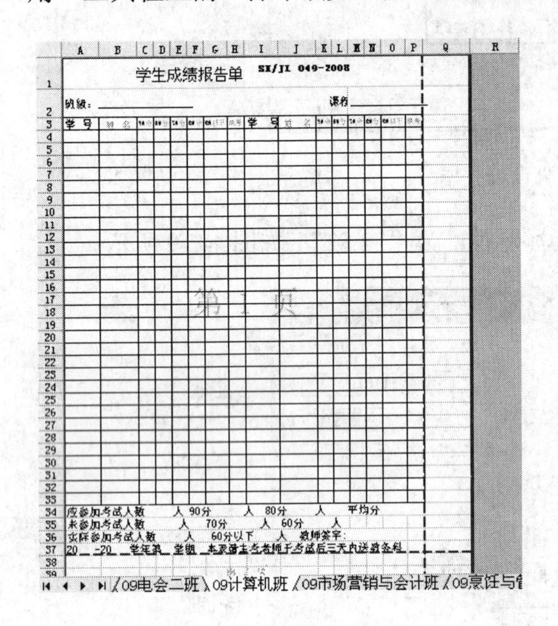

图 4-7-10　打印预览

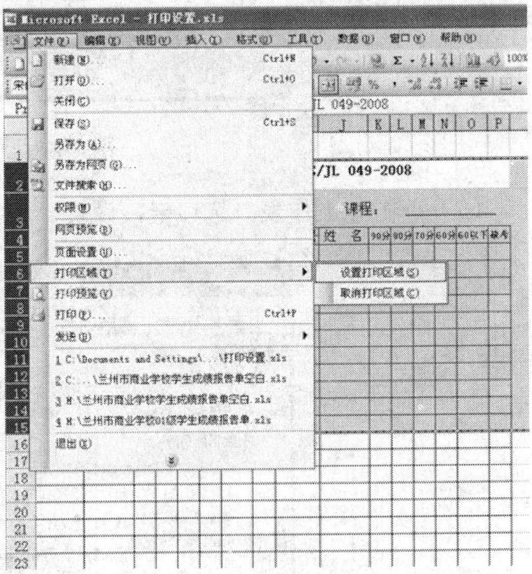

图 4-7-11　打印区域设置

实训　Excel 2003 的基本操作

一、Excel 2003 基本操作（一）

【实训目的】

掌握 Excel 2003 最基本的相关操作。

【实训步骤】

（1）正确启动 Excel 2003，并新建一个工作簿，保存名称为“第一个工作簿”。

（2）在工作簿中建立 4 个表，依次取名为：“表一”、“表二”、“表三”和“表四”。

（3）在表一的 B1 单元格中输入文本数据“007”，在表二的 C6 单元格中输入分数“4/5”，并将输入的数据对齐方式设为“居中对齐”。

（4）在表三的单元格 A1 内和表四的单元格 B6 内，输入相同的汉字“你好”，设置字

体为“黑体”，字号为“14”、加粗。

（5）复制表三、表四的数据到表一和表二的相同位置。

（6）删除表三和表四。

（7）任一工作表中，在第三行与第四行之间插入一行，在第三列与第四列之间插入一列，并将插入的行和列填充为绿色。

二、Excel 2003 基本操作（二）

【实训目的】

（1）掌握 Excel 2003 的基本操作。

（2）学会公式和函数的使用。

（3）学会进行“排序”和“筛选”。

（4）学会如何通过数据表和建立相应的图表。

（5）学会进行页面设置。

【实训步骤】

（1）建立学生成绩统计表。如样张所示。

（2）利用 INT、RAND 函数在 B3：E10 区域随机输入各科成绩。

（3）利用函数或公式的方法求出每个学生的平均成绩（保留一位小数）和总成绩。

（4）利用自动筛选显示“平均成绩”在 70 以上（含 70）的学生信息。然后对查找到的信息按照平均成绩从高分到低分顺序排序，如果平均成绩相同，则英语成绩高者排在前。

（5）对筛选出来的数据，建立每个同学关于“总分”的柱形图表，图例靠右。

（6）对表格进行编辑，设置合适字体和字号，设置合适列宽和行高等。

（7）将页面纸张设为 A4 纸，上、下、左、右四个页边距均设为 2cm。

样张如图 4-8-1 所示（由于版面限制，样张仅作参考）。

B3　=INT(RAND()*40+60)

	A	B	C	D	E	F	G	H
1	毕节职中2012级计算机班学生成绩统计表							
2	姓名	语文	数学	英语	计算机应用	总分	平均分	名次
3	肖铝	94	62	70	78	226	76.0	1
4	刘菊							
5	张守琼							
6	钱密							
7	孙燕							
8	李海燕							
9	梁贤							
10	谢贵琴							

图 4-8-1　样张

思 考 与 练 习

一、填空题

1．在 Excel 中，一般工作文件的默认文件类型为________________。

2．使用函数计算数据时，可以选择“插入”菜单的________命令。
3．在Excel中默认工作表的名称为________。
4．在Excel工作表中，如没有特别设定格式，则文字数据会自动________对齐，而数值数据自动________对齐。
5．工作簿窗口默认有________张独立的工作表，最多不能超过________张工作表。
6．Excel中，工作表行列交叉的位置称之为________。
7．Excel单元格中可以存放________、________、________、________和表达式等数据。
8．Excel中引用绝对单元格需在工作表地址前加上________符号。
9．要在Excel单元格中输入内容，可以直接将光标定位在编辑栏中，也可以对活动单元格按键输入内容，输入完内容后单击编辑栏左侧的________按钮确定。
10．在Excel工作表中，行标号用________表示，列标号用________表示。
11．Excel中，单元格引用有________、________、________等引用方式。
12．间断选择单元格只要按住________键同时选择各单元格。
13．填充柄在每一单元格的________下角。
14．Excel提供了两种筛选命令分别为________和________。
15．在Excel中被选中的单元格称为________。
16．在Excel中，若活动单元格在F列4行，其引用的位置以________表示。
17．工作表数据的图形表示方式称为________。
18．单元格区域B3：C5表示________的所有的单元格。
19．计算数据和的函数是________，计算数据的平均值的函数是________。
20．打印预览工作表，应选择________工具栏上的“打印预览”按钮或________菜单的“打印预览”命令。

二、选择题

1．Excel的3个主要功能是（　　）。
A　电子表格、图表、数据库　　B　文字输入、表格、公式
C　公式计算、图表、表格　　D　图表、电子表格、公式计算

2．工作表的行号为（　　）。
A　0～65536　　B　1～16384　　C　0～16384　　D　1～65536

3．工作表的列号是（　　）。
A　A～IV　　B　0～IU　　C　A～IU　　D　0～IV

4．在默认状态下，[文件]菜单的最后列出了（　　）个最近使用过的工作簿文件名。
A　1　　B　2　　C　3　　D　4

5．在Excel窗口的不同位置，（　　）可以引出不同的快捷菜单。
A　单击鼠标右键　　B　单击鼠标左键

C 双击鼠标右键　　D 双击鼠标左键

6．要采用另一个文件名来存储文件时，应选[文件]菜单的（　　）命令。

A [关闭文件]　　B [保存文件]　　C [另存为]　　D [保存工作区]

7．用 Del 键来删除选定单元格数据时，它删除了单元格的（　　）。

A 内容　　B 格式　　C 附注　　D 全部

8．单元格的格式（　　）。

A 一旦确定，将不可改变。　　B 随时可以改变

C 依输入的数据格式而定，并不能改变　　D 更改后，将不可改变

9．要选定不相邻的矩形区域，应在鼠标操作的同时，按住（　　）键。

A Alt　　B Ctrl　　C Shift　　D Home

10．对单元中的公式进行复制时，（　　）地址会发生变化。

A 相对地址中的偏移量　　B 相对地址所引用的单元格

C 绝对地址中的地址表达式　　D 绝对地址所引用的单元格

11．在 Excel 工作表中，如果没有预先设定整个工作表的对齐方式，系统默认的对齐方式是：数值（　　）。

A 左对齐　　B 中间对齐

C 右对齐　　D 视具体情况而定

12．执行一次排序时，最多能设（　　）个关键字段。

A 1　　B 2　　C 3　　D 任意多个

13．Excel 主要应用在（　　）。

A 美术、装璜、图片制作等到各个方面

B 工业设计、机械制造、建筑工程

C 统计分析、财务管理分析、股票分析和经济、行政管理等

D 多媒体制作

14．Excel 操作中，A1 格的内容为 100，B1 格的公式为=A1，B1 格公式复制到 B2 格，B2 格的公式为（　　）。

A =B2　　B =A2　　C 100　　D ####

15．如果用预置小数位数的方法输入数据时，当设定小数是“2”时，输入 56789 表示（　　）。

A 567.89　　B 0056789　　C 5678900　　D 56789.00

16．在 Excel 中，若单元格引用随公式所在单元格位置的变化而改变，则称之为（　　）。

A 相对引用　　B 绝对地址引用　　C 混合引用　　D 3-D 引用

17．Excel 处理的对象是（　　）。

A 工作簿　　B 文档　　C 程序　　D 图形

18．在 Excel 中，公式的定义必须以（　　）符号开头。

A =　　B ”　　C :　　D *

19．在 Excel 中，若要将光标移到工作表 A1 单元格，可按（　　）键。

A Ctrl+End　　B Ctrl+Home　　C End　　D Home

20．Excel 工作簿的默认名是（　　）。

A Sheet1　　B Excel1　　C Xlstart　　D Book1

21．在单元格内输入当前的日期（　　）。

A Alt+;　　B Shift+Tab　　C Ctrl+;　　D Ctrl+=

22．在 Excel 单元格中输入后能直接显示“1/2”的数据是（　　）。

A 1/2　　B 0 1/2　　C 0.5　　D 2/4

23．在 Excel 中，下列地址为绝对地址引用的是（　　）。

A $D5　　B E$6　　C F8　　D $G$9

24．在 Excel 工作表中，数据库中的行是一个（　　）。

A 域　　B 记录　　C 字段　　D 表

25．产生图表的数据表数据发生变化后，图表（　　）。

A 必须进行编辑后才会发生变化　　B 会发生变化，但与数据无关

C 不会发生变化　　D 会发生相应的变化

26．如果将选定单元格（或区域）的内容消除，单元格依然保留，称为（　　）。

A 重写　　B 清除　　C 改变　　D 删除

27．在降序排序中，在序列中空白的单元格行被（　　）。

A 放置在排序数据清单的最前　　B 放置在排序数据清单的最后

C 不被排序　　D 保持原始次序

28．在 Excel 中，一旦编辑了单元格的内容，系统（　　）。

A 对公式不再重复计算

B 重新对公式进行计算，并显示新的结果

C 应人工重新计算

D 应重新修改公式

29．Excel 的单元格 D1 中有公式=A1+$C1，将 D1 单元格中的公式复制到 E4 单元格中，E4 单元表格中的公式为（　　）。

A =A4+$C4　　B =B4+$D4　　C =B4+$C4　　D =A4+C4

30．Excel 操作中，设成绩放在 A1 格，要将成绩分为优良（大于等于 85）、及格（大于等于 60）、不及格三个级别的公式为（　　）。

A =if（A1>=85，“优良”，if（A1>=60，“及格”，if（A1<60，“不及格”）））

B =if（A1>=85，“优良”，85>A1>=60，“及格”，A1<60，“不及格”）

C =if（A1>=85，“优良”），if（A1>=60，“及格”），if（A1<60，“不及格”）

D =if（A1>=85，“优良”，if（A1>=60，“及格”，“不及格”））

三、判断题

1．Excel 中的单元格可用来存取文字、公式、函数及逻辑值等数据。（　　）

2．在 Excel 中，只能在单元格内编辑输入的数据。（　　）

3．Excel 规定在同一工作簿中不能引用其他表。（　　）

4．工作簿是指 Excel 环境下用来存储和处理数据的文件。（　　）

5．设置 Excel 选项只能采用鼠标操作。（　　）

6．在单元格中，可按 Alt+Enter 键换行。（　　）

7. 在 Excel 中，所选的单元格范围不能超出当前屏幕范围。 （ ）
8. Excel 中的删除操作只是将单元格的内容删除，而单元格本身仍然存在。 （ ）
9. 在 Excel 中，剪切到剪贴板的数据可以多次粘贴。 （ ）
10. 在 Excel 中，日期为数值的一种。 （ ）
11. 在公式“=A$1+B3”中，A$1 是绝对引用，而 B3 是相对引用。 （ ）
12. Excel 的所有功能都有能通过格式栏或工具栏上的按钮实现。 （ ）
13. 相对引用的含义是：把一个含有单元格地址引用的公式复制到一个新的位置或用一个公式填入一个选定范围时，公式中单元格地址会根据情况而改变。 （ ）
14. 绝对引用的含义是：把一个含有单元格地址引用的公式复制到一个新的位置或在公式中填入一个选定的范围时，公式中单元格地址会根据情况而改变。 （ ）
15. 若工作表数据已建立图表，则修改工作表数据的同时也必须修改对应的图表。 （ ）
16. 每一个工作表存放时都会产生一个新文件。 （ ）
17. 可以再活动单元格和数据编辑栏的“编辑栏”输入或编辑数据。 （ ）
18. 在默认状态下，数据的水平对齐为“居左”对齐，垂直对齐格式为“靠下”对齐。 （ ）
19. 合并单元格不会丢失数据。 （ ）
20. 在工作表中输入数据之后才能设置数据的字符格式和对齐格式。 （ ）

第五章　PPT 交互性教学课件开发

信息时代，计算机应用已经渗入到社会的各行各业中。为提高工作质量，加快工作进度，便于人们之间更好地交流，微软公司开发的 PowerPoint 2003 已经成为企事业单位办公人员必不可少的软件之一。

PowerPoint 2003 和 Word 2003、Excel 2003 等应用软件都是 Microsoft 公司推出的 Office 2003 系列产品之一。它的特点是利用较少的时间，制作出图文并茂的演示文稿。PowerPoint 2003 可以用来设计制作专家报告、教师授课、产品演示、广告宣传和企划人员发表提案、业务人员给客户做电子版幻灯片等，制作的演示文稿可以通过计算机屏幕或投影机播放，具有强大的多媒体功能。

本章主要介绍 PowerPoint 2003 的相关操作，学完本章内容，读者就能独立制作自己需要的演示文稿。

项目一　认识 PowerPoint 2003

任务一　PowerPoint 2003 简介

【任务描述】

了解 PowerPoint 2003 的启动、退出。

【任务分析】

PowerPoint 2003 的启动和退出与 Word 2003、Excel 2003 的操作步骤相同，操作界面也十分相似。

【操作步骤】

（1）单击"开始"→"程序"→"Microsoft Office"→"Microsoft Office PowerPoint 2003"命令，如图 5-1-1 所示。

（2）单击 PowerPoint 2003 主窗口右上角的"关闭"按钮；选择"文件"菜单→退出命令；用组合键 Alt+F4。这 3 种方法都可以退出 PowerPoint 2003。

☆小知识：如果用户的计算机桌面上有 PowerPoint 2003 的快捷方式，也可以双击快捷方式图标启动 PowerPoint 2003。

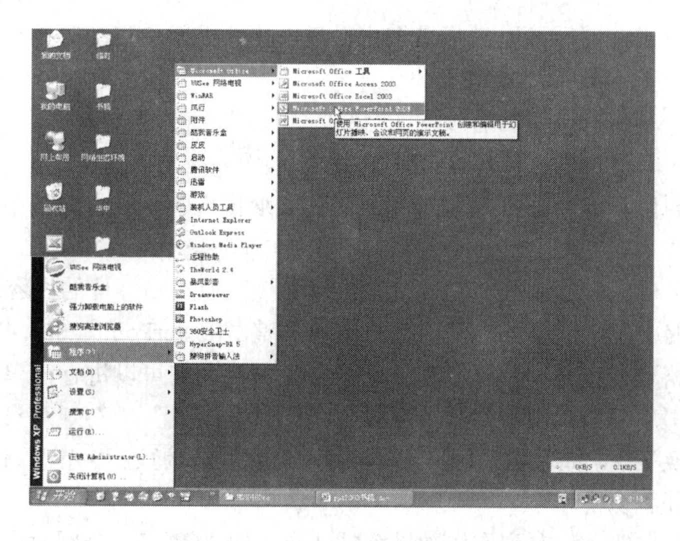

图 5-1-1　启动 PowerPoint 2003

任务二　认识 PowerPoint 2003 操作界面

【任务描述】

掌握如何启动 PowerPoint 2003 后，还要熟悉它的操作界面，只有这样才能熟练应用该软件。

【任务分析】

PowerPoint 2003 的界面可以分为标题栏、菜单栏、工具栏、大纲编辑区、幻灯片编辑区、任务窗格、视图切换按钮、备注区、状态栏组成。

启动 PowerPoint 2003 后，屏幕上就出现了如图 5-1-2 所示的 PowerPoint 2003 窗口。

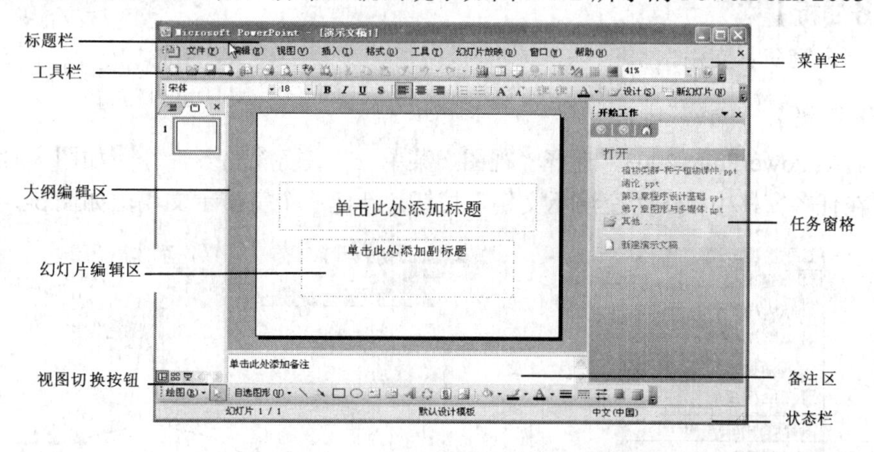

图 5-1-2　PowerPoint 2003 界面

（1）标题栏。位于屏幕的最顶部。标题栏的最左边显示应用软件和演示文稿的名称；最右边是最小化、最大化/还原及关闭按钮。

（2）菜单栏。包含了 PowerPoint 2003 的所有功能。菜单栏最左边是当前演示文稿的控制菜单图标，单击此图标可以进行最大化、最小化、关闭和移动等操作；最右边是关闭按钮；中间是 9 个基本菜单。

（3）工具栏。是带有按钮和选项的工具条，工具栏上的工具按钮和选项是一些常用的菜单命令，利用工具栏可以快速执行一些常用命令。

（4）大纲编辑区。显示幻灯片文本大纲。在大纲窗格中，演示文稿中的所有幻灯片按照编号依次排列。

（5）幻灯片编辑区。显示当前幻灯片，可以在该区域对幻灯片的内容进行编辑。

（6）任务窗格。位于屏幕的右侧，大小可以调整。PowerPoint 2003 共有 16 个任务窗格，每个任务窗格可以完成一项或多项任务。任务窗格之间可以进行简单的快速切换。常用的任务窗格有“新建演示文稿”、“剪贴板”、“幻灯片版式”、“幻灯片设计”、“自定义动画”、“幻灯片切换”等。如果窗口没有显示任务窗格，可以通过“视图→任务窗格”命令，显示最近打开的任务窗格。

（7）视图切换按钮。从左到右依次排列的 3 个按钮“”，分别对应着普通视图、幻灯片浏览视图、幻灯片放映，按下不同的按钮，可以方便地切换视图，便于从各个侧面来观察幻灯片的效果。

（8）备注区。在幻灯片中输入备注的区域。这些备注还可以打印为备注页。

（9）状态栏。位于 PowerPoint 2003 窗口的最底部，用于显示视图模式、当前的幻灯片编号和幻灯片的总页数等相关信息。

任务三　如何创建演示文稿

【任务描述】

熟悉了 PowerPoint 2003 的工作环境后，将学习如何创建演示文稿。

【任务分析】

创建一个空演示文稿。

【操作步骤】

（1）启动 PowerPoint 2003，选择“视图”菜单→“任务窗格”命令，如图 5-1-3 所示。

（2）在任务窗格中单击“空演示文稿”按钮，新建一个空演示文稿，如图 5-1-4 所示。

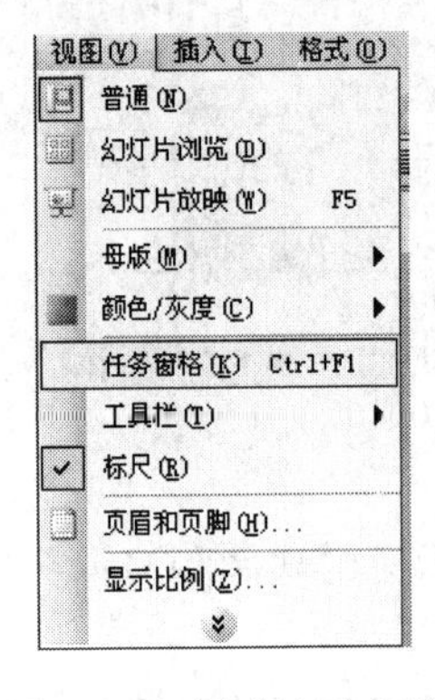

图 5-1-3　新建演示文稿

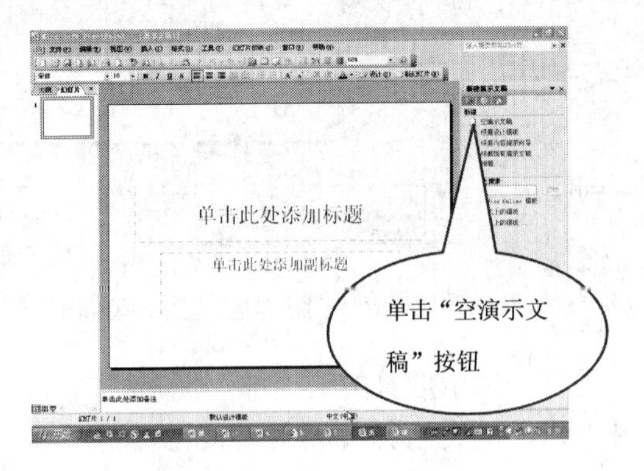

图 5-1-4　空白演示文稿

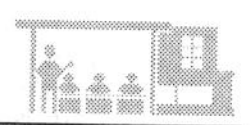

任务四　如何保存演示文稿

【任务描述】

新建演示文稿后，需要保存新创建的演示文稿，避免因计算机死机、突然断电造成文件丢失。

【任务分析】

保存新建的演示文稿。

【操作步骤】

（1）选择“文件→保存”命令（或单击工具栏上的保存按钮），如图 5-1-5 所示。

（2）在弹出的“另存为”对话框中选择保存位置、输入文件名即可。如图 5-1-6 所示。

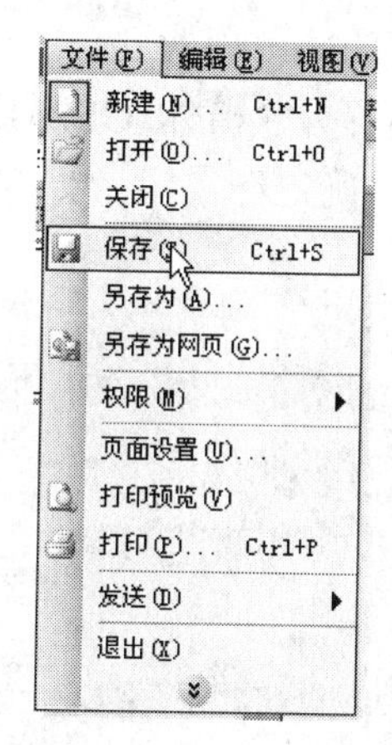

图 5-1-5　保存演示文稿

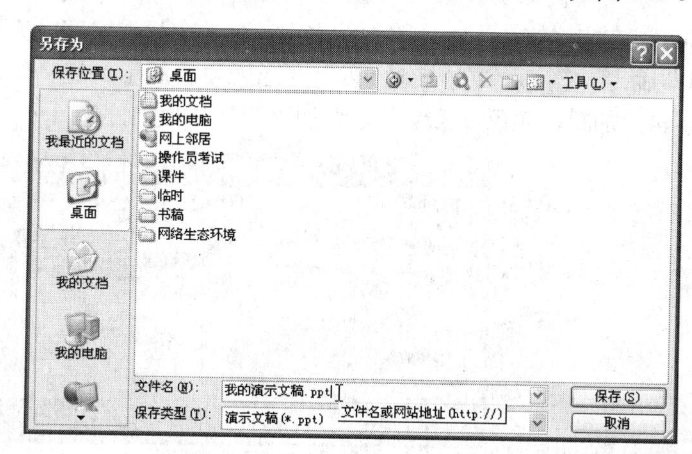

图 5-1-6　“另存为”对话框

> ☆小知识：完成幻灯片放映方式的设置后，就可以进行幻灯片的放映。常用的放映方式有：按 F5 键；单击窗口左下角的“幻灯片放映”按钮；选择菜单“幻灯片放映/观看放映”命令；选择“视图/幻灯片放映”命令。

项目二　制作会议简报

任务一　如何在幻灯片中插入文字并格式化

【任务描述】

在名为“旅游景点”的演示文稿中输入文字，为了让演示文稿看起来更加漂亮，需要设置文字的格式。

【任务分析】

要完成文字的输入和格式化操作，需要掌握如何输入文字、添加后续的幻灯片、格式化文本等技能。

【操作步骤】

（1）启动 PowerPoint 2003，新建演示文稿并保存。

（2）在幻灯片中输入文字。单击“单击此处添加标题”这几个字，当看到光标在其中闪烁时，输入标题文字“美丽的薄山湖”，如图 5-2-1 所示。

（3）采用同样方法，在副标题处输入旅行社名称。如图 5-2-2 所示。

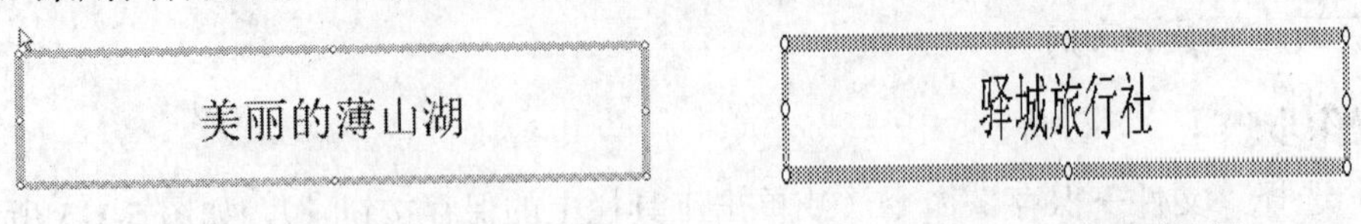

图 5-2-1　输入标题　　　图 5-2-2　输入副标题

（4）现在来修饰一下刚才输入的文字。先选中标题文字“美丽的薄山湖”，选择“格式→字体”命令，打开“字体”对话框，如图 5-2-3 所示。把字体设置为“楷体_GB2312”，字号为 44，加粗，颜色设为紫色，添加“阴影”效果，最后单击“确定”按钮。

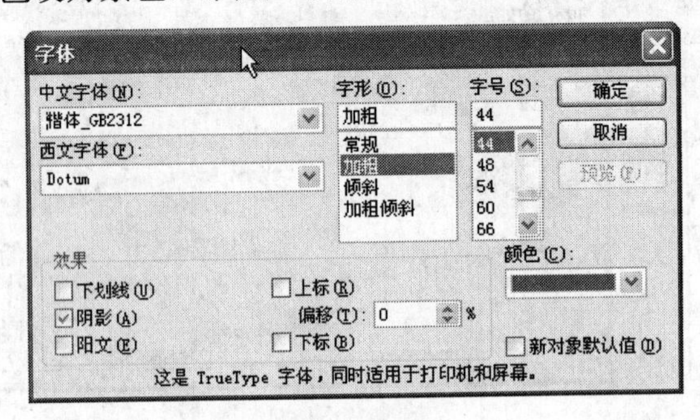

图 5-2-3　“字体”对话框

（5）然后用同样的方法，把副标题的文字也设置为合适的字体和颜色，如图 5-2-4 所示。

（6）第一张幻灯片做完后，我们需要插入新的幻灯片，选择“插入→新幻灯片”命令，完成第二张幻灯片的插入，如图 5-2-5 所示。此时窗口右侧出现“幻灯片版式”窗格，系统默认为“标题和文本”版式，也可以为第二张幻灯片选择不同的版式，在“幻灯片版式”窗格中单击所需的版式，将其应用到第二张幻灯片中，如图 5-2-6 所示。

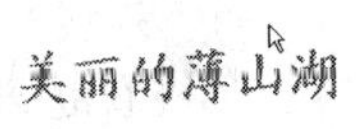

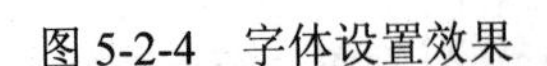

图 5-2-4　字体设置效果

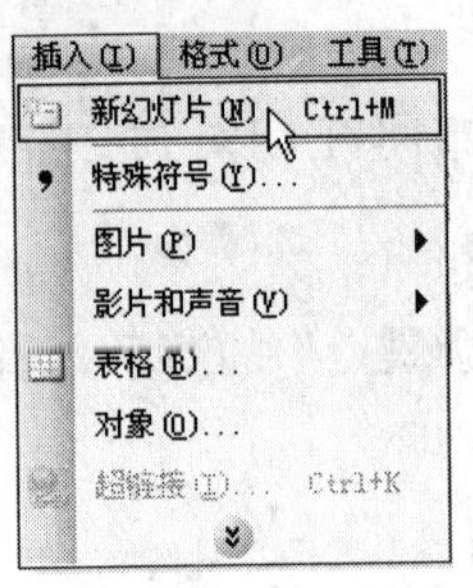

图 5-2-5　插入新幻灯片

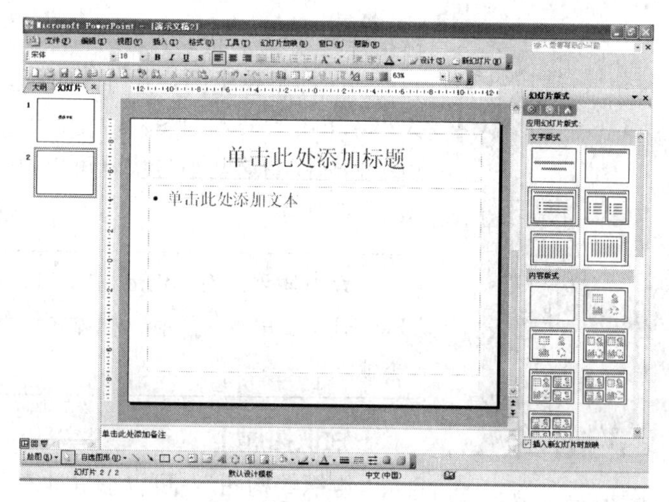

图 5-2-6　设置幻灯片版式

（7）与第一张幻灯片相同，在第二张幻灯片中输入相应文字并进行格式化设置。

（8）依此类推，直到完成幻灯片为止。

> ☆小知识：如果需要删除一张幻灯片，首先在大纲编辑区选中需要删除的幻灯片，然后单击鼠标右键选择删除幻灯片命令或按下 Delete 键。如果需要复制、粘贴幻灯片，首先选择需要复制的幻灯片，单击鼠标右键选择复制命令，然后在目标位置处单击鼠标右键选择粘贴命令即可。
>
> 在插入新的幻灯片时，也可以将其“幻灯片版式”选择为“空白”版式，这时可以单击窗口下方“绘图”工具栏中的“文本框”按钮后，用鼠标在幻灯片中拖出一个文本框，即可在其中输入文字。

任务二　如何插入图片

【任务描述】

在演示文稿中适当插入图片，不但可以避免观众面对文字或数字产生的厌烦心理，还可以增加文稿的演示效果。对于任务一中的演示文稿，可以在该演示文稿中用图片来展示景区的美丽风光。

【任务分析】

完成该任务需要掌握图片插入、格式的设置等技能。

【操作步骤】

（1）插入一张新的幻灯片，然后选择“插入→图片→来自文件”命令，在弹出的“插入图片”对话框中单击“查找范围”后面的方框，从中选择“F 盘”→“图片”文件夹，在文件列表中单击要插入的“冬天的薄山湖”图片，然后单击“插入”按钮，即可将该图片插入到幻灯片中。

（2）插入图片后，如果觉得位置不合适，可用鼠标将其拖动到合适位置。拖动时，鼠

图 5-2-7　调整图片大小

标指针变成✥形状。

（3）如果感觉图片尺寸不合适，可以改变图片的大小。单击所插入的图片，使其周围出现小方块，然后用鼠标拖动这些小方块就可以改变图片的大小，如图 5-2-7 所示。

> ☆小知识：在 Word 中，可以插入剪贴画，在 PowerPoint 中也可以插入剪贴画，插入方法与 Word 类似。

【知识拓展】

"组织结构图"：可以形象地表示组织结构关系，它通常是自上而下的树型结构。利用 PowerPoint 可以方便、迅速地在幻灯片中绘制组织结构图。具体方法如下。

（1）单击"插入"菜单的"图示"命令，进入"图示"对话框。

（2）在"图示类型"列表中选择"组织结构图"，单击"确定"按钮，即可在幻灯片中插入组织结构图，屏幕同时出现"组织结构图"工具栏。

（3）选中组织结构图中不同图框，通过"组织结构图"工具栏的"插入形状"下拉菜单中的相应命令，插入"同事"、"下属"等图框，完善组织结构图。

（4）依次输入结构图中各图框的内容。

数据图表：应用 PowerPoint 中嵌入的"MS Graph"应用程序，可以方便地为已有的表格数据创建图表显示，使其更加形象和直观，让人一目了然。具体方法如下。

（1）单击"插入"菜单中的"图表"命令，启动"MS Graph"图表应用程序，在数据窗口中清除原有数据，输入数据。

（2）通过"图表"菜单的"图表类型"命令，打开"图表类型"对话框，可以选择其他图表类型。

（3）通过"图表"菜单的"图表选项"命令，打开"图表选项"对话框，在其中设置图表的标题、坐标轴、图例、网格线等选项。

（4）完成图表的设置后，单击幻灯片的空白处即可返回幻灯片编辑状态，双击图表，又可以进入图表编辑状态。

> ☆试一试：在幻灯片中插入一个 3 行 2 列的表格，并输入内容。

任务三　设置动画效果

【任务描述】

要使演示文稿更加生动，在幻灯片中可以给图形、图片、文本等对象设置动画。

【任务分析】

添加不同的动画效果，使呆板的演示文稿变得生动有力；这就需要用户对设计的演示

文稿能够做到恰当的设置。

【操作步骤】

（1）选择幻灯片中需要设置动画的图片、文本等对象。

（2）单击“幻灯片放映”菜单的“自定义动画”命令，显示“自定义动画片”任务空格。

（3）单击“添加效果”下拉按钮，在下拉列表中依次展开级联菜单，选择其中的动画效果方案，如图 5-2-8 所示。

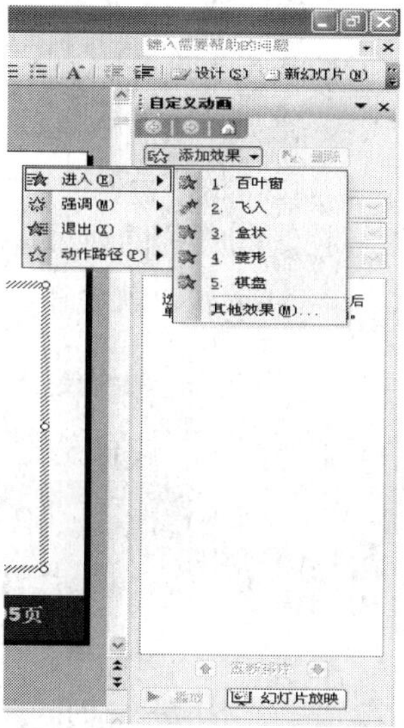

图 5-2-8　设置幻灯片动画效果

任务四　如何设置幻灯片切换效果

【任务描述】

若要使演示文稿更具吸引力，除了在幻灯片中设置动画以外，还可以在幻灯片之间添加切换效果。

【任务分析】

选择合适的幻灯片切换效果，不仅要求用户对 PowerPoint 2003 的操作界面非常熟悉，而且要根据演示文稿的不同选择合适的切换方式。

【操作步骤】

（1）选中要设置切换效果的幻灯片。

（2）单击菜单栏中“幻灯片放映→幻灯片切换”命令，将在窗口右侧出现如图 5-2-9 所示的“幻灯片切换”任务窗格。

（3）在“应用于所选幻灯片”的列表框中，选择切换方式，比如选“新闻快报”，如图 5-2-10 所示。

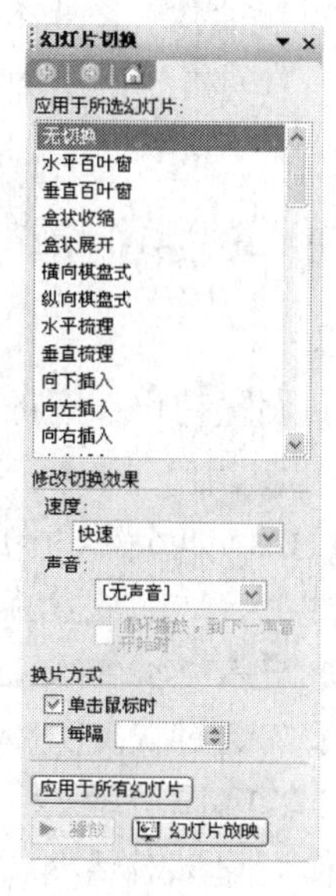

图 5-2-9 “幻灯片切换”任务窗格图

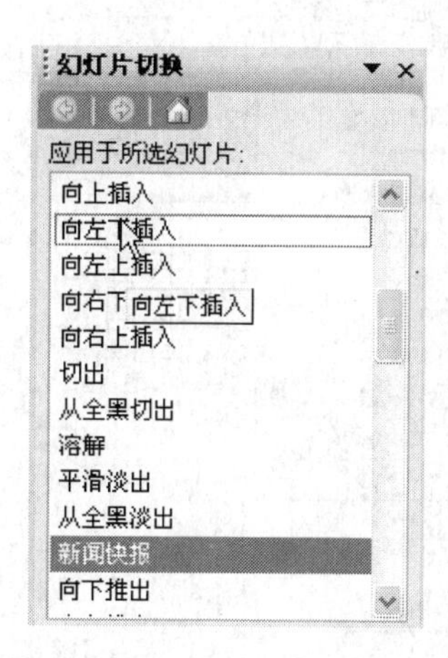

图 5-2-10　设置幻灯片切换效果

（4）在“修改切换效果”中有两个选项（图 5-2-11）。单击“速度”下拉箭头可以设置幻灯片的切换速度，比如单击“中速”。单击“声音”下拉箭头可以设置幻灯片切换时伴随的声音，比如单击“微风”。

（5）在“换片方式”中（图 5-2-12）选择“单击鼠标时”，可以在幻灯片放映时通过单击鼠标控制幻灯片的换页。也可以选择“每隔”，需要在右侧输入间隔的秒数，例如输入 00:05，这样放映时就会在放映该幻灯片 5s 后，自动放映下一张幻灯片。

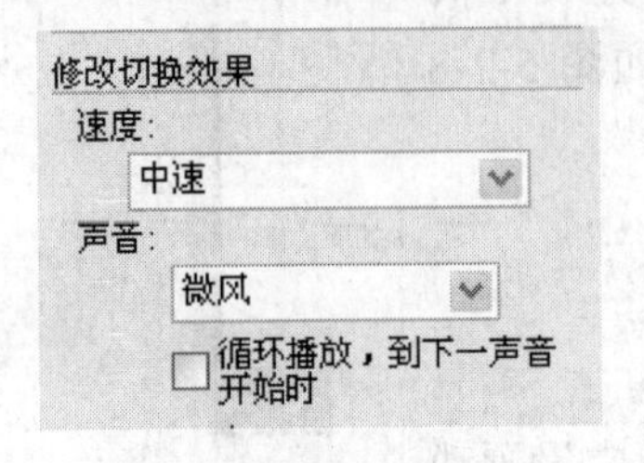

图 5-2-11　修改切换效果

图 5-2-12　设置换片方式

（6）现在我们可以放映整个演示文稿看一下切换效果。

☆小知识：制作完演示文稿中的幻灯片，并设置其动画切换效果后，就可动态放映该演示文稿了。在对幻灯片进行放映之前，可以对其放映方式进行设置以满足不同放映场合的需要 。放映类型包括演讲者放映（全屏幕）、观众自行浏览（窗口）、在展台浏览（全屏幕）。

任务五　设置动作按钮和链接

【任务描述】

为了方便文稿的演示操作，可以给幻灯片添加动作按钮和链接，以此来实现幻灯片、幻灯片与指定对象之间的切换、跳转。

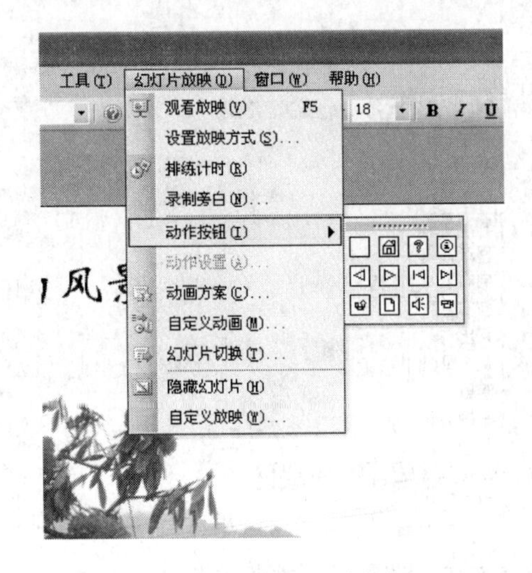

图 5-2-13　选择动作按钮

【任务分析】

需要掌握怎样设置“动作设置”对话框。

【操作步骤】

（1）选择需要设置动作按钮的幻灯片，单击“幻灯片放映”菜单，指向“动作按钮”并在按钮列表中选择一种按钮，如 5-2-13 图所示。

（2）在幻灯片上合适的位置拖动鼠标添加动作按钮，松开鼠标进入“动作设置”对话框。也可以右击动作按钮，通过快捷菜单进入“动作设置”对话框，如 5-2-14 图所示。

（3）在“动作设置”对话框，完成相应的设置，单击“确定”按钮，如 5-2-15 图所示。

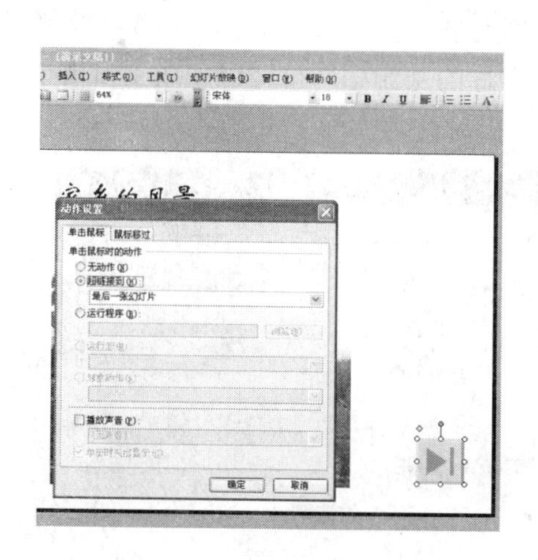

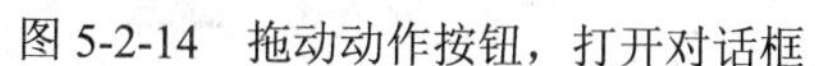
图 5-2-14　拖动动作按钮，打开对话框

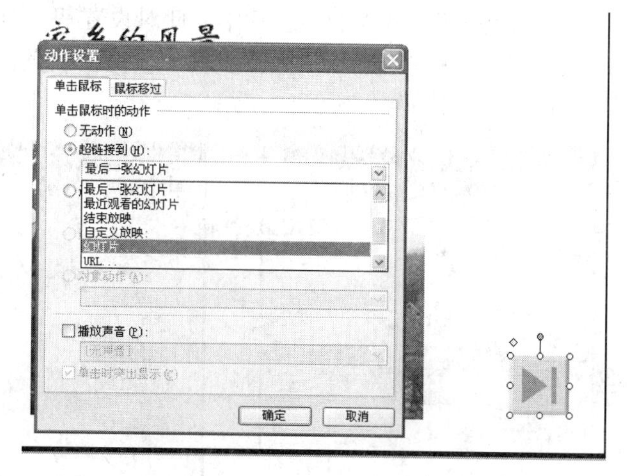

图 5-2-15　完成动作设置障碍

项目三　制 作 生 日 贺 卡

任务一　如何设置贺卡背景导入图片素材

【任务描述】

在制作生日贺卡前，需要准备大量的图片素材，并导入到 PowerPoint 2003 中以备使用。在上一个项目中，可以看到，演示文稿的背景十分单调，本项目将学习如何使贺卡看起来更加精致、漂亮的技能。

【任务分析】

要完成该任务，要求提前准备好素材，并熟悉设置演示文稿背景和导入图片素材等操作技能。

【操作步骤】

（1）打开 PowerPoint 2003 创建一个新的演示文稿，并保存文件名为“生日贺卡”，在右侧的“幻灯片版式”任务窗格中选择“空白”内容版式。

（2）选择菜单栏中的“格式→背景”命令，打开“背景”对话框，在背景填充区域中的下拉列表框中单击下拉列表框的三角按钮，单击“填充效果”命令，如图 5-3-1 所示。弹出“填充效果”对话框，单击“图片”选项卡，打开如图 5-3-2 所示的对话框。

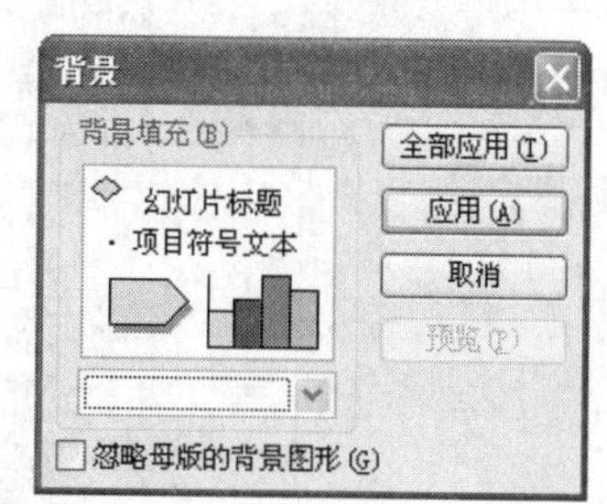

图 5-3-1　设置“背景”对话框

（3）单击“选择图片”按钮，打开“选择图片”对话框，选择合适的查找范围后，选择“birthday”图片，单击“插入”按钮，如图 5-3-3 所示。

（4）返回“填充”对话框，单击“确定”按钮。

（5）返回“背景”对话框，单击“全部应用”按钮，将背景应用到演示文档的幻灯片中。此时设置贺卡背景完成。

（6）插入朋友的照片，操作步骤与项目二中操作图片的操作相似，即可完成生日贺卡的制作。

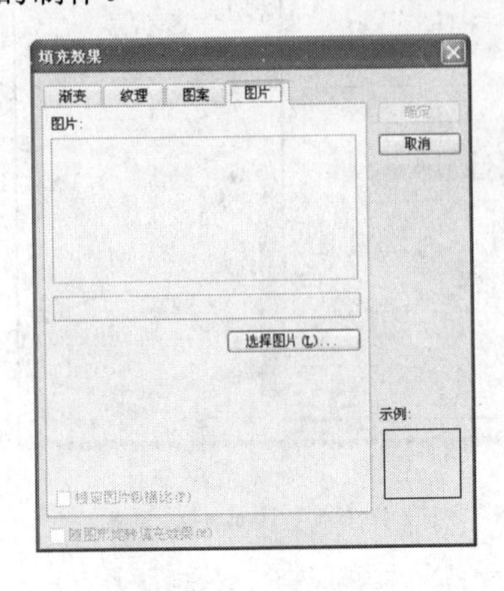

图 5-3-2　选择图片

图 5-3-3　选择插入图片

任务二　如何插入 Flash 文件

【任务描述】

杨柳请同学制作了一个 Flash 文件，她想把该文件插入到生日贺卡文件中。

【任务分析】

（1）掌握插入 Flash 文件的方法。

（2）理解控件的概念。

【操作步骤】

（1）选中要在其中播放动画的幻灯片，单击菜单中的“视图→工具栏→控件工具箱”，如图 5-3-4 所示。

（2）在图 5-3-5 所示“控件工具箱”上，单击“其他控件”按钮，在出现的列表中向下滚动并单击“Shockwave Flash Object”选项，如图 5-3-6 所示。

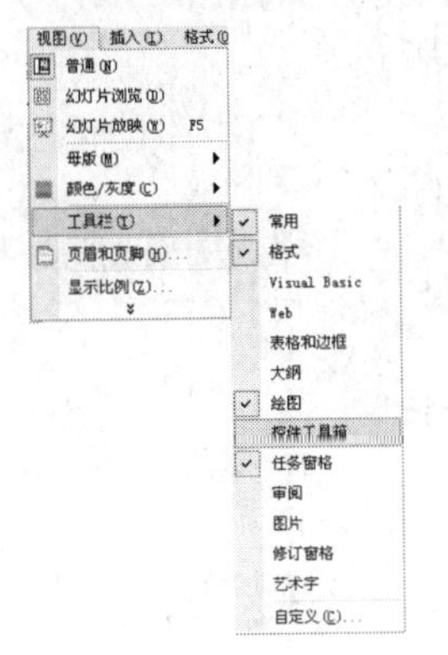

图 5-3-4　选择控件工具箱

图 5-3-5　控件工具箱

（3）此时出现“十”字光标，再将该光标移动到 PowerPoint 的编辑区域中，画出大小合适的矩形区域，也就是播放动画的区域，就会出现一个方框，如图 5-3-7 所示。

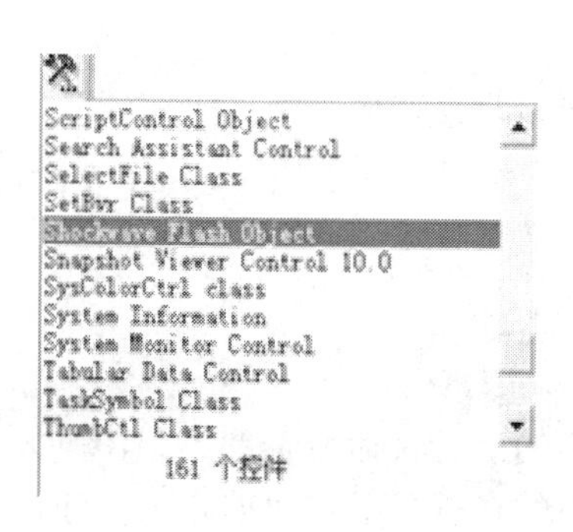

图 5-3-6　选择 Flash 对象

图 5-3-7　动画播放区域

（4）在这个方框上右击选择“属性”选项，弹出“属性”对话框，如图 5-3-8 所示。

（5）在“按字母序”选项卡中单击“Movie”属性。在取值栏（Movie 旁边的空白单元格）中键入要播放的 Flash 文件的完整路径（包括文件名在内，如 D:\flash\吉祥三宝.swf）。

（6）要设置动画播放的特定选项，请执行以下操作，完成后关闭“属性”对话框：

确保 Playing 属性设为 True，该设置使幻灯片显示时自动播放动画文件。如果 Flash 文件内置有“开始/倒带”控件，则 Playing 属性可设为 False。

如果不想让动画反复播放，请在 Loop 属性中选择 False（单击单元格以显示向下的箭头，然后单击该箭头并选择 False）。

要嵌入 Flash 文件以便将该演示文稿传递给其他人，请在 EmbedMovie 属性中单击 True（但是，如果要运行 Flash 文件，任何运行该演示文稿的计算机都必须注册 Shockwave Flash Object 控件）。

（7）要运行动画，可在幻灯片的普通视图下单击 PowerPoint 窗口左下方的“幻灯片放映”按钮（或按 F5 键，或在“幻灯片放映”菜单上单击“观看放映”），即可看到 Flash 动画，如图 5-3-9 所示。

图 5-3-8　“属性”对话框

图 5-3-9　Flash 动画

（8）如果要退出幻灯片放映并返回普通视图，请按 Esc 键。

任务三　如何插入背景音乐

【任务描述】

杨柳找了一首好听的歌曲，想将它作为生日贺卡的背景音乐，怎么来实现呢？

【任务分析】

完成该任务需要掌握如何插入声音的技能。

【操作步骤】

（1）单击菜单上的“插入→影片和声音→文件中的声音”命令，如 5-3-10 所示。

（2）在弹出的“插入声音”对话框中选择要插入的音乐，单击“确定”按钮。

（3）在弹出的如图 5-3-11 所示的对话框中有“自动”和“在单击时”两个按钮。选择“自动”表示在幻灯片放映时将自动播放这首音乐；如果单击“在单击时”按钮，那么，在放映幻灯片时单击声音图标才可以播放。

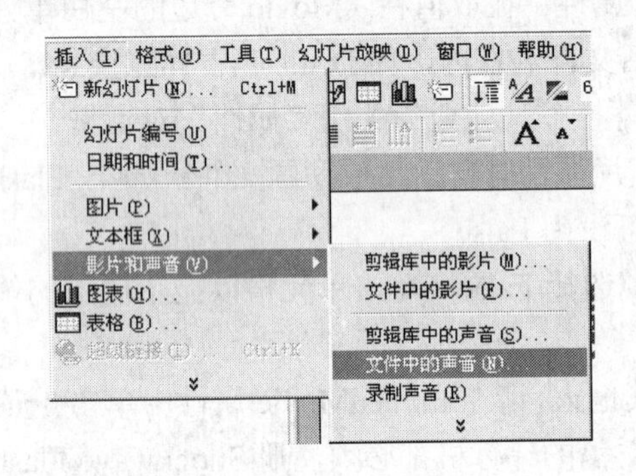

图 5-3-10　插入声音

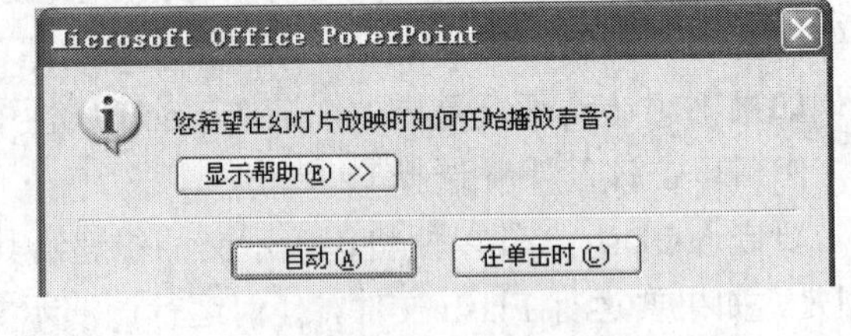

图 5-3-11　设置是否播放声音

（4）单击“自动”按钮，将音乐插入到幻灯片中，此时幻灯片上会出现图标，用户可以把这个图标移动到合适的位置。

（5）现在试着播放一下幻灯片，便可以听到动听的音乐了。

按照上述方法，将需要的文字、图片、音乐等插入幻灯片并设置格式。

项目四　制 作 课 件 母 版

任务　如何设计母版

【任务描述】

在制作的课件中需要加上学校的微标，这样显得更有特点。

【任务分析】

每张幻灯片都有两个部分组成：幻灯片内容本身和幻灯片母版。像两张透明的胶片

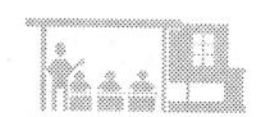

放在一起，上面的胶片是幻灯片内容本身，下面的胶片是母版。放映时，母版是固定的，更换的是上面的内容。

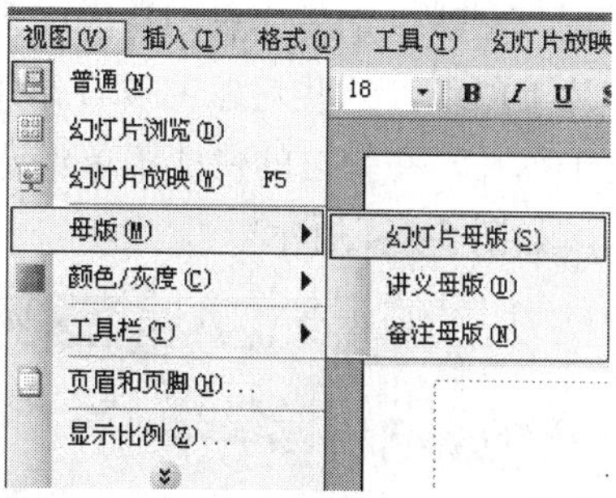

【操作步骤】

（1）执行 PowerPoint 菜单栏中的“视图”→“母版”→“幻灯片母版”命令，如图 5-4-1 所示，打开幻灯片母版，如图 5-4-2 所示。

图 5-4-1　打开幻灯片母版

（2）接下来我们在幻灯片母版中加入徽标。单击菜单栏中的“插入”→“图片”→“来自文件”命令，出现了“插入图片”对话框，如图 5-4-3 所示，选择图片，单击“插入”按钮。

（3）这时，图片出现在幻灯片母版的中央。我们调整一下图片位置和大小。

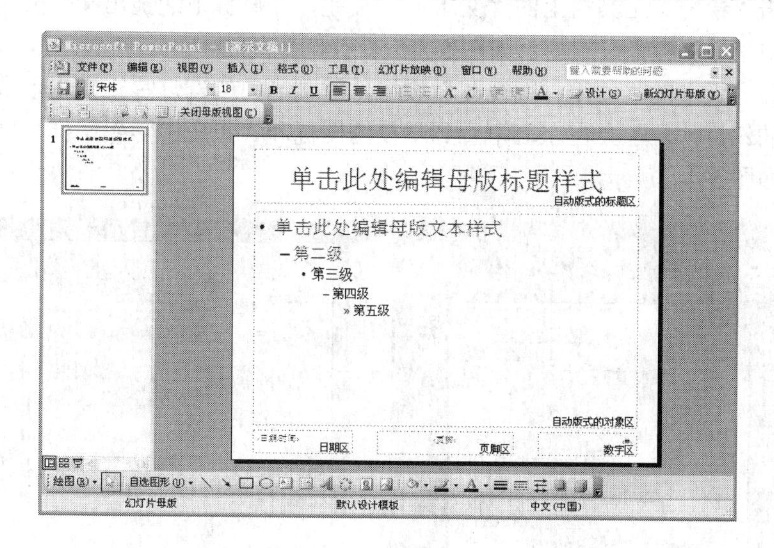

图 5-4-2　幻灯片母版

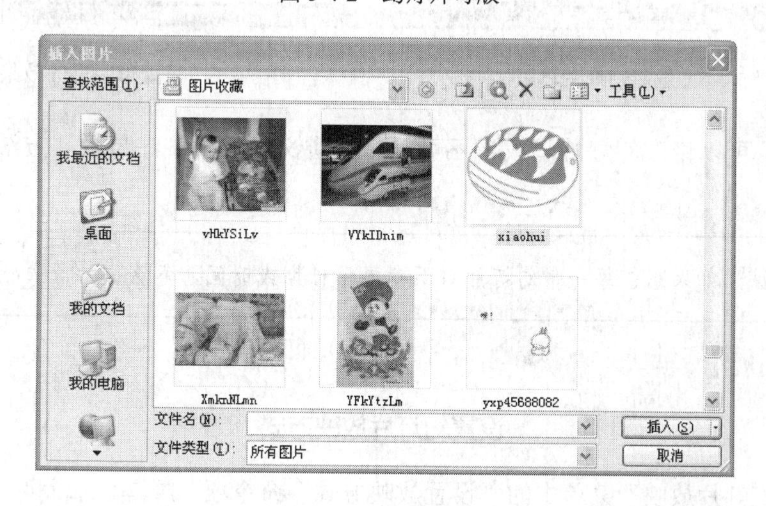

图 5-4-3 插入图片

（4）请一定要注意图片的颜色，因为在母版上插入的除文本框外的对象都会在一组幻灯片上出现，这些对象都被看作背景，如果颜色太浓，可能会与前景中的对象出现冲突。右击图片，在弹出的快捷菜单中选择“显示”图片“工具栏”命令，“图片”工具栏就出现了，如图 5-4-4 所示。

图 5-4-4 “图片”工具栏

（5）单击工具栏上的“设置透明色”按钮，在徽标的白色部分点一下，这时白色就变为透明色了。

（6）单击“绘图”工具栏上的“文本框”按钮，在徽标下边拖出一个文本框，在里面输入“崔庄中学”字样，设置好后如图 5-4-5 所示。

（7）单击母版上的“关闭母版视图”按钮，回到当前的幻灯片视图中，我们会发现每插入一张新的幻灯片，都会在左上角看到学校的图标和“崔庄中学”字样，就像信纸上的装饰一样，如图 5-4-6 所示。

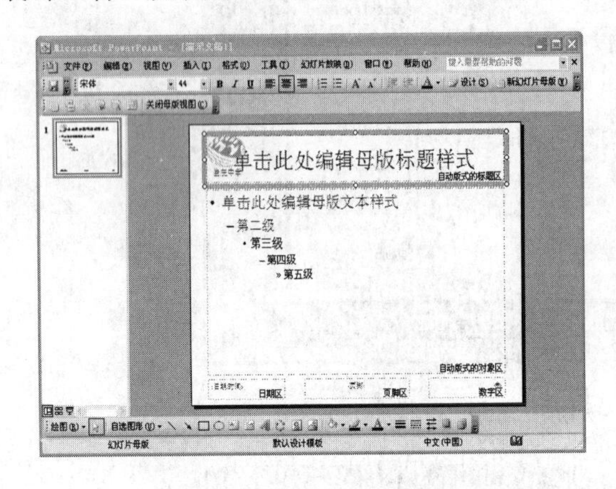

图 5-4-5 编辑幻灯片母版

图 5-4-6 设置母版后的效果图

（8）除了可以修改幻灯片母板，还可以修改讲义母板及备注母板，方法与上面讲的相同。

☆试一试：如果想在每一张幻灯片右下角显示日期或时间，怎么办？

【知识拓展】

设置幻灯片放映方式

单击“幻灯片放映”菜单中的“设置放映方式”命令项，屏幕显示“设置放映方式”对话框。在对话框中进行有关放映方式选项的设置，其各选项的作用见表 5-4-1。

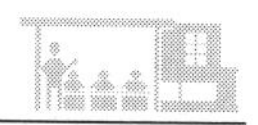

表 5-4-1　　设置放映方式对话框中各选项作用

选 项 名 称	作　用
演讲者放映（全屏幕）	运行全屏幕显示的文稿。该方式下，演讲者具有全部控制权，并可采用自动或人工方式放映；演讲者可以添加会议细节或即席反应，在放映过程中可以录下旁白
观众自行浏览（窗口）	可运行小规模的演示，这种方式使演示文稿在小窗口内放映，并提供命令在放映时移动、编辑、复制和打印幻灯片，使用滚动条可以从一张幻灯片移到另一张幻灯片，同时打开其他程序；当显示 Web 工具栏时，可以浏览其他演示文稿和 Office 文档
在展台浏览（全屏幕）	自动运行演示文稿，观众的改动、操作都将不起作用。如果有“循环放映，按 Ese 键中止”选项，则最后一张幻灯片放映结束后，会自动转到第一张继续播放
放映时不加旁白	在幻灯片播放时不播放任何旁白；需要录制旁白，可单击“幻灯片放映”菜单中的“录制旁白”命令项
放映时不加动画	在幻灯片播放时动画效果失去作用，但动画效果参数依然有效，取消该选项，动画效果将会恢复
换片方式栏	“手动”方式指由人工干预切换幻灯片；“如果存在排练时间，则使用它”选项使幻灯片放映时自动切换，同时也能够人工换页

项目五　打包输出演示文稿

任务　演示文稿的打包

【任务描述】

将“软件工程管理与质量保证.ppt”演示文稿打包成 CD，并在其他机器上运行。

【任务分析】

打包就类似于封装。用于在其他客户机上播放，防止出现路径不正确。假如你的 PPT 应用是放桌面，里面的图片有可能是\\username\桌面\1.jpg，但别人的主机如果不是这个用户名的，播放时就肯定会出错。打包成 CD 后，路径指向就会固定，不会因客户机的差异而发生错误。打包也可以将几个 PPT 连接在一起（如果你的 PPT 应用需要连接不同的 PPT，打包就必不可少）。

【操作步骤】

（1）执行 PowerPoint 菜单栏中的“文件”→“打包成 CD”命令，打开“打包成 CD”对话框，如图 5-5-1 所示。

（2）单击“复制到文件夹”按钮，打开“复制到文件夹”对话框，如图 5-5-2 所示。

（3）选择“位置”后，单击“确定”按钮，最后单击“关闭”按钮，如图 5-5-3 所示。

（4）将已打包的“软件工程管理与质量保证.ppt”演示文稿在其他计算机上播放，只需将打包好的文件夹复制到该计算机中，运行文件夹中的 pptview.exe，选择打包好的文件名称，单击“打开”按钮即可。对演示文稿打包，可以避免遗漏超链接的文件或者本机安装的特殊字体。

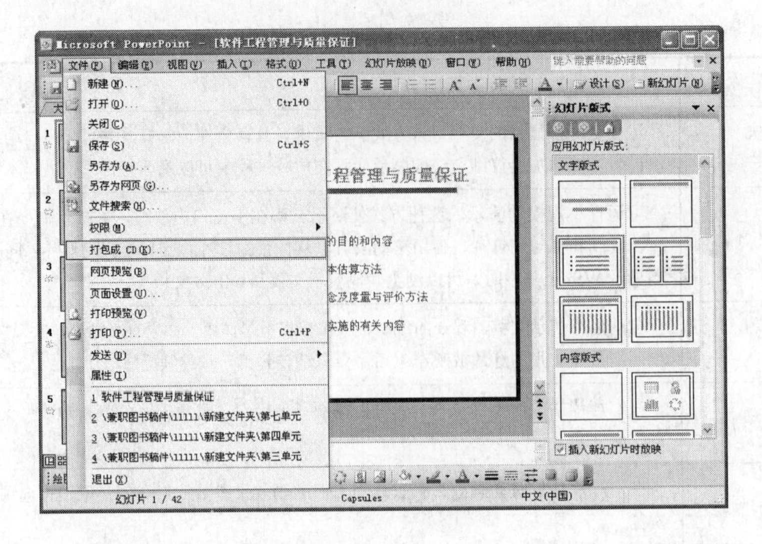

图 5-5-1 执行“打包成 CD”命令

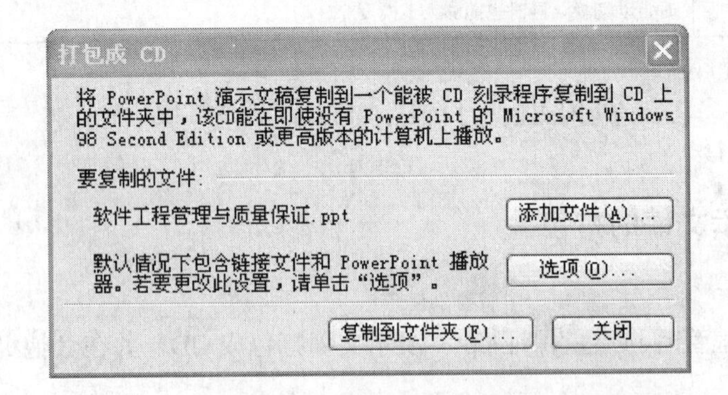

图 5-5-2 “打包成 CD”对话框

图 5-5-3 “复制到文件夹”对话框

实训 PowerPoint 2003 交互性教学课件开发

【实训目的】

综合运用各项功能开发实用课件。

【实训内容】

将“数制转换”知识单元设计成教学课件。

【实训步骤】

一、整体规划

1. 选题

教学有难度，抽象难理解，不直观，不具体或有高危险性题材，助学、助教、实现直观易懂，降低难度。

2. 结构设计

整体分两部分，第一部分是知识讲解与演练学习，采用二级菜单，第一级是知识体系分块菜单，第二级从属于主菜单按罗列条目分解教学内容；第二部分知识巩固与提高的交互式考核，如图 5-6-1 所示。

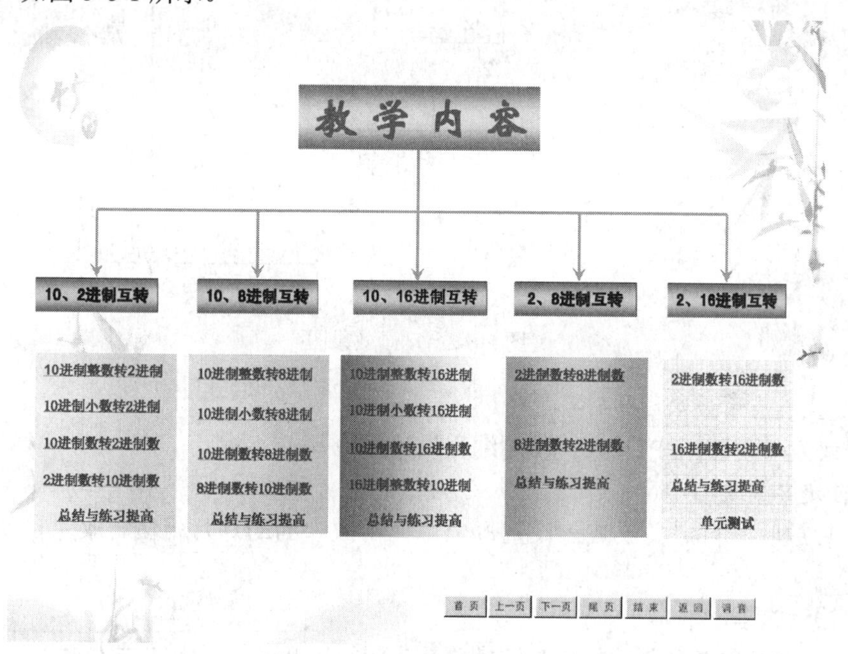

图 5-6-1　结构设计

3. 文本编辑

包括文本的录入、编辑、修改、删除、格式设置和幻灯片的增加、删除、播放顺序排放等。

4. 动画效果（图 5-6-2）

通过幻灯片放映→自定义动画→效果的选择、控制方式运用、播放顺序等，设置幻灯片展示内容的播放动画，有助于教学直观性。

5. 页面切换

幻灯片放映→幻灯片切换→效果的选择与相关参数调整，设置幻灯片切换效果，过度自然美观。

6. 美工

选取素材，为每一个子任务项目设置独立的背景，清新别致，强化视觉吸引力，降低审美疲劳、营造良好的艺术氛围，一方面是软件应用教学案例，另一方面是典型设计规划。

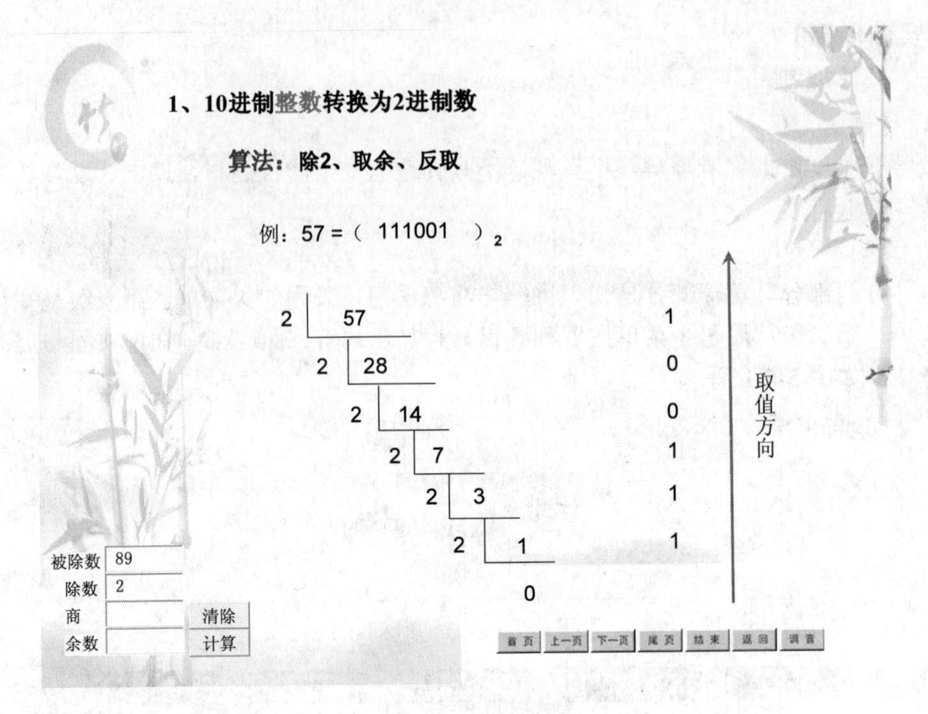

图 5-6-2 动画效果图

7. 交互性应用技术设计

PPT 触发器设计、PPT 内置 VBA 编程设计两种方式。

8. 自定义放映

幻灯片放映→自定义放映→设置每个单元内放映的幻灯片范围，放完自动退回上级菜单。

二、设计过程

以 10 进制数与 2 进制数的相互转换单元为例阐述开发过程中的技术要领。

有了以上学习 Word 操作应用技能，PPT 的操作也相当类似，不再重复，简单描述设计流程。

1. 封面制作（图 5-6-3）

（1）插入艺术字设置封面首页效果。

（2）设置艺术字的自定义动画。

（3）选用一张处理后的图片，营造恬淡清爽的学习氛围。

（4）在母版设计里插入准备的图片作为背景。

（5）在母版中的右下角创建一系列需要的控制按钮，以方便切换跳转。

（6）通过属性设置控制按钮跳转方向或指定的页面。

（7）在此还有幻灯片的插入、删除、位置调整操作。

（8）对页面内部文字的编辑是通过绘图工具栏上的插入文本框完成的。根据播放效果需要，将文字信息分载在不同的本文框中，以便自定义动画效果。

（9）自定义动画播放顺序设置。

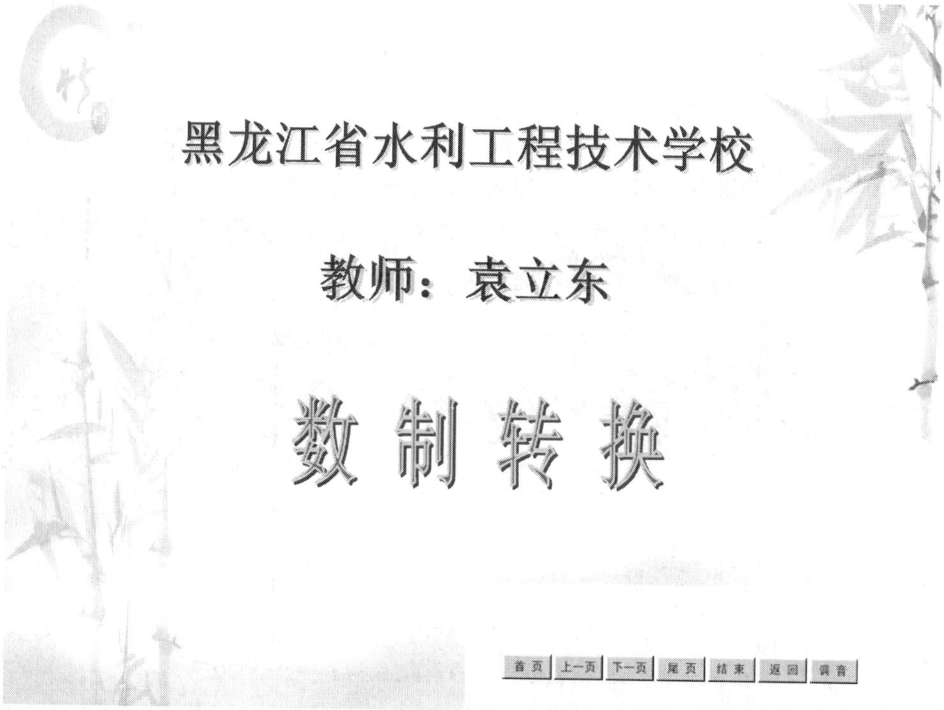

黑龙江省水利工程技术学校

教师：袁立东

数 制 转 换

图 5-6-3　封面制作效果图

2. 主菜单制作

图 5-6-1 为主菜单界面，根据 PPT 功能支持和教学层次清晰，结构分明的表现形式设计，主要技术要领在于以下几个方面。

（1）绘图及组合。

（2）文本框格式设置：底色、无边框。

（3）文本框内嵌套表格：底色、无边线。

（4）以绿色导航按钮为触发器，设置下拉菜单动态效果。

（5）设置各标题的超连接，控制自定义放映幻灯片范围、顺序、及结束时跳转位置。

（6）设置自定义动画。这里强调顺序关系，可通过拖动调整位置。

3. 动画效果制作

动画效果制作的主要技术要领如下。

（1）按顺序排列相关结构。

（2）绘制分隔线、线的组合。

（3）绘制文本框，承载相关数字。

（4）绘制红色箭头线。

（5）自定义动画：强调先后顺序及控制方式。

（6）再次强调最后取值方向箭头的动画设置及运算结果的得出。

（7）此页面有交互辅助计算功能，需要设置：工具→宏→安全性→选用低级别，才可实现。

三、练一练环节的辅助功能

此功能为独立编写的应用程序，通过超链接调用，随机验证练习过程中运算步骤的正确性与结果的准确性，也是辅助学生高效掌握所学知识，通过趣味性、实用性、高效性引导，培养学生对知识渴望，激发学生学习编程的热情。如图 5-6-4 所示的运算器程序即为独立编写的应用程序，此程序可对 2 进制换算的正确性进行验证。

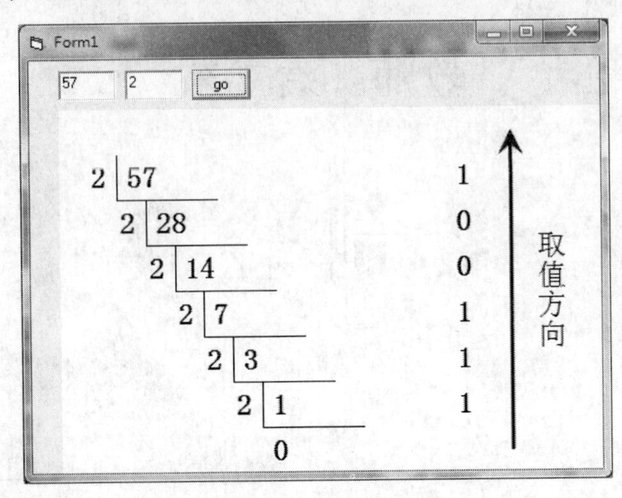

图 5-6-4 运算器

四、VAB 编程交互，实现知识单元考核测试及自动汇总成绩

测试题进入页面效果如图 5-6-5 所示。

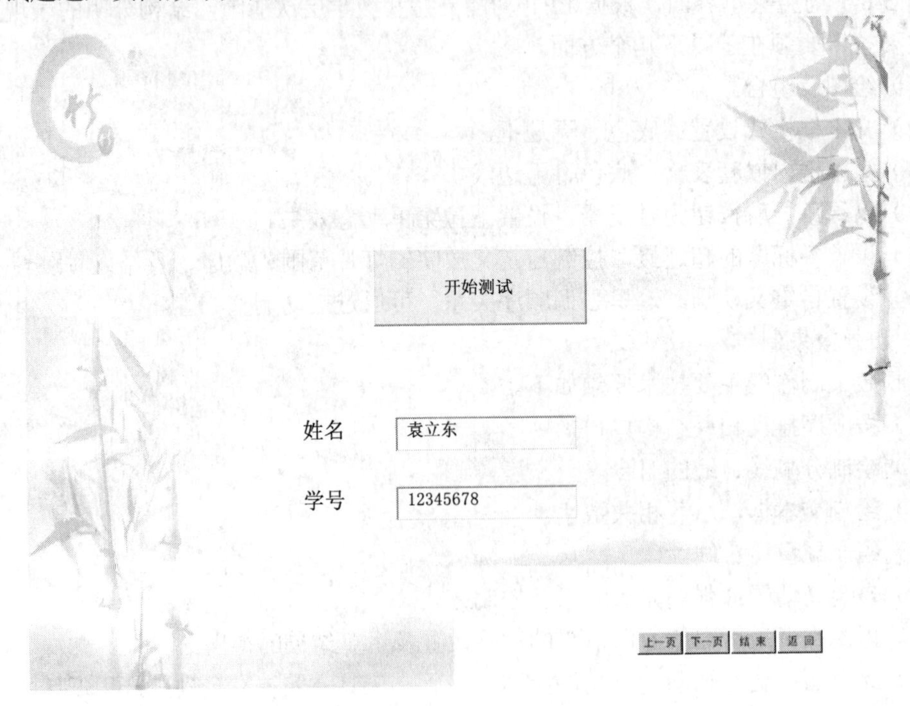

图 5-6-5 测试题进入页面

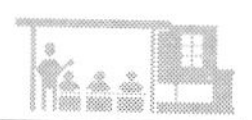

这里技术要领有如下几点：

（1）视图→工具栏→控件工具箱，插入控制按钮：以下我们将用到的是单选钮、复选框、输入框、标签、命令按钮等。

（2）开始测试按钮，后台代码如下：

```
Private Sub CommandButton1_Click()
Slide2.OptionButton1.Value = False
Slide2.OptionButton2.Value = False
Slide2.OptionButton3.Value = False
Slide2.OptionButton4.Value = False
Slide2.OptionButton5.Value = False
Slide2.OptionButton6.Value = False
Slide2.OptionButton7.Value = False
Slide2.OptionButton8.Value = False
Slide2.OptionButton9.Value = False
Slide2.OptionButton10.Value = False
Slide2.OptionButton11.Value = False
Slide2.OptionButton12.Value = False
Slide2.OptionButton13.Value = False
Slide2.OptionButton14.Value = False
Slide2.OptionButton15.Value = False
Slide2.OptionButton16.Value = False
Slide2.OptionButton17.Value = False
Slide2.OptionButton18.Value = False
Slide2.OptionButton19.Value = False
Slide2.OptionButton20.Value = False

Slide3.CheckBox1.Value = False
Slide3.CheckBox2.Value = False
Slide3.CheckBox3.Value = False
Slide3.CheckBox4.Value = False
Slide3.CheckBox5.Value = False
Slide3.CheckBox6.Value = False
Slide3.CheckBox7.Value = False
Slide3.CheckBox8.Value = False
Slide3.CheckBox9.Value = False
Slide3.CheckBox10.Value = False
Slide3.CheckBox11.Value = False
Slide3.CheckBox12.Value = False
```

```
Slide3.CheckBox13.Value = False
Slide3.CheckBox14.Value = False
Slide3.CheckBox15.Value = False
Slide3.CheckBox16.Value = False
Slide3.CheckBox17.Value = False
Slide3.CheckBox18.Value = False
Slide3.CheckBox19.Value = False
Slide3.CheckBox20.Value = False

Slide6.Label6.Caption = ""
Slide6.Label7.Caption = ""
Slide6.Label8.Caption = ""
Slide6.Label9.Caption = ""
Slide6.Label10.Caption = ""
Slide6.Label13.Caption = ""
Slide6.Label14.Caption = ""

Slide4.TextBox1.Text = ""
Slide4.TextBox2.Text = ""
Slide4.TextBox3.Text = ""
Slide4.TextBox4.Text = ""
Slide4.TextBox5.Text = ""
Slide4.TextBox6.Text = ""
Slide4.TextBox7.Text = ""
Slide4.TextBox8.Text = ""
Slide4.TextBox9.Text = ""
Slide4.TextBox10.Text = ""

Slide5.OptionButton1.Value = False
Slide5.OptionButton2.Value = False
Slide5.OptionButton3.Value = False
Slide5.OptionButton4.Value = False
Slide5.OptionButton5.Value = False
Slide5.OptionButton6.Value = False
Slide5.OptionButton7.Value = False
Slide5.OptionButton8.Value = False
Slide5.OptionButton9.Value = False
Slide5.OptionButton10.Value = False
```

```
With SlideShowWindows(1)
.View.GotoSlide(2)
End With
End Sub
```

单选题页面设计效果如图 5-6-6 所示，这里的技术要领主要是单选钮的分组，一道题里的四个答案分成一个组，其分组设置如图 5-6-7 所示。

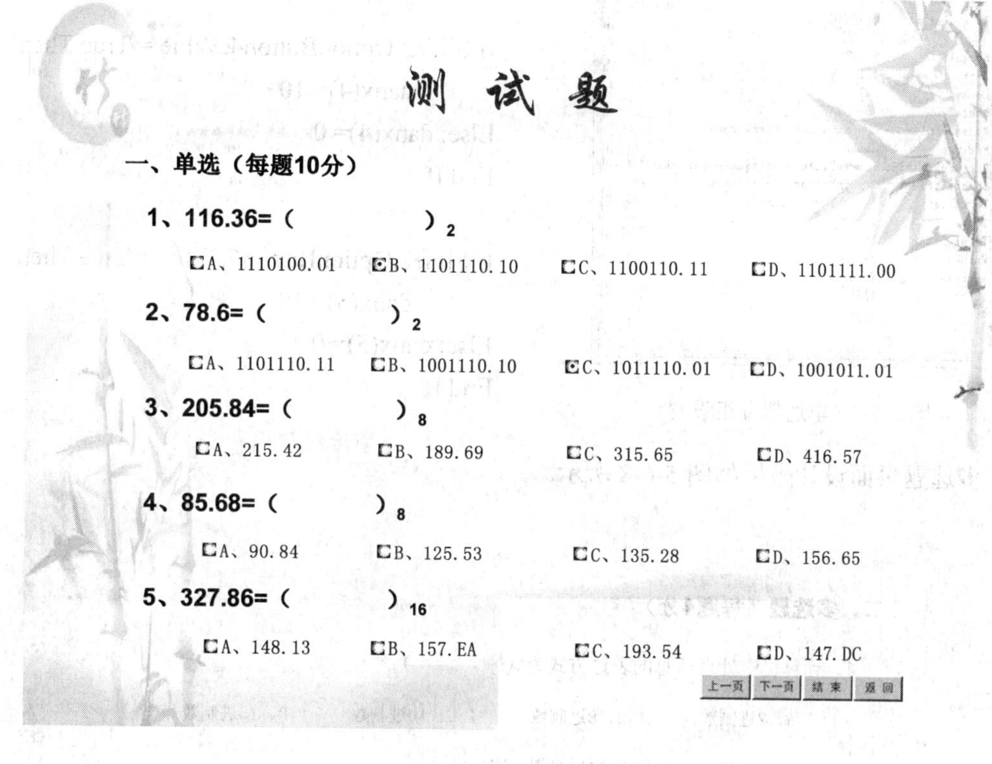

图 5-6-6　测试题之单选

单选题程序代码如下：

```
Private Sub CommandButton1_Click()
danxsum = 0: duoxsum = 0: pandsum = 0: tianksum = 0: result = 0

If Slide2.OptionButton1.Value = True Then
        danx(1)= 10
Else: danx(1)= 0
End If

If Slide2.OptionButton2.Value = True Then
        danx(2)= 10
Else: danx(2)= 0
```

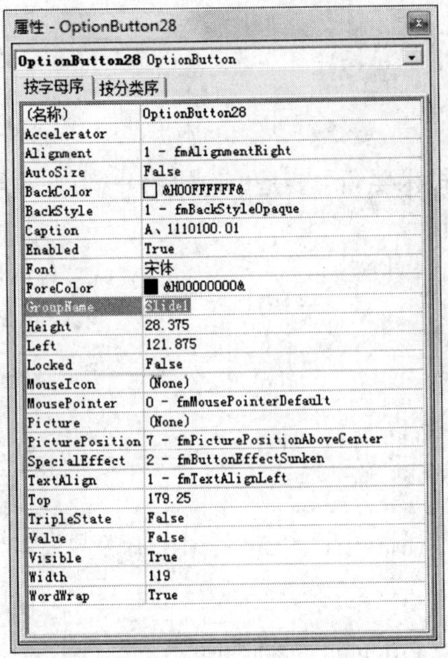

属性 - OptionButton28

OptionButton28 OptionButton

按字母序 | 按分类序

(名称)	OptionButton28
Accelerator	
Alignment	1 - fmAlignmentRight
AutoSize	False
BackColor	&H00FFFFFF&
BackStyle	1 - fmBackStyleOpaque
Caption	A、1110100.01
Enabled	True
Font	宋体
ForeColor	&H00000000&
GroupName	Slide1
Height	28.375
Left	121.875
Locked	False
MouseIcon	(None)
MousePointer	0 - fmMousePointerDefault
Picture	(None)
PicturePosition	7 - fmPicturePositionAboveCenter
SpecialEffect	2 - fmButtonEffectSunken
TextAlign	1 - fmTextAlignLeft
Top	179.25
TripleState	False
Value	False
Visible	True
Width	119
WordWrap	True

图 5-6-7 单选钮分组设置

```
End If

If Slide2.OptionButton3.Value = True Then
        danx(3)= 10
Else: danx(3)= 0
End If

If Slide2.OptionButton4.Value = True Then
        danx(4)= 10
Else: danx(4)= 0
End If

If Slide2.OptionButton5.Value = True Then
        danx(5)= 10
Else: danx(5)= 0
End If
```

多选题页面设计效果如图 5-6-8 所示。

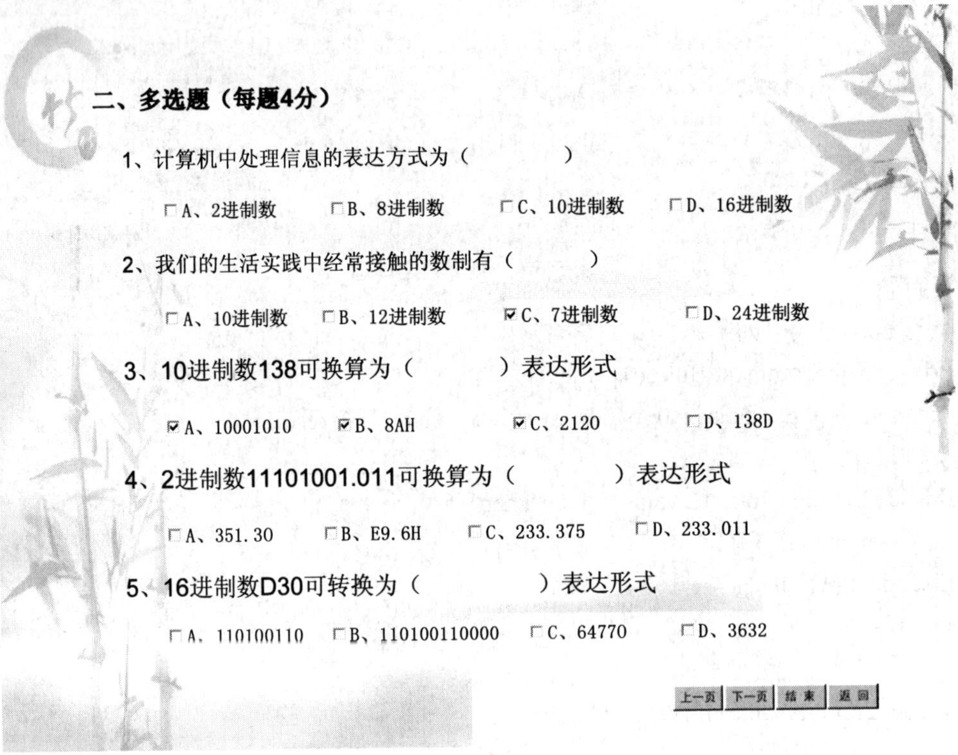

二、多选题（每题4分）

1、计算机中处理信息的表达方式为（　　　　）

□A、2进制数　□B、8进制数　□C、10进制数　□D、16进制数

2、我们的生活实践中经常接触的数制有（　　　）

□A、10进制数　□B、12进制数　☑C、7进制数　□D、24进制数

3、10进制数138可换算为（　　　　）表达形式

☑A、10001010　☑B、8AH　☑C、2120　□D、138D

4、2进制数11101001.011可换算为（　　　　）表达形式

□A、351.30　□B、E9.6H　□C、233.375　□D、233.011

5、16进制数D30可转换为（　　　　）表达形式

□A、110100110　□B、110100110000　□C、64770　□D、3632

上一页　下一页　结束　返回

图 5-6-8 测试题之多选

这部分的程序代码如下：

```
If Slide3.CheckBox1.Value = True And Slide3.CheckBox6.Value = False And Slide3.CheckBox7.Value = False And Slide3.CheckBox8.Value = False Then
        duox(1)= 4
Else
        duox(1)= 0
End If

If Slide3.CheckBox2.Value = True And Slide3.CheckBox9.Value = True And Slide3.CheckBox10.Value = True And Slide3.CheckBox11.Value = True Then
        duox(2)= 4
Else
        duox(2)= 0
End If

If Slide3.CheckBox3.Value = False And Slide3.CheckBox12.Value = True And Slide3.CheckBox13.Value = True And Slide3.CheckBox14.Value = True Then
duox(3)= 4
Else
duox(3)= 0
End If

If Slide3.CheckBox4.Value = True And Slide3.CheckBox15.Value = True And Slide3.CheckBox16.Value = True And Slide3.CheckBox17.Value = False Then
duox(4)= 4
Else
duox(4)= 0
End If

If Slide3.CheckBox5.Value = False And Slide3.CheckBox18.Value = False And Slide3.CheckBox19.Value = True And Slide3.CheckBox20.Value = True Then
duox(5)= 4
Else
duox(5)= 0
End If
```

填空题页面设计效果如图 5-6-9 所示。

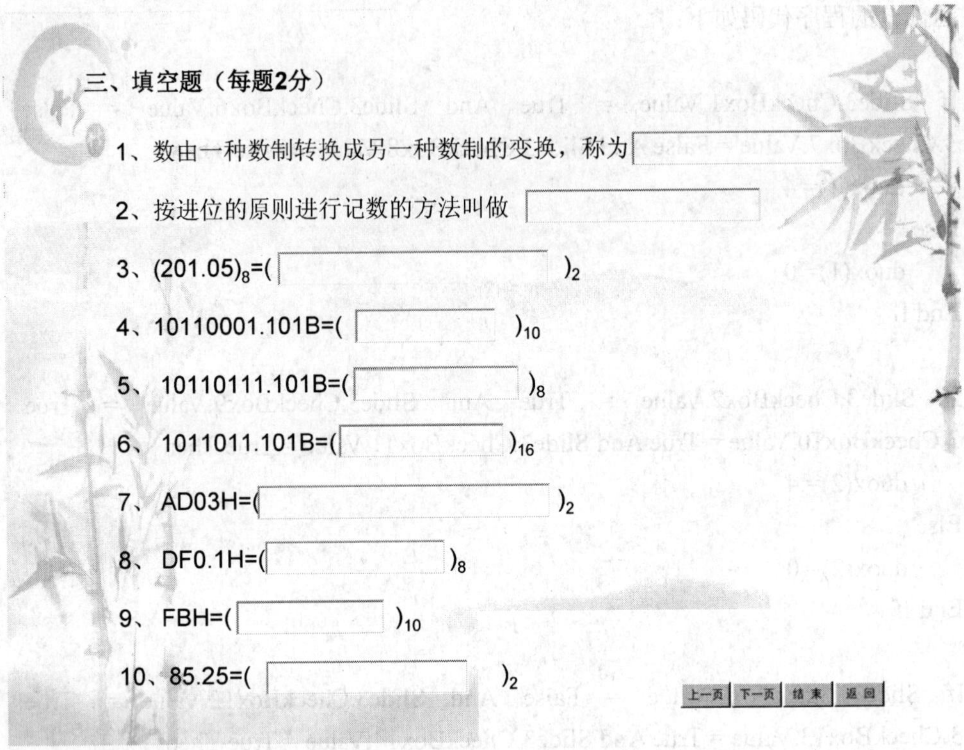

三、填空题（每题2分）

1、数由一种数制转换成另一种数制的变换，称为

2、按进位的原则进行记数的方法叫做

3、$(201.05)_8$=(　　)$_2$

4、10110001.101B=(　　)$_{10}$

5、10110111.101B=(　　)$_8$

6、1011011.101B=(　　)$_{16}$

7、AD03H=(　　)$_2$

8、DF0.1H=(　　)$_8$

9、FBH=(　　)$_{10}$

10、85.25=(　　)$_2$

上一页　下一页　结束　返回

图 5-6-9　测试题之填空题

填空题的程序代码如下：

```
If Slide4.TextBox1.Value = "数制间的转换" Or Slide4.TextBox1.Value = "数制转换" Then
    tiank(1)= 2
Else
    tiank(1)= 0
End If

If Slide4.TextBox10.Value = "1010101.01" Then
    tiank(10)= 2
Else
    tiank(10)= 0
End If

If Slide4.TextBox2.Value = "进位记数制" Or Slide4.TextBox2.Value = "数制" Then
    tiank(2)= 2
Else
    tiank(2)= 0
```

```
End If

If Slide4.TextBox3.Value = "10000001.000101" Then
        tiank(3)= 2
Else
        tiank(3)= 0
End If

If Slide4.TextBox4.Value = "177.625" Then
        tiank(4)= 2
Else
        tiank(4)= 0
End If

If Slide4.TextBox5.Value = "267.3" Then
        tiank(5)= 2
Else
        tiank(5)= 0
End If

If Slide4.TextBox6.Value = "3B.A" Then
        tiank(6)= 2
Else
        tiank(6)= 0
End If

If Slide4.TextBox7.Value = "1010110100000011" Then
        tiank(7)= 2
Else
        tiank(7)= 0
End If

If Slide4.TextBox8.Value = "6760.04" Then
        tiank(8)= 2
Else
        tiank(8)= 0
End If
```

```
If Slide4.TextBox9.Value = "251" Then
    tiank(9)= 2
Else
    tiank(9)= 0
End If
```

判断题页面效果如图 5-6-10 所示。

图 5-6-10　测试题之判断题

判断题的程序代码如下：

```
If Slide5.OptionButton6.Value = True Then
    pand(1)= 2
Else
    pand(1)= 0
End If

If Slide5.OptionButton7.Value = True Then
    pand(2)= 2
Else
    pand(2)= 0
End If
```

```
If Slide5.OptionButton3.Value = True Then
        pand(3)= 2
Else
        pand(3)= 0
End If

If Slide5.OptionButton4.Value = True Then
        pand(4)= 2
Else
        pand(4)= 0
End If

If Slide5.OptionButton10.Value = True Then
        pand(5)= 2
Else
        pand(5)= 0
End If
```

测试题成绩汇总页面效果如图 5-6-11 所示。

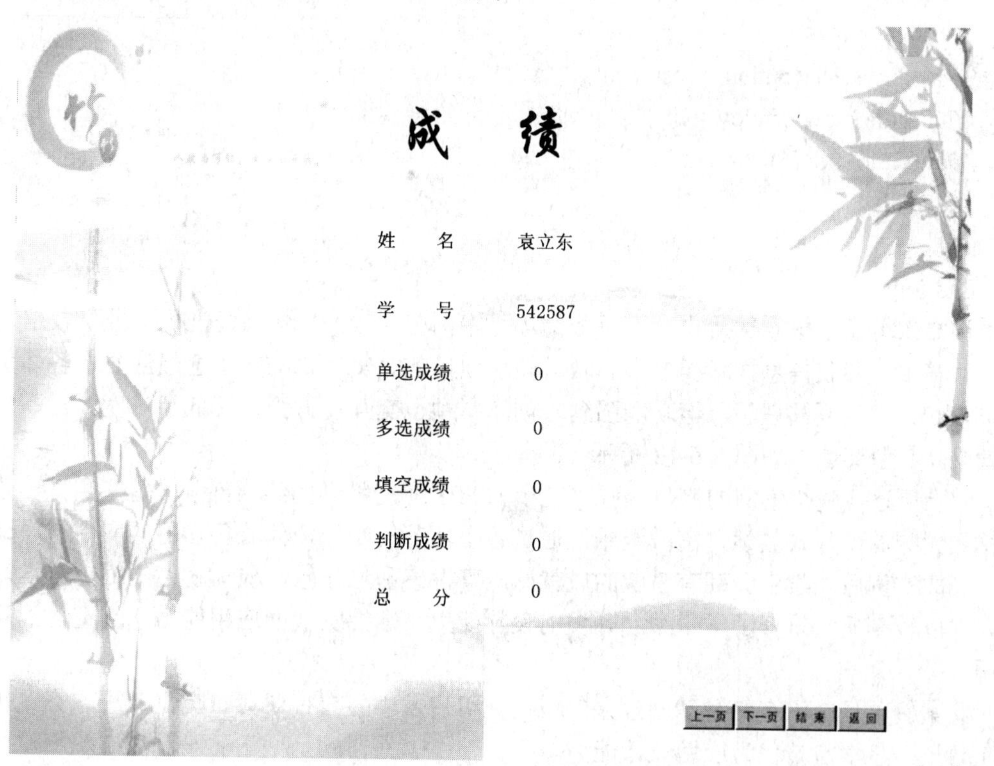

图 5-6-11 测试题成绩汇总

成绩汇总（图 5-6-11）代码如下：

```
For i = 1 To 5
danxsum = danxsum + danx(i)
duoxsum = duoxsum + duox(i)
pandsum = pandsum + pand(i)
Next i

For i = 1 To 10
tianksum = tianksum + tiank(i)
Next i
result = danxsum + duoxsum + pandsum + tianksum
Slide6.Label6.Caption = danxsum
Slide6.Label7.Caption = duoxsum
Slide6.Label8.Caption = pandsum
Slide6.Label9.Caption = tianksum
Slide6.Label13.Caption = Slide1.TextBox1.Text
Slide6.Label14.Caption = Slide1.TextBox2.Text

Slide6.Label10.Caption = result
With SlideShowWindows(1)
.View.GotoSlide(6)
End With

End Sub
```

该知识单元考核测试及自动汇总成绩项目案例曾在 2011 年黑龙江省职业学校信息化教学大赛中，荣获信息技术类多媒体教学软件项目贰等奖，缺陷在于仓促应赛，整体美工效果单一、视觉不够理想，但功能强劲、创意新颖、交互能力强、降低了难度、提高了教学效果。其获奖证书如图 5-6-12 所示。

综上所述，整个案例的制作流程，贯穿了 PPT 应用教学的绝大部分技能应用，一改以往枯燥无味的说教式教学，寓教于乐，通过各个环节的制作，体验各功能的应用与设计技巧，完成实例后，学生会拥有骄傲的成就感、喜悦感和自豪感，极大程度上缩短了学习过程，并以较高质量培养了学生独立开发的设计能力、掌握实战的应用能力，真正达到学以致用。

此案例项目中没有路径动画效果的应用。可启发学生自行研讨，提出改进方案，优化美工效果，将学习转化为应用设计能力。

另外，主菜单还可以改版成如图 5-6-13 所示的效果，请同学们自行设计，实现效果并与讲述效果对比，指出相互的优缺点与不足。

证书

袁立东：

在 2011 年全省中等职业学校信息化教学大赛中，荣获信息技术类多媒体教学软件项目贰等奖，特发此证。

黑龙江省中等职业学校技能大赛
组织委员会
2011 年 10 月 17 日

图 5-6-12　获奖证书

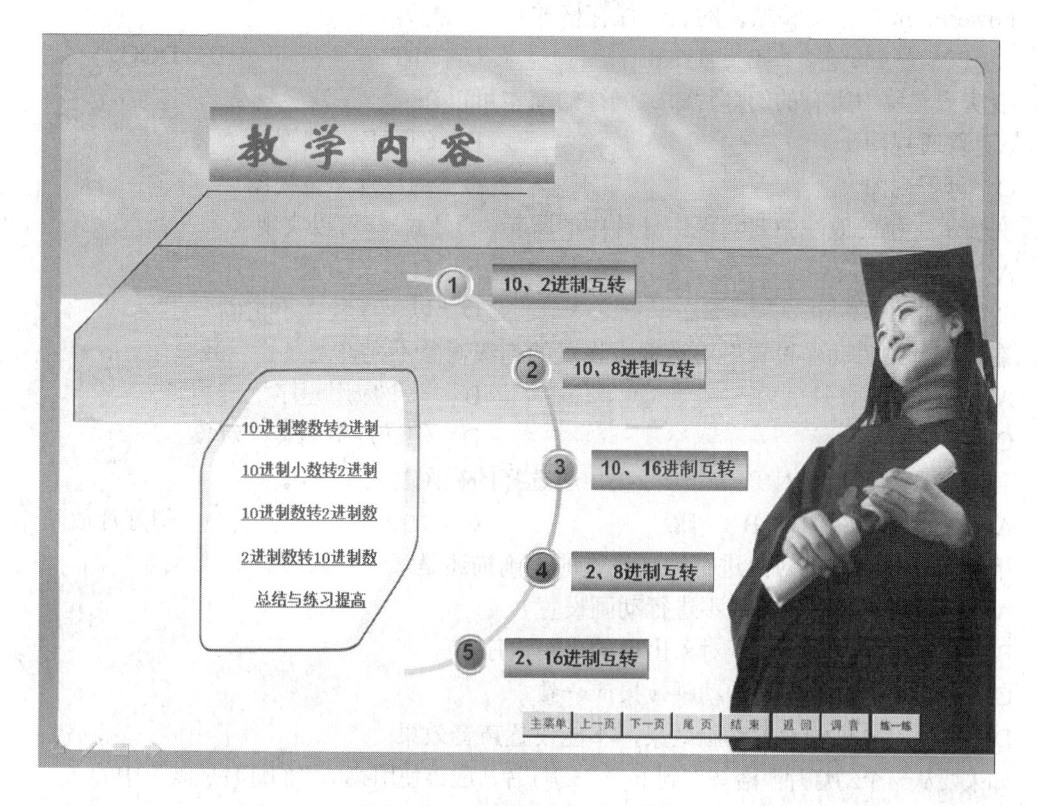

图 5-6-13　主菜单改版后效果图

思考与练习

一、填空题

1．新建演示文稿，默认的幻灯片版式是__________________幻灯片版式。

2．单击__________________按钮可以从当前幻灯片开始放映。

3．直接按________________键可以从第一张幻灯片开始放映演示文稿。
4．在放映中按________________键可以终止放映。
5．在普通视图通过拖动________________可以快速调整幻灯片的顺序。
6．可以使用________________给演示文稿中的幻灯片设置同样的颜色、背景。
7．利用________________工具栏可以在幻灯片中绘制椭圆、直线、箭头、矩形和圆等图形。
8．演示文稿打包后复制到另一台计算机，需要________________后才能播放。
9．PowerPoint 主菜单中，有________________个菜单项与 Word 不同，它们是________________菜单。
10．在 PowerPoint 中若想改变演示文稿的播放顺序，或者通过幻灯片的某一对象链接到指定的文件，可以使用________________命令实现。

二、选择题

1．PowerPoint 演示文稿默认的文件保存格式是（　　）。
A　PPS　　B　HTML　　C　PPT　　D　DOC
2．给演示文稿中所有的幻灯片添加同样的文本可以在（　　）。
A　普通视图　　B　幻灯片放映视图
C　母版视图　　D　幻灯片浏览视图
3．在演示文稿的放映中要实现幻灯片中的跳转，下列操作可以实现（　　）。
A　幻灯片切换　　B　自定义动画
C　添加动作按钮　　D　以上 3 种都不正确
4．在幻灯片的“动作设置”对话框中设置的超级对象不允许是（　　）。
A　下一张幻灯片　　B　一个应用程序
C　其他演示文稿　　D　幻灯片中的某一对象
5．若要设置幻灯片中对象的动画效果，应选择的视图是（　　）。
A　幻灯片　　B　母版　　C　大纲　　D　幻灯片放映
6．下述对幻灯片中的对象进行动画设置的正确描述是（　　）。
A　幻灯片中的对象可以不进行动画设置
B　设置动画时不可改变对象出现的先后次序
C　幻灯片中对象设置的动画效果应一致
D　每一对象只能设置动画效果，不能设置声音效果
7．如果要从一个幻灯片“溶解”到下一个幻灯片，应该使用菜单“幻灯片放映”中的（　　）。
A　动作设置　　B　预设动画
C　幻灯片切换　　D　自定义动画
8．如果要从第二张幻灯片跳转到第八张幻灯片，应该使用菜单“幻灯片放映”中的（　　）。
A　动作设置　　B　预设动画
C　幻灯片切换　　D　自定义动画
9．选中幻灯片中的对象，不可实现对象的移动操作是（　　）。
A　单击常用工具栏中的“剪切”和“粘贴”按钮

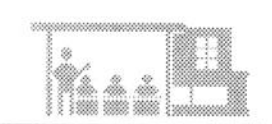

B　直接拖动对象到目标位置

C　按住 Ctrl 键，拖动对象到目标位置

D　按下鼠标右键拖动对象到目标的位置

10．幻灯片母版的格式不是（　　）。

A 大纲母版　　B　幻灯片母版　　C　标题母版　　D　备注母版

第六章　Internet 基础及应用

计算机网络是现代计算机技术和通信技术密切结合的产物，随着计算机和通信技术的飞速发展而进入了一个崭新的时代。Internet，中文正式译名为因特网，它是由那些使用公用语言互相通信的计算机连接而成的全球网络，因此 Internet 也称为“网络的网络”。一旦你连接到它的任何一个节点上，就意味着你已经连入到 Internet 网上了，同时，你也成为了 Internet 的一部分。目前 Internet 的用户已经遍及全球，有超过十几亿人在使用 Internet，并且它的用户数还在以等比级数上升。Internet 已经成为人们学习、工作和生活不可或缺的部分，本章将学习 Internet 的基础知识及相关的应用。

项目一　组建能够接入互联网的家庭局域网

任务一　了解计算机网络的功能

【任务描述】

计算机网络的出现，不仅使计算机的作用范围超越了地理位置的限制，方便了用户，而且也增强了计算机本身的功能，更加充分地发挥计算机软、硬件资源的功能。

【任务分析】

计算机网络不仅使分散在网络各处的计算机能共享网上的所有资源，并且为用户提供强有力的通信手段和尽可能完善的服务，极大地方便了用户。其最重要的 3 个功能是：数据通信、资源共享、分布处理。

1. 数据通信

数据通信是计算机网络最基本的功能。它用来快速传送计算机与终端、计算机与计算机之间的各种信息，譬如文字、图片、声音、视频等信息。由于计算机网络具有实时、快速等优点，因此成为了现代社会信息传输的最主要的途径。

2. 资源共享

“资源”指的是网络中所有的软件、硬件和数据资源。“共享”指的是网络中的用户都能够部分或全部地享受这些资源。例如，某地区或单位的数据库（如财务信息、人事信息等）可供全网使用；一些外部设备如打印机，可面向全网用户，使不具有这些设备的地方也能使用这些硬件设备。如果不能实现资源共享，各地区都需要有完整的一套软、硬件及数据资源，则将大大地增加全系统的投资费用。

3. 分布处理

当某台计算机负担过重时，或该计算机正在处理某项工作时，网络可将新任务转交给

空闲的计算机来完成，这样处理能均衡各计算机的负载，提高处理问题的实时性；对大型综合性问题，可将问题各部分交给不同的计算机分头处理，充分利用网络资源，扩大计算机的处理能力，即增强实用性。对解决复杂问题来讲，多台计算机联合使用并构成高性能的计算机体系，这种协同工作、并行处理要比单独购置高性能的大型计算机代价要小得多。

任务二　了解网络设备

【任务描述】

网络连接设备是把网络中的通信线路连接起来的各种设备的总称，这些设备包括集线器、交换机和路由器等。

【任务分析】

1. 集线器（HUB）

集线器属于数据通信系统中的基础设备。它是对网络集中管理的最小单元，是一个网络共享设备，也是构成局域网的最常用的连接设备之一。集线器的每一个端口可以连接一台计算机，局域网中的计算机通过它来交换信息。常用的集线器可通过两端装有 RJ-45 连接器的双绞线与网络中计算机上安装的网卡相连。但是，集线器只是一个信号放大和中转的设备，不具备信号的定向传送能力，所有传到集线器的数据均被广播到其各个端口，容易形成数据堵塞,集线器如图 6-1-1 所示。

图 6-1-1　集线器

2. 交换机（SWITCH）

交换机又称交换式集线器，在网络中用于完成与它相连的线路之间的数据单元的交换，是一种基于 MAC 地址（网卡的物理地址）识别，完成封装、转发数据包功能的网络设备。在局域网中可以用交换机来代替集线器，其数据交换速度要比集线器快得多。这是由于集线器不知道目标地址在何处，只能将数据发送到所有的端口。而交换机中会有一张地址表，通过查找表格中的目标地址，把数据直接发送到指定端口。

利用交换机连接的局域网称为交换式局域网。在用集线器连接的共享式局域网中，如果我们把信息传输通道比做一条马路的话，在用集线器连接的共享式局域网中，马路是没有被划分车道的马路，车辆只能在无序的状态下行驶，当数据和用户数量超过一定的限量时，就会发生抢道、占道和交通堵塞的现象。交换式局域网则不同，就好比将上述马路划分为若干车道，保证每辆车能各行其道、互不干扰。交换机为每个用户提供专用的信息通道。

除了在工作方式上与集线器不同之外，交换机在连接方式、速度选择等方面与集线器基本相同，交换机如图 6-1-2 所示。

3. 路由器

路由器是一种连接多个网络或网段的网络设备，它能将不同网络或网段之间的数据信息进行“翻译”，使它们能够相互“读懂”对方的数据，实现不同网络或网段间的互联互通，从而构成一个更大的网络。目前，路由器已成为各种骨干网络内部之间、骨干网之间、一级骨干网和因特网之间连接的枢纽。校园网一般就是通过路由器连接到因特网上的。

路由器的工作方式与交换机不同，交换机利用物理地址（MAC 地址）来确定转发数据的目的地址，而路由器则是利用网络地址（IP 地址）来确定转发数据的地址。另外，路由器还具有数据处理、防火墙及网络管理等功能。路由器如图 6-1-3 所示。

图 6-1-2　交换机　　图 6-1-3　路由器

任务三　如何接入互联网

【任务描述】

在了解了网络的相关知识后，你可能已经跃跃欲试了，很想“上网”体验一把，不要着急，接下来要做的工作不是“上网”，而是解决如何才能“上网”的问题。

【任务分析】

互联网接入的方式有很多种，下面介绍几种较为常见的方式。

1. 拨号上网

拨号上网方式上网需要一个设备：Modem，它是 Modulator（调制器）与 Demodulator（解调器）的简称，中文俗称“猫”。因为普通的电话网络传输的是模拟信号，而电脑处理的是数字信号。如果把数字信号转变成模拟信号的过程叫做调制，相反的过程就是解调。调制解调器就担当这个作用，它分为内置式与外置式两种。内置 Modem 是插在电脑主板上的一个卡，很多品牌电脑都预装了内置 Modem，如果是后来添加，很多人会选择外置式 Modem。预装的内置 Modem 通常已经安装好了驱动程序，只需将电话线接头（俗称水晶头）接入主机箱后面 Modem 提供的接口即可。

实际上由于拨号上网方式网速很慢，现在已经很少人在用了。

2. ISP

普通用户的计算机接入 Internet 实际上是通过线路连接到本地的某个网络上。提供这种接入服务的运营商叫做 ISP（Internet 服务提供者）。我国最大的 ISP 是中国电信和中国网通，中国联通、CERNET 等也提供网络接入服务。在我国，人们通常选择中国电信 163 作为 ISP。ISP 能给用户提供什么呢？提供拨号上网的号码，163 的上网拨号全国统一，都是 163，还给用户提供经它认可的用户名、密码等。当地的电信部门、营业柜台都提供这种业务，用户只需填一张申请表格、提供银行账号等即可。

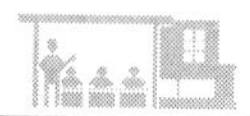

3. ADSL 带拨号上网设置

ADSL（Asymmetric Digital Subscriber Line，非对称数字线路）是一种在普通电话线上传输高速数字信号的技术。通过 ADSL 交换机的信号识别/分离器，如果是语音信号就传到电话交换机上，如果是数字信号就接入 Internet。

ADSL 宽带接入具有以下几方面的优点。

（1）与电话共用一对电话线、相互没有任何干扰，无须另铺电缆，因此成本比较低。

（2）覆盖面广，接入快，用户设置比较简单。

（3）上网稳定而且速度快，一般来说 ADSL 上行速度（从用户到网络）可达 640Kbps；下行速度（从网络到用户）可达 6M～8Mbps，比起普通拨号 Modem 的最高 56K 速率快了很多倍。正是 ADSL 具有以上这些优点，因此得到了广大用户的厚爱。

ADSL 是目前个人及家庭用户使用最为广泛的一种网络接入方式，宽带网络现在可以说是家家都有，虽然宽带网络接入方式有所不同，但 ADSL 宽带连接因其自身的优点而受到了广大用户的欢迎。虽然说 ADSL 拨号设置比较简单，但对刚学电脑入门的朋友来说，初次设置 ADSL 总会遇到一些问题，下面一起来看一看如何进行 ADSL 连接来达到上网冲浪的目的。

使用 ADSL 接入 Internet 需要在计算机上安装一块 10M 或 10M/100M 自适应网卡，网卡通过网线连接到 ADSL 调制解调器上，ADSL 调制解调器和普通电话机通过电话线连接到信号分离器（又名滤波器）上，信号分离器最后通过电话线路连接到电信局的 ADSL 交换机上，连接方式如图 6-1-4 所示。

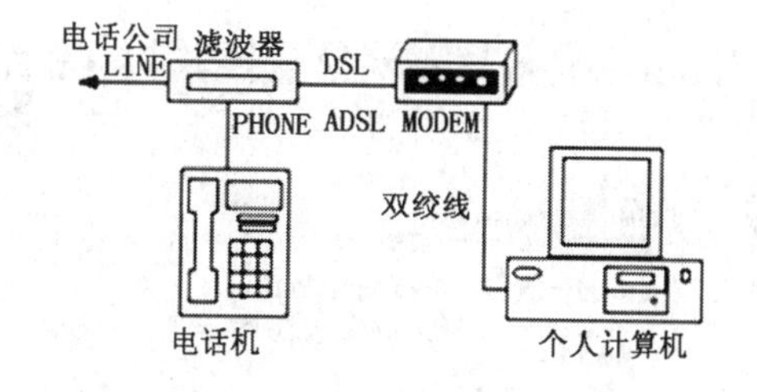

图 6-1-4 使用 ADSL 接入 Internet

【操作步骤】

下面介绍家庭最常用的接入网络的方式——使用 ADSL 接入互联网。

（1）用鼠标右键单击桌面上的图标“网上邻居”，在弹出的快捷菜单中选择“属性”选项，在弹出的“网络连接”窗口中选择“创建一个新的连接”选项，如图 6-1-5 所示。弹出的窗口如图 6-1-6 所示。

图 6-1-5 创建一个新连接

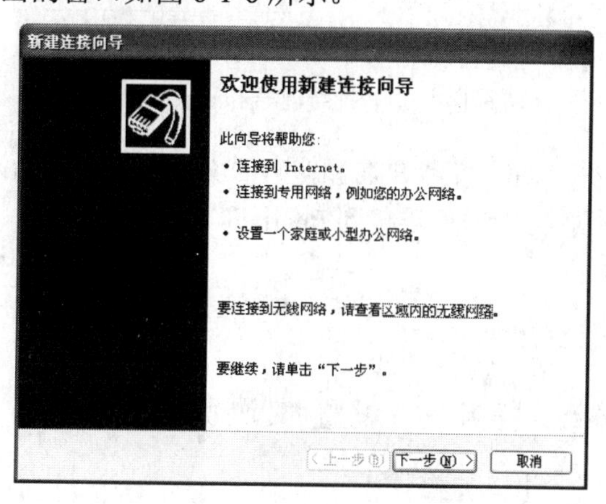

图 6-1-6 新建连接向导

（2）单击“下一步”按钮，弹出如图 6-1-7 所示的窗口。

（3）选择“连接到 Internet”选项，单击“下一步”按钮，弹出如图 6-1-8 所示的窗口。

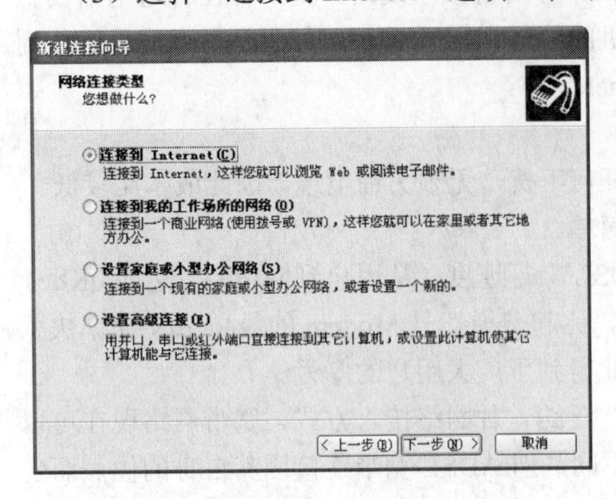

图 6-1-7　新建连接向导网络连接类型

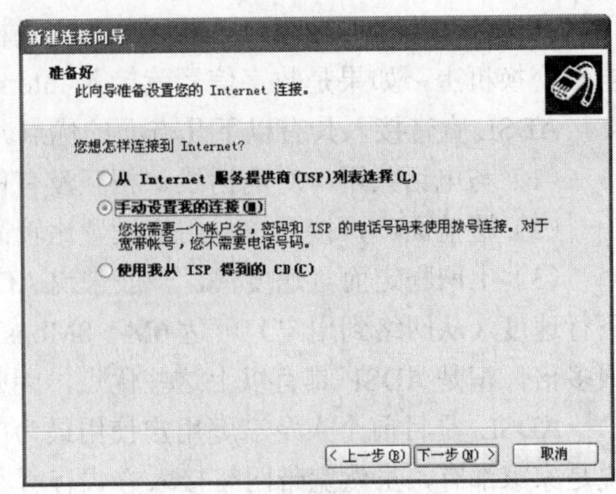

图 6-1-8　新建连接向导准备好

（4）选择“手动设置我的连接”选项，单击“下一步”按钮，弹出如图 6-1-9 所示的窗口。

（5）选择“用要求用户名和密码的宽带连接来连接”选项，单击“下一步”按钮，在接下来的选项中单击“下一步”按钮，直到最后出现如图 6-1-10 所示的窗口。

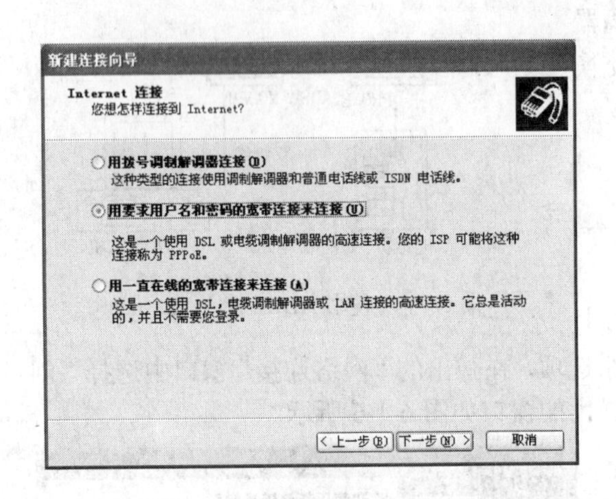

图 6-1-9　新建连接向导 Internet 连接

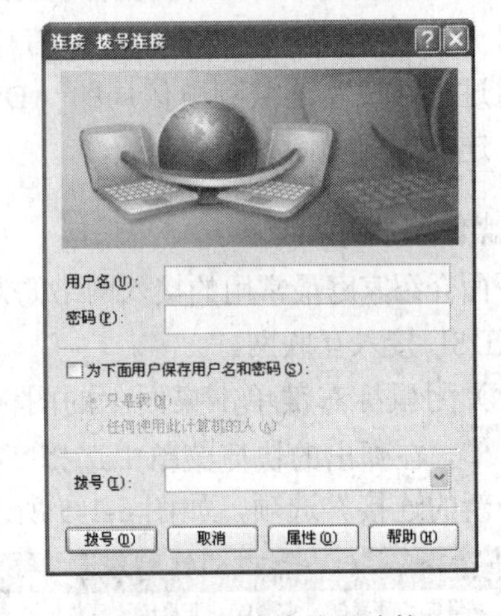

图 6-1-10　连接拨号连接

（6）在用户名和密码的文本框中分别输入 ISP 服务商为你提供的用户名和密码，单击“拨号”即可连接到 Internet。

项目二　使用互联网提供的服务

任务一　设置 IE 浏览器

【任务描述】

熟练地使用 IE 浏览器，为更好地使用网上服务提供帮助。

【任务分析】

Internet Explorer，简称 IE 或 MSIE，是微软公司推出的一款网页浏览器。Internet Explorer 是使用最广泛的网页浏览器。在中国，除了 Firefox 和 Safari 等少数浏览器，绝大部分均采用 IE 核心或 IE 核心与 Webkit 共存，大部分诸如银行网站和在线支付也只支持 IE 核心。在中国，比较著名的使用 IE 核心的浏览器有：傲游浏览器、搜狗浏览器、世界之窗浏览器和 360 安全浏览器等。下面介绍使用 IE 浏览器时的主要设置：收藏网页、设置主页、清除历史记录和清除表单与密码。

【操作步骤】

1. 收藏网页

用户可能会经常访问某些网页，那么每次在访问时都需要先在 IE 浏览器地址栏里输入完整的网页网址，这样会给用户带来一些不便。简便的方法就是使用收藏夹。其操作步骤为：打开需要收藏的页面，执行“收藏夹”→“添加到收藏夹”命令。以后用户需要访问该页面时，只需要去“收藏夹”里面单击该页面即可，如图 6-2-1 所示。

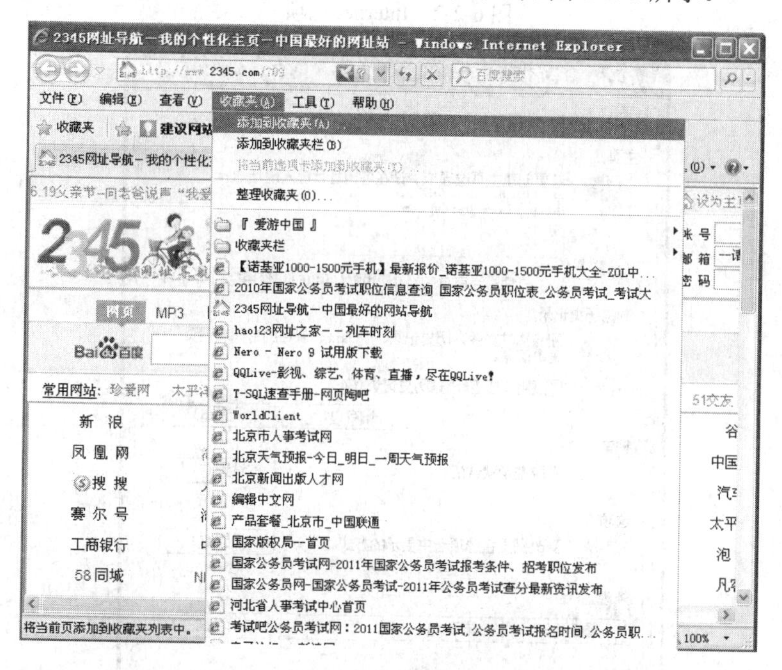

图 6-2-1 收藏页面

2. 设置主页

主页是每次启动浏览器后链接到的第一个网页。如果能将浏览器主页设为某网址分类页面，就像为读者准备了一份目录，将会给我们带来极大的方便。执行“工具”→“Internet 选项”，如图 6-2-2 所示，会弹出如图 6-2-3 所示的窗口。在地址栏里输入要设置为主页的地址即可。如设置主页为百度网站，在地址栏里输入“http://www.baidu.com”，单击“应用”和“确定”按钮。当我们再次打开浏览器时就会直接看到百度网站的页面，如图 6-2-4 所示。

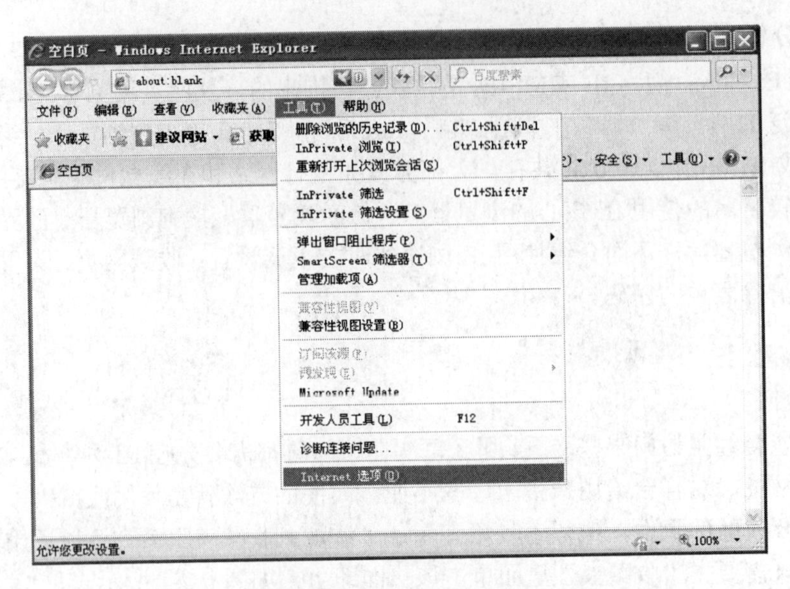

图 6-2-2 Internet 选项

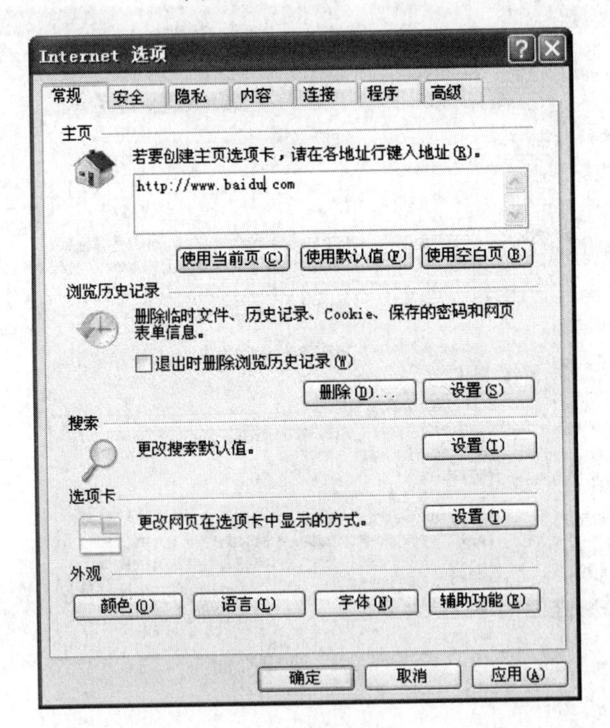

图 6-2-3 设置主页

3. 清除历史记录、表单和密码

单击浏览器地址栏下拉箭头即可看到浏览过的页面，如图 6-2-5 所示。

页面上可以填写信息的文本框等即为表单，浏览器默认设置记住这些表单的内容，即第一次输入后，再次打开该页面，则上次输入的信息会自动显示页面上，如图 6-2-6 所示。

图 6-2-4 百度主页

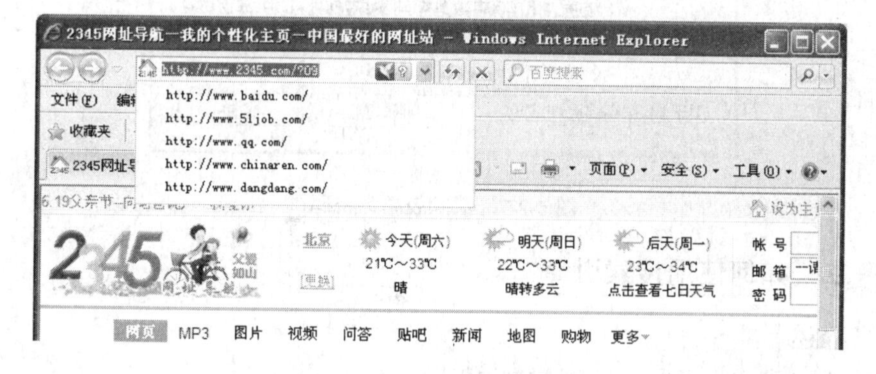

图 6-2-5 浏览器历史记录

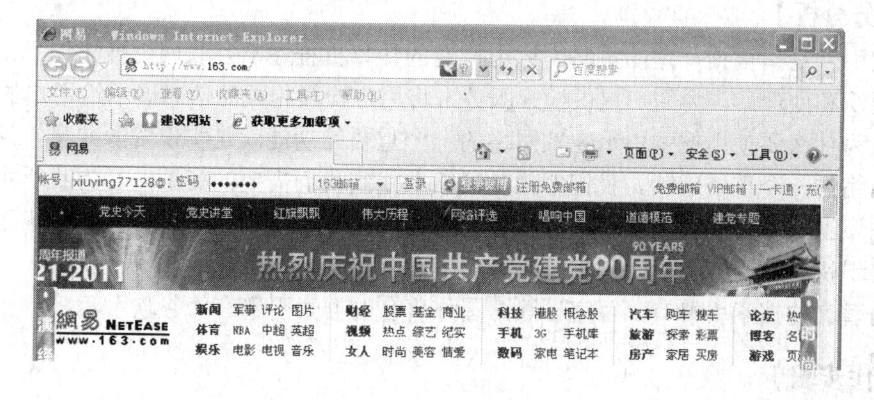

图 6-2-6 表单信息

遗留的历史记录、表单和密码使得我们的信息存在安全隐患，那么如何消除这些隐患呢？执行“工具”→“Internet 选项”，如图 6-2-2 所示，会弹出如图 6-2-3 所示的窗口。单击“浏览历史记录”区域中的“删除”按钮，弹出如图 6-2-7 所示的窗口。选中“历史记录”、“表单数据”和“密码”3 个复选框，并单击“删除”按钮即可。

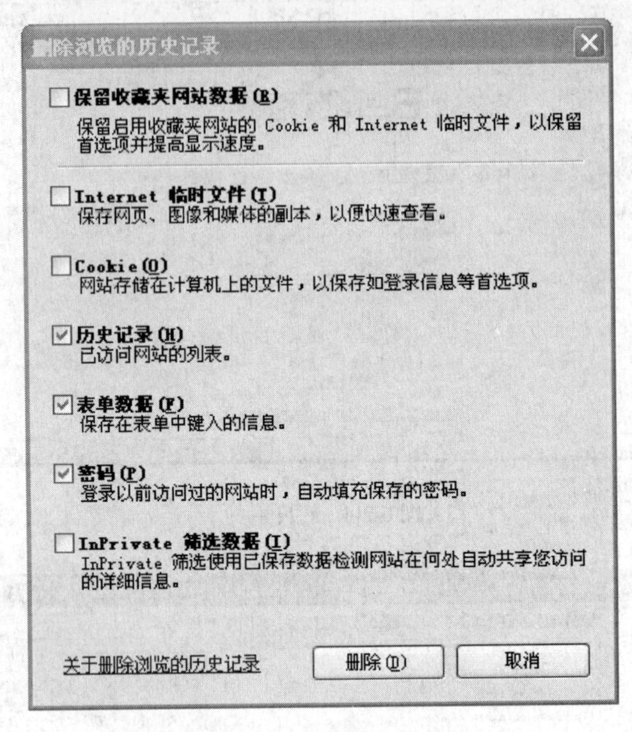

图 6-2-7　清除表单、密码

任务二　如何使用搜索引擎

【任务描述】

快速找到知识需要用到像百度这样的搜索引擎。

【任务分析】

搜索引擎是指根据一定的策略、运用特定的计算机程序从互联网上搜集信息，在对信息进行组织和处理后，为用户提供检索服务，将用户检索相关的信息展示给用户的系统。

那么为什么要使用搜索引擎呢？网络的一个重要的功能就是实现资源共享，这也是我们使用网络的一个重要原因。我们希望从网络上找到我们需要的资源，且为我所用，但是网络上的资源浩如烟海，从上面找到特定的资源就如同大海捞针，而搜索引擎正是可以帮助我们实现快速从网络上检索到相关信息的最好工具。

国内著名的搜索引擎有“百度”等，国外著名的搜索引擎有“谷歌”等。

【操作步骤】

下面我们使用“百度”来了解关于“搜索引擎”方面的知识。

（1）打开 IE 浏览器，在地址栏中输入“www.baidu.com”回车，即可打开百度搜索引擎页面，在打开页面的文本框中输入我们想查询的内容：“什么是搜索引擎”，如图 6-2-8 所示。

图 6-2-8 百度搜索引擎

（2）单击“百度一下”按钮，就可找到很多与“什么是搜索引擎”相关的网页链接，如图 6-2-9 所示，我们可以通过单击这些链接进入相关的页面了解相关内容，如图 6-2-10 所示。

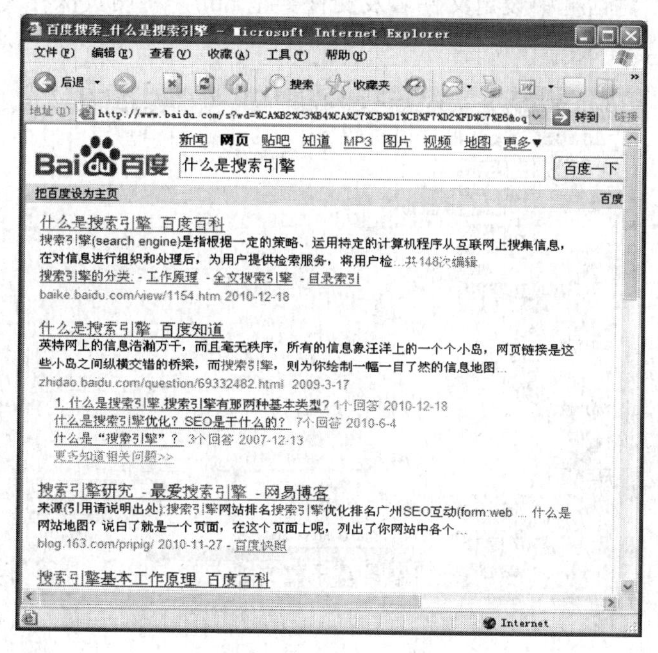

图 6-2-9 使用搜索引擎搜索资料

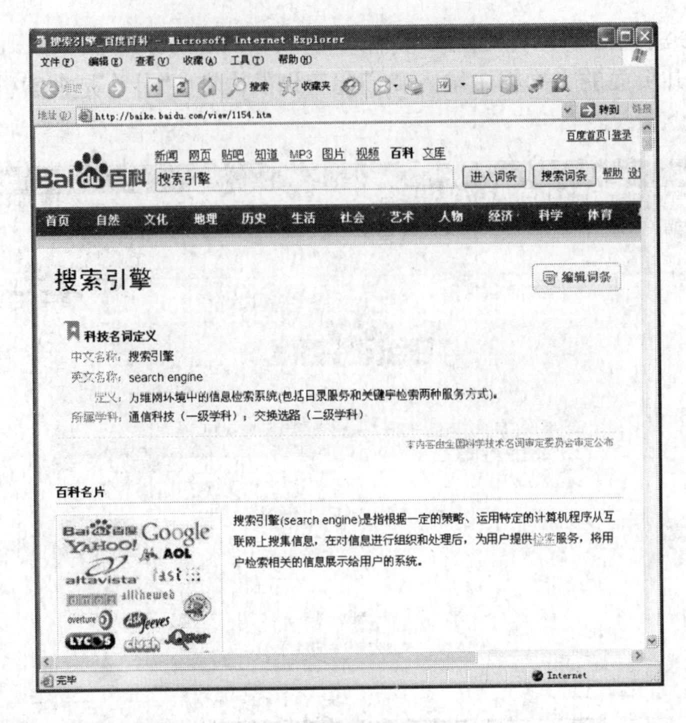

图 6-2-10 资料页面

（3）资料找到后，怎么保存下来以便日后查看呢？有两种方法：一种方法是选中要保存的内容，然后将其“复制”，再“粘贴”到 Word 文档中；另一种方法是把搜索到并打开的页面直接保存下来，即在需要保存的页面中执行“文件”→“另存为”命令，在弹出的“保存网页”对话框中设定文件名及文件类型.htm，将网页保存为本地文件，如图 6-2-11 所示。

图 6-2-11 保存网页

☆小知识：保存类型。在保存类型中的下拉列表框中，“网页，全部（*.htm;*.html）”选项保存的是完整的页面，并包含页面中显示的图片，页面中的图片会单独被保存在一个文件夹中；“Web 档案，单一文件（*.mht）”保存的是完整的页面，并包含页面中显示的图片，但页面中的图片会被嵌入到页面中去，而不会被单独保存下来；“网页，仅 HTML（*.htm;*.html）”只保存为一个 Web 页面文件，保留原页面的格式，但不能保存页面中的图片。

任务三　下载资源

【任务描述】

对于在网络中检索到的文本和图片信息，可以采用前面介绍过的方法进行保存，但如果是其他的文件，则需要下载。

【任务分析】

常用的下载软件有 BT、emule、FlashGet、迅雷。BT 为大容量的文件共享而设计，加入下载的人越多，速度越快。emule（电驴）采用开放代码，可以自动搜索 Internet 中的服务器、保留搜索结果和连接用户交换服务器地址等。FlashGet（网际快车）通过分割文件和同时传输实现下载，具有强大的 Internet 下载管理功能，方便、易用。迅雷使用先进的超线程技术基于网格原理，能够将存在于第三方服务器计算机上的数据文件进行有效整合，通过这种先进的超线程技术，用户能够以更快的速度从第三方服务器和计算机获取所需的数据文件。这种超线程技术还具有互联网下载负载均衡功能，在不降低用户体验的前提下，迅雷网络可以对服务器资源进行均衡，有效降低了服务器负载。

下面以下载迅雷 6 软件为例来说明下载资源的方法。

【操作步骤】

（1）在“百度”首页中输入“迅雷中心”，单击“百度一下”按钮，在搜索到的资源中选择第二个链接，打开“迅雷软件中心”首页，如图 6-2-12 所示。

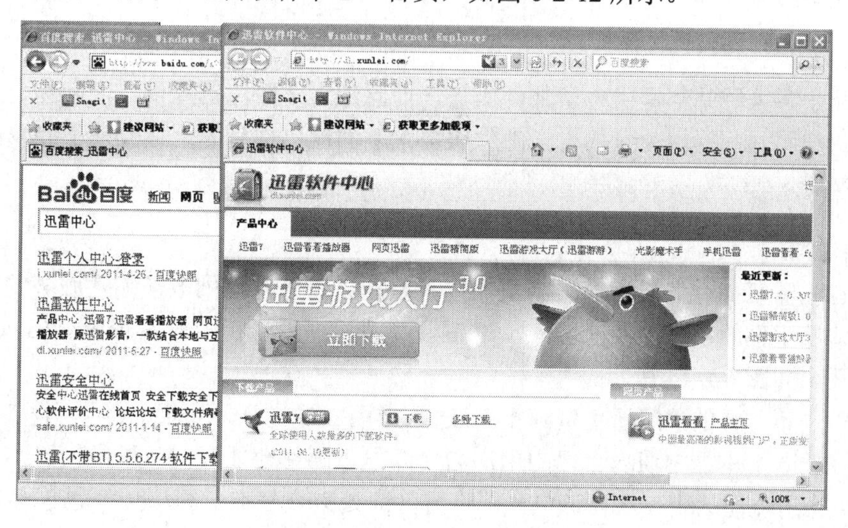

图 6-2-12　搜索“迅雷”软件

（2）在“迅雷软件中心”首页，单击“下载产品”中的第一项“迅雷6”后的“下载”按钮，弹出“文件下载——安全警告”提示框，单击“保存”按钮，打开“另存为”对话框，选择保存位置和输入文件名后，单击“保存”按钮，开始下载，如图6-2-13所示。

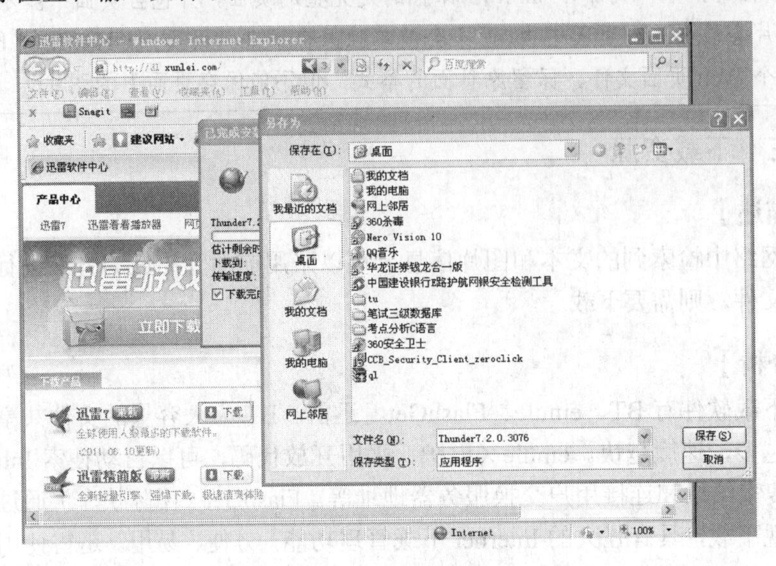

图6-2-13 下载“迅雷”软件

任务四 收发电子邮件

【任务描述】

电子邮件（E-mail，也被大家昵称为“伊妹儿”）又名电子信箱，它是一种用电子手段提供信息交换的通信方式。它是Internet使用最广泛的一种应用程序和服务：通过网络的电子邮件系统，用户可以用非常低廉的价格，以非常快速的方式，与世界上任何一个角落的网络用户联系，这些电子邮件可以包含文字、图像、声音等各种形式的内容。

【任务分析】

现在几乎各大网站都提供电子邮件服务，而且绝大多数免费提供。像网易、搜狐、新浪等各大门户网站都提供免费的电子邮件服务。下面就以网易为例体验一下收发邮件的全过程。

【操作步骤】

（1）首先需要拥有自己的电子信箱，也就是首先向为您提供电子邮件服务的电子邮件服务商申请属于你的电子邮件地址。打开IE浏览器，在地址栏中输入www.163.com，打开网易的首页，如图6-2-14所示。

（2）单击第一行的“注册免费邮箱”，进入如图6-2-15所示页面。

（3）在输入文本框中填入自己的用户名（即电子邮件地址）、密码等信息。

注意：您所注册的用户名在该电子邮件服务商处必须是唯一的，也就是不能出现重名。所以当出现如图6-2-16所示的提示时，请更换用户名。

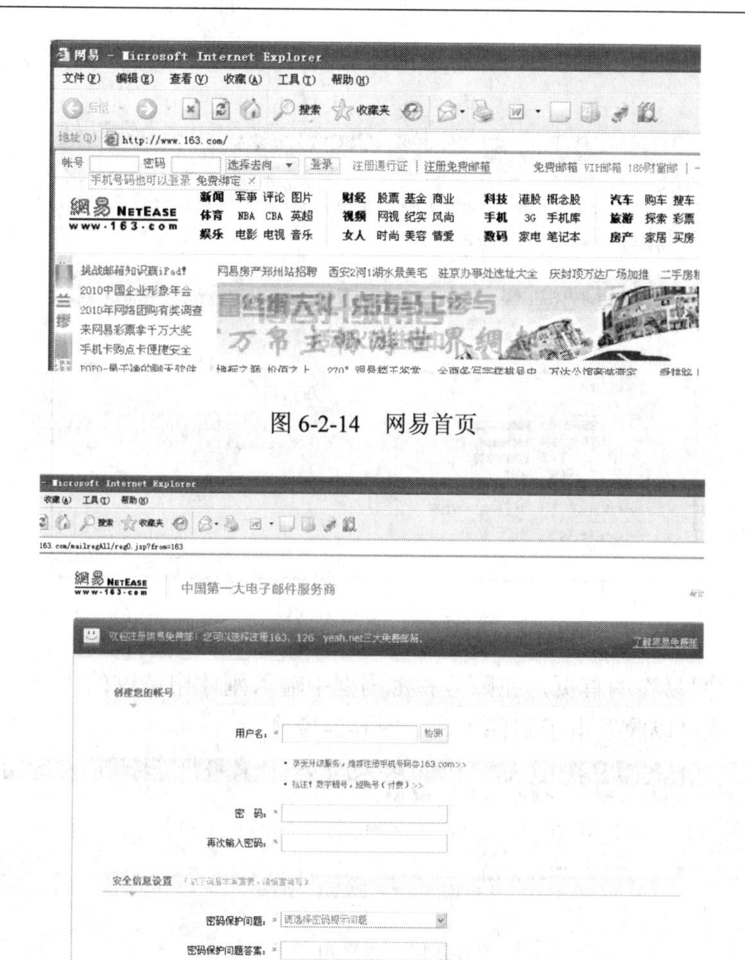

图 6-2-14　网易首页

图 6-2-15　邮件注册页面

图 6-2-16　检测邮件地址

（4）若您输入的用户名没有重名时，会出现如图 6-2-17 所示。

（5）我们选中第一个“myfirstemail001 @163.com”，这样所注册的电子信箱地址为 myfirstemail01@163.com（当然也可以选择另外两个）。

图 6-2-17　选择邮箱名

需要注意的是，密码保护问题要牢记，以便日后忘记密码时可以凭借回答密码保护问题找回密码。

（6）填写完该页的内容后单击最下面的 创建帐号 按钮，然后输入验证码，进入如图 6-2-18

所示页面。至此邮箱已注册完毕，你可以把注册的邮件地址告诉自己的朋友，朋友就可以给你发送电子邮件了。

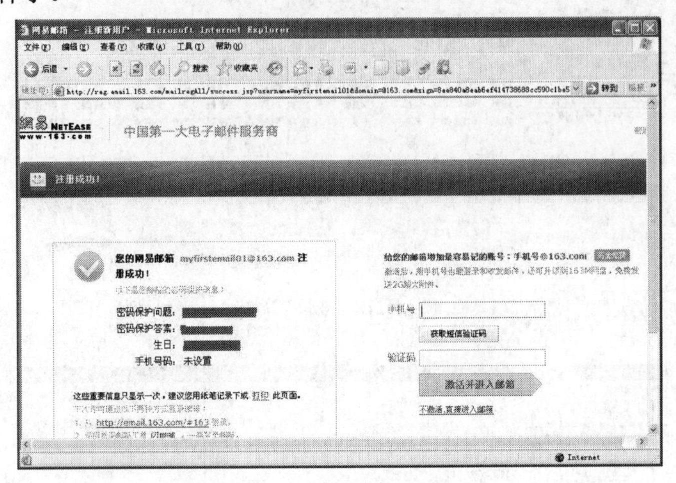

图 6-2-18　邮箱申请成功

（7）打开“网易”的首页，在账号和密码框中输入刚才申请过的用户名和密码，点击“登录”按钮，就可以收发电子邮件了，如图 6-2-19 所示。

图 6-2-19　登录电子信箱

（8）如图 6-2-20 所示，选择页面左侧的“收件箱”选项，即可打开收件箱查看或回复收到的电子邮件。

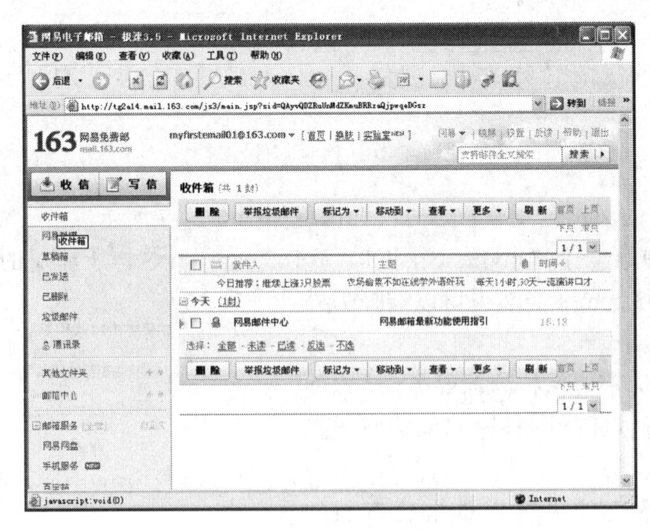

图 6-2-20　接收邮件

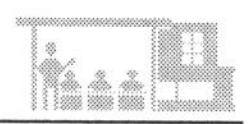

（9）如图 6-2-21 所示，单击“写信”按钮，就可以写信给自己的朋友了。在“收件人”输入框中填写朋友的邮箱地址，输入信件主题之后就可以写信了。

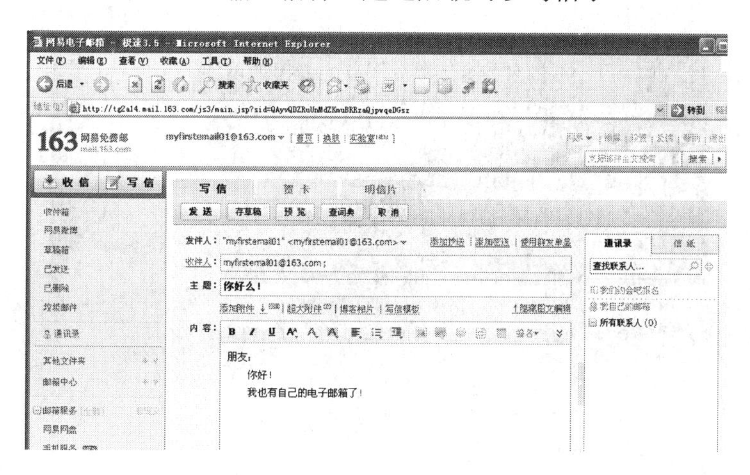

图 6-2-21　发送邮件

任务五　如何在网上拥有自己的博客

【任务描述】

如何实现在网上记录下自己的一些经历、感想，或记录一些专题知识。

【任务分析】

博客（Blog），又译为网络日志、是一种通常由个人管理、不定期发表新的文章的网站。一个典型的博客结合了文字、图像、其他博客或网站的链接以及其他与主题相关的媒体。大部分的博客内容以文字为主，但有一些博客专注于艺术、摄影、视频、音乐、播客等主题。

微型博客即微博，是目前最受欢迎的博客形式，博客作者不需要撰写很复杂的文章，只需要发表 140 字内的文字即可（如新浪微博、网易微博、腾讯微博等）。

要想拥有自己的博客，与使用 E-mail 一样，首先要注册属于自己的账号，由于博客的注册方法与 E-mail 的注册方法类似，这里就不再赘述。在这里我们使用之前注册 E-mail 的用户名登录网易的博客。在网易的主页导航栏里单击“博客”链接，打开如图 6-2-22 所示的页面。

图 6-2-22　登录博客

输入之前注册过的用户名和密码，即可登录到自己的博客，如图 6-2-23 所示。

图 6-2-23　博客首页

任务六　网上求职

【任务描述】

随着职业分类越来越细及就业形势越来越严峻，网上求职已成为应聘者的求职方向之一。掌握网上求职的基本操作。

【任务分析】

网上求职是通过 Internet 查询招聘信息，提交个人简历，通过企业和个人双向选择，达到求职的目的。方便快捷、成本低廉、效率高、信息全面、无地域限制是网上求职的主要特点。

【操作步骤】

1. 寻找合适的网站

各种人才招聘网站为求职者提供了一个非常大的空间，这些网站信息量大，但针对性较差，必须经过求职者筛选才能对信息加以利用。图 6-2-24 所示为“前程无忧”中职位为编辑、工作地点为北京的搜索页面。

2. 明确求职方向

网上求职切忌盲目，应对自己有一个充分、全面、客观的认识，并根据自己的专业特点、个人兴趣专长等确定自己的求职方向，从而能对网络中提供的招聘岗位有准确的认同。同时还要明确求职区域，即自己想去就业的地区。如果今后想在大连发展，可以单击图 6-2-24 所示窗口的“北京”按钮，选择“大连”，如果确定职位为“软件工程师”，则在搜索框中输入“软件工程师”，单击“搜索”按钮，搜索结果如图 6-2-25 所示。

3. 撰写特色简历

前程无忧网为求职者提供了简历模板，如图 6-2-26 所示。简历要展现自己的与众不同之处和潜质，吸引用人单位的目光，经历要和应聘的职位有关，用精确、扼要、逻辑清楚的简历证明你有能力胜任用人单位提供的岗位。

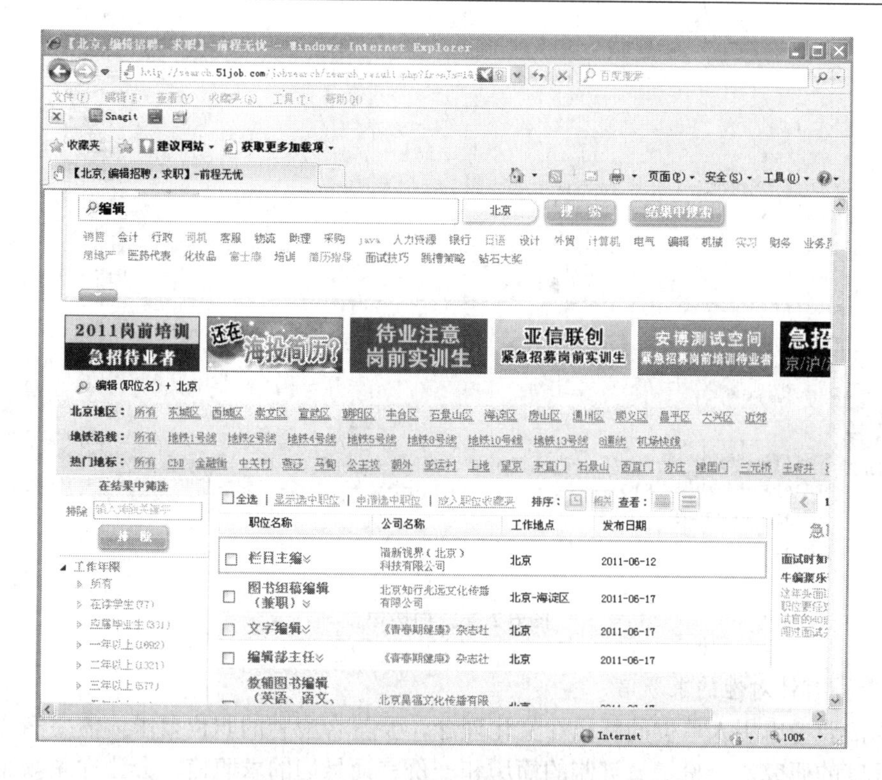

图 6-2-24 “前程无忧”职位搜索页面

图 6-2-25 职位搜索结果

图 6-2-26　简历模板

4. 撰写有针对性的求职信

求职信要考虑用人单位的特点、文化理念，要符合应聘的职位要求，需要精心的准备和一定程度的研究，一份量身订制的简历和一份言词恳切的求职信，会让你脱颖而出，顺利进入用人单位的视线。

项目三　保障计算机网络的安全

计算机网络安全是指网络系统中的硬件或软件中的数据受到保护，不因偶然或恶意的原因而遭到破坏、更改、泄露，网络服务不中断。计算机和网络技术的复杂性和多样性，使得计算机和网络安全成为一个需要持续更新和提高的领域。

对计算机信息构成不安全的因素很多，其中包括人为因素、自然因素和偶发因素。人为因素是指一些不法之徒利用计算机网络存在的漏洞，潜入计算机房，盗用计算机系统资源，非法获取重要数据、篡改系统数据、破坏硬件设备、编制计算机病毒。人为因素是对计算机信息网络安全威胁最大的因素。

对于个人电脑来说，最重要的是防范网络攻击，保障计算机上网安全的方法就是使用防火墙和安装杀毒软件。

任务一　如何使用 Windows 防火墙

【任务描述】

为自己的电脑配上“保安”——防火墙。

【任务分析】

防火墙指的是一个由软件和硬件设备组合而成、在内部网和外部网之间、专用网与公

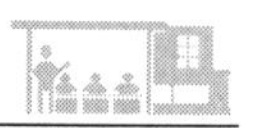

共网之间的界面上构造的保护屏障。防火墙是一种获取安全性方法的形象说法，它是一种计算机硬件和软件的结合，使 Internet 与局域网内部之间建立起一个安全网关（Security Gateway），从而保护内部网免受非法用户的侵入。

防火墙最基本的功能就是在计算机网络中控制不同信任程度区域间传送的数据流。例如互联网是不可信任的区域，而内部网络是高度信任的区域，以避免安全策略中禁止的一些通信，与建筑中的防火墙功能相似。它有控制信息基本的任务在不同信任的区域。典型信任的区域包括互联网（一个没有信任的区域）和一个内部网络（一个高信任的区域）。防火墙有硬件防火墙和软件防火墙之分。对于个人电脑来说，一般安装软件防火墙就足够了。提供软件防火墙的软件厂商有很多，下面以 Windows 自带的防火墙为例来介绍。

【操作步骤】

（1）打开 Windows 的“开始”菜单→“设置”→“控制面板”→“Windows 防火墙”如图 6-3-1 所示。选中“启用”按钮，单击“确定”按钮即可。

（2）开启防火墙后，防火墙会自动检测计算机与网络交互的数据，在一定程度上会影响到连接的速度，或者对一些软件的使用造成一定的影响。为了减少防火墙对使用软件正常上网带来的影响，可以在防火墙上设置一些规则，以避免由于防火墙造成一些软件不能正常使用。例如，设置防火墙不要阻止 QQ 软件的使用：在图 6-3-2 所示窗口中单击“例外”选项卡。

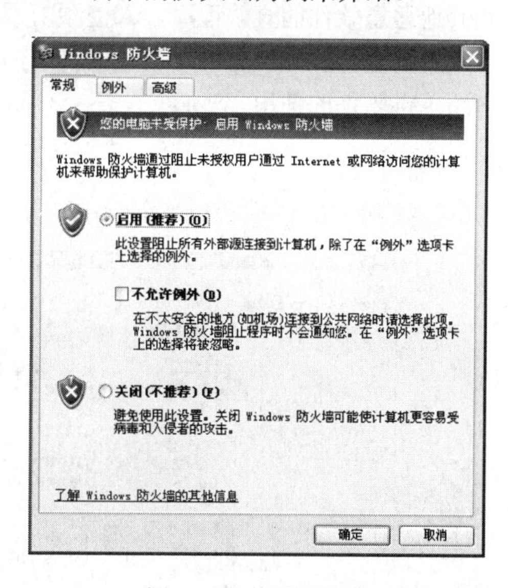

图 6-3-1　启用防火墙

（3）单击“添加程序”按钮，选中 QQ 软件，单击“确定”按钮，如图 6-3-3 所示。

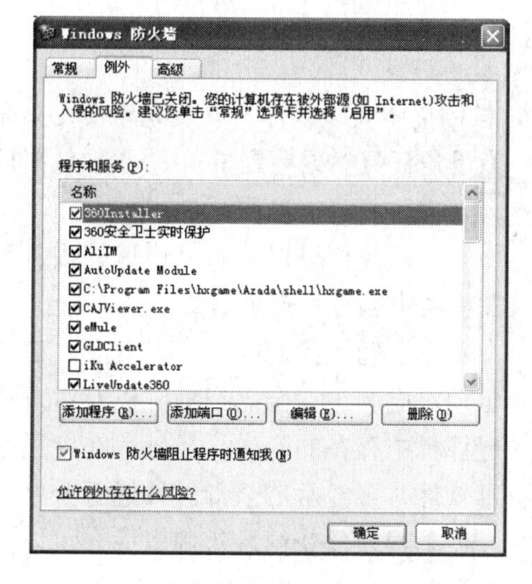

图 6-3-2　防火墙例外

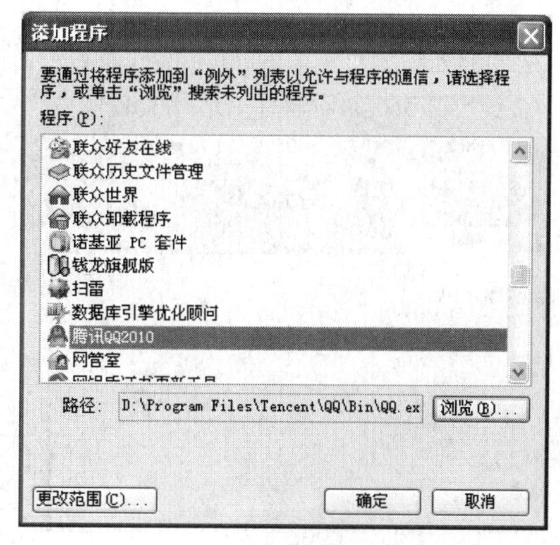

图 6-3-3　添加例外程序

任务二　如何使用杀毒软件

【任务描述】

为自己的电脑装上杀毒软件，可使电脑运行更顺畅，免受病毒的侵害。

【任务分析】

杀毒软件，也称反病毒软件或防毒软件，是用于消除电脑病毒、特洛伊木马和恶意软件的一类软件。杀毒软件通常集成监控识别、病毒扫描和清除以及自动升级等功能，有的杀毒软件还带有数据恢复等功能，是计算机防御系统（包含杀毒软件、防火墙、特洛伊木马和其他恶意软件的查杀程序，入侵预防系统等）的重要组成部分。

常用的杀毒软件有金山毒霸、江民、瑞星、360 杀毒等。下面以 360 杀毒软件为例简单介绍杀毒软件的使用。

【操作步骤】

（1）打开 360 主页，如图 6-3-4 所示。

图 6-3-4　下载杀毒软件

（2）下载 360 杀毒软件后运行安装包，按照提示安装软件。安装完毕会在桌面右下角任务栏处看到 360 杀毒软件图标，双击打开，如图 6-3-5 所示。

图 6-3-5　360 杀毒软件

（3）我们可以单击“快速扫描”等图标对电脑进行查杀病毒。

为了确保我们的计算机安全，建议定期对电脑进行全盘扫描，以及时发现计算机中存在的隐患；另外，在使用杀毒软件时要经常对杀毒软件进行升级，以使杀毒软件获得最新病毒库，可以查杀最新的病毒，如图 6-3-6 所示。

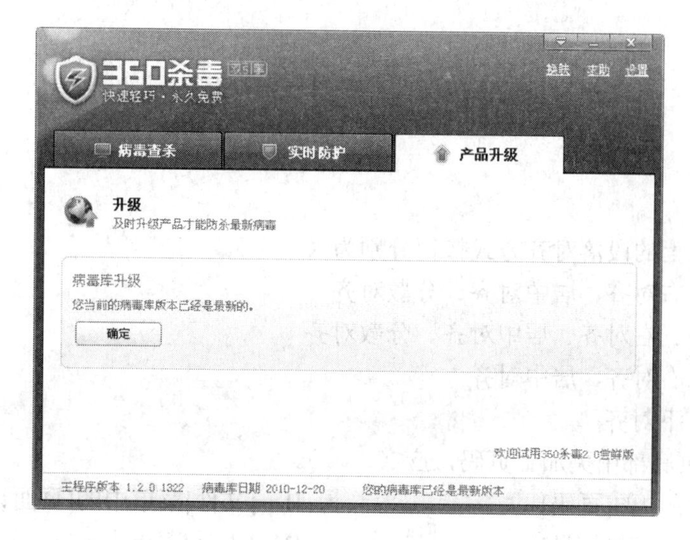

图 6-3-6　升级杀毒软件

实训　互联网的使用操作

【实训目的】

通过实例练习互联网的基本操作。

小王新买了台电脑，并向电信申请开通了 ADSL，为了上网安全，他需要首先给电脑装上杀毒软件；小王的朋友都开通了微博，所以小王也想在新浪开通自己的微博，并使用新浪的电子邮箱给好友发送电子邮件；为了方便自己上微博和浏览新闻，所以他需要把浏览器的主页设为新浪网，请帮助小王完成以上几项工作吧。

【实训步骤】

（1）设置电脑能够上网。将电脑与 ADSL Modem 通过网线连接起来，将 ADSL 与电话线连接起来。右键单击“网上邻居”→“属性”→“创建一个新的连接”→“连接到 Internet（C）”→“手动设置我的连接（M）”→输入用户名和密码→“拨号”。

（2）下载杀毒软件并进行全盘扫描。打开 IE 浏览器，在地址栏里输入 www.360.cn 回车，选择“360 杀毒下载”，下载后安装→选择安装路径→安装完毕→杀毒→全盘扫描。

（3）设置主页。打开 IE 浏览器，在地址栏里输入 http://www.sina.com.cn 回车→选择浏览器菜单栏上的“工具”→“Internet 选项”→在主页栏里输入 http://www.sina.com.cn→“应用”→“确定”。

（4）申请邮箱、微博账号。打开 IE 浏览器进入新浪网，单击“注册通行证”→输入要注册的用户名、密码等信息→“提交”→注册完毕→登录邮箱，登录微博。

附件一　习　题

一、单选题

1．[格式]工具栏上的段落对齐方式按钮分别为（　　）。

A　左对齐、右对齐、居中对齐、分散对齐

B　两端对齐、右对齐、居中对齐、分散对齐

C　左对齐、右对齐、居中对齐

D　上对齐、下对齐

2．若要在每一页底部中央加上页码，应（　　）。

A　[插入]菜单中的[页码]　　B　[文件]菜单中的[页面设置]

C　[插入]菜单中的[符号]　　D　[工具]菜单中的[选项]

3．有关 Word 2003 的[工具]菜单的[字数统计]命令的说法错误的是（　　）。

A　可以对段落、页数进行统计　　B　可以统计空格

C　可以对行数统计　　D　无法进行中、英文统计混合

4．一般情况下，如果忘记了 Word 文件的打开权限密码，则（　　）。

A　可对以只读方式打开　　B　可以以副本方式打开

C　可以通过属性对话框，将其密码取消　　D　无法打开

5．给插入的表格的某一单元格添加底纹前应作（　　）操作。

A　鼠标放在单元格内　　B　选定此单元格内容

C　选定此单元格内容及结束标注　　D　选定单元格内文本

6．要知道某中文文字的英文含义应（　　）。

A　先选定文字，单击“工具”菜单→“语言”→“翻译”→在右侧出现任务窗格，在“翻译内容”中选定“当前选择”

B　先选定文字，单击“工具”菜单→“语言”→“词典”→“翻译”

C　先选定文字，单击“工具”菜单→“设置语言”

D　无正确答案

7．如果想要在插入的页码前加上文档的章节号，则标题必须（　　）。

A　项目符号列表　　B　编号列表　　C　多级符号列表　　D　列表样式

8．在 Word 2003 软件中默认的对齐方式是（　　）。

A　左对齐　　B　右对齐　　C　居中对齐　　D　两端对齐

9．关于用[插入表格]命令，下面说法错误的是（　　）。

A　插入表格只能是 2 行 5 列　　B　插入表格能够套用格式

C　插入表格能调整列宽　　D　插入表格可自定义表格行、列数

10．使用（　　）命令可使本来放在下面的图，移置于上面。

A　[绘图]下拉菜单中的[组合]命令　　B　[绘图]下拉菜单中的[微移]命令

C　[绘图]下拉菜单中的[叠放次序]命令　　D　[绘图]下拉菜单中的[编辑顶点]命令

11．用户在一篇文档中的不同页面上欲添加不同的页眉页脚，下列说法正确的是（　　）。
A　出现出错信息　　B　必须先人工插入分页符
C　可直接添加，Word 将自动插入分节符　　D　可直接添加，不需分节符

12．在（　　）视图模式下，首字下沉和首字悬挂无效？
A　页面　　B　普通　　C　Web 版式　　D　大纲

13．在一篇 100 页的文档中，快速地将光标移到第 80 页，可以进行（　　）操作。
A　拖动垂直滚动条上的滑块　　B　利用键盘上的 Page Down 键
C　编辑菜单中的定位命令　　D　快捷键 Ctrl + Page Down 键

14．将图片作为段落的项目符号列表的操作是（　　）。
A　选定段落，然后单击格式工具中的“项目符号”按钮
B　选定段落，然后单击“格式”菜单，选择“项目符号和编号”，选择项目符号选项卡，选中一种样式，单击“自定义”
C　无法使用图片设置项目符号
D　单击“插入”菜单中的“符号”

15．在 Word 2003 中最多可以撤销或恢复的步骤是（　　）。
A　8 步　　B　16 步
C　用户自己设定　　D　文档刚打开时的状态

16．若要把四字间距改为六字间距，应选择（　　）命令。
A　字符间距　　B　分散字符　　C　分散对齐　　D　缩放

17．如图所示，给文档中的段落添加项目符号的操作是（　　）。
A　先选定文字，然后单击（1）按钮　　B　先选定文字，然后单击（2）按钮
C　先选定文字，然后单击（3）按钮　　D　先选定文字，然后单击（4）按钮

18．格式化表格边框错误的操作是（　　）。
A　用表格和边框工具栏
B　用“格式”菜单下的“边框和底纹”命令
C　用“格式”菜单下的“自动套用格式”命令
D　用表格菜单下的“表格自动套用格式”

19．使用（　　）快捷键可以剪切被选中的文本？
A　Shift + P　　B　Shift + W　　C　Ctrl + X　　D　Ctrl + W

20．[页眉页脚]命令在（　　）个菜单中。
A　编辑　　B　视图　　C　插入　　D　格式

21．在以下选项中，对齐方式属于（　　）的格式。
A　字体　　B　段落　　C　图片　　D　自选图形

22．选定文本中的一词的技巧方法是（　　）。
A　将鼠标箭头置于目标处，单击
B　将鼠标箭头置于目标处，双击
C　将鼠标箭头置于文本左端出现选定光标，击三下
D　单击粘贴按钮

23. 要给“CEAC”后加上其版权符号，应用（　　）命令。

A　[插入]菜单中的[符号]命令　　B　[插入]菜单中的[批注]命令

C　[插入]菜单中的[分隔符]命令　　D　[插入]菜单中的[对象]命令

24. 退出Word软件，方法错误的是（　　）。

A“文件”菜单中的“退出”命令　　B“文件”菜单中的“关闭”命令

C　组合键Alt + F4　　D　窗口右侧的关闭按钮

25. 要在表格中绘制斜线表头，需要打开下列（　　）菜单。

A　编辑　　B　插入　　C　工具　　D　表格

26. 快速地插入人工分页符的操作是（　　）。

A　单击“插入”菜单，选择“页码”　　B　Alt + Enter

C　Ctrl + Enter　　D　Shift + Enter

27. 可以改变文字方向的命令有（　　）。

A　[格式]→[字体]　　B　[格式]→[样式]

C　[格式]→[段落]　　D　[格式]→[文字方向]

28. 在Word 2003中，若想建立新文档，可以使用的快捷键是（　　）。

A　Ctrl + N　　B　Alt + N　　C　Shift + N　　D　Ctrl + Alt + N

29. 如图　所示，要想将选中的“中国”两个字复制到①所在的位置，应（　　）。

A　单击“编辑”菜单中的“剪切”命令，然后将光标放到①点，再单击“粘贴”命令

B　单击常用工具栏上的“复制”按钮，然后将光标放到①点，再单击“粘贴”按钮

C　右键单击选中的文字，在出现的快捷菜单中选择“剪切”，然后将光标放到①点，再单击“粘贴”按钮

D　直接将鼠标指向“中国”，然后拖动到①点即可

30. 下列样式（　　）选项可以删除？

A　标题　　B　默认段落字体　　C　图　　D　正文

31. 在图　中，关于页眉页脚说法有误的是（　　）。

A（1）按钮的功能是切换到“页面设置”对话框

B（2）按钮的功能是显示或隐藏正文

C（3）按钮的功能是复制文件内容

D（4）按钮的功能是进行页眉页脚之间的切换

32. 两节之间的分节符被删除后，以下说法正确的是（　　）。

A　两部分依然保持原本的节格式信息

B　下一节成为上一节的一部分，其格式按上一节的方式

C　上一节成为下一节的一部分，其格式按下一节的方式

D　保留两节相同的节格式化信息部分

33. 要给标题加上与之长度相符的边框，应（　　）。

A　用[插入]→[符号]命令　　B　用[格式]→[样式]命令

C　用[插入]→[文本框]命令　　D　用[格式]→[边框与底纹]命令

34. 关于共用模板保存位置说法错误的是（　　）。

A 单击“工具”菜单，选择“选项”，选择“文件位置”在其中找到“用户模板”

B 单击“工具”菜单，选择“选项”，选择“用户信息”

C 单击“文件”菜单，选择“新建”，打开“通用模板”，然后用鼠标右键单击“空白文档”，选择“属性”在出现的对话框中查找

D 以上有两种方法可以实现

35. 文章中最后的落款信息最好可以使用下面（　　）方式。

A 两端对齐　　B 分散对齐　　C 居中对齐　　D 右对齐

36. 图 1 2 3 4 中，“打印文件”的图标是（　　）。

A 1　　B 2　　C 3　　D 4

37. 设计一个简历，最简便的方法是（　　）。

A 在[工具]中选择[自定义]再应用相关模板

B 在[格式]中选择[样式]再应用相关模板

C 在[格式]中选择[主题]再应用相关模板

D 从[文件]中选择[新建]再应用相关模板

38. 图 1 2 3 4 中，将文件存盘的图标是（　　）。

A 1　　B 2　　C 3　　D 4

39. 给文字加上着重符号，可以使用的方法是（　　）。

A [格式]→[字体]命令　　B [格式]→[段落]命令

C [插入]→[符号]命令　　D [插入]→[对象]命令

40. 将图 中国（北京）微软 ATC 管理中心. 中“中国”与“管理”两词同时选定的操作是（　　）。

A 先拖动选定“中国”，再拖动选定“管理”

B 先拖动选定“中国”，然后按住 Shift 键，再拖动选定“管理”

C 先拖动选定“中国”，然后按住 Ctrl 键，再拖动选定“管理”

D 无法实现

41. 关于格式刷说法正确的是（　　）。

A 单击格式刷图标，格式刷可以使用一次

B 双击格式刷图标，格式刷可以使用两次

C 格式刷只能复制字体格式

D 格式刷可以复制文字

42. 在表格中任意位置单击，再在“底纹”选项卡的填充中选“无填充色”，确定后，此时取消哪部分底纹（　　）？

A 表格　　B 当前行　　C 当前列　　D 当前单元格

43. 当编写带有提纲的长文档时可选用下列（　　）。

A 普通视图　　B Web 版式视图　　C 页面视图　　D 大纲视图

44. 在 Word 默认的制表格式中，文字的缩进方式是（　　）。

A 首行缩进　　B 悬挂缩进

C 无缩进　　D 与符号缩进相同

45. 调整页边距的方法是通过（　　）。

A　页面设置对话框　　B　水平滚动条

C　段落对话框　　D　字体对话框

46. 在一篇内容很多的文档中，将重复过多次的“中国”快速地加上突出显示格式的操作是（　　）。

A　按住 Ctrl 键，将所有的“中国”选定，然后加上突出显示

B　先选定突出显示的颜色，然后在“查找与替换”对话框中进行高级设置，全部替换

C　使用“其他格式”工具栏实现

D　无法实现

47. 设置制表位的方式是（　　）。

A　在“制表位”对话框中添加　　B　单击制表位图标

C　单击标尺下淡灰线区　　D　将制表位图标直接拖动

48. 依次打开 3 个 Word 2003 文档，每个文档都有修改，修改完成后为了一次性保存这些文档，正确的操作是（　　）。

A　按 Shift 键，同时单击[文件]菜单[全部保存]命令

B　按 Shift 键，同时单击[文件]菜单[保存]命令

C　按 Ctrl 键，同时单击[文件]菜单[保存]命令

D　按 Ctrl 键，同时单击[文件]菜单[另存为]命令

49. 要想将打开的多个文件同时关闭，可以执行的操作是（　　）。

A　先按住 Shift 键，然后单击文件菜单下的“全部关闭”命令

B　先按住 Shift 键，然后单击文件菜单下的“关闭”命令

C　先按住 Ctrl 键，然后单击文件菜单下的“全部关闭”命令

D　先按住 Ctrl 键，然后单击文件菜单下的“关闭”命令

50. 以下关于 Word 2003 的保存功能，说法正确的是（　　）。

A　可以每隔几分钟自动保存一次　　B　不可以为文档设置密码

C　不可以取消 Word 97 不支持的功能　　D　不可以把文件保存为其他文件格式

51. Word 2003 在保存文档时，可以保存为（　　）。

A　声音文件　　B　Web 页　　C　图片模板　　D　图形文件

52. 若需要在文档每页页面底端插入注释，应该插入（　　）。

A　脚注　　B　尾注　　C　题注　　D　批注

53. 关于保存与另存为说法正确的是（　　）。

A　在文件第一次保存的时候，两者功能相同

B　另存为是将文件另处再保存一份，但不可以重新命名文件

C　用另存为保存的文件不能与原文件同名

D　两者在任何情况下都相同

54. 关于“打印预览”，下列说法有误的是（　　）。

A　可以进行页面设置　　B　可以利用标尺调整页边距

C　只能显示一页　　D　不可直接制表

55. 在一篇文档中，如果要统一替换某一个字正确的是（　　）。

A 用[定位]命令　　B 用[编辑]菜单中的[替换]命令

C 单击[复制]，再在插入点单击[粘贴]　　D 用插入光标逐字查找，分别改正

56. 在一篇 300 页的文档中，快速地将光标移到第 40 页的操作是（　　）。

A 利用鼠标拖动垂直滚动条上滑块　　B 利用键盘上的 Page Down 键

C 编辑菜单中的定位命令　　D 快捷键 Ctrl + Page Down

57. 若要改变打印时的纸张大小，正确的是（　　）。

A [工具]对话框中的[选项]　　B [页面设置]对话框中的[版面]

C [页面设置]对话框中的[纸张]　　D 利用工具栏

58. 关于信封和标签说法错误的是（　　）。

A 如果要添加电子邮件，应安装电子邮件程序

B 收件人的地址，可以通过 Outlook 获取，同时也可以省略

C 寄信人的地址，也可以通过 Outlook 获取，同时也可以省略

D 在打印之前可以先预览

59. 在[页面设置]对话框中，可以调整纸张横/纵方向的是（　　）。

A 文档网络　　B 版式　　C 纸张　　D 页边距

60. 图中，图标（　　）可以插入剪贴画。

A 1　　B 2　　C 3　　D 4

61. 关于图片工具栏说法错误的是（　　）。

A （一）按钮的作用是插入图片　　B （二）按钮的作用是裁剪图片

C （三）按钮的作用是自由旋转图片　　D （四）按钮的作用是压缩图片

62. 右缩进标志调节的是（　　）。

A 整个段落　　B 文字大小

C 除首行外段落文字　　D 光标以下所有的文字

63. 图中，“插入艺术字”图标为（　　）。

A 1　　B 2　　C 3　　D 4

64. 在改变表格中某列宽度的时候，不影响其他列宽度的操作是（　　）。

A 直接拖动某列的右边线

B 直接拖动某列的左边线

C 拖动某列右边线的同时，按住 Shift 键

D 拖动某列右边线的同时，按住 Ctrl 键

65. [样式]命令在（　　）工具栏上。

A 常用　　B 窗体　　C 格式　　D 框架集

66. 用“ATC”3 个英文字母输入来代替“认证管理中心”6 个汉字的输入的操作是（　　）。

A 用智能全拼输入法就能实现　　B 用[拼写与语法]功能

C 用[替换]功能　　D 用程序实现

67. 删除某样式后，原先应用该样式的文本将（　　）。

A 保持原来格式　　B 应用正文格式

C 继承此段文本之后的格式　　D 继承此段文本之前的格式

68. [字数统计]命令包含在（　　）菜单中。

A 视图　　B 插入　　C 格式　　D 工具

69. 欲将“ATC”移至左边的括号中“()”，正确操作是（　　）。

A 选中“ATC”，按住 Ctrl 键，将光标移动到括号中

B 选中“ATC”，按住鼠标左键拖至左边括号内再释放鼠标

C 选中“ATC”，按住 Shift 键，将光标移动到左边括号内

D 选中“ATC”，将光标移动到左边括号内按 Insert 键

70. 关于超级链接说法错误的是（　　）。

A 先选定想要创建超级外国投资的文本，单击常用工具栏上的“超链接”按钮，选择链接对象

B 在输入电子邮件地址的时候，必须在其前面输入 Maito 才可以实现电子邮件的链接

C 在超级链接对话框中可以设定屏幕提示文字

D 超级链接可以链接到书签

71. 图 1 2 3 4 中（　　）是设置字体颜色图标。

A 1　　B 2　　C 3　　D 4

72. 关于图，下例选项中设置左缩进方法正确的是（　　）。

A 选定整个段落，拖动标尺中的①标记　　B 选定整个段落，拖动标尺中的②标记

C 选定整个段落，拖动标尺中的③标记　　D 选定整个段落，拖动标尺中的④标记

73. 有一篇文档，编完之后想检查错误最方便的方法是（　　）。

A 自动拼写检查　　B 将字号调大

C 将显示器换成大的　　D 将文稿打印出来校对

74. 在段落的对齐方式中，（　　）能使段落中的每一行（包括段落结束行）都能与左右边缩进对齐。

A 左对齐　　B 两端对齐　　C 居中对齐　　D 分散对齐

75. [标题行重复]命令在（　　）菜单中。

A [编辑]　　B [视图]　　C [插入]　　D [表格]

76. 可以实现选定表格的一行的操作是（　　）。

A Alt+Enter　　B Alt+鼠标拖动

C [表格]菜单中的[选定表格]命令　　D [表格]菜单中的[选定]→[行]命令

77. 有关[样式和格式]命令，以下说法中正确的是（　　）。

A 样式只适用于文字，不适用于段落

B [样式和格式]命令只适用于纯英文文档

C [样式和格式]命令在[工具]菜单中

D [样式和格式]命令在[格式]菜单中

78. 快速地在文档的每一页都加上大小、位置均相同的图片的操作是（　　）。

A 分别在每一页插入相同的图片　　B 在页眉页脚中插入图片

C 利用复制、粘贴命令　　D 无法实现

79．选定文本中一行的技巧方法是（　　）。

A　将鼠标置于目标处，单击

B　将鼠标置于文本左端出现选定光标，单击

C　将鼠标置于文本左端出现选定光标，双击

D　将鼠标置于文本左端出现选定光标，三连击

80．对模板中的文本和段落格式进行修改，会对（　　）产生影响。

A　所有文档　　B　基于该模板的所有文档

C　基于修改前该模板的旧文档　　D　基于该模板修改后的新建文档

81．希望改变一些字符的字体和大小，首先应（　　）。

A　选中字符　　B　在字符右侧单击鼠标左键

C　单击工具栏中“字体”图标　　D　单击[格式]菜单中的[字体]命令

82．图 1 2 3 4 中，让图形具有三维效果的正确图标是（　　）。

A　1　　B　2　　C　3　　D　4

83．图 1 2 3 4 中，“新建文件”的图标是（　　）。

A　1　　B　2　　C　3　　D　4

84．以下有关 Word 2003 中“项目符号”的说法错误的是（　　）。

A　项目符号可以改变　　B　项目符号可以包括阿拉伯数字

C　项目符号可以自动顺序生成　　D　$，@不可定义为项目符号

85．要将“CEAC”复制到插入点，应先将“CEAC”选中，再（　　）。

A　直接拖动到插入点　　B　单击[剪切]，再在插入点单击[粘贴]

C　单击[复制]，再在插入点单击[粘贴]　　D　单击[撤销]，再在插入点单击[恢复]

86．设置标题与正文之间距离的正规方法为（　　）。

A　在标题与正文之间插入换行符　　B　设置段间距

C　设置行距　　D　设置字符间距

87．图 1 2 3 4 中，给图形加上阴影的正确图标命令是（　　）。

A　1　　B　2　　C　3　　D　4

88．图 Microsoft® Word 2002 中，圈内的文字效果是（　　）。

A　上标　　B　下标　　C　字体缩放　　D　字符位置

89．样式的更改会影响到（　　）。

A　当前文档　　B　以当前模板制作的所有新文档

C　以后应用此样式的新文档　　D　所有应用此样式的文档

90．应用“自动套用格式”后，键入“+--------------+”后，回车，则会（　　）。

A　插入单线　　B　插入双线　　C　插入方框　　D　插入表格

91．要检查文件中的拼写和语法错误，可以执行下列的快捷键是（　　）。

A　F4　　B　F5　　C　F6　　D　F7

92．要想选定整篇文档，可以将鼠标指针定位在选定栏按下（　　）的同时，单击鼠标左键。

A　Ctrl　　B　Shift　　C　Space　　D　Enter

93. 在表格中切换到上一个单元格的操作是（　　）。

A Tab 键　　B 空白键　　C Shift+Tab　　D Ctrl+Tab

94. 选定文本中一段的技巧方法是（　　）。

A 将鼠标箭头置于目标处，单击

B 将鼠标箭头置于文本左端出现选定光标，单击

C 将鼠标箭头置于文本中左键 3 击

D 将鼠标箭头置于文本左端出现选定光标，击三下

95. 关于页面边框的说法不正确的是（　　）。

A 文档中每一页均须使用统一边框　　B 一节内每页使用统一边框

C 除首页外其他页使用统一边框　　D 每页均可使用不同边框

96. 将一个 Word 文档打开，修改后存入另一个文件夹，最简单有效的办法是（　　）。

A 点工具栏上的“保存”按钮　　B 只能将些文档复制到一新文档再保存

C 点[文件]菜单中的[保存]命令　　D 点[文件]菜单中的[另存为]命令

97. 删除整个表格中的某一个单元格，并使其右侧单元格左移，应先将插入点置于该格，然后（　　）。

A 按 Delete 键

B 单击[表格]菜单中的[删除表格]命令

C 按 BackSpace 键

D 单击[表格]菜单中的[拆分单元格]命令

98. 如果在平衡栏长后开始一新页，应该（　　）。

A 插入人工分页符

B 插入连续分节符后，再插入人工分页符

C 插入连续分节符后即可

D 插入下一页分节符后，再插入人工分页符

99. 要在文档中加入图片，命令是在（　　）菜单中。

A [编辑]　　B [视图]　　C [插入]　　D [格式]

100. 如果需要对插入的图片在调整时最方便，那么图片与文字的环绕方式应该最好选择（　　）。

A 嵌入型　　B 四周型　　C 紧密型　　D 浮于文字上方

二、多项选择题

1. Word 的模板中可以包含（　　）。

A 文字　　B 段落　　C 艺术字　　D 图片

2. 以下关于保存文件的说法中正确是（　　）。

A 文件菜单中的保存命令可以以当前文件名保存当前文件

B 使用文件菜单中的另存为命令

C 格式工具栏中的保存按钮与文件菜单中的保存命令一样

D 可以使用自动保存

3. 下面对编辑电子邮件的叙述中错误的有（　　）。

A　收件人地址必须唯一
B　可同时将一封邮件发送给多人
C　一封邮件不可以抄送给多人
D　可同时将一封邮件抄送给多人

4．创建模板的操作是（　　）。

A　将文档保存为模板类型
B　通过已有模板进行修改，然后保存
C　通过模板向导
D　将文档保存为.doc 格式

5．下面对设置编号的说法错误的有（　　）。

A　不可更改默认的编号
B　不可设置编号的“字体”格式
C　不可用符号作编号
D　不可用图片作编号

6．下述设置脚注和尾注的操作正确的有（　　）。

A　可选择插入菜单中的“脚注和尾注”命令插入脚注尾注
B　脚注的位置可设置在页面底端，尾注的位置可设置在文档结尾
C　可自定义脚注尾注的编号方式
D　单击格式下拉菜单插入脚注

7．以下可以为段落编号的是（　　）。

A　1、2、3
B　a，b，c
C　一、二、三
D　以上都可以成为段落编号

8．关于页码设置的说法中错误的有（　　）。

A　页码只能设置在页眉的位置
B　不可设置最终页码
C　不可设置起始页码
D　页码只在页中位置

9．以下关于模板的理解正确的有（　　）。

A　Word 中自带的模板有 3 种
B　Word 中只有传真一种模板
C　在 Word 中我们可以自己设计模板
D　在 Word 中我们可以保存自己设计的模板以便长期使用

10．对自动更正的说法中错误的有（　　）。

A　自动更正只能更正符号
B　通过自动更正不可将“ABCDEFG”替换成“ABC”
C　通过自动更正不可用符号替换文字
D　自动更正限于英文

11．在 Word 2003 中将修订类型分成了（　　）。

A　批注　　B　插入和删除　　C　正在格式化　　D　以上都是

12．以下属于样式范围的是（　　）。

A　字体的大小、颜色
B　段落的对齐方式
C　艺术字的大小、颜色
D　文本框的大小、颜色

13．关于 Word 2003 的打印设置包含的功能是（　　）。

A　打印到文件
B　人工双面打印
C　按纸型缩放打印
D　设置打印页码

14．以下关于段落边框和底纹的说法正确的是（　　）。

A 可以给文字加边框　　B 可以给段落加边框
C 可以给页面加边框　　D 不可以给页面加边框

15. Word 当中的自定义样式可以自定义（　　）。
A 样式的字体字号　　B 样式的段落格式
C 艺术字　　D 三维设置

16. [格式]工具栏上含有（　　）功能。
A 样式设置　　B 字型设置
C 项目符号设置　　D 段落对齐方式设置

17. 主题中的内容可以是（　　）。
A 标题样式　　B 背景图片
C 活动图片　　D 上述答案都正确

18. 下列说法正确的有（　　）。
A 通过设置“打开权限密码”和“修改权限密码”皆可达到保护文档的目的
B “打开权限”和“修改权限”只是说法不一样，其功能完全相同
C “打开权限”与“修改权限”所起的保护作用不完全一样
D 以上说法皆正确

19. 修改样式时可修改的内容有（　　）。
A 字体　　B 段落　　C 边框　　D 语言

20. Word 2003 中的表格具有的功能是（　　）。
A 可以对表格中的数据进行排序　　B 可以进行自动求和运算
C 可以转换为文本　　D 可以把文本转换为表格

21. 关于格式刷说法正确的是（　　）。
A 单击格式刷图标，格式刷可以使用一次
B 双击格式刷图标，格式刷可以使用多次
C 格式刷只能复制字体格式
D 以上全部正确

22. 下述设置项目符号的操作正确的有（　　）。
A 用格式菜单下的“项目符号和编号”　　B 用格式工具栏中的“项目符号”
C 用工具菜单下的“项目符号和编号”　　D 用常用工具栏中“项目符号”

23. Word 2003 中可以利用以下（　　）对表格进行修饰。
A 可以用[自动套用表格格式]进行修饰　　B 可以在单元格内制作斜线表头
C 可以手动的添加线条或擦掉线条　　D 可以改变表格线条的颜色

24. 以下属于段落格式的是（　　）。
A 对齐方式　　B 段落间距　　C 字体大小　　D 行距

25. 可设置页码的是（　　）。
A 选择插入菜单中的“页码”　　B 通过页眉页脚中的“插入页码”按钮
C 选择视图菜单中的“页码”命令　　D 以上说法都不对

26. 下述联机会议的操作中正确的有（　　）。

A　不可添加与会人员　　B　不可删除与会人员

C　可以添加与会人员　　D　可以删除与会人员

27．使用模板可以制作（　　）。

A　简历　　B　名片　　C　报告　　D　Web 页

28．下列关于大纲视图的说法中正确的有（　　）。

A　大纲视图中的一段正文有多行时，可只显示首行

B　大纲视图中各标题所显示的位置可改变

C　正文文字不可升级为标题级文字

D　标题级文字不可降级为正文文字

29．以下关于自选图形的说法正确的是（　　）。

A　自选图形可以设为三维立体效果　　B　部分自选图形中可以添加文字

C　自选图形可以设为带有阴影的效果　　D　自选图形可以设为透明的

30．下面关于对页眉页脚操作的说法中正确的有（　　）。

A　同一文档的各页的页眉页脚必须相同　　B　同一文档的各页的页眉页脚可以不同

C　可以设置“奇偶页不同”　　D　可以设置“首页不同”

31．当我们调整了表格的大小以后，表格内的文字会（　　）。

A　表格的大小产生变化以后，表格内的文字大小也随着变化

B　表格的大小产生变化以后，表格内的文字并不随着表格的大小变化

C　当表格变小而容纳不下文字时，Word 会自动调整单元格的大小

D　以上观点只有 A、C 正确

32．下列说法正确的有（　　）。

A　用户可以新建自己的模板

B　对已有的模板可以修改

C　不可修改 Word 提供的模板

D　可以在新建的模板中设置字符格式和段落格式

33．要在文档中插入艺术汉字，可以通过（　　）选项来完成。

A　[插入]菜单　　B　[绘图]工具栏

C　[艺术字]工具栏　　D　[格式]工具栏

34．在图 (1) (2) (3) (4) 中关于页眉页脚说法正确的有（　　）。

A　（1）按钮的功能是切换到“页面设置”对话框

B　（2）按钮的功能是显示或隐藏正文

C　（3）按钮的功能是复制文件内容

D　（4）按钮的功能是进行页眉页脚之间的切换

35．在 Word 2003 当中创建表格的正确方法是（　　）。

A　使用[表格]菜单创建

B　利用快捷键创建

C　使用常用工具栏上的[插入表格]命令按钮创建

D　利用[格式]菜单创建

36. 图（一）（二）（三）（四）中，关于打印预览工具栏说法正确的是（　　）。

A （一）按钮的功能是显示或隐藏标尺　　B （二）按钮的功能是显示或隐藏正文

C （三）按钮的功能是全屏预览　　D （四）按钮的功能是关闭预览

37. 以下关于表格中文本格式的说法，正确的是（　　）。

A 表格中的文本可用[格式]工具栏的“字体”和“字号”来修饰

B 表格中文字的左右居中，可用[格式]工具栏上的“居中”图标

C 表格中文字的上下对齐，可用[格式]工具栏上的“垂直居中”图标

D 表格中文字的上下对齐，可以用[表格和边框]工具栏的“垂直居中”图标

38. 关于分栏命令说法错误的是（　　）。

A 分栏命令在插入菜单中　　B 分栏命令在格式菜单中

C 分栏命令最多可以将段落分成三栏　　D 可以在栏之间加分隔线

39. 自选图形的插入方法，以下正确的是（　　）。

A 插入菜单　　B 绘图工具栏　　C 格式工具栏　　D 常用工具栏

40. 插入图片的方法，以下说法正确的是（　　）。

A 插入菜单　　B 绘图工具栏　　C 图片工具栏　　D 格式工具栏

41. 自己制作模板的途径有（　　）。

A 把当前自己编辑的文档另存为模板　　B 直接保存生成模板

C 用绘图制作模板　　D 艺术字制作模板

42. 可以在 Word 文档中插入符号的方式是（　　）。

A 使用[符号]对话框　　B 使用[符号栏]

C 使用软键盘　　D 使用快捷键

43. 下面对设置项目符号的说法错误的有（　　）。

A 不可更改默认的项目符号　　B 不可设置项目符号的“字体”格式

C 不可用图片作项目符号　　D 可以用图片作项目符号

44. [格式]工具栏上的段落对齐方式按钮描述正确的是（　　）。

A 左对齐、右对齐、居中对齐、分散对齐

B 两端对齐、右对齐、居中对齐、分散对齐

C [格式]工具栏中没有左对齐这个按钮

D [段落]对话框中没有左对齐这个按钮

45. 创建超级链接说法正确的是（　　）。

A 先选定想要创建超级链接的文本，单击常用工具栏上的“超级链接”按钮，选择链接对象

B 直接在 Word 文档中输入正确的 URL 或 Email 即可创建

C 在超级链接对话框中可以设定屏幕提示文字

D 超级链接可以链接到书签

46. 插入表格的方法有（　　）。

A 通过“表格”菜单，选择“插入”、“表格”、然后输入行、列数“确定”

B 单击常用工具栏上的“插入表格”按钮，然后拖动鼠标至需要的行、列松开

C 通过绘图工具栏上的“直线”按钮来绘制

D 通过“插入”菜单下的“表格”命令

47. “突出显示修订”不在（ ）中。

A 文件菜单 B 格式菜单 C 插入菜单 D 表格菜单

48. 别人为我的文档所作的修改，我可以（ ）。

A 接受 B 部分接受 C 全部接受 D 全部拒绝

49. 以下关于“样式”和“模板”描述正确的是（ ）。

A 样式是字体格式和段落格式的集合 B 模板是样式的集合

C 模板与样式间不存在联系 D 以上只有“C”为正确的描述

50. 在 Word 2003 中，修订提供了的视图方式是（ ）。

A 显示标志的最终状态 B 最终状态

C 显示标记的原始状态 D 原始状态

51. 欲看看自己用 Word 所作的 Web 页，可通过（ ）来实现。

A 用 Word 打开 Web 页文件，再选文件菜单下的“Web 页预览”

B 直接双击该 Web 页文件

C 用 Word 打开 Web 页文件，再选文件菜单下的“打印预览”

D 用 A、B 两种操作可实现

52. 以下关于段落边框和底纹的说法正确的是（ ）。

A 可以给文字加边框 B 可以给段落加边框

C 可以给页面加边框 D 可以给表格设置边框颜色

53. 以下关于表格编辑正确的说法是（ ）。

A 在表格中输入的文字可以自动换行

B 按回车键可以在单元格中开始一个新的段落

C 对于表格中字的编辑与在 Word 中的编辑方式相同

D 表格中的文字不可以进行编辑

54. 如果想提前看一下自己写的文档打印出来的效果，以下说法中正确的是（ ）。

A [常用]工具栏中的[打印预览]按钮 B [文件]菜单中的[打印预览]命令

C [格式]菜单中的[打印预览]命令 D [视图]菜单中的[打印预览]命令

55. 以下关于“项目符号”的说法正确的是（ ）。

A 可以使用项目符号按钮来添加 B 可以自己设计项目符号的样式

C 可以使用软键盘来添加 D 可以使用格式刷来添加

56. 设置页码可（ ）。

A 选择插入菜单中的“页码” B 通过页眉页脚中的“插入页码”按钮

C 选择视图菜单中的“页码”命令 D 以上说法都不对

57. 在“样式和格式”任务窗格中可以（ ）。

A 应用样式 B 创建样式 C 删除样式 D 修改样式

58. 分栏命令（ ）。

A 能将一个段落进行分栏 B 能将一篇文档进行分栏

C　能将一行进行分栏　　　　　　　　D　只能对英文进行分栏

59. 下列不可添加批注的是（　　）。

A　选择“插入”菜单中的“批注”　　B　选择“窗口”菜单中的“批注”

C　选择“文件”菜单中的“批注”　　D　选择“格式”菜单中的“批注”

60. 可以插入人工分页符的是（　　）。

A　单击“插入”菜单，选择“分隔符”→“分页符”→“确定”

B　单击“插入”菜单，选择“页码”

C　Ctrl+Enter

D　Shift+Enter

61. 在“项目符号和编号”的对话框中，项目符号可以进行（　　）。

A　可以字符来设置　　　　　　　　B　不可用图片来设置

C　可以在“大小”框中设置符号的大小　D　可以在“颜色框”中设置颜色

62. 对于文本框的删除方法，以下说法中正确的是（　　）。

A　选中文本框的边框，然后敲击键盘上的向左删除键

B　选中文本框的边框，然后选择[编辑]菜单中的[清除]命令

C　选中文本框的边框，然后敲击键盘上的 Delete 键

D　无法进行彻底的删除

63. 下列对样式与主题关系的说法中错误的有（　　）。

A　一个样式可包多个主题

B　一个主题可包含多个样式

C　样式中可设置字符格式，而主题则不可设置字符格式

D　样式与主题的意义相同

64. 页眉页脚工具栏中包含（　　）。

A　插入日期的命令　　　　　　　　B　插入时间的命令

C　插入自动图文集的命令　　　　　D　上述命令都不在页眉页脚工具栏中

65. 图中，可以撤销最后一步的操作是（　　）。

A　快捷键 Ctrl+Z　B　快捷键 Ctrl+Y　　C 单击①按钮　　D　单击②按钮

66. 下列关于大纲视图的说法中正确的有（　　）。

A　大纲视图中的一段正文有多行时，可只显示首行

B　大纲视图中各标题所显示的位置可改变

C　正文文字可以升级为标题级文字

D　标题级文字不可降级为正文文字

67. 查看共用模板的保存位置的操作是（　　）。

A　单击“工具”菜单，选择“选项”，选择“文件位置”在其中找到“用户模板”

B　单击“工具”菜单，选择“选项”，选择“用户信息”

C　单击“文件”菜单，选择“新建”，打开“通用模板”，然后单击“空白文档”，选择“属性”在出现的对话框中查看

D　无法查看

68. 以下（ ）命令可打开[替换]对话框。

A 替换 B 查找 C 定位 D 粘贴

69. 将制表位删除的操作有（ ）。

A 将制表位拖到标尺以外的区域

B 将制表位在标尺上水平左右拖动

C 双击制表位所在位置，在出现的对话框中进行删除

D 单击“格式”菜单，选择“制表位”在出现的对话框中进行删除

70. 关于 Word 2003 的文本框，说法正确的是（ ）。

A Word 2003 提供了横排和竖排两种类型的文本框

B 通过改变文本框的文字方向可以实现横排和竖排的转换

C 在文本框中可以插入图片

D 单击“格式”菜单，选择“制表位”在出现的对话框中进行删除

71. 关于 Word 2003 的打印设置有（ ）。

A 打印到文件 B 人工双面打印

C 按纸型缩放打印 D 设置打印页码

72. 下述说法中错误的有（ ）。

A 已有的文档不可存为 Web 页 B Web 文档的后缀为 doc

C 在 Word 中不可制作 Web 页 D Word 是一种应用软件

73. 以下 Word 中模板的描述正确的是（ ）。

A 模板是一种快速创建文档的途径

B 模板只可以由 Word 自带我们不可人为改变

C 模板可以由我们自己设计并创建

D Word 中根本没有模板

74. 在 Word 2003 当中编辑表格的列宽和行高的正确方法是（ ）。

A 可以通过[表格]下拉菜单增加新行或新列

B 不可以人为地增加新行或新列

C 对于表格的列宽或行高可以选中并拖动来进行调整

D 以上的说法都不正确

75. 设置首行缩进的方法有（ ）。

A 通过格式菜单选择“段落”，然后在“特殊格式”设定“首行缩进”格式

B 通过标尺调节

C 通过 Tab 键

D 以上只有一种方法正确

76. 可以（ ）设置页码。

A 选择插入菜单中的“页码” B 通过页眉页脚中的“插入页码”按钮

C 选择视图菜单中的“页码”命令 D 以上说法都不对

77. 设置首字下沉时，可以设置的内容有（ ）。

A 下沉行数 B 下沉方式 C 字体 D 与正文的距离

78．下述联机会议的操作中正确的有（　　）。
A　不可添加与会人员，但可以拒绝　　B　不可以删除与会人员，但可以邀请
C　可以添加与会人员　　D　可以删除与会人员

79．下列说法正确的有（　　）。
A　可在“另存为”对话框中为 Web 页设置标题
B　可为 Web 页设置标题
C　为 Web 页设置标题，其实质就是为 Web 页文件命名
D　以上说法都不对

80．保存一个文件可以（　　）。
A　单击常用工具栏上的保存按钮　　B　单击文件菜单中的“保存”命令
C　利用快捷键 Ctrl+S　　D　利用快捷键 Ctrl+W

81．关于 Word 2003 中的表格与 Excel 2003 正确的说法是（　　）。
A　Word 中的表格与 Excel 完全是不相同的
B　Word 中的表格相对于 Excel 较为简单
C　Excel 制作好的表格可以放入到 Word 当中
D　以上说法都正确

82．在表格中，插入行的方法有（　　）。
A　单击“表格”菜单下的“插入”命令，然后选择“行”
B　选中某一行，此时“插入表格”按钮变为“插入行”按钮，然后单击这按钮
C　将光标放在最后一行最后一个单元格，然后按 Tab 键
D　将光标放在某行的右侧，表格以外，按回车键

三、判断题

1．Word 2003 的文档中不可以插入图片。（　　）
2．用“样式和格式”任务窗格中的“清除格式”不可以把文档中的所有格式清除。（　　）
3．Word 2003 中不可以进行长文档的处理。（　　）
4．Word 文档中的分页符都可以删除。（　　）
5．用户自定义的项目符号既可以是图片，也可以是任意特殊符号。（　　）
6．表格可以通过绘图工具栏上的“直线”按钮来绘制。（　　）
7．文本框的填充效果可以是图片、纹理、图案、单色或双色过渡等。（　　）
8．Word 提供了中英文互译的功能。（　　）
9．用[插入]→[符号]命令可以插入段落。（　　）
10．在一个段落中，任何一行都可以加上一个项目符号。（　　）
11．一个文档中“Web 版式”看到的效果与在“Web 页预览”中看到的效果相同。（　　）
12．Word 2003 本身带有部分图片库及从网上查找图库的功能。（　　）
13．在一段文本中可以同时应用项目符号和编号。（　　）
14．如果将某一文档存为 Web 页，在浏览 Web 页时，可以像在 Word 中一样对文档进行编辑。（　　）
15．插入的对象可以是自己绘制的图片。（　　）

16．通过绘图工具栏可以给图形加阴影或三维效果。（　　）
17．可以将一个 Word 文档另存为一个 Web 页。（　　）
18．在 Word 2003 中，不能调用 PowerPoint 演示文稿文件。（　　）
19．在 Web 页预览看到的结果与在用交互式发布的 Web 页看到的效果相同。（　　）
20．Word 2003 有自动拼写检查的功能。（　　）
21．利用 Word 2003 也可以制作 Web 页。（　　）
22．Word 中的艺术字不能被打印出来。（　　）
23．可以用快捷键 Alt+Ctrl+R 快速插入已注册符“®”。（　　）
24．在打开与另存为对话框中均可创建文件夹。（　　）
25．如果正文的样式发生改变，会影响所有文档样式。（　　）
26．在进行 Word 2003 操作的任何时间，都可以点击“Office 助手”图标得到帮助提示。（　　）
27．在 Word 文档中，“初号”是最大的字号。（　　）
28．在 Word 2003 中可以中文繁简转换。（　　）
29．制作模板文件，可用[文件]→[新建]命令，也可将编辑完的文档保存或另存为“模板”类型。（　　）
30．Word 2003 可以在键入时自动检查拼写和语法错误，但只有在要保存文档时，才会对可能是错误的拼写及语法做出提示标记。（　　）
31．在 Word 2003 中要选定插入的 Excel 表格，只需用鼠标单击单元格即可将其选中。（　　）
32．在 Word 当中处理表格时，可以使用橡皮工具使表格中单元格合并。（　　）
33．一个文档创建的样式不可以应用到其他文档。（　　）
34．使用[文件]菜单的[保存]命令和[另存为]命令都可以将文档以原来的文件名在不同的位置进行存储。（　　）
35．工具栏上的“复制”图标和“粘贴”图标与[编辑]菜单中的[复制]命令和[粘贴]命令效果没有差别。（　　）
36．在 Word 2003 当中，不允许用户在同一个段落使用两种不同样式。（　　）
37．“表格自动套用格式”命令在格式菜单中。（　　）
38．超链接可以链接到 Windows 中的任何一个文件。（　　）
39．在打印预览窗口中可以进行文本的编辑和文本的格式化。（　　）
40．某一文档按不同的类型保存时，文件名可以相同。（　　）
41．保存与另存为在任何时候功能都是不同的。（　　）
42．如果要将某一篇文档保存为 Web 页，只能通过“文件”菜单，选择“另存为 Web 页”命令。（　　）
43．打开 Word 2003 后可以进行照片简单的处理。（　　）
44．项目符号可以是图片。（　　）
45．如想改变某列的列宽，并且使其他列宽不变，则可以直接拖动此列左边的边线。（　　）
46．在查找对话框中查找文本只能按从上到下的顺序查找。（　　）
47．Word 2003 可以进行图、文、表格的全面混排。（　　）

48．Word 2003 的文档中不能含有声音文件。（ ）
49．“格式刷”命令选定一次，就对文本块的格式复制一次。（ ）
50．按[文件]→[保存]与[自动保存]是两种不同的保存方式。（ ）
51．在设置图片格式对话框中，选中“锁定纵横比”复选框，然后拖动图片四个角上选择柄可使用图片的纵横比不变。（ ）
52．不论何时，[文件]菜单的[保存]命令和[另存为]命令功能都不相同。（ ）
53．在文档中的一幅插图不能改变它的位置。（ ）
54．Word 2003 的文件不可以保存为 WEB 格式。（ ）
55．利用“格式”菜单下的“分栏”命令，只能将文本分成两栏。（ ）
56．跟踪超链接需要按住 Ctrl 键，再用鼠标单击链接文本。此功能可在“工具”菜单，选项对话框中设置。（ ）
57．切换中文输入法，按 Shift+1 即可。（ ）
58．Word 2003 中的撤销命令只能执行 3 次。（ ）
59．通过单击鼠标右键打开的快捷菜单没有改变文本的字体、段落等格式的功能。（ ）
60．我们可以把图片放置在页眉。（ ）
61．Word 2003 中可以进行中英文字数的混合统计。（ ）
62．应用自动套用格式后，表格格式不能再进行任何修改。（ ）
63．“A”和“B”两个文档已被打开，这时可通过点选任务栏上的图标实现两文档的切换。（ ）
64．字数统计功能中不能统计空格。（ ）
65．常用工具栏上的打印按钮与快捷键“Ctrl+P”功能完全相同。（ ）
66．Word 2003 可以进行文档结构化的处理。（ ）
67．在 Word 表格只能做求和运算。（ ）
68．Outlook 2003 不支持 Microsoft Fax，因此，不能在 Word 2003 中使用“合并到传真”的功能，但是 Word 2003 的其他文件仍可用传真的方式传出。（ ）
69．利用替换功能不可以替换文字。（ ）
70．Word 2003 中有一种视图叫大纲视图。（ ）
71．用查找功能可以查找文字及数字。（ ）
72．在 Word 2003 中不能间隔的选定文本。（ ）
73．Word 2003 文档中的段落不可以被删除。（ ）
74．要应用样式必须单击“插入”菜单，然后选择“样式”。（ ）
75．页码文字的大小不可以更改。（ ）
76．要更改某字符格式，一定要选定后才可更改。（ ）
77．通过“插入”菜单插入的页码也可以利用页眉页脚中插入的页码。（ ）
78．利用格式刷不能复制图片样式的项目符号。（ ）
79．在绘制图形时，如不想使用画布，可以在画布出现的时候按下 ESC 键。（ ）
80．段落文本的对齐方式包括四种，分别是：左对齐、居中对齐、右对齐、两端对齐。（ ）
81．Word 2003 可以制作简单的网页。（ ）

82．Word 2003 中不可以对图片进行任何编辑。 (   )

83．单击[编辑]菜单中的[替换]命令，也可进行查找。 (   )

84．在 Word 2003 中可以任意进行剪贴。 (   )

85．可以用“F10”功能键打开[文件]菜单。 (   )

86．我们在 Word 2003 当中不可以对图文进行编排。 (   )

87．文本与表格不可相互转换。 (   )

88．“自动图文集”与“自动更正”命令的功能、效果完全相同，没有任何的区别。 (   )

附件二　全国计算机教育认证 CEAC 考试

Excel 试　题

一、单项选择题

1．在打印工作表时，如果工作表中的数据不能撑满纸张，则工作表默认的位置是（　　）。

A　靠上靠左对齐　　B　靠上靠右对齐　　C　水平居中　　D　垂直居中

2．在进行双变量模拟运算表分析时，必须输入两个可变量，在[模拟运算表]对话框中，下列输入方法中正确的是（　　）。

A　在输入引用行单元格域输入两个可变量单元格位置

B　在输入引用列单元格域输入两个可变量单元格位置

C　分别把两个可变量单元格位置输入到引用行和列单元格域

D　可变量单元格位置不是在此对话框中输入的

3．有关页眉页脚说法错误的是（　　）。

A　页眉页脚命令在“视图”菜单

B　页眉页脚可以在“页面设置”对话框设置

C　可在页面设置对话框中设置奇偶页不同

D　在页眉页脚中可以插入图片

4．在 Excel 2003 中，如果要隐藏“编辑栏”，需选择菜单是（　　）。

A　“文件”　　B　“编辑”　　C　“视图”　　D　“工具”

5．在 Excel 中可以缩放要被打印的工作表，关于其缩放比例说法错误的是（　　）。

A　最小缩放为正常尺寸的 10%　　B　最小缩放为正常尺寸的 40%

C　最大缩放为正常尺寸的 400%　　D　100%为正常尺寸

6．在“编辑”菜单的“移动或复制工作表”对话框中，若将 Sheet1 工作表移动到 Sheet2 之后，（　　）之前。

A　Sheet1　　B　Sheet2　　C　Sheet3　　D　（移到最后）

7．在 Excel 中使用查找和替换功能时，可以的选项有（　　）。

A　区分大小写　　B　区分全/半角　　C　单元格匹配　　D　以上全部

8．[格式]工具栏上的[边框]按钮给我们提供了（　　）种边框选项。

A　8　　B　12　　C　16　　D　24

9．当某列数据的数字格式被更改之后，其中的数据以“#”显示，下列说法正确的是（　　）。

A　有错误发生　　B　此数据不支持此格式

C　宽度不足　　D　使用的是特殊格式

10．通过（　　）菜单命令能实现显示/隐藏 Office 助手。

A　工具　　B　窗口　　C　帮助　　D　格式

11．在图

	A	B	C	D	E
1	100	200	300	400	=AVERAGE(A1:D1)

中，E1 单元格的值是（　　）。

A　100　　B　250　　C　100　　D　1000

12. 在分页预览视图中，人工插入的分页符显示为（　　）。

A　虚线　　B　红色虚线　　C　蓝色虚线　　D　蓝色实线

13. 在[数据透视图表]工具栏中，图中（　　）是表示[设置报告格式]按钮。

A　①　　B　②　　C　③　　D　④

14. 下列选项中，不属于 Excel 中地址的引用方式是（　　）。

A　相对引用　　B　直接引用　　C　绝对引用　　D　混合引用

15. 下列有关插入艺术字叙述正确的是（　　）。

A　[插入]菜单中的[图片]后选择[艺术字]　　B　[工具]菜单中的[插入]

C　[编辑]菜单中的[插入]　　D　[格式]菜单中的[插入]

16. 一般而言，若想使其他网络用户在 Web 页上操作电子表格数据的过程简便快速，与在 Excel 应用程序中一样，则需以（　　）方式发布 Excel 数据。

A　交互式功能发布　　B　非交互式功能发布

C　自定义式功能发布　　D　以上均不对

17. 模板文件的扩展名是（　　）。

A　xls　　B　xlt　　C　xlk　　D　xlw

18. 在 Excel 中打印的内容不可以是（　　）。

A　选定区域　　B　整个工作簿　　C　选定工作表　　D　word 文档

19. 下面关于超链接说法不正确的是（　　）。

A　超链接包括绝对链接和相对超链接

B　绝对超链接包括完整的地址、协议、Web 服务器以及路径和文件名

C　相对超链接缺少一个或多个组成部分，缺少的信息由包含 URL 的网页提供

D　可以对整个工作簿、工作表或工作表上的条目应用交互功能

20. 在启动 Excel 2003 时，系统默认打开的是（　　）。

A　名为 Bookl 的工作簿窗口　　B　名为 Bookl 的工作表窗口

C　名为 Sheet1 的工作簿窗口　　D　名为 Sheetl 的工作表窗口

21. Excel 与 Word 的区别以下描述不正确的有（　　）。

A　Excel 是一个数据处理软件　　B　Excel 与 Word 功能相同

C　Word 是一文档处软件　　D　两者同属于 Office

22. 下列有关在 Web 页上存储 Excel 数据说法不正确的是（　　）。

A　不可以把 Excel 文件发布为 WEB 页

B　电子表格、数据透视表清单，可以设置为交互式格式

C　若将 Excel 2003 数据保存为非交互式，则其他用户只拥有查询这些数据的权限

D　以 Web 页形式存储 Excel 数据还可以在网页上重新整理

23. 如果需要修改超级连接的文本的显示方式，需要选择（　　）菜单命令。

A　视图　　B　文件　　C　编辑　　D　格式

24. 在 Excel 中，单元格中数字默认对齐方式是（　　）。

A　左对齐　　B　右对齐　　C　中间对齐　　D　合并居中

25.（　　）不能发布为 Web 页。

A　曾经发布过的内容　　　　　　B　整个工作簿

C　整张工作表　　　　　　　　　D　某张工作表中间隔的选择区域

26．下列选项中，不属于 Excel 中地址的引用方式是（　　）。

A　相对引用　　B　直接引用　　C　绝对引用　　D　混合引用

27．用户要自定义排序次序，需要打开图　　　　的（　　）菜单。

A　①　　B　②　　C　③　　D　④

28．当需要在数据清单或表格中查找特定数值，或者需要查找某一单元格的引用时，可以使用（　　）。

A　数学函数　　　　　　B　查询函数和引用函数

C　数据库函数　　　　　D　以上都不对

29．插入分页符说法错误的是（　　）。

A　将活动单元格放在工作表中（除第一行、第一列）可以插入一条垂直的和一条水平的分页符

B　如要插入水平的分页符可以将活动单元格放在工作表的第一列

C　如要插入垂直的分页符可以将活动单元格放在工作表的第一行

D　可以用快捷键 Ctrl+Enter 插入分页符

30．如果想将图　的单元格格式改为图　，则应该选择图　　中（　　）。

A　①　　B　②　　C　③　　D　④

31．利用自动套用格式命令对数据透视表进行格式化则（　　）。

A　必须选定数据透视表的页字段

B　必须选定整个数据透视表

C　将活动单元格放在工作表的任何一个位置都可以

D　将活动单元格放在数据透视表中任何一个位置都可以

32．下列有关添加箭头操作步骤叙述正确的有（　　）。

A　单击[绘图]工具栏上的[箭头]按钮→选定箭头样式→绘制箭头

B　选定箭头样式→单击[绘图]工具栏上的[箭头]按钮→绘制箭头

C　单击[绘图]工具栏上的[箭头]按钮→绘制箭头→选定箭头样式

D　以上都不正确

33．有一个成绩表，现在想通过学生的平均成绩将成绩分为 4 个等级，优、良、中、差，应使用（　　）。

A　统计学函数　　B　数据库函数　　C　财务函数　　D　逻辑函数（If）

34．在 Excel 中文件菜单下的“发送”命令可以（　　）。

A　将当前工作簿发送到软盘　　　　　B　将当前工作簿发送到桌面

C　将当前工作表发送到邮件收件人　　D　将当前工作簿发送到邮件收件人

35．要将 A1 至 A5 中所有的单元格数据求和，正确引用的函数是（　　）。

A　=Average(A1：A5)　　　　　B　=Sum(A1：A5)

C　=Average(A1，A5)　　　　　D　=Sum(A1，A5）

36．在一个 Excel 工作簿中即包含工作表又包含图表，“保存”命令可以将（　　）。

A　工作表保存　　B　图表保存

C　工作表和图表分别保存在两个文件中　　D　将工作表和图表保存在一个文件中

37．关于 Office 剪贴板说法错误的是（　　）。

A　在 Office 剪贴板中最多可以复制 12 个项目

B　在 Office 剪贴板中可以复制 24 个项目

C　通过“编辑”菜单可以打开“Office 剪贴板”任务窗格

D　如果设置了自动显示 Office 剪贴板选项，则当复制命令使用两次时会自动打开“Office 剪贴板”

38．通过（　　）菜单命令能实现显示/隐藏 Office 助手。

A　工具　　B　窗口　　C　帮助　　D　格式

39．关于 Office 剪贴板说法错误的是（　　）。

A　利用 Office 剪贴板最多可以保存 24 个信息

B　在 Office 的各个组件中，Office 剪贴板中的信息可以共用

C　当 Office 剪贴板打开时，在其他非 Office 组件的程序中，复制的信息也可以保存到 Office 剪切

D　如果清空 Office 剪贴板中所有内容，Windows 中系统剪贴板没有任何影响

40．如果用鼠标拖动的方法移动单元格的内容，并将内容移动到其他的工作表，应按住（　　）键切换到其他工作表。

A　Shift　　B　Alt　　C　Ctrl　　D　Space

41．在 Excel 2003 缺省状态下默认每个工作簿中有（　　）工作表。

A　1 张　　B　2 张　　C　3 张　　D　4 张

42．在移动和复制工作表的操作中，下面正确的是（　　）。

A　工作表不能在同一工作簿中复制

B　工作表可以复制到具有同名工作表的工作簿中

C　不能同时移动几个工作表到其他工作簿中

D　不能同时复制几个工作表到其他工作簿中

43．使用查找和替换命令，可以通过搜索定位单元格的（　　）信息。

A　单元格格式　　B　特殊的单元格值

C　单元格的公式　　D　以上全部

44．在[格式]工具栏中提供了（　　）种对齐方式。

A　2　　B　4　　C　5　　D　6

45．图　　中，打印质量是通过[页面设置]对话框中（　　）选项卡进行设置的。

A　①　　B　②　　C　③　　D　④

46．在 Excel 2003 中，所能进行拼写检查的是（　　）。

A　中文　　B　中文成语　　C　中文短语　　D　英语（英国）

47．关于修改数据透视表结构说法正确的是（　　）。

A　从[数据透视表]工具栏中拖拽字段名到数据透视表的相应位置

B　单击右键，从弹出的菜单中选择“修改字段”命令

C　直接在单元格中修改

D　不能修改

48．想插入来自文件的图片，下面操作中（　　）是正确的。

A　单击要[编辑]菜单中的对象→　　B　选择[插入]菜单→

C　[图片]工具栏中选定[自选图形]→　　D　选择[格式]菜单中的[插入]

49．您可以用以下（　　）方法打开数据透视表向导。

A　打开“文件”菜单选择“数据透视表”

B　打开“工具”菜单选择“数据透视表”

C　从常规工具栏中按“数据透视表”按钮

D　单击[数据]菜单中的[数据透视表和图表报告]

50．图 　　中，（　　）选项卡可以决定文本和数字在单元格中排列的位置。

A　①　　B　②　　C　③　　D　④

51．以下关于[清除]命令说法正确的是（　　）。

A　只能清除单元格的内容

B　只能清除单元格内容和格式

C　清除单元格格式后，被删除格式的单元格将使用[常规]样式的格式

D　清除命令不能删除所选单元格的批注

52．有关 Excel 2003 打印以下错误的理解有（　　）。

A　可以打印工作表　　B　可以打印图表

C　可以打印图形　　D　不可以进行任何打印

53．在分页预览视图中，人工插入的分页符显示为（　　）。

A　虚线　　B　红色虚线　　C　蓝色虚线　　D　蓝色实线

54．关于工作簿文件加密说法错误的是（　　）。

A　在另存为对话框，选择“工具”菜单中的“常规选项”命令，在出现的对话框中设置

B　在另存为对话框，选择“工具”菜单中的“保存选项”命令，在出现的对话框中设置

C　可以给文件加打开权限密码和修改权限密码

D　打开权限密码和修改权限密码必须设为不同

55．以下（　　）工作适合使用 Excel。

A　制作一封信　　B　制作一个公告

C　制作一个工资表　　D　制作一个门票

56．如图 　　所示，如果“总成绩=数学成绩+外语成绩+物理成绩”，应进行的操作是（　　）。

A　先单击 A2，再单击 C2，再单击 D2

B　先按住 Ctrl 键，然后分别单击 A2、C2、D2

C　先单击 A2，然后按住 Ctrl 键，现单击 C2、D2

D　先按住 Shift 键，然后别单击 A2、C2、D2

57．在“编辑”菜单的“移动或复制工作表”对话框中，若将 Sheet1 工作表移动到 Sheet2 之后，Sheet3 之前。则应选择（　　）。

A　Sheet1　　B　Sheet2　　C　Sheet3　　D　移至最后

58．在进行双变量模拟运算表分析时，必须输入两个可变量，在[模拟运算表]对话框中，下列输入方法中正确的是（　　）。

A　在输入引用行单元格域输入两个可变量单元格位置

B　在输入引用列单元格域输入两个可变量单元格位置

C　分别把两个可变量单元格位置输入到引用行和列单元格域

D　可变量单元格位置不是在此对话框中输入的

59．在单元格内换行的操作是（　　）。

A　直接按 Enter 键　　B　按 Ctrl+Enter 键

C　按 Shift+Enter 键　　D　按 Alt+Enter 键

60．用户要自定义排序次序，需要打开图 中的（　　）菜单。

A　①　　B　②　　C　③　　D　④

61．您可以用以下（　　）方法打开数据透视表向导。

A　打开“文件”菜单选择“数据透视表”

B　打开“工具”菜单选择“数据透视表”

C　从常规工具栏中按“数据透视表”按钮

D　单击【数据】菜单中的【数据透视表和图表报告】

62．在 Excel 中文件菜单下的“发送”命令可以（　　）。

A　将当前工作簿发送到软盘　　B　将当前工作簿发送到桌面

C　将当前工作表发送到邮件收件人　　D　将当前工作簿发送到邮件收件人

63．下列选项中，不属于 Excel 中地址的引用方式是（　　）。

A　相对引用　　B　直接引用　　C　绝对引用　　D　混合引用

64．有一个数据非常多的成绩表，从第二页到最后均不能看到每页最上面的行表头，应（　　）。

A　设置打印区域　　B　设置打印标题行

C　设置打印标题列　　D　无法实现

65．如果在单元格中输入如图 0001 所示数据，应（　　）。

A　在单元格中直接输入“0001”

B　在单元格中输入“’0001”

C　选定单元格，然后设置单元格的格式为数值

D　输入“1”，然后单击“格式”工具栏上增加小数点按钮

66．关于单元格合并说法错误的是（　　）。

A　单击“格式”工具栏上合并及居中按钮可以将选定的单元格合并

B　合并单元格可以通过单元格格式对话框中的对齐选项卡中的“合并单元格”实现

C　合并之后的单元格不能再通过合并及居中按钮取消合并

D　取消合并可以先选定已合并的单元格，单击合并及居中按钮

67.“删除工作表”命令在以下（　　）菜单中。

A.“文件”　　B　“编辑”　　C　“插入”　　D　“格式”

68. 当某列数据的数字格式被更改之后，其中的数据以“#”显示，下列说法正确的是（　　）。

A　有错误发生　　B　此数据不支持此格式

C　宽度不足　　C　使用的是特殊格式

69. 在图 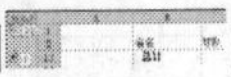　　的分类汇总表左侧层次目录中，左方的层次按钮中单击（　　）只显示全部数据结果。

A　①　　B　②　　C　③　　D　④

70. 如果想插入一条水平的分页符，活动单元格应（　　）。

A　放在任何区域均可　　B　放在第一行

C　放在第一列　　D　无法插入

71. 备份文件的扩展名是（　　）。

A　.xls　　B　.xlt　　C　.xlk　　D　.dat

72. 当我们用[合并计算]命令实现求和计算时，它所在的菜单（　　）菜单。

A　格式　　B　工具　　C　数据　　D　插入

73. 快速地将一个数据表格的行、列交换，可（　　）。

A　利用复制、粘贴命令

B　利用剪切、粘贴命令

C　使用鼠标拖动的方法实现

D　使用复制命令，然后使用选择性粘贴，再选中“转置”，确定即可

74. 图 　　中（　　）选项卡可以决定文本和数字在单元格中排列的位置。

A　①　　B　②　　C　③　　D　④

75. 如果想快速显示[样式]对话框，可通过（　　）组合键。

A　Ctrl+Alt　　B　Ctrl+‘　　C　Alt+‘　　D　Shift+‘

二、多项选择题

1. 如果只想将某个单元格或单元格区域的格式复制并粘贴到指定位置，可通过（　　）。

A　格式刷　　B　选择性粘贴　　C　粘贴　　D　粘贴智能标记

2. 在使用查找或替换功能时，搜索方式可以按下列（　　）方式进行。

A　按行　　B　按列　　C　按单元格　　D　按工作表

3. 在 Excel 2003 中，在页眉页脚中可以插入（　　）。

A　页码　　B　系统日期　　C　系统时间　　D　图片

4. 下列选项中叙述正确的有（　　）。

A　数据透视表是一种对数据快速汇总和建立交叉列表的交互式表格

B　数据透视表可以转换行和列以查看源数据的不同汇总结果

C　数据透视表可以显示不同页面以筛选数据

D　数据透视表一般由八个部分组成，它们分别是：页字段、页眉页脚字段、数据字段、数据段、行字段、列字段

5．下列选项中，属于 Excel 应用程序窗口的组成部分的是（　　）。

A 标题栏　　B 标尺　　C 工具栏　　D 滚动条

6．在 Excel 2003 中，设置单元格的边框时可设置（　　）。

A 斜线边框　　B 边框的颜色　　C 边框的样式　　D 无框线

7．在 Excel 中，要打印工作簿中的批注，可以进行的操作是（　　）。

A 打印到工作表的末尾　　B 打印到工作表的起始位置

C 如同工作表中显示的一样　　D 可以打印在任何一个单元格中

8．下面能将选定列隐藏的操作是（　　）。

A 选择[格式]菜单的[列]，再单击[隐藏]命令

B 将列标题之间的分隔线向左拖动，直至该列变窄看不见为止

C 在[列宽]对话框中设置列宽度为 0

D 以上选项不完全正确

9．在 Excel 中设置边框的方法有（　　）。

A 可以通过单元格格式对话框的边框选项卡设定

B 可以通过“格式”工具栏上的“边框”按钮设定

C 可以通过“绘图”工具栏中的直线按钮绘制

D 可以单击“格式”工具栏上的“边框”按钮右侧的小箭头，选择“绘制边框”进行绘制

10．Excel 2003 有关插入、删除工作表的阐述，正确的是（　　）。

A 单击“插入”菜单中的“工作表”命令，可插入一张新工作表

B 单击“编辑”菜单中的“清除”→“全部”命令，可删除一张工作表

C 单击“编辑”菜单中的“删除”命令，可删除一张工作表

D 单击“编辑”菜单中的“删除工作表”命令，可删除一张工作表

11．如图所示，显示隐藏行（或列）可执行（　　）操作。

A 将活动单元格放在任何一个位置均可，然后单击“格式”菜单中的选择行（或列）中的取消隐藏命令

B 将活动单元格放在隐藏行（或列）相邻的行（或列），然后单击“格式”菜单中的行命令中的取消隐藏

C 同时选中隐藏的行（或列）相邻的上下两行（或左右两列），然后单击“格式”菜单中的行命令中的取消隐藏

D 将鼠标指针放在隐藏的行或列的地方，当鼠标变为右图所示样式拖动即可

12．在用数据菜单中的“排序”命令进行排序时，可设置的内容有（　　）。

A 主关键字、从关键字及第三关键字等　　B 可按升序或降序排列

C 可设置按行排列，也可设置按列排列　　D 可设置有标题行，也可设置无标题行

13．下列选项中样式包括（　　）。

A 数字　　B 对齐　　C 边框　　D 图案

14．下列可以输入公式的方式有（　　）。

A 直接键盘输入

B　单击编辑栏上的[编辑函数]按钮，从函数下拉列表中选取所要函数
C　单击[插入]菜单中的[函数]命令，从弹出的[粘贴函数]对话框中添加函数
D　以上选项都正确

15．下述方法中可用来创建超级链接的有（　　）。
A　把单元格内的文件作为超级链接　　B　把绘制或插入的图形作为超级链接
C　把插入的剪贴画作为超级链接　　D　把图片作为超级链接

16．关于打印说法正确的是（　　）。
A　在打印的时候可以对工作表进行缩放　　B　可以将内容打印至文件
C　可以用 1，3，5 的形式指定页码范围　　D　可以将文件一次性打印出多份

17．下列说法正确的有（　　）。
A　选择数据菜单下的“自动筛选”可对数据进行筛选
B　选择数据菜单下的“高级筛选”可对数据进行筛选
C　选择工具菜单下的“自动筛选”可对数据进行筛选
D　选择工具菜单下的“高级筛选”可对数据进行筛选

18．Excel 2003 公式引用有（　　）。
A　相对引用　　B　绝对引用　　C　混合引用　　D　以上答案都对

19．可以参与求和运算的数据有（　　）。
A　小数　　B　分数　　C　日期　　D　时间

20．在 Excel 中设置边框的方法有（　　）。
A　可以通过单元格格式对话框中的边框选项卡设定
B　可以通过“格式”工具栏上的“边框”按钮设定
C　可以通过“绘图”工具栏中的直线按钮绘制
D　可以单击“格式”工具栏上的“边框”按钮右侧的小箭头，选择“绘制边框”进行绘制

21．在 Excel 2003 中，拼写检查的可选项是（　　）。
A　仅根据主词典提供建议　　B　忽略全部大写的单词
C　忽略带数字的单词　　D　忽略 Internet 和文件地址

22．如图 所示，以下说法正确的是（　　）。
A　此时按住 Shift 键拖动鼠标，则只会复制单元格的格式
B　此时按住 Ctrl 键拖动鼠标，则会复制单元格的内容及格式
C　直接拖动，将以序列方式填充
D　按住 Alt 键拖动鼠标，则只会复制单元格的内容

23．若一个工作表中只有 D 列有自动筛选下拉框，则可以清除此下拉边框而不影响其内容的操作有（　　）。
A　右键单击 D 列标题选中 D 列并弹出快捷菜单→单击删除命令→单击工具栏上的[恢复]按钮
B　选中下拉框所在的单元格后按 Delete 键→单击工具栏上的[恢复]按钮
C　单击[数据]菜单中[筛选]菜单下的[自动筛选]命令

D　删除下拉框所在单元格→单击工具栏上的[恢复]按钮

24. 发布 Web 页所用的交互式数据可具有（　　）功能。

A　电子表格功能　　B　图表功能

C　数据透视功能　　D　数据地图功能

25. 在发布 Web 页的时候，可以（　　）。

A　以交互式形式发布　　B　以非交互式形式发布

C　可以发布整个工作簿　　D　可以发布某张工作表

三、判断题

1. 在单元格格式对话框中可以将数字设置成为自己需要的格式，如分数格式、小数格式、货币格式、日期格式等。（　　）
2. Excel 使用特定的排序顺序，根据单元格中的数值而不是根据单元格来排列数据。（　　）
3. 用户可以在 Web 页上发布图表、数据透视清单或其他内容。（　　）
4. 在使用查找功能时，查找范围可以是整张工作表，也可以是整个工作簿。（　　）
5. 可以在页面设置对话框中设置打印区域。（　　）
6. 通过“编辑”菜单上的“撤销”命令可以恢复被删除的工作表。（　　）
7. 双击页眉页脚区域可以将页眉页脚对话框打开。（　　）
8. 在 Excel 2002 中，剪切命令只能对一块矩形单元格区域使用，而不能对多重选定区域使用。（　　）
9. 在 Web 页上发布 Excel 数据后，任何互连网用户都可以看到。（　　）
10. 每个新工作簿都包含六个预定义的样式：百分比、常规、货币、货币[0]、千位分隔、千位分隔[0]。（　　）
11. 如果打开了多个工作簿，可以按住 Shift 键单击保存按钮，对多个工作簿进行一次性保存。（　　）
12. 单元格中的内容及单元格的格式可以有选择性的删除。（　　）
13. 在 Excel 中，单元格中的文字数据默认为右对齐，并且基于单元格的下框线对齐。（　　）
14. 如果打开了多个工作簿，可以按住 Shift 键单击保存按钮，对多个工作簿进行一次性保存。（　　）
15. 双击页眉页脚区域可以将页眉页脚对话框打开。（　　）
16. 将活动单元格放在 A1 单元格，冻结窗格命令无效。（　　）
17. 在使用自动套用格式的功能时可以不完全使用套用的格式，可以有选择的套用，套用还可以修改。（　　）
18. Excel 可以进行文件的编辑和排版。（　　）

参 考 文 献

[1] CEAC国家信息化培训认证管理办公室．信息化办公文档处理（系列教程）[M]．北京：人民邮电出版社，2002.
[2] 周大勇．计算机应用基础项目教程[M]．北京：机械工业出版社，2011.
[3] 黄林国，李欢．计算机应用基础项目教程[M]．北京：高等教育出版社，2010.
[4] 金新生，金亮明．计算机应用基础[M]．上海：上海交通大学出版社，2011.